"十三五"普通高等教育本科规划教材

高等院校土建类专业"互联网＋"创新规划教材

建 筑 材 料

主　编　胡新萍　刘吉新　王　芳
副主编　邓庆阳　秦美珠　周晓娟　李　杰
参　编　张清华　郭劲言　史丽英　闫　艳

北京大学出版社
PEKING UNIVERSITY PRESS

内 容 简 介

本书按照应用型本科教育改革的需要和最新的有关国家标准或行业标准编写而成。全书共分 13 模块，内容包括：绪论、土木工程材料基本性质、气硬性胶凝材料、水泥、混凝土、砂浆、砌筑材料及屋面材料、金属材料、沥青及防水卷材、高分子材料、节能保温及绿色建筑材料、建筑装饰材料、土木工程材料试验，并在章节末配有一定数量的复习思考题，供读者巩固练习之用。

本书结构严谨完整，内容丰富详尽，文字精练简明，可操作性强，可作为应用型本科教育土建类专业的教学用书，也可以作为培训教材或供土木工程技术人员参考使用。

图书在版编目(CIP)数据

建筑材料/胡新萍，刘吉新，王芳主编 . —北京：北京大学出版社，2019.1
高等院校土建类专业"互联网+"创新规划教材
ISBN 978－7－301－30005－3

Ⅰ．①建… Ⅱ．①胡… ②刘… ③王… Ⅲ．①建筑材料—高等学校—教材 Ⅳ．①TU5

中国版本图书馆 CIP 数据核字(2018)第 250099 号

书　　　　名	建筑材料	
	JIANZHU CAILIAO	
著作责任者	胡新萍　刘吉新　王　芳　主编	
策 划 编 辑	赵思儒　杨星璐	
责 任 编 辑	赵思儒　杨星璐	
数 字 编 辑	蒙俞材	
标 准 书 号	ISBN 978－7－301－30005－3	
出 版 发 行	北京大学出版社	
地　　　　址	北京市海淀区成府路 205 号　100871	
网　　　　址	http://www.pup.cn　新浪微博：@北京大学出版社	
电 子 邮 箱	编辑部 pup6@pup.cn　总编室 zpup@pup.cn	
电　　　　话	邮购部 010－62752015　发行部 010－62750672　编辑部 010－62750667	
印 刷 者	三河市北燕印装有限公司	
经 销 者	新华书店	
	889 毫米×1194 毫米　16 开本　19.25 印张　596 千字	
	2019 年 1 月第 1 版　2023 年 7 月修订　2024 年 1 月第 5 次印刷	
定　　　　价	49.00 元	

前言

本书根据应用型本科院校土木工程类专业人才培养的目标要求，依据高等学校土木工程学科专业指导委员会制定的"土木工程材料教学大纲"编写而成，并兼顾土建类其他相关专业建筑材料课程的需要。教材内容上体现了概念准确、方法简单、注重实用的应用型本科教学特点，基本理论以必需、够用为度，注重实践，并着重培养学生分析与解决实际问题的能力。教材的内容与组织贴近工程实际、适应工程需要、反映工程技术发展趋势，在兼顾传统土木工程材料的同时，增加新技术、新材料的内容，以满足土木工程生产及管理岗位对各类应用型高级专业人才的素质培养需要。

本教材的特色如下：①采用最新国家规范和标准，突出职业训练和"绿色节能材料""新型材料"等的应用；②内容比较全面，在包含各种传统土木工程材料应用技术的基础上，增加土木工程材料新技术、新方法的应用；③在传统教材介绍土木工程材料基本理论知识的同时，增设二维码，通过视频、图片、案例等的形式，结合互联网技术对土木工程材料的知识内容等进行延伸和扩展，从而提高学生的学习兴趣和实践应用能力；④注重实现课程内容与思政元素的有机融合，落实党的二十大精神进教材，发挥本课程育人主渠道作用。

本书由山西工程技术学院胡新萍、刘吉新、王芳担任主编，邓庆阳、秦美珠、周晓娟、李杰担任副主编，张清华、郭劲言、史丽英、闫艳参编。其中模块 10 由胡新萍编写，模块 4、模块 12 由刘吉新编写，绪论、模块 8 由王芳编写，模块 11 由邓庆阳编写，模块 6 由秦美珠编写，模块 5 由周晓娟编写，模块 9 由李杰编写，模块 7 由张清华编写，模块 1 由郭劲言编写，模块 2 由史丽英编写，模块 3 由闫艳编写。

本书的编写得到北京大学出版社的大力支持，书中参考了部分专家、学者的专著及教材，同时参考和引用了国内外相关文献资料，以及部分网上资源，在此一并表示诚挚的谢意！由于作者水平有限，书中难免存在不足之处，敬请广大读者批评指正。

编　者

2023 年 7 月

【资源索引】

目　录

模块0
绪论

教学目标

知识模块	知识目标	权重
建筑与建筑材料	理解建筑与建筑材料相辅相成的关系	30%
建筑材料的发展	了解建筑材料与土木工程技术的关系及可持续发展原则	40%
建筑材料的技术标准	熟悉强制性标准和推荐性标准的区别及建筑材料标准的表示方法	20%
本课程的目的与学习方法	了解本课程的特点及学习方法	10%

技能目标

　　要求清楚了解建筑与建筑材料的关系，熟悉当前建筑材料的现状及发展前景并能举例说明；要求熟悉掌握建筑材料的技术标准、分类分级，熟知技术标准的标识方法。

引例

　　当今时代，高楼大厦，钢筋铁骨肩比天齐，晶莹通透的玻璃、笔直刚挺的钢筋混凝土构架等已经通过独特的材质形成了城市风景线的代表符号。虽说它们作为一种高科技和快速发展的标志曾一度风靡流行，但由于城市发展不断地模化复制已显得有些平淡。只有不断创新建筑材料元素，才会使建筑标新立异，不会被时间的洪流吞没。

　　混凝土看似一种十分现代化的建筑材料，但实际上它是古罗马人发明的。古罗马人在石灰和沙子的混合物里掺和碎石制造出混凝土，他们使用的沙子是称为"白榴火山灰"的火山土，产自意大利的玻佐里地区。古罗马人将混凝土用在许多壮观的建筑物上，如古罗马圆形剧场——罗马最宏大的圆形露天竞技场。这样的建筑物如果没有混凝土，建造起来将非常困难。

　　玻璃的出现也着实改变了人们的生活。玻璃最初由火山喷出的酸性岩凝固而得。约公元前3700年时，古埃及人已制出玻璃装饰品和简单的玻璃器皿，但当时只有有色玻璃，约公元前1000年时，中国制造出无色玻璃。而玻璃真正应用于建筑材料上，应当是教堂兴盛的时期，比较典型的是12世纪的哥特时期。透过玻璃，人们模糊了内与外的分别，可以在室内清晰地看见外面的景色，经由这样一扇窗户而增加了室内的乐趣。

钢筋混凝土的发明出现在近代，源于一个法国园丁的偶然发现。1872年，世界第一座钢筋混凝土结构建筑在美国纽约落成，人类建筑史上一个崭新的纪元从此开始。1900年之后钢筋混凝土结构在工程界得到了大规模的应用。

1928年，一种新型钢筋混凝土结构形式——预应力钢筋混凝土出现，并于第二次世界大战后广泛应用于工程实践中。钢筋混凝土的发明以及19世纪中叶钢材在建筑材料业中的应用，使高层建筑与大跨度桥梁的建造成为可能。如今国际化交流越发普遍，高科技新型材料也逐渐为人们所熟知，2008年北京奥运会国家游泳中心"水立方"首次采用ETFE（乙烯-四氟乙烯共聚物）膜结构。在2010年上海世界博览会上，各个国家和城市依据自身特点设计建造了多种多样的建筑，其中很多建筑用的是可循环绿色材料，这样在布展结束时可以将建筑材料加工再利用，不造成资源浪费和环境污染。通过学习建筑材料这门课程，我们会更有兴趣研究建筑材料的未来发展方向，使建筑不因材料的局限性仅占据一个单独的空间，而是更多地通过建筑材料的发展满足土木工程空间所需要的一些特殊要求与效果。

0.1　建筑与建筑材料

？想一想

建筑材料是构成建筑的基本元素，是土木工程的物质基础，也是提高空间质量与生活品质的重要因素。建筑的进步和发展与建筑材料的创新及运用是密不可分的。那么建筑技术和艺术的发展与建筑材料的创新和发展有着怎样的关系呢？

建筑材料是构成建筑的基本元素，是土木工程的物质基础，它的发展与土木工程技术的进步有着不可分割的联系，它们之间存在相互制约、相互依赖和相互推动的关系。

建筑艺术的发挥、建筑功能的实现，必须有品种多样、质量良好的建筑材料。图0.1所示的埃及金字塔就是由石材建成的。瑞士建筑师赫尔佐格与德梅隆曾说过："我们需要建筑材料来建造墙体、楼板和整座建筑，所以我们选择任何现有的材料……砖和混凝土、石头和木材、金属和玻璃、语言和想象、颜色和痕迹……从我们开始工作时，我们就一直试图延伸与扩大建筑的领域，去理解什么是建筑……不管我们用什么材料来建造建筑，我们的主要目的是在建筑和材料之间寻找一个特殊的相遇，材料是在诠释建筑而进行建筑，同样，我们让建筑显示出建造它的原料，使材料可见。"在建筑设计中，为了使建筑物满足适用、安全、耐久、美观等基本要求，建筑材料在建筑物的各个部位应充分发挥各自的功能要求，并且在满足各种不同要求的同时，通过材料和构造上的处理，从材料造型、线条、色彩、光泽、质感等多方面反映建筑的艺术特征。

建筑是技术与艺术的统一，建筑的进步主要表现在建筑的形式和功能上，建筑技术和艺术的发展又表现在材料的运用上，所以建筑的进步和发展与建筑材料的创新及运用是密不可分的。通过对建筑与建筑材料之间关系的研究可以发现：建筑材料的发展及运用促进了建筑技术的发展

图0.1　埃及金字塔

及设计水平的提高，同时设计表现手法的进步有利于对建筑材料的创新与发展。建筑设计技巧之一就是通过设计人员的材料学知识和创造性的劳动，充分利用并显露建筑材料的本质和特征，将材料作为一种艺术手段，加强和丰富建筑的艺术表现力。

不同的建筑材料表达了不同的建筑语言：石材代表凝重，木材代表温馨，玻璃代表简洁幻化，钢材代表坚实牢固。例如古埃及金字塔的恢宏气势与茫茫的沙漠可谓相得益彰，其成功之处在于对石材的合理使用。石材是人类最古老最原始的建筑材料之一，其坚固耐久的材料特性和人类追求永恒存在的观念有着相通之处，不仅体现了石头本身的价值——静静地躺在地上承受压力，并且成为人们登高远眺的平台。

我国新石器时代的干栏式建筑是河姆渡人在建筑上部的空间用柱和梁做成构架，来承托树木枝干结成的方格网状檩架的屋面，然后铺设茅草或树皮完成屋顶防雨遮阳的工程，如图0.2所示。这种以梁柱为主的构架结构技术是建筑技术上的一项重大发明，奠定了传统木构古建筑的基础。干栏式建筑凌空地坪的优点是可以减少地面的处理工作，放火烧荒后就可以建房，而且满足了住宅防潮抗洪的实际需要，也解决了南方气温较高而需降温、通风的问题。河姆渡遗址的干栏式建筑代表着我国新石器时代的建筑水平，虽然出土的榫卯木构件仅百余件，只占构件总数的十分之一，绝大多数的节点还采用藤条绑扎加固的方法，但并不能降低其历史意义。

图0.2　干栏式建筑

位于美国匹兹堡市郊区的熊溪河畔的美国现代建筑——流水别墅，其所有的支柱都是粗犷的岩石，岩石的水平性与支柱的竖直性产生一种明晰的对抗，所有混凝土的水平构件看起来犹如贯穿空间飞腾跃起，赋予了建筑最高的动感与张力。该建筑与自然环境融为一体，表现出石头质朴的美。

【流水别墅】

通过这些例子我们可以懂得，在建筑设计中，建筑师必须研究不同材料的特性以及相应的构造方法及建筑材料对建筑形式的影响，丰富我们的设计语言，反映建筑的艺术特性，加强建筑的艺术表现力，以美化人们的工作和生活环境。

建筑材料的更新推动了建筑本身的发展，而人们越来越多地对空间的需求也不断促使更多"新建筑"的产生，这种"需求"也促使建筑工艺和建筑材料的不断创新。因此建筑材料和建筑之间是互相促进、共同发展的。

综上所述，建筑材料是人类与自然环境之间的重要媒介，直接影响人类的生活与社会环境。建筑材料的更新与发展是建筑结构创新与发展的基础，近年来提出的发展"绿色建筑材料"或"生态建筑材料"的思想，必将进一步带动建筑结构的深刻变化。

0.2　建筑材料的发展

 想一想

古人云："夫以铜为镜，可以正衣冠；以史为镜，可以知兴替；以人为镜，可以明得失。"从历史中总结与进步是学习过程中必不可少的一项环节，了解建筑材料的发展史，我们会更有兴趣研究建筑材料的未来发展方向。那么建筑材料的发展经历了哪些重要的阶段呢？

0.2.1　古代建筑材料的发展

人类最初是由古猿进化而来时，还没有形成一定的文明和建筑等概念，自然以树为居，尚没有相应的建筑材料的意识。随着生活经历的丰富和不断演变，他们懂得了如何利用天然的地形地势保护自己，减少外界的袭击，因此住进了山洞之类的天然庇护所。当然不限于山洞，也有岩石堆、天然险地之类。这种自然的居住方式为之后建筑材料的发展奠定了坚实的观念基础。

当社会文明发展到一定阶段，人们对建筑的认识也会逐渐提高。原始社会的人们开始了部落化的群居生活，因此在建筑材料上多使用轻便的易搭建易拆卸的材料，以利于群体移动。接下来发明了草木屋、泥屋、帐篷等建筑。草木屋在植物茂盛、雨水丰沛的地区多见，用木料做构架，搭建临空或不临空的建筑，大多为临空，下层用来防潮、养牲口之类，构架上覆盖草、树叶之类的东西遮风挡雨，中国南方的稻草屋还有其部分特征。泥屋与草木屋大致相似，用木材、石料构架基础，然后以泥做墙，形状多样，现在乡下某些房子还有用泥巴糊墙的；另外还有窑洞、石砌房子之类，可以算是泥屋的变种。帐篷则是游牧民族常用的建筑。草木屋类多在山区、丘陵、湿地地区建造，泥屋类多在平原、山区地区建造，帐篷类多在草原地区建造。随着建筑的初步成型，人类的适应力逐渐扩大，一点点超越自然条件，很快有能力建造城市，于是住的地方就分散了。

到了古埃及时期，依据当地特点，石制建筑更多地出现在生活中。世界上全部用石头建造的建筑物首出于埃及，其特点是雄伟浑厚、气势宏大而坚实。以金字塔为例，其建筑材料全部是重达数吨甚至十几吨的石块，历经数千年后也不变形、不倒塌，依然矗立在尼罗河西岸。当建造技术达到一定的水平，基于当时"神是至高无上的"这一思想，人们追求的更多是某种精神的延续。石材作为一种常见的坚固、保存时间久的建筑材料，普遍应用于那个时代宗教祭祀类的建筑中。为了体现对神明的敬仰，需要将建筑做高做大，以突出人类在神面前的渺小感，而石材恰巧满足了稳固支撑这一特点。

古埃及最有名的建筑如金字塔、狮身人面像和方尖碑都是巨大的艺术品，都与王国的存亡相关。石材的坚硬度对建筑造型的影响颇大，在石材建筑内部的壁画也形成了古埃及建筑一道独特的风景。石材对于外观的影响首先是秩序感强烈，我们不会在古埃及的绘画、雕塑和建筑中发现令人意外的元素，每个部分的制作都会遵循一定的法则，这样的风格延续了至少3000年。虽然古埃及建筑有些生硬，却给我们一种格外沉静、稳重的感觉，这就是严谨的秩序感所致。其次是几何学在艺术上透过石材而逐渐应用。古埃及的金字塔建筑和各种雕刻都体现出几何学的使用，这使其富于立体感、棱角分明，亦使其秩序性的法则得到强化，虽显得死板硬朗，却增加了庄重和严谨的感觉。石材还反映了持续性和固定性。柏拉图说过"在埃及，一切事物从来没有任何的变动。"人们忠于坚定的宗教信仰，导致古埃及的艺术风格数千年都保持着难以置信的固定性，当时的建筑也因石材形成了某种特殊的风格，我们将其命名为古埃及建筑。

到古希腊时期，建筑材料仍主要是石材，但有新的发展。早期的庙宇是木构架与土坯结合而成，但易腐朽、失火，因此人们从生活器具中寻找灵感，采用陶器对木结构加以保护，后来发展起来的建筑基本上延续了陶片同贴面层形成稳定的檐部形式。古希腊人在粗质的石材上涂上一层掺有色彩的大理石岩粉，在白色大理石上烫一种熔有颜料的蜡进行装饰。此时的建筑材料依据作用逐渐区分了类别：坚硬的石材作为主要的建筑结构骨架，支撑起整个建筑空间；易修改的软性材料和彩色材料作为装饰之用，提高了空间的品质和满足了人们生活的追求。庙宇采用围廊式，柱、额坊、檐口的处理决定了其基本面貌，后来作为范例被广泛运用，雅典卫城的帕特农神庙是古希腊时期代表性建筑。

中国建筑材料的发展显得更具多样性。原始社会晚期，在北方我们祖先用黄土凿壁穴居或者用木架和黏土制造出半穴居的建造物，在南方则出现了干栏式木构建筑。进入阶级社会以后，夯土技术逐渐成熟，商代出现了大量土制的宫殿建筑以及陵墓。西周以后，木质结构得到发展，在以后长时期影响着中国建筑的风格。同时瓦开始出现，解决了屋顶的问题，从某个方面看，这与陶瓷的高度发展不无关系。战国时期，夯土技术更加成熟，砖和彩画出现。砖的出现是建筑材料史上一次大的飞跃，而彩画丰富了建筑的艺术性。秦汉时期大兴土木，出现了大规模的宫殿、陵墓以及万里长城和水利枢纽，这一时期的结构技术发展迅速，砖被运用于地面建筑，同时石材的雕刻技术也得到快速发展。三国和魏晋南北朝时期，砖瓦质量明显提高，被大量运用于地面建筑，木质结构技术更加成熟，金属材料也开始用于装饰。唐宋时期是中国古代建筑发展的成熟期，这期间修建了世界最大的城市以及大运河等宏伟工程。建筑材料的发展引领着建筑形式不断向前发展，中国古代建筑材料呈现出多方向发展，不仅有天然石材木材的广泛应用，也有砖瓦等烧制材料的运用，同时建造技术尤其是木结构技术发展较完备。

0.2.2 近现代建筑材料的发展

1824年，英国建筑工人Joseph Aspdin申请了生产波特兰水泥的专利，并于1825年将此项专利大量运用于修建泰晤士隧道工程，这掀开了近代建筑材料发展的新篇章。好的黏结材料一直是制约建筑发展的重要因素，而水泥的产生无疑为这个问题找到了一个突破口，很好地解决了这一难题。而后钢材冶炼技术的不断成熟以及各种高性能钢材的出现，为一些奇特建筑的出现提供了可能。当今建筑朝着规模大、高度高的方向发展，水泥和钢材的诞生可谓功不可没。

我国近现代建筑材料的发展较晚，而且这些发展从某方面来讲都与当时的政治有一定关系。清末时期，鸦片战争打开国门，洋务运动中大力开办工厂，其中就有很多水泥厂，为水泥工业的发展提供了机会。但在抗日战争中，民族工业严重受挫。中华人民共和国成立后，百废待兴，大兴土木，一大批水泥工厂拔地而起，建筑材料的发展迎来了春天，钢铁业也得到了一定发展。尽管钢铁的发展后期走了弯路，但它仍奠定了中国重工业的基础。改革开放之后，冶炼技术随着时代的进步而不断提高，各种新型材料也开始出现，包括有机纤维材料、高强度材料、特殊化学材料等。当今我国建筑材料发展迅猛，在新型材料的研发上不断取得进步。

0.2.3 建筑材料的发展趋势

随着现代社会的发展，人们对土木建筑工程如桥梁、隧道、站场、高层建筑、海港工程等提出了更高的要求，除了高强度以外，还要满足绿色环保、高寿命、低能耗等。在土木工程中建筑材料消耗极大，大自然中的各种资源源源不断地进入建筑材料的生产线，使我们赖以生存的自然环境遭到极大的破坏，各种自然资源和能源面临枯竭，所以如何更有效地利用地球上有限的资源，同时开发新型材料，以适应需求量越来越大的建筑材料市场，减少材料生产和发展对环境造成的破坏，发展绿色无毒、无污染、对人体无害的建筑材料，已成为当今建筑材料行业发展的重要课题和必然趋势。随着社会的发展，可持续发展理念已逐渐深入建筑材料业，不仅材料原有的性能如耐久性能、力学性能等需要得到提高，而且还要求建筑材料在强度、节能、隔声、防水、美观等方面具有多功能的综合，即要求建筑材料同时兼有节能、环保、绿色和健康等特点。

随着科学技术的进步，学科的交叉及多元化产生了新的技术和工艺，这些前沿的技术、工艺越来越多地应用于建筑材料的研制开发中，使得建筑材料的发展日新月异。建筑材料正向着追求功能多样性、全寿命周期经济性以及可循环再生利用等方向发展。展望未来，建筑材料将有以下几种发展趋势。

（1）高性能建筑材料。高性能建筑材料的特点是在多种材料性能方面更为优越，使用时间更长、功能更为强大，能大幅度提高材料的综合经济效益。例如高性能混凝土具有易灌注、易密实、不离析、能长期保持优越的力学性质、早期强度高、韧性好、体积稳定、在恶劣环境下使用寿命长等性能。高性能材料可通过性能优良的高级材料复合来实现，如碳纤维复合材料，另外还包括轻质高强、多功能、高保温性、高耐久性和优质装饰性的材料。应充分利用和发挥材料的各种性能，采取先进技术制造具有特殊功能的复合材料。

（2）绿色健康建筑材料。绿色健康建筑材料指的是对环境能起到有益作用，或在对环境负荷很小的情况下，在使用过程中能满足舒适、健康功能的建筑材料。图 0.3 所示的荷兰 Delfut 大学图书馆便是一栋绿色建筑。绿色健康材料首先要保证其在使用过程中无害，并在此基础上实现其净化及改善环境的功能。根据其作用，绿色健康材料可分为抗菌材料，净化空气材料，防噪声、防辐射材料和产生负离子材料。

目前研究的抗菌产品的类型包括抗菌材料和抗菌剂。抗菌材料的机理是抑制微生物污染。我国在抗菌建筑材料领域已研发了保健抗菌釉面砖、纳米复合耐高温抗菌材料、抗菌卫生瓷和稀土激活保健抗菌净化功能材料等，并制定出台了一系列抗菌材料、抗菌行业标准，如 JC/T 897—2014《抗菌陶瓷制品抗菌性能标准》、JC/T 939—2004《建筑用抗细菌塑料管抗细菌性能标准》等。

（3）节能建筑材料。建筑物的节能是世界各国建筑学、建筑技术、材料学和相应空调技术研究的重点方向。目前我国已经制定出台了相应的建筑节能设计标准，并对建筑物的能耗做出了相应的规定。建筑物的能耗是由室内环境所要求的温度与室外环境温度的差异造成的，因此有效降低建筑物的能耗主要有两种途径：一是改善室内采暖、空调设备的能耗效率；二是增强建筑物围护结构的保温隔热性能，这使建筑节能材料广泛应用于建筑物的围护结构当中。图 0.4 所示的日本多层太阳能住宅就是应用这些途径的一个例子。围护结构包括墙体、门窗及屋面。墙体节能保温材料种类比较多，分为单一材料和复合材料，包括加气混凝土砌块、保温砂浆、聚氨酯泡沫塑料（PUF）、聚苯乙烯泡沫板（PSF）、聚乙烯泡沫塑料（PEF）、硬质聚氨酯防水保温材料、玻璃纤维增强水泥制品（GRC）、外挂保温复合墙、外保温聚苯板复合墙体、膨胀珍珠岩、防水保温双功能板等。门窗节能材料以玻璃和塑铝材料为主，如中空玻璃、塑铝窗、玻璃钢、真空玻璃等。保温材料可采用挤塑式聚苯乙烯板，而挤塑式聚苯乙烯板具有良好的低吸水性（几乎不吸水）、低导热系数、高抗压性和抗老化性，其优良的保温性能具有明显的节约能源作用，是符合环保节能理念的新型保温材料。

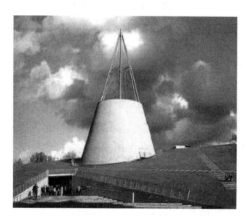

图 0.3　荷兰 Delfut 大学图书馆

图 0.4　日本多层太阳能住宅

（4）全寿命周期经济性建筑材料。建筑材料全寿命周期经济性，是指建筑材料从生产加工、运输、施工、使用到回收全寿命过程的总体经济效益，意在用最低的经济成本达到预期的功能。在此方面，自重轻材料、高性能材料及地产材料是目前的发展趋势。自重轻材料优点很多，由于其自重轻使得材料生产工厂化程度高，并且运输成本低、建造速度快、施工清洁，从全寿命周期角度来看具有很高的经济效益。地产材料是考虑到经济性要求，各地方根据自身实际资源情况选择最适合的建筑材料。如竹材就是一种好的地产材料，它是速生的森林资源，且地域性较强。以竹材为原料结合先进的加工工艺，可制成各种不同性能的板材、方材、型材，如竹纤维模压板、竹塑复合材料已在建筑工程及装饰工程中得到应用。竹材制成的新型建筑材料作为房屋建筑材料及装饰材料具有广阔的应用前景。充分利用地方资源及各种工业生产废弃资源，减少使用天然资源、维护自然环境平衡，是今后建筑材料发展的一大趋势。

总之，建筑材料是随着人类社会生产力的发展和人民生活水平的不断提高而向前发展的。随着社会生产力的进步，对建筑物的规模、质量等方面的要求越来越高，这些要求与建筑材料的性能、数量、质量等有着相互依赖、相互矛盾的关系。建筑材料的生产、使用与科技进步，就是在不断解决这种矛盾。

土木工程材料的发展史依存于我国古代建筑史，并在一定程度上可以看作传统社会文明历史的缩影。问题是时代的声音[1]，我们要增强问题意识，聚焦实践遇到的新问题[2]，不断提出真正解决问题的新理念、新思路、新办法[3]。随着大规模工程的需求增加，建筑技术和材料的迅速发展，诞生了许多新材料，例如新型减水剂。新型减水剂不仅可以节约用水，还可节约水泥，提升混凝土结构的强度，为开发超高强度混凝土提供技术保障和理论支持，并且在一定程度上符合碳达峰、碳中和战略要求。

0.3　建筑材料的技术标准

 想一想

为保证建筑产品的安全及质量，首先要对建筑材料本身的质量进行分类及检验。那么，我国针对建筑材料质量及检验方法有哪些技术标准呢？

建筑材料技术标准，是针对原材料、半产品及成品的质量、规格的检验方法、评定标准及设计规定。建筑材料标准对建筑材料的生产、科研和使用都是必要的。生产厂应在保证产品符合标准的条件下，致力于提高产量、降低成本和产品升级。

1. 技术标准的分类

技术标准按通常分类，可分为基础标准方法和在应用技术等方面做出的规定，具体包括的内容有：原材料、半成品及成品的质量、规格、等级、性质、要求以及检验方法，材料以及产品的应用技术规范，材料生产、产品标准、方法标准等。

（1）基础标准指在一定范围内作为其他标准的基础，并普遍使用的具有广泛指导意义的标准，如GB/T 4131—2014《水泥的命名原则术语》、GB 5348—1985《砖和砌块名词术语》（已作废）等。

（2）产品标准是衡量产品质量好坏的技术依据，如GB 175—2007《通用硅酸盐水泥》、GB 1499.2—2007《钢筋混凝土用钢　第2部分：热轧带肋钢筋》等。

（3）方法标准是指以试验、检查、分析、抽样、统计、计算、测定作业等各种方法为对象制定的标准，如GB/T 17671—1999《水泥胶砂强度检验方法（ISO法）》、GB/T 12573—2008《水泥取样方法》等。

2. 技术标准的分级

建筑材料的技术标准根据发布单位与适用范围，分为国家标准、行业标准（含协会标准）、地方标准和企业标准四级，各级标准分别由相应的标准化管理部门批准并颁布。我国国家市场监督管理总局是国家标准化管理的最高机关。

国家标准和部门行业标准都是全国通用标准。国家标准分为强制性国标（GB）和推荐性国标（GB/T）。强制性标准是国家通过法律的形式明确要求的，对于标准所规定的技术内容和要求必须执行，不允许以任何理由或方式加以违反、变更的标准；推荐性标准又称非强制性标准或自愿性标准，是指在生产、交换、使用等方面，通过经济手段或市场调节而自愿采用的一类标准。行业标准也分强制性标准和推荐性标准。建筑材料技术标准分级如表0-1所列。

---

[1][2][3]党的二十大报告第二条：开辟马克思主义中国化时代化新境界——必须坚持问题导向。

表 0-1　建筑材料技术标准分级

分　级	材料技术标准	发 布 单 位	适 用 范 围
一	国家标准	国家市场监督管理总局	全国
二	行业标准（部颁标准）	中央部委标准机构	全国性的某行业
三	地方标准	省、自治区、直辖市有关部门	本行政区域内
四	企业标准	工厂、公司、院所等单位	本企业内

省、自治区、直辖市有关部门制定的工业产品的安全、卫生要求等地方标准，在本行政区域内是强制性标准。企业生产的产品没有国家标准、行业标准和地方标准的，应制定相应的企业标准作为组织生产的依据。企业标准由企业组织制定，并报请有关主管部门审查备案。我国鼓励企业制定各项技术指标均严于国家、行业、地方标准的企业标准在内部使用。

　　3. 建筑材料标准的表示方法

建筑材料标准的表示方法，系由标准名称、部门代号、编号和批准年份等组成。其中名称反映该标准的主要内容，以汉字表示；代号反映该标准的等级或发布单位，用汉语拼音表示；编号表示标准的顺序号；批准年份（颁布年份）用年份的阿拉伯数字表示。

例如 GB 175—2007《通用硅酸盐水泥》的部门代号为 GB，表示其为中华人民共和国国家强制性标准；175 为标准的顺序号，表示国家标准 175 号；2007 为批准年代号，表示 2007 年颁布执行。此标准的内容是硅酸盐水泥和普通硅酸盐水泥。

又如 GB/T 8074—2008《水泥比表面积测定方法　勃氏法》的部门代号为 GB/T，表示其为中华人民共和国推荐性国家标准；8074 为标准的顺序号；2008 为批准年代号，表示 2008 年颁布执行。此标准的内容是水泥比表面积测定方法（勃氏法）。

再如 JC 862—2000《粉煤灰小型空心砌块》的部门代号为 JC，表示其为中华人民共和国建筑材料行业标准；862 为标准的顺序号；批准年份为 2000 年。此标准的内容是粉煤灰小型空心砌块，但该标准已作废，被 JC/T 862—2008 所代替。

常见的建筑材料标准代号含义如下。

GB——中华人民共和国国家标准；

GBJ——国家工程建设标准；

GB/T——中华人民共和国推荐性国家标准；

ZB——中华人民共和国专业标准；

ZB/T——中华人民共和国推荐性专业标准；

JC——中华人民共和国建筑材料行业标准；

JC/T——中华人民共和国建筑材料行业推荐性标准；

JGJ——中华人民共和国建筑工程行业标准；

YB——中华人民共和国冶金行业标准；

SL——中华人民共和国水利行业标准；

CECS——中国工程建设标准化协会标准；

JJG——国家计量局计量检定规程；

DB——地方标准；

Q/××——××企业标准。

各个国家均有自己的国家标准，如"ASTM"代表美国国家标准、"JIS"代表日本国家标准、"BS"代表英国国家标准、"STAS"代表罗马尼亚国家标准、"MSZ"代表匈牙利国家标准等。另外在世界范围内统一执行的标准称为国际标准，其代号为"ISO"。我国是国际标准化协会成员国，当前我国各项技术标准都努力向国际标准靠拢，以便于科学技术的交流与提高。技术标准是每一位从业者都必须遵守执行的行为规范和准则，从业者可以是执行人，也可以是制定人。党的二十大报告提出，要稳步扩大规则、规制、管理、标准等制度型开放。目前，国内生产的土木工程材料常常由于达不到或者与国际标准不符而难以出口。因此，要不断学习先进的土木工程材料知识，开发新材料、新技术，引领行业发展，掌握发展先机和主动权；要不断进取，勇攀高峰，未来为国家做出重大贡献。

0.4 本课程的目的与学习方法

 想一想

前面讲了建筑材料的发展、分类及技术标准。那具体说来，我们学习这门课程的目的是什么？针对这门课程的特点，应该如何学习呢？

1．"建筑材料"的课程目的

"建筑材料"是工程类专业一门实践性极强的技术基础课，是通往其他专业课程的桥梁，也是决定学生专业面宽窄和工作适应性的关键因素。学习本课程的目的是通过课堂教学，结合现行的技术标准和相关试验，掌握土木建筑材料的性能及合理使用，为学习建筑设计、建筑施工和结构设计等专业课程提供关于建筑材料方面的知识，为今后从事专业技术工作时合理选择和使用建筑材料打下基础。

2．"建筑材料"课程的特点

1）内容的多样性与复杂性

本课程概念多、涉及的材料多，叙述性内容及经验性内容丰富，综合性强，相应知识面很广，其中包括几十类上百种的材料，如无机非金属材料里就包含了砖石材料、胶凝材料、混凝土、砂浆等，除此之外还有金属材料、有机材料以及复合材料等，内容极为繁杂。

2）内容的非系统性

本课程主要内容是对各类材料和工程密切相关的一些试验资料和相关实践经验的总结，理论分析、计算部分较少，但涉及的材料和相应内容众多，各类材料自成体系，几乎没有什么联系，知识点极为分散，缺乏系统性、连续性，所以需要认真学习、记忆，分别掌握。

3）多学科交叉性

"建筑材料"是一门研究建筑材料组成、结构、性质、生产、加工、使用、维护保养及质量检验等内容的综合性学科，是多学科交叉的一门科学，在学习时不仅要求获得有关建筑材料的技术性质、基本的应用知识和必要的基础理论，还要求与实际工程紧密结合，为今后从事土木工程建设打下良好的基础。

3．"建筑材料"课程的学习方法

在本课程的学习过程中，首先要明确这门课程的重要性，树立重视的态度，了解建筑材料在实践中的地位；其次针对"建筑材料"内容复杂多样且缺乏系统性的特点，要注意了解事物的本质和内在联系，不仅要明确各种材料具有哪些性质、哪些表象，更重要的是了解这些性质的内在原因和这些表象及性质之间的相互关系，如同一类属的不同品种的材料，不仅要学习其共性，更要清楚地了解它们各自的特性及导致这些特性的原因；最后对"建筑材料"课程的学习还应进行必要的试验，以验证基本理论，学习试验方法和技术，了解试验条件对结果的影响，并对试验结果做出正确的分析和判断。总之，要激发学习这门课的动力和兴趣，在课堂上积极响应教师的互动，提高听课效率，尽量当堂消化本节课的内容，课后认真复习，发挥学习的主观能动性，给自己树立一个更大更广阔的思维空间，并把所学习的建筑材料方面的知识应用到建筑实践中。只有抓住了这些要点，才能学以致用。

模块小结

　　本模块在概述建筑与建筑材料关系的基础上，论述了建筑材料的发展历程及趋势，介绍了建筑材料质量及检测应遵循的技术标准，并归纳了本课程的特点及学习方法。"建筑材料"是一门综合性学科，在学习时不仅要求获得有关建筑材料的技术性质、应用知识和必要的基础理论，还要求与实际工程的紧密结合性，为今后从事土木工程建设打下良好的基础。

复习思考题

　　1. 建筑材料的定义是什么？简述对其常用的分类方式。

　　2. 建筑材料的技术标准如何分级？

　　3. 什么是强制性国家标准？什么是推荐性国家标准？

　　4. 简述建筑材料标准的表示方法。

【模块0课后
习题自测】

模块1
土木工程材料基本性质

 **教学目标**

知识模块	知识目标	权重
基本组成、结构及构造	理解材料组成、结构及构造特点	20%
基本物理性质	掌握材料的密度及其与水、热工有关的物理性质	30%
基本力学性质	熟练掌握强度，弹、塑性，脆性、韧性等常见材料的力学性质参数	35%
耐久性	掌握物理、化学、生物因素与耐久性评定指标的关联	15%

 技能目标

　　要求清楚了解土木工程材料与建筑构造物的关系，熟悉土木工程材料的分类、组成和结构特点，掌握其基本物理、力学性质；掌握材料耐久性和材料本身组成、结构、性能之间的关联，并能够运用材料基本性质方面的特点对工程实践中的一些具体问题进行分析。

引例

　　某市三年前以水泥混凝土现场浇筑了过道屋面，工程竣工后不久发现有不规则的小裂缝，又经过一年多，裂缝处增大渗漏，此后该混凝土部分已剥落并露出整齐的石子和锈蚀的钢筋。为什么该混凝土寿命如此之短？

　　经过对该屋面混凝土的配制情况进行调查分析后，得知该混凝土所用的石子粒径级配不合理。当时为现场施工搅拌，水泥及水的用量均比较高，完工后出现较多的干缩裂缝，此外混凝土上未加防水层，在日晒雨淋作用下裂缝扩展，有利于水的渗入，而水的渗入致使钢筋生锈，产生膨胀，又进一步扩展了裂缝，破坏了混凝土，这样就形成了恶性循环，导致其寿命短。

　　那么土木工程材料的组成是如何影响到该材料力学性质和变形性的？材料的力学性质及变形性又会对材料的耐久性带来什么样的变化？让我们一起进入土木工程材料基本性质的学习中。

1.1 材料的组成、结构及构造

 想一想

哈利法塔原名迪拜塔，是目前世界第一高楼与人工构造物。塔高 828m，楼层总数 162 层，造价 15 亿美元，该塔建造过程中总共使用 33 万立方米混凝土、6.2 万吨强化钢筋、14.2 万平方米玻璃，这些不同的土木工程材料的使用带来了建筑史上一段传奇。那么，为什么会有形态、性质千差万别的土木工程材料供设计施工选择？这些土木工程材料的组成、结构及构造又有哪些特点呢？

材料是构成土木工程的物质基础，其处于建（构）筑物的不同部位和不同的使用环境，不同的使用功能对材料性质要求也不同，如板、梁、柱以及承重墙体主要承受各种荷载作用，屋面、墙面要承受外界环境的侵蚀和起到保温、防水等作用。为了保证工程结构的使用功能、耐久性和安全性，土木工程材料应具有抵御上述各方面不良影响的性质，这些性质归纳起来，包括材料的物理性质、力学性质和耐久性。

1.1.1 材料的组成

材料的组成是指构成该材料的成分，它不仅影响材料的化学性质，而且是决定材料物理力学性质的重要因素。具体说来，材料的组成包括材料的化学组成、矿物组成和相组成。

1. 化学组成

化学组成是指构成材料的化学元素及化合物的种类与数量。材料在各种化学作用下表现出的性质，都是由其化学组成所决定的。

2. 矿物组成

矿物组成是指构成材料的矿物种类和数量比例关系。某些材料如天然石材、无机胶凝材料，其矿物组成是在其化学组成确定的条件下决定其性能的主要因素。

3. 相组成

材料中性质相同、结构相近的均匀部分称为相。自然界中的物质，可分为气相、液相、固相三种形态。对材料而言，同种化学物质由于加工工艺不同，温度、压力等环境条件不同，可形成不同的相。在土木工程材料中，如混凝土是由骨料颗粒（分散相）分散在水泥浆（基相）中硬化而成的两相复合材料。可通过改变和控制有关的相组成和界面特性，来改善和提高材料的技术性能。

1.1.2 材料的结构

材料的结构也是决定材料性能的重要因素，具体可分为宏观结构、亚微观结构和微观结构。

1. 宏观结构

材料的宏观结构是指用肉眼能观察到的外部和内部的结构，其尺寸在 10^{-3} m 以上。土木工程材料常见的宏观结构，按孔隙特征可以分为以下几类。

（1）密实结构。密实结构的材料内部基本无孔隙，结构致密，如图 1.1(a) 所示。这类材料的特点是强度和硬度较高，吸水性小，抗渗性、抗冻性及耐磨性较好，而绝热性差，如钢材、天然石材、玻璃钢等。

（2）多孔结构。多孔结构材料其内部存在大体上均匀分布的、独立或部分相通的孔隙，孔隙率较高，其孔隙又有大孔和微孔之分。具有多孔结构的材料，其性质决定于孔隙的特征、多少、大小及分布情况，一般来说这类材料的强度较低，抗渗性和抗冻性较差，绝热性则较好，如加气混凝土、石膏制品、烧结普通砖等，如图1.1（b）所示。

(a) 密实结构　　　　　　　　　　(b) 多孔结构

图 1.1　按孔隙特征分类

【各种结构土木工程材料】

土木工程材料的宏观结构按构造特征可以分为以下几类。

（1）纤维结构。纤维结构的材料内部组成有方向性，纵向较紧密而横向疏松，组织中存在相当多的孔隙，这类材料的性质具有明显的方向性，一般平行于纤维方向的强度较高，导热性较好。如木材、竹、玻璃纤维、石棉等。

（2）层状结构。层状结构的材料具有叠合结构，是用胶结材料将不同的片材或各向异性的片材胶合成整体，其每一层的材料性质不同，但叠合成层状结构后，整体可获得平面各向同性，更重要的是可以显著提高材料的强度、硬度、绝热性或装饰性等性质，扩大其使用范围，如胶合板、纸面石膏板、塑料贴面板等。

（3）散粒结构。散粒结构指呈松散颗粒状的材料，有密实颗粒与轻质多孔颗粒之分，前者如砂、石子等，因其致密、强度高，适合作混凝土骨料；后者如陶粒、膨胀珍珠岩等，因为具有多孔结构，适合作绝热材料。

（4）纹理结构。天然材料在生长或形成过程中，自然形成一种天然纹理，如木材、大理石、花岗石等板材，或人工制造材料时特意造成纹理，如瓷质彩胎砖、人造花岗石板材等。这些天然或人工造成的纹理，使材料具有良好的装饰性。

2. 亚微观结构

亚微观结构是指用光学显微镜和一般扫描透射仪器所能观察到的结构，介于宏观和微观之间，其尺度范围在 $10^{-3} \sim 10^{-9}$ m。材料的亚微观结构根据其尺度范围，还可分为显微结构和纳米结构，其中显微结构是指用光学显微镜所能观察到的结构，其尺度范围为 $10^{-3} \sim 10^{-7}$ m。土木工程材料的显微结构，应根据具体材料分类研究。对于水泥混凝土，通常是研究水泥石的孔隙结构及界面特性等；对于金属材料，通常是研究其金相组织，即晶界及晶粒尺寸等；对于木材，通常是研究木纤维、管胞、髓线等组织结构。材料在显微结构层次上的差异对材料的性能有着显著的影响，对于土木工程材料而言，从显微结构层次上研究并改善材料性能十分重要。

材料的纳米结构是指一般扫描透射电子显微镜所能观察到的结构，其尺度范围为 $10^{-7} \sim 10^{-9}$ m。由于纳米微粒和固体有小尺寸效应、表面界面效应等基本特性，使得由纳米微粒组成的纳米材料具有许多奇异的物理和化学性能，因而得到了迅速发展，在土木工程中也得到了应用，如磁性液体、纳米涂料等。

通常胶体中的颗粒直径为 1～100nm，其结构是典型的纳米结构。

材料在亚微观结构层次上的各种组织结构的性质和特点各异，它们的特征、数量和分布对土木工程材料的性能有重要的影响。

3．微观结构

微观结构是指基本物相的种类、形态、大小及其分布特征，它与材料的强度、硬度、弹塑性、熔点、导电性、导热性等重要性质有密切的关系。土木工程材料的使用状态均为固体，固体材料的相结构基本上可分为晶体、非晶体两类，不同结构的材料性质明显不同。

1）晶体

构成晶体的质点（原子、离子、分子）按一定的规则在空间呈有规律的排列时所形成的结构称为晶体结构，如图 1.2 所示。晶体具有一定的几何外形，显示各向异性。但实际应用的晶体材料，通常是由许多细小的晶粒杂乱地排列组成，故晶体材料在宏观上显示为各向同性。

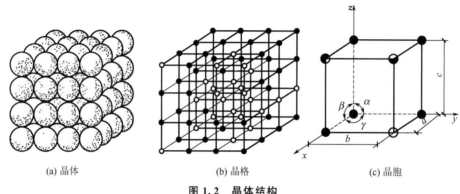

(a) 晶体　　　　　　　　　　(b) 晶格　　　　　　　　　　(c) 晶胞

图 1.2　晶体结构

2）非晶体

非晶体又称无定形物质，是相对晶体而言的。在非晶体中，组成物质的原子和分子之间的空间排列不呈现周期性和平移对称性，其结构完全不具备长程有序，只存在短程有序。非晶体包括玻璃体和胶体等。

（1）玻璃体。将熔融的物质进行迅速冷却（急冷），使其内部质点来不及做有规则的排列便凝固，这时形成的物质结构即为玻璃体。玻璃体具有化学不稳定性，亦即存在化学潜能，在一定的条件下易与其他物质发生化学反应，具有良好的化学活性。如粉煤灰、粒化高炉矿渣、火山灰等均属玻璃体，常被大量用作硅酸盐水泥的掺合料，以改善水泥性质。

（2）胶体。以结构粒径为 10^{-7}～10^{-9} m 的固体颗粒（胶粒）作为分散相，分布在连续相介质中形成分散体系的物质即称为胶体。通常分散粒子带有电荷（正电荷或负电荷），而介质带有相反的电荷，保证胶体具有稳定性。

在胶体结构中，若胶粒较少，液体性质对胶体结构的强度及变形性质的影响较大，这种胶体结构称为溶胶结构；若胶粒较多，胶粒在表面能的作用下发生凝聚作用，或者由于物理、化学作用而使胶粒彼此连接，形成空间网状结构，变形性减小，形成固态、半固态，胶体材料的强度增大，则该胶体结构称为凝胶结构。

胶体结构与晶体和玻璃体结构相比，强度低，变形大。

1.1.3　材料的构造

材料的构造，是指具有特定性质的材料结构单元间互相组合搭配的情况。构造这一概念与结构相比，更强调了相同材料或不同材料间的搭配组合关系，如材料的孔隙，岩石的层理，木材的纹理和疵病等，这些构造的特征、大小、尺寸及形态决定了材料一些特有的性质。若孔隙是开口、细微且连通的，则材料易吸水、吸湿，耐久性较差；若孔隙是封闭的，其吸水性会大大下降，抗渗性就会提高，所以对同种材料来讲，其构造越密实、越均匀，则强度越高，表观密度越大。

1.2　材料的物理性质

 想一想

2014年10月，我国住房和城乡建设部印发了《海绵城市建设技术指南》，就海绵城市在设计过程中可能使用的土木工程材料进行技术分析选择。建设用土木工程材料要与城市所处的地质水文等自然环境因素密切结合、因地制宜，经济高效地形成组合系统，发挥土木工程材料在海绵城市建设方面的优势。那么对于这些土木工程材料而言，具有什么样的物理性质，是我们进行工程建设时选取它的必要条件呢？

1.2.1　密度、表观密度、体积密度和堆积密度

1. 密度

密度是指材料在绝对密实状态下单位体积的质量，按下式计算。

$$\rho = \frac{m}{V} \qquad (1-1)$$

式中　ρ——材料的密度，kg/m³ 或 g/cm³；

　　　m——材料的质量（干燥至恒重），kg 或 g；

　　　V——材料在绝对密实状态下的体积，m³ 或 cm³。

密度是材料基本物理性质之一，与材料其他性质关系密切。除了钢材、玻璃等少数材料外，绝大多数材料内部都有一些孔隙。在测定有孔隙材料（如砖、石等）的密度时，应把材料磨成细粉，干燥后，用李氏瓶测定其绝对密实体积。

另外工程上还经常用到相对密度，旧称比重，是指材料的密度与4℃纯水密度之比。

2. 表观密度

表观密度是指材料在自然状态下单位体积（含材料实体及闭口孔隙体积）的质量，也称视密度，按下式计算。

$$\rho_0 = \frac{m}{V_0} \qquad (1-2)$$

【粗骨料表观密度】

式中　ρ_0——材料的表观密度，kg/m³ 或 g/cm³；

　　　m——材料的质量，kg 或 g；

　　　V_0——材料在包含闭口孔隙条件下（即只含内部闭口孔，不含开口孔）的体积，m³ 或 cm³，如图1.3所示。

通常材料在包含闭口孔隙条件下的体积，采用排液置换法或水中称重法测量。

3. 体积密度

体积密度是指材料在自然状态下单位体积（包括材料实体及其开口孔隙、闭口孔隙）的质量，俗称容重，可按下式计算。

$$\rho' = \frac{m}{V'} \qquad (1-3)$$

式中 ρ'——材料的体积密度，kg/m³ 或 g/cm³；

　　　m——材料的质量，kg 或 g；按有关标准规定，该质量是指自然状态下的气干质量，即将试件置于通风良好的室内存放 7d 后测得的质量；

　　　V'——材料在自然状态下的体积，包括材料实体及内部孔隙（包括开口孔隙和闭口孔隙），m³ 或 cm³，材料体积示意如图 1.3 所示。

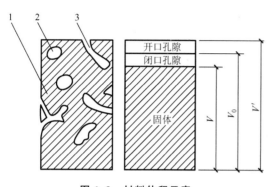

图 1.3　材料体积示意
1—固体；2—闭口孔隙；3—开口孔隙

对于形状规则材料的体积，可用量具测得。例如，加气混凝土砌块可逐块量取长、宽、高三个方向的轴线尺寸，计算其体积。对于形状不规则材料的体积，可用排液法或封蜡排液法测得。

材料的表观体积是包括了内部孔隙的体积。当材料内部孔隙含水时，其质量和体积都会发生变化，故测定体积密度时应注意其含水情况。一般情况下，体积密度是指气干状态下的体积密度，而在烘干状态下的体积密度则称为干体积密度。

4. 堆积密度

堆积密度是指散粒状材料单位堆积体积（含物质颗粒固体及其闭口、开口孔隙体积以及颗粒间空隙体积）的物质颗粒的质量，有干堆积密度及湿堆积密度之分，可按下式计算。

$$\rho_0' = \frac{m}{V_0'} \tag{1-4}$$

式中 ρ_0'——材料的堆积密度，kg/m³ 或 g/cm³；

　　　m——材料的质量，kg 或 g；

　　　V_0'——材料的堆积体积，m³ 或 cm³。

材料的堆积体积，包括材料绝对体积、内部所有孔隙体积和颗粒间的空隙体积。材料的堆积密度，反映了散粒结构材料堆积的紧密程度及材料可能的堆放空间。

需要注意的是，表观密度和堆积密度在现行国家标准和行业标准中的表示符号略有差异，但其定义和公式表达与本教材是一致的。

在土木工程材料的使用中，为了计算材料的用量、构件自身质量、材料的配合比及材料堆放空间，经常需要用到密度、表观密度、体积密度和堆积密度等数据。常用土木工程材料的密度、表观密度和堆积密度见表 1-1。

表 1-1　常用土木工程材料的密度、表观密度和堆积密度　　　　单位：g/cm³

材 料 名 称	密　　度	表 观 密 度	堆 积 密 度
钢	7.85	—	—
水泥	2.80～3.20	—	0.90～1.30
砂	2.66	2.65	1.45～1.65
普通混凝土	2.60	1.95～2.50	—
普通砖	2.60	1.60～1.90	—
松木	1.55	0.40～0.80	—
泡沫塑料	1.0～2.6	0.02～0.05	—

1.2.2 材料的孔隙率和空隙率

1. 孔隙率与密实度

材料的孔隙率是指材料中的孔隙体积占材料自然状态下总体积的百分率，以 P 表示，按下式计算。

$$P=\frac{V_0-V}{V_0}\times100\%=\frac{\rho-\rho_0}{\rho}\times100\% \tag{1-5}$$

密实度是与孔隙率相对应的概念，指材料体积内被固体物质充实的程度，用符号 D 表示，按下式计算。

$$D=\frac{V}{V_0}\times100\%=\frac{\rho_0}{\rho}\times100\% \tag{1-6}$$

孔隙率和密实度从不同侧面反映了材料的致密程度，即 $P+D=1$。

孔隙率的大小直接反映了材料的致密程度。材料的许多性质如强度、热工性质、声学性质、吸水性、吸湿性、抗渗性、抗冻性等都与孔隙相关，不仅与材料的孔隙率大小有关，而且与材料的孔隙特征有关。孔隙特征是指孔的种类（开口孔与闭口孔）、孔径的大小及孔的分布是否均匀等。

一般来说，同一种材料的孔隙率越高，密实度越低，相应地材料的表观密度、体积密度和堆积密度越低，强度也越低。开口孔隙率越高，其耐水性、抗渗性、耐腐蚀性等性能越差；闭口孔隙率越高，材料的保温性能越好。

2. 材料的空隙率与填充率

材料空隙率是指散粒状材料在堆积体积状态下颗粒固体物质间空隙体积（开口孔隙与间隙之和）占堆积体积的百分率，以符号 P' 表示，按下式计算。

$$P'=\frac{V_0'-V_0}{V_0'}\times100\%=\frac{\rho_0-\rho_0'}{\rho_0}\times100\% \tag{1-7}$$

填充率是指散粒状材料在自然堆积状态下，其中的颗粒体积占自然堆积状态下的体积百分率，用符号 D' 表示，按下式计算。

$$D'=\frac{V_0}{V_0'}\times100\%=\frac{\rho_0'}{\rho_0}\times100\% \tag{1-8}$$

空隙率和填充率从两个不同侧面反映了粉状或颗粒状材料的颗粒相互填充的疏密程度，即 $P'+D'=1$。

空隙率的大小直接反映了散粒材料的颗粒互相填充的致密程度，可作为计算混凝土骨料级配和砂率的依据。当计算混凝土中粗骨料的空隙率时，由于混凝土拌合物中的水泥浆能进入石子的开口孔内，开口孔体积也算空隙体积的一部分，因此这时应按石颗粒的表观密度 ρ_0 来计算。

1.2.3 材料与水有关的性质

1. 亲水性与憎水性

当水与材料接触时，在材料、水和空气三相交点处，沿水表面的切线与水和固体接触面所成的夹角 θ 称为润湿角，如图 1.4 所示。θ 越小，浸润性越好，如果该值为零，则表示该材料完全被水所浸润。一般认为，当 $\theta\leqslant90°$ 时，水分子之间的内聚力小于水分子与材料分子间的相互吸引力，这种性质称为材料的亲水性，具有这种性质的材料称为亲水性材料 [图 1.4(a)]；当 $\theta>90°$ 时，水分子之间的内聚力大于水分子与材料分子间的吸引力，则材料表面不会被水浸润，这种性质称为材料的憎水性，具有这种性质的材料称为憎水性材料 [图 1.4(b)]。

【浸润和不浸润】

含有毛细孔的材料，当孔壁表面具有亲水性时，由于毛细作用会自动将水吸入孔隙内，当孔壁表面表现为憎水性时，则需要施加一定压力才能使水进入孔隙内。这一概念也可用于其他液体对固体材料表面浸润情况，相应的称为亲液或憎液材料。

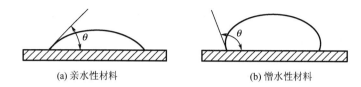

(a) 亲水性材料　　　　　　(b) 憎水性材料

图 1.4　材料的润湿角

土木工程材料中，各种无机胶凝材料、玻璃、陶瓷、金属材料、石材等无机材料和部分木材等为亲水性材料，沥青、油漆、塑料、防水油膏等为憎水性材料。憎水性材料常用作防潮、防水及防腐材料，也可以对亲水性材料进行表面涂覆，以降低亲水性材料与环境中水分的接触。

2. 吸水性与吸湿性

1）吸水性

材料的吸水性是指材料在水中吸收水分的性质。材料吸水饱和时的含水率称为材料的吸水率，有质量吸水率和体积吸水率两种表示方法。

（1）质量吸水率是指材料吸水饱和时，所吸收水分的质量占干燥材料质量的百分数，用下式表示。

$$W_m = \frac{m_b - m_g}{m_g} \times 100\% \tag{1-9}$$

式中　W_m——质量吸水率，%；

　　　m_g——材料在干燥状态下的质量，g；

　　　m_b——材料在吸水饱和状态下的质量，g。

（2）体积吸水率是指材料吸水饱和时，所吸水分的体积占干燥材料体积的百分数，用下式表示。

$$W_v = [(m_b - m_g)/\rho_w]/V_0 \times 100\% \tag{1-10}$$

式中　W_v——体积吸水率，%；

　　　V_0——干燥材料体积，cm³；

　　　ρ_w——水的密度，g/cm³。

材料吸水率的大小不仅取决于材料与水的亲憎性，更取决于材料的孔隙率及孔隙特征。具有细微而连通孔隙且孔隙率大的亲水性材料，吸水率较大；具有粗大孔隙的材料，虽然水分容易渗入，但仅能润湿孔壁表面而不易在孔内存留，因而其吸水率不高；密实材料以及仅有封闭孔隙的材料是不吸水的。各种材料的吸水率相差很大。

材料含水后，其质量增加，强度降低，保温性能下降，抗冻性能变差，有时还会发生明显的体积膨胀。吸水饱和后，吸入水的体积与孔隙体积之比称为饱和系数。

2）吸湿性

材料在潮湿空气中吸收水分的性质称为吸湿性，同样以含水率表示。吸湿作用一般是可逆的，也就是说材料既可吸收空气中的水分，又可向空气中释放水分。

含水率是指材料中所含水的质量与干燥状态下材料的质量之比，按下式计算。

$$W_b = \frac{m_s - m_g}{m_g} \times 100\% \tag{1-11}$$

式中　W_b——材料的含水率，%；

m_g——材料在干燥状态下的质量，g；

m_s——材料在含水状态下的质量，g。

材料的含水率受环境影响，随空气温度和湿度的变化而变化。当材料中的湿度与空气湿度达到平衡时，相应含水率称为平衡含水率。吸湿对材料的性能有显著的影响，如木门、窗在潮湿环境中往往不易开关，就是由于木材吸湿膨胀而引起的，而保温材料在吸湿后导热系数会变大，导致保温性能降低。

影响材料吸湿性的因素较多，除了上面提到的环境温度和湿度的影响外，材料的亲水性、孔隙率与孔隙特征等都对吸湿性有影响。亲水性材料比憎水性材料有更强的吸湿性，材料中孔对吸湿性的影响与其对吸水性的影响相似。

3. 耐水性

材料抵抗水的破坏作用的能力，称为材料的耐水性。广义的耐水性，包括在水作用下发生的力学性质、光学性质、装饰性质等多方面性质的劣化作用；狭义的耐水性，是指材料长期在水作用下结构不破坏而且强度也不显著降低的性质。

一般材料含水后，由于材料表面张力的作用，会在材料表面定向吸附，产生劈裂破坏作用，导致材料强度呈现不同程度的降低；同时水分子进入材料内部后，某些材料会出现吸水体积膨胀，从而导致材料开裂破坏；此外，材料内部某些可溶物将发生溶解，导致材料孔隙率增加，进而降低材料的强度。因此，一般材料遇水后，强度都会有不同程度的降低，即使致密度很高的岩石也要受影响，而普通烧结黏土砖、木材等遇水后其强度会受到相当大的影响。材料耐水性用软化系数 K_R 表示，按下式计算。

$$K_R = f_b / f_g \tag{1-12}$$

式中　f_b——材料在吸水饱和状态下的抗压强度，MPa；

f_g——材料在干燥状态下的抗压强度，MPa。

材料的软化系数范围波动在 0～1 之间，软化系数越小，说明材料吸水饱和后的强度降低得越大。通常将软化系数大于 0.85 的材料看作是耐水材料。软化系数的大小，对在潮湿环境中或水中使用的土木工程材料来说，是成为选择该材料与否的重要依据。受水浸泡或长期处于潮湿环境的重要建筑物或构筑物，所用材料的软化系数不应低于 0.85。

4. 抗渗性

抗渗性是指材料抵抗压力水渗透的性质，常用渗透系数或抗渗等级来表示。渗透系数按下式计算。

$$K_S = Qd / (AtH) \tag{1-13}$$

式中　K_S——渗透系数，cm/h；

Q——透水量，cm^3；

d——试件厚度，cm；

A——透水面积，cm^2；

t——渗透时间，h；

H——水头高度，cm。

渗透系数 K_S 的物理意义是：一定时间内，在一定的水压作用下，单位厚度的材料在单位截面面积上的透水量。渗透系数越小的材料，其抗渗性越好。

抗渗等级常用于混凝土和砂浆等材料评估，是指在规定试验条件下，该材料所能承受的最大水压力，常用抗渗等级 P 表示为

$$P = 10H - 1 \tag{1-14}$$

式中　H——试件开始渗水时的水压力，MPa。

抗渗等级常写为 Pn，如 P4、P6、P8 等，分别表示材料能承受 0.4MPa、0.6MPa、0.8MPa 的水压力而不渗水。

材料抗渗性的好坏，与材料的孔隙率和孔隙特征有密切关系。材料越密实、闭口孔越多、孔径越小，就越难渗水；具有较大孔隙率且孔连通、孔径较大的材料，其抗渗性较差。

5. 抗冻性

抗冻性是指材料在吸水饱和状态下，能经受多次冻结和融化作用（冻融循环）而不破坏、强度又不显著降低的性质。

材料的抗冻性用抗冻等级表示。抗冻等级代表吸水饱和后的材料经过规定的冻融循环次数后，其试件的质量损失或相对动弹性模量下降符合有关标准规范的规定值。

混凝土的抗冻等级以符号 F 表示，后面带上可经受冻融循环次数的数字，记为 F50、F100、F200、F500 等。如 F100 表示所能承受的最大冻融循环次数不少于 100 次，试件的相对动弹性模量下降应不超出 60% 或质量损失不超过 5%。

材料在吸水后，如果在负温下受冻，水在材料毛细孔内结冰，体积膨胀约达 9%，则冰的冻胀压力将带来材料的内应力，使材料遭到局部破坏。随着冻结和融化的循环进行，冰冻对材料的破坏作用会逐步加剧，这种破坏称为冻融破坏。

材料的抗冻性与强度、孔隙率大小及特征、含水率等因素有关。材料强度越高，抗冻性越好，而孔对抗冻性的影响与其对抗渗性的影响相似。当材料孔隙吸水后还有一定的空间，含水未达到饱和时，可缓解冰冻的破坏作用。

1.2.4 材料的热工性质

土木工程材料除了要满足必要的强度和其他性能要求外，为了节约土建结构物的使用能耗和提供生产生活适宜条件，常常要求土木工程材料具有一定的热工性质，以维持室内温度。常用的表示材料热工性质的参数有导热性、比热容、热容量等。

1. 热容量和比热容

材料的热容量是指材料在温度变化时吸收和放出热量的能力，可用下式表示。

$$Q = cm(T_2 - T_1) \tag{1-15}$$

式中　Q——材料的热容量，kJ；

　　　m——材料的质量，kg；

$T_2 - T_1$——材料受热或冷却前后的温度差，K；

　　　c——材料的比热容，kJ/(kg·K)。

材料比热容的物理意义，是指 1kg 重的材料，在温度每改变 1K 时所吸收或放出的热量，用公式表示为

$$c = \frac{Q}{m(T_2 - T_1)} \tag{1-16}$$

材料的导热系数和热容量是设计建筑物围护结构（墙体、屋盖）进行热工计算时的重要参数，设计时应选用导热系数较小而热容量较大的土木工程材料，以使建筑物保持室内温度的稳定性。导热系数也是工业窑炉热工计算和确定冷藏库绝热层厚度的重要数据。

2. 导热性

当材料两侧存在温度差时，热量将由温度高的一侧通过材料传递到温度低的一侧，材料的这种传导热量的能力称为导热性。

【导热测定方法】

材料的导热性可用导热系数来表示。导热系数的物理意义是：厚度 1m 的材料，当温度每改变 1K 时在 1s 时间内通过 1m² 面积的热量，用公式表示为

$$\lambda = \frac{Q\delta}{At(T_2 - T_1)}$$

(1-17)

式中　λ——材料的导热系数，$W/(m \cdot K)$；

　　　Q——传导的热量，J；

　　　δ——材料的厚度，m；

　　　A——材料传热的面积，m^2；

　　　t——热传导时间，s；

$T_2 - T_1$——材料两侧温度差，K。

材料的导热系数越小，表示其绝热性能越好。各种材料的导热系数差别很大，工程中通常把 $\lambda < 0.175 W/(m \cdot K)$ 的材料称为绝热材料。常用土木工程材料的热工性质指标见表 1-2。

表 1-2　常用土木工程材料的热工性质指标

材　料	导热系数 /[W/(m·K)]	比热容 /[J/(g·K)]	材　料	导热系数 /[W/(m·K)]	比热容 /[J/(g·K)]
铜	370	0.38	泡沫塑料	0.03	1.70
钢	58	0.46	水	0.58	4.20
普通混凝土	1.80	0.88	冰	2.20	2.05
普通黏土砖	0.57	0.84	密闭空气	0.023	1.00
松木（顺纹）	0.35	2.50	石膏板	0.30	1.10

材料的组成和结构决定了材料的导热系数，该值一般而言，金属材料＞无机非金属材料＞有机材料，晶体材料＞非晶体材料。材料的导热系数与材料的孔隙构造有密切关系，由于密闭空气导热系数很小，所以材料的孔隙率较大者其导热系数较小，但如果孔隙粗大或贯通，由于对流作用的影响，材料的导热系数反而会增大，另外，材料在受潮或受冻后其导热系数也会大大提高，这是由于水和冰的导热系数比空气高，因此绝热材料应长期处于干燥状态，以保持其绝热效能。

3. 耐燃性

材料对火焰和高温的抵抗能力称为材料的耐燃性，是影响建筑物防火性能、建筑结构耐火等级的一项因素。由此出发，可把土木工程材料分为以下三类。

（1）非燃烧材料：在空气中受到火烧或高温高热作用时不起火、不碳化、不微燃的材料，如钢铁、砖、石等。用非燃烧材料制作的构件，称为非燃烧体。钢铁、铝、玻璃等材料受到火烧或高热作用时会发生变形、熔融，所以虽然是非燃烧材料，都不是耐火材料。

（2）难燃材料：在空气中受到火烧或高温高热作用时难起火、难微燃、难碳化，且当火源移走后，已有的燃烧或微燃立即停止的材料，如经过防火处理的木材和刨花板。

（3）可燃材料：在空气中受到火烧或高温高热作用时立即起火或微燃，且火源移走后仍继续燃烧的材料，如木材。用这种材料制作的构件，称为燃烧体，使用时应做防燃处理。

GB 8624—2012《建筑材料及制品燃烧性能分级》将建筑材料及建筑用制品划分为四个等级：A 级为不燃材料（制品），B1 级为难燃材料（制品），B2 级为可燃材料（制品），B3 级为易燃材料（制品）。通过燃烧性能等级判断对建筑材料及制品进行分类。

【应用案例 1-1】 新建房屋墙体保温性相对较差的现象：新建房屋的墙体保温性能要较使用或居住一段时间后已经干燥的墙体要差，尤其是在冬季，这种差异更加明显。请问原因何在？

解析： 新建房屋的墙体材料未完全干燥，构成墙体的土木工程材料内部孔隙中含有较多的水分，水的导热系数是 0.58W/(m·K)。相比之下，干燥墙体的材料内部孔隙被空气所填充，而空气的导热系数只有 0.023W/(m·K)，两种导热系数相差近 25 倍，导热系数越小保温性能越好，因此干燥墙体具有良好的保温性能。另外，在冬季孔隙中的水结冰后，导热系数会更高，冰的导热系数是 2.3W/(m·K)，是空气导热系数的 100 倍，导致墙体保温性能更差。

1.3 材料的力学性质

? 想一想

材料的力学性能是材料力学性质的综合体现，表现为外力作用下材料的宏观性能行为，是确定各种工程设计参数的主要依据。力学性能的评价是依据现行国家（行业）标准，制备符合标准要求的试样，并按规定的试验方法和程序进行测定，以评价材料力学性质的优劣。那么材料的力学性质有哪些？可以通过什么样的性能参数反映出材料本身的特性呢？

1.3.1 材料的强度

强度是指材料在外力作用下抵抗破坏的能力。当材料承受外力作用时，内部就产生应力，外力逐渐增加，应力也相应加大，直到质点间的作用力不能再承受时，材料即破坏。此时的极限应力值就是材料的强度。

根据外力作用方式的不同（图 1.5），材料强度有抗压强度、抗拉强度、抗弯强度及抗剪强度等参数，其中材料的抗压强度、抗拉强度及抗剪强度可按下式计算。

$$f = F/A \qquad (1-18)$$

式中　f——材料强度，MPa；

　　　F——破坏时对应的最大荷载，N；

　　　A——受力截面面积，mm^2。

材料的抗弯强度与受力情况有关，当外力是作用于构件中央一点的集中荷载，且构件有两个支点、材料截面为矩形时，抗弯强度按下式计算。

$$f_m = 3FL/(2bh^2) \qquad (1-19)$$

式中　f_m——材料抗弯强度，MPa；

　　　F——材料所受的荷载，N；

　　　L——两支点间距离，mm；

　　　b——试件截面宽度，mm；

　　　h——试件截面高度，mm。

材料的强度与其组成和构造有关。不同种类的材料具有不同的抵抗外力作用的能力，即使为相同种类的材料，由于其内部构造不同，强度也有很大差异。通常孔隙率越大，材料强度越低。

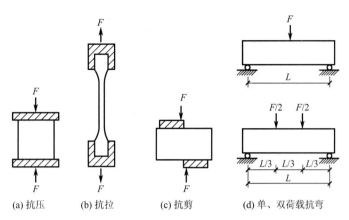

(a) 抗压　　(b) 抗拉　　(c) 抗剪　　(d) 单、双荷载抗弯

图 1.5　材料受力示意

同种材料抵抗不同类型外力作用的能力并不相同，不同结构各个方向的性质也不同，导致材料的强度差异很大。例如砖、石材、混凝土和铸铁等材料的抗压强度较高，而其抗拉及抗弯强度很低，钢材的抗拉、抗压强度都很高，等等。另外，试验条件等因素的不同，会对材料强度的测试结果产生较大影响。常用材料的强度值见表 1-3。

表 1-3　常用材料的强度值　　单位：MPa

材　料	抗压强度	抗拉强度	抗弯强度
建筑钢材	240～1500	240～1500	—
混凝土	10～100	1～8	3～10
普通黏土砖	10～30	—	2.6～5.0
花岗岩	100～250	5～8	10～14
松木（顺纹）	30～50	80～120	60～100

大部分土木工程材料，是根据其强度大小划分为若干等级，即材料的强度等级。这对掌握材料性质、合理选用材料、正确进行设计和控制工程质量都是非常重要的。强度是结构材料性能研究的主要内容。

不同强度材料的比较可以采用比强度指标，比强度是指材料强度与其表观密度之比，反映了单位体积质量的材料强度，是评价材料是否为轻质高强的指标。材料比强度越大，就越轻质高强。

【应用案例 1-2】 在进行钢材、混凝土等土木工程材料的强度测试时，人们会观测到如下现象：对同一试件，加载速度较快时，所测强度试验数值也较高。请分析原因。

解析： 土木工程材料的强度除了与其组成、结构有关外，还与材料生产工艺因素和试验因素有关，其中试验因素包括加载速度、温度、试件大小和形状、表面状态等。当加载速度过快时，荷载的增长速度大于材料裂缝的扩展速度，测出的数值就会偏高。为此在进行材料强度试验时，通常都会规定材料的加载速度范围。

1.3.2　弹性和塑性

1. 弹性和弹性变形

弹性是指材料在外力作用下产生变形，当外力取消后，能够完全恢复原来形状的性质。这种可完全恢复的变形称为弹性变形，属于可逆变形。弹性变形的变形量与对应的应力大小成正比，其比例系数用弹性模量 E 来表示，按下式计算。

$$E=\sigma/\varepsilon \tag{1-20}$$

式中　σ——材料所受的应力，MPa；

　　　ε——材料在应力σ作用下产生的应变，无量纲。

弹性模量是衡量材料抵抗变形能力的指标之一，是结构设计中的一项重要参数。弹性模量越大，材料在荷载作用下越不易变形。

2. 塑性和塑性变形

塑性是指在外力作用下材料产生变形，外力取消后，仍保持变形后的形状和尺寸。这种不能恢复的变形称为塑性变形，属于不可逆变形。

实际上，完全的弹性材料或完全的塑性材料在现实中是不存在的。土木工程材料在受到外力作用时，会同时发生弹性变形和塑性变形，有的材料在受力不大的情况下表现为弹性变形，但受力超过一定限值后即表现为塑性变形，如钢材；有的材料在受力后，弹性变形及塑性变形同时产生，如果取消外力，其弹性变形部分可以恢复，而塑性变形部分则不能恢复，如混凝土。

1.3.3　脆性和韧性

脆性是指材料在外力作用下，断裂前只发生较小的弹性变形而无明显塑性变形即突然破坏的性质。具有这种性质的材料，称为脆性材料。

脆性材料的抗压强度比其抗拉强度往往要高很多倍，这对承受振动作用和抵抗冲击荷载是不利的，这类材料常用在承受静压力作用的工程部位，如基础、墙体、柱等。常见的脆性材料有石材、陶瓷、玻璃、铸铁、砖等。

【摆锤式一次冲击试验】

韧性是指在冲击或振动荷载作用下，材料能够吸收较大的能量，同时也能产生一定的变形而不破坏的性质。材料的韧性是用冲击试验来检验的，因而又称冲击韧性，可用材料受荷载达到破坏时所吸收的能量来表示。低碳钢、木材、沥青混凝土等属于韧性材料。路面、桥梁、吊车梁以及有抗震要求的结构，都要考虑到材料的韧性。

1.3.4　硬度和耐磨性

（1）硬度是指材料表面抵抗其他物体压入或刻画的能力。金属材料等的硬度常用压入法测定，如布氏硬度法，相关硬度值以单位压痕面积上所受的压力来表示。陶瓷等材料常用刻画法测定其硬度，属于相对硬度，也称莫氏硬度。

一般情况下，硬度大的材料强度高、耐磨性较强，不易加工。工程中有时用硬度来间接推算材料的强度，如回弹法用于测定混凝土表面硬度，可以间接推算混凝土强度。

（2）耐磨性是材料表面抵抗磨损的能力，通常用磨损率K表示为

$$K=(m_0-m_1)/A \tag{1-21}$$

式中　m_0，m_1——磨损前后的质量，g；

　　　A——受损面积，m^2。

材料的耐磨性与材料的组成结构及强度、硬度有关。在土木工程中，道路路面、工业地面、楼梯踏步等易遭受磨损的部位，选择材料时需考虑其耐磨性。

1.4　材料的耐久性与环境协调性

?想一想

港珠澳大桥横跨珠江口伶仃洋海域，是连接香港、珠海、澳门的大型跨海通道工程，其主体工程由水下沉管隧道、海中人工岛、海中桥梁等三种主要结构组成。港珠澳大桥全长约 50km，主体工程"海中桥隧"长 35.578km。八个管段组成一个标准管节，单节段混凝土用量约为 3415m³，混凝土浇筑量大、持续时间长，施工性能要求极高，其中钢筋密集，最小净间距约 60mm，且受多次顶推的影响，故而要求其具有高耐久性、抗渗性、抗裂性和早期强度高等工程特点。那么，土木工程材料的耐久性含义是什么？又该如何进行评价呢？

【港珠澳大桥】

1.4.1　材料的耐久性

材料在长期使用的过程中，受各种内在或外来因素的作用，能保持其原有性能不变、不被破坏的性质，统称耐久性，它是一种复杂、综合的性质。材料在使用过程中，除受到各种外力作用外，还要受到环境中各种自然因素的破坏作用，这些破坏作用可分为物理作用、机械作用、化学作用和生物作用。

耐久性和破坏因素的关系见表 1-4。

表 1-4　耐久性和破坏因素的关系

名　　称	破坏因素分类	破坏因素	评定指标
抗渗性	物理	压力水、静水	抗渗等级
耐磨性	物理	机械力	磨损率
碳化	化学	二氧化碳、水	碳化
化学侵蚀	化学	酸、碱、盐及其溶液	—
钢筋锈蚀	物理、化学	氧气、水、氯离子、电流	点位锈蚀率
抗冻性	物理、化学	水、冻融作用	抗冻等级
老化	化学	阳光、空气、温度、水交替	—
虫蛀	生物	昆虫	—
腐朽	生物	水、氧气、菌类	—

注："—"表示参考强度变化率、开裂情况、变形情况等进行评定。

材料在长期使用过程中的破坏是多方面因素共同作用的结果，即耐久性是一种综合性质，包括抗渗性、抗冻性、耐蚀性、抗老化性、耐热性、耐磨性等。

当然，不同材料有不同的耐久性特点，而不同工程环境对材料的耐久性也有不同的要求。要根据材料所处的结构部位和使用环境等因素，综合考虑其耐久性，并注意其具体包含的特殊性，根据各种材料的耐久性特点合理选用。

1.4.2　材料的环境协调性

土木工程材料是应用最广、用量最大的材料。传统土木工程材料在生产过程中不仅消耗大量的天然

【可再循环、再利用
土木工程材料】

资源和能源，还向大气排放大量的二氧化碳、二氧化硫等有害气体。党的二十大报告中指出，协同推进降碳、减污、扩绿、增长，推进生态优先、节约集约、绿色低碳发展。这是对统筹做好碳达峰碳中和工作提出的明确要求，也是实现"双碳"目标的战略路径和重点任务。某些装饰装修材料在使用过程中会释放有毒有害的挥发物。这些问题对环境造成了很大的影响，长期下去导致的环境负荷会是灾难性的。具有优良环境协调性的材料，对资源和能源消耗少、对生态和环境污染小、再生利用率高或可降解化和可循环利用，而且其从材料制造、使用、废弃直至再生利用的整个寿命周期中，都具有与环境的协调共存性。伴随土木工程的广泛发展和社会观念进步，环境协调性越来越被人重视。

我国于 1994 年设立中国环境标志产品认证委员会，在土木工程材料中首先对水性涂料实行环境标志，制定评定标准。国家制订了《土木工程材料放射性核素限量》（现行版本为 GB 6566—2010）以及关于室内装饰装修材料有害物质限量等多项国家标准，以保障人民群众的身体健康和人身安全，并全面贯彻实施。必须监管土木工程材料中出现的对环境可能造成影响的各种物质，保证土木工程材料使用中尽可能减少对环境和生态的破坏以及对资源的消耗。

【应用案例 1-3】港口码头使用的钢筋混凝土在长期的海水冲蚀下，仅几年就出现了明显的钢筋锈蚀，严重影响到钢筋混凝土的寿命。请分析原因并提出一些防治措施。

解析：海水的侵蚀，主要是钢材表面与周围介质发生作用，导致材料被破坏，这种腐蚀是化学腐蚀和电化学腐蚀两者共同作用的结果。另外，海水中的离子与混凝土中的水化产物也会发生作用，导致混凝土耐久性发生变化，出现体积膨胀、组分流失，从而严重影响钢筋混凝土的寿命。改善措施包括提高混凝土的密实度、使用抗蚀钢筋、涂覆保护层、增加阻锈剂等。

模块小结

本模块在论述土木工程材料的组成、结构、构造的基本概念的基础上，详细分析了构成材料的化学组成、矿物组成和相组成以及材料结构的三个层次，讨论了不同材料、不同结构形式对材料性质带来的重要影响；在介绍材料基本物理性质、与水和热工有关的性质的基础上，详细介绍了材料的各种密度、孔隙率和空隙率、含水率、吸水率、抗渗性、耐水性、抗冻性、热容量、导热性和燃烧等级等的定义；在介绍力学性质的概念基础上，重点分析了材料的强度、弹塑性、脆韧性、硬度和耐磨性对材料性能带来的影响；在介绍耐久性和环境协调性的概念基础上，分析了提高材料耐久性和环境协调性的措施。

复习思考题

一、选择题

1. 对于同一材料，各种密度参数的大小排列为（　　）。

A. 密度＞表观密度＞堆积密度　　　　B. 表观密度＞堆积密度＞密度

C. 堆积密度＞密度＞表观密度　　　　D. 密度＞堆积密度＞表观密度

2. 憎水性材料的润湿角 θ（　　）。

A. ≤90°　　　　　　B. ＞90°　　　　　　C. ＝0°　　　　　　D. 为无关量

3. 当某材料的孔隙率减小时，其吸水率（　　）。

A. 增大　　　　　　B. 不变化　　　　　　C. 减小　　　　　　D. 变化不一定

4. 材料的抗渗性是指材料抵抗（　　）渗透的性质。

A. 水　　　　　　　B. 饱和水　　　　　　C. 压力水　　　　　　D. 潮湿空气

5. 在寒冷地区环境中的结构设计和材料选用，必须考虑材料的（　　）。

A. 吸水性　　　　　B. 耐水性　　　　　　C. 抗渗性　　　　　　D. 抗冻性

6. 关于材料的导热系数，以下（　　）的说法不正确。

A. 表观密度小，导热系数小　　　　　　　B. 含水率高，导热系数大

C. 孔隙不连通，导热系数大　　　　　　　D. 固体比空气导热系数大

7. 对于某材料来说，无论环境怎么变化，其（　　）都是一个定值。

A. 密度　　　　　　B. 表观密度　　　　　C. 导热系数　　　　　D. 平衡含水率

8. 下列材料中，（　　）不属于脆性材料。

A. 烧结普通砖　　　B. 钢材　　　　　　　C. 混凝土　　　　　　D. 石材

二、简答题

1. 试述材料成分、结构和构造对材料性质的影响。

2. 孔隙率及孔隙特征对材料的表观密度、强度、吸水性、抗渗性、抗冻性、导热性等性质有何影响？

3. 材料的耐久性包括哪些内容？

4. 生产材料时，在组成一定的情况下，可采取什么措施来提高材料的强度和耐久性？

【模块1课后
习题自测】

模块2
气硬性胶凝材料

 教学目标

知识模块	知识目标	权重
常用气硬性胶凝材料的原料及生产	了解气硬性胶凝材料的生产及种类	20%
石灰、石膏、水玻璃的水化（熟化）、凝结、硬化的规律	理解常见的石灰、石膏、水玻璃为什么会出现凝结和硬化，以及各自有哪些规律	30%
石灰、石膏、水玻璃的技术性质和用途	掌握常见的气硬性胶凝材料的技术性质	50%

技能目标

要求掌握石灰的特性及应用，熟悉其生产、凝结硬化原理及储运、使用中应注意的问题；掌握石膏及水玻璃的特性和应用，熟悉其生产、凝结硬化原理及储运、使用中应注意的问题。

引例

中国生产石灰的历史至少在千年以上，明朝杰出的政治家和军事家于谦曾写过一首《石灰吟》，以拟人的创作方法，歌颂了石灰的优秀品质和坚贞不屈的精神。由于谦的诗可知，明朝时我国人民已经熟练掌握了利用石灰岩烧制石灰的技术。明末杰出的大旅行家和地理学家徐霞客走遍神州山山岭岭，在其巨著《徐霞客游记》中，最早揭示了我国西南地区的石灰岩地貌，比欧洲人发现石灰岩早一百多年。

胶凝材料分为气硬性胶凝材料和水硬性胶凝材料，目前，石灰作为气硬性胶凝材料在建筑工程中得到了广泛的应用。但在砌筑或抹面工程中，石灰必须充分熟化才能使用，若有未熟化的颗粒（即过火石灰的存在），正常石灰硬化后过火石灰继续发生反应，将产生体积膨胀，导致墙体出现表面开裂和局部脱落的现象。

那么气硬性胶凝材料的组成、结构与性质有何关系? 其在土木工程材料中的应用及发展有哪些? 让我们一起进入土木工程气硬性胶凝材料的学习。

本章主要介绍气硬性胶凝材料中的常用种类: 石灰、石膏、水玻璃的原料及其生产、熟化、凝结、硬化的规律,以及石灰、石膏、水玻璃的技术特性和应用。

2.1 石 灰

 想一想

在某路基施工过程中使用石灰粉煤灰综合稳定碎石(俗称二灰碎石)铺筑。第一天铺筑了500m并且碾压完毕,密实度与平整度都满足要求。但是第二天却发现已摊铺完的基层鼓起了一个个的包,并且不停地冒蒸汽。试分析产生这种现象的原因。

石灰是建筑上使用时间较长、应用较广泛的一种气硬性胶凝材料。由于其原料丰富、生产简便,成本低廉,因此在目前的建筑工程中仍是应用广泛的建筑材料之一。石灰的外观和应用如图2.1所示。

图 2.1 石灰的外观和应用

2.1.1 石灰的生产和种类

石灰的原料是以碳酸钙(CaCO₃)为主要成分的天然矿石,如石灰石、白垩、白云质石灰石等。

将原料在高温下煅烧,即可得到石灰(块状生石灰),其主要成分为氧化钙。在这一反应过程中,由于原料中同时含有一定量的碳酸镁,在高温下会分解为氧化镁和二氧化碳,因此生成物中会有氧化镁存在,其中主要反应如下。

$$CaCO_3 \xrightarrow{900℃} (高温)CaO + CO_2 \uparrow$$

在实际生产中,为加快石灰石的分解,使原料充分煅烧,煅烧温度一般高于900℃,常在1000～1200℃。按氧化镁含量的多少,石灰分为钙质石灰和镁质石灰两类。JC/T 479—2013《建筑生石灰》规定: 生石灰中氧化镁含量≤5%时,称为钙质石灰;氧化镁含量>5%时,称为镁质石灰。

生石灰中常含有欠火石灰和过火石灰,前者降低石灰的利用率,后者则颜色较深、密度较大。

如果煅烧温度过低,煅烧时间不足,或料块过大,则碳酸钙不能完全分解,石灰中含有未烧透的内核,这种石灰即称为欠火石灰;欠火石灰的产浆量较低,有效氧化钙和氧化镁含量低,使用时黏结力不足,质量较差。反之如果煅烧温度过高,煅烧时间过长,则易生成内部结构致密的过火石灰;过火石灰与水反应速度十分缓慢,若将过火石灰用于建筑工程,则其中的细小颗粒可能在石灰浆硬化后才发生水化作用,产生体积膨胀,使已硬化的石灰浆产生崩裂、隆起等现象,严重影响工程的质量。所以在石灰生产中,控制适宜的温度、使用时对过火石灰进行处理等都是十分必要的。

2.1.2 石灰的熟化和硬化

1. 石灰的熟化

石灰的熟化又称消化,是指生石灰与水发生水化反应,生成氢氧化钙的水化过程,其反应式如下。

$$CaO + H_2O \longrightarrow Ca(OH)_2 + 64.9kJ/mol$$

生石灰熟化具有如下特点。

(1)水化放热大,放热速度快。这主要是由生石灰的多孔结构及晶粒细小所决定的。其最初 1h 放出的热量是硅酸盐水泥水化 1d 放出热量的 9 倍。

(2)水化过程中体积膨胀。生石灰在熟化过程中其外观体积可增大 1~2.5 倍。煅烧良好、氧化钙含量高的生石灰,其熟化速度快、放热量大、体积膨胀大。

【过火石灰的危害】

生石灰的熟化主要是通过如下过程来完成的:首先将生石灰块置于化灰池中,加入生石灰量 3~4 倍的水熟化成石灰乳,通过筛网过滤渣子后流入储灰池,经沉淀除去表层多余水分,由此得到的膏状物称为石灰膏,石灰膏含水约 50%,体积密度为 1300~1400kg/m³。一般 1kg 生石灰可熟化成 1.5~3L 的石灰膏。为了消除过火石灰在使用过程中造成的危害,通常将石灰膏在储灰池中存放两周以上,使过火石灰在这段时间内充分熟化,这一过程即称为陈伏。陈伏期间,石灰膏表面应覆盖一层水(也可用细砂)以隔绝空气,防止石灰浆表面碳化,这种方法称为化灰法。

图 2.2 消石灰粉的熟化方法

人工熟化石灰,劳动强度大、劳动条件差,所需时间长,质量也不均一,现在多采用机械方法在工厂中将生石灰熟化成消石灰粉,在工地调水使用。

消石灰粉的熟化方法如图 2.2 所示,每半米高的生石灰块淋适量的水(为生石灰量的 60%~80%),直至数层堆积,经熟化得到的粉状物称为消石灰粉。加水量以消石灰粉略湿但不成团为宜,这种方法称为淋灰法。

消石灰粉在使用以前,也应有类似石灰浆的陈伏时间。

2. 石灰的硬化

石灰浆体在空气中的硬化,是由下列两个同时进行的过程来完成的。

(1)结晶硬化。这一过程也可称为干燥硬化过程,在这一过程中,石灰浆体的水分蒸发,氢氧化钙从饱和溶液中逐渐结晶出来。干燥和结晶使氢氧化钙产生一定的强度。

(2)碳化硬化。氢氧化钙与潮湿空气中的二氧化碳反应,生成碳酸钙晶体而使石灰浆硬化,强度有所提高。石灰的碳化作用在有水分存在的条件下才能进行,反应式如下。

$$Ca(OH)_2 + CO_2 + nH_2O \longrightarrow CaCO_3 + (n+1)H_2O$$

碳化作用实际是二氧化碳与水形成碳酸,然后与氢氧化钙反应生成碳酸钙,所以这个作用不能在没有水分的全干状态下进行。而且碳化作用在长时间内只限于表层,氢氧化钙的结晶作用则主要在内部发生,所以石灰浆体硬化后,是由表里两种不同的晶体组成的。随着时间的延长,表层碳酸钙的厚度逐渐增加，增加的速度显然取决于与空气接触的条件。如深土中的熟石灰硬化特别慢，且经过很长时间，其内部仍为氢氧化钙。

2.1.3　石灰的特性及应用

1.石灰的特性

1）可塑性好

可塑性生石灰消解为石灰浆时生成的氢氧化钙，其颗粒极微细，呈胶体状态，比表面积大，表面吸附了一层较厚的水膜，因此保水性能好，同时水膜层也降低了颗粒间的摩擦力，可塑性增强。

2）硬化较慢且强度低

从石灰浆体的硬化过程可以看出，其碳化甚为缓慢，且表面碳化后，形成紧密外壳，不利于碳化作用的深入，也不利于内部水分的蒸发，因此石灰是硬化缓慢的材料。同时石灰的硬化只能在空气中进行，硬化后强度也不高，通常 1：3 的石灰砂浆，其 28d 的抗压强度只有 0.2～0.5MPa。

3）耐水性差

在石灰硬化体中，大部分仍然是尚未碳化的氢氧化钙，而氢氧化钙是易溶于水的，所以石灰的耐水性较差。

4）硬化时体积收缩大

收缩性石灰在硬化过程中蒸发掉大量水分，引起体积显著收缩，易产生裂纹。因此石灰一般不宜单独使用，通常掺入一定量的骨料（砂）或纤维材料（纸筋、麻刀等）以提高其抗拉强度，抵抗收缩引起的开裂。

5）吸湿性强

块状生石灰在放置过程中，会缓慢吸收空气中的水分而自动熟化成消石灰粉，再与空气中的二氧化碳作用生成碳酸钙，失去胶结能力。

2.石灰的应用

石灰在建筑中的用途很广，分述如下。

【道路施工中路面鼓包的原因】

（1）制作石灰乳涂料和砂浆。将消石灰粉或石灰膏加入多量的水搅拌稀释，成为石灰乳，主要用于内墙和顶棚刷白，我国农村也将其用于外墙。

（2）拌制建筑砂浆。将消石灰粉、砂子、水混合拌制石灰砂浆，或将消石灰粉、水泥、砂、水混合拌制石灰水泥混合砂浆，可用于抹灰或砌筑，后者在建筑工程中用量很大。

（3）拌制三合土和石灰土（灰土）。石灰土（石灰＋黏土）和三合土（石灰＋黏土＋砂石或炉渣、碎渣等填料）的应用，在我国已有数千年的历史，它们可分层夯实，成为灰土墙或广场、道路的垫层和简易面层，如图 2.3 所示。若石灰土中石灰用量增大，则强度和耐水性相应提高，但超过某一用量（视石灰质量和黏土性质而定）后就不再提高了。一般石灰用量为石灰土总质量的 6％～12％或更低。为了方便石灰与黏土等的拌和，易采用磨细生石灰或消石灰粉。磨细生石灰还可使石灰土和三合土有较高的紧密度，因此可得到较高的强度和耐水性。

（4）生产硅酸盐制品。将生石灰粉与含硅材料（砂、炉渣、粉煤灰等）加水拌和，经成型、蒸养或蒸压处理等工序后可制得各种硅酸盐制品，如蒸压灰砂砖、硅酸盐砌块等墙体材料。

硅酸盐制品的主要水化产物是水化硅酸钙，其水化反应如下。

$$Ca(OH)_2 + SiO_2 + H_2O \longrightarrow CaO \cdot SiO_2 \cdot 2H_2O$$

硅酸盐制品按其密实程度，可分为密实（有骨料）和多孔（加气）两类，前者可生产墙板、砌块及

图 2.3　石灰的应用

砌墙砖（如灰砂砖），后者用于生产加气混凝土制品，如轻质墙板、砌块及各种隔热保温制品。

（5）地基加固。对于含水的软弱地基，可以将生石灰块灌入地基的桩孔捣实，利用石灰消化时体积膨胀所产生的巨大压力将土壤挤密，从而使地基获得加固效果，俗称石灰桩。

【应用案例 2－1】 某中学教学楼砖砌墙体采用石灰混合砂浆作内抹面，表层使用乳胶漆饰面。数月后，发现内墙面出现许多面积大小不等（0.5～2.0cm²）的凸鼓，凸起点呈无规则分布，且该现象随后不断加重，较大的凸点将面层顶破而出现裂纹，如图 2.4 所示。

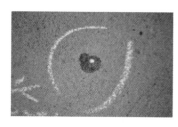

图 2.4　墙面产生的凸鼓爆裂

解析：（1）原因分析。墙体内抹面使用的混合砂浆中存在过火石灰，或者是石灰熟化时陈伏时间较短以及石灰膏的细度太大，使得抹灰后未熟化的石灰继续熟化，产生体积膨胀，造成抹面出现凸鼓裂纹。当砂中含有黏土块或颗粒时，黏土遇水后体积膨胀，也能使砂浆抹面产生凸鼓现象。另外当砖砌墙体基层淋水过多或湿度过大时，水分向外散发过程中形成气泡，也是造成砂浆抹面凸鼓的原因之一。

（2）防治措施包括以下几方面。

① 选用熟化充分的石灰配制抹面砂浆。抹面混合砂浆所用的石灰膏熟化陈伏时间一般不少于 30d，以消除过火石灰后期熟化时的体积膨胀。

② 淋制石灰膏时，选用孔径不大于 3mm×3mm 的滤网进行过滤，并防止黏土等杂质混入化灰池和储灰池中。

③ 选用洁净、级配良好的中砂，麻刀灰中的麻捻应事先晒干打散。按纵横两道工序分层施工，待底灰达 7 成干时，再涂抹罩面灰；当麻刀抹面灰层起泡时，将泡中的气体或水分用铁抹子挤出后再压光。

④ 对已出现的凸鼓部位，先将凸起的浮层和碎屑清除干净，再用聚合物砂浆进行补抹。

2.1.4　石灰的储存和运输

生石灰的吸水、吸湿性强，所以应注意防潮存放，不应与易燃易爆及液体物品共存、同运，以免发生火灾，引起爆炸。另外石灰在存放过程中，极易吸收空气中的水分和二氧化碳，自行消化失去活性，使胶凝性明显降低。因此，过期石灰应重新检验其有效成分含量。石灰不宜储存过久，要做到随到随用，对于石灰膏，可将陈伏期转化为储存期。

　知识链接

石灰用于建筑工程中的陈伏处理

一些石灰石在烧制过程中由于矿石品质的不均匀及温度不均匀，生产的生石灰中可能含有欠火石灰和过火石灰。欠火石灰降低了石灰的利用率，而过火石灰由于其表面常被黏土类杂质融化形成的玻璃釉状物包裹，熟化很慢，因而有可能在实际工程应用中，石灰已经硬化而过火石灰才开始熟化，导致熟石灰体积比生石灰体积大1~2.5倍，引起隆起和开裂。为了消除这一危害，有必要将石灰浆在储存坑中陈伏两星期以上，以等待过火石灰完全"熟化"。

陈伏期间，石灰浆表面应保有一层水分，使其与空气隔绝，以免碳化。

2.2　石　膏

 想一想

石膏胶凝材料是三大胶凝材料之一，其生产只是除去部分或全部二水硫酸钙中的结晶水，因而耗能低，排出的废气是水蒸气。用烧成的建筑石膏为主要原料制成的各种石膏建筑材料，凝结硬化快，生产周期短，因此被公认为一种生态建筑材料或健康建筑材料。那么石膏具有哪些种类，各自的性能又如何呢？

石膏是以 $CaSO_4$ 为主要成分的气硬性胶凝材料，因含结晶水不同，而形成多种性能不同的石膏，主要有建筑石膏（$CaSO_4 \cdot \frac{1}{2}H_2O$）、无水石膏（$CaSO_4$）和生石膏（$CaSO_4 \cdot 2H_2O$），其中建筑石膏及制品具有质量轻、吸声性好、吸湿性好、形体饱满、表面平整细腻、装饰性好和易于加工等优点，因而在建筑中得到广泛的应用。

2.2.1　建筑石膏的生产

将主要成分为二水石膏的生石膏（又称天然石膏）在常压下加热，随着温度的升高，将发生一些变化。当加热温度为65~75℃时，$CaSO_4 \cdot 2H_2O$ 开始脱水，至107~170℃时，生成半水石膏（$CaSO_4 \cdot \frac{1}{2}H_2O$），其反应式为

$$CaSO_4 \cdot 2H_2O \xrightarrow{107\sim170℃} CaSO_4 \cdot \frac{1}{2}H_2O + \frac{3}{2}H_2O$$

在该加热阶段，因加热条件不同，所获得的半水石膏有α型和β型两种形态。若将二水石膏在非密闭的窑炉中加热脱水，得到的是β型半水石膏，称为建筑石膏；建筑石膏的晶粒比较细，其中杂质含量较少、白度较高，常用于制作模型和花饰，也称模型石膏，在工业中用于制作成型的模型。若将二水石膏置于0.13MPa、124℃的过饱和蒸汽条件下蒸炼脱水，或置于某些盐溶液中沸煮，可得到α型半水石膏，称为高强石膏；高强石膏的晶粒比较粗，生成的半水石膏是粗大而密实的晶体，水化后具有较高强度，故而得名。

2.2.2　建筑石膏的水化与硬化

建筑石膏与适量水拌和后形成浆体，然后水分逐渐蒸发，浆体失去可塑性，逐渐形成具有一定强度的固体，这一过程可从水化和硬化两方面分别加以说明。

建筑石膏加水拌和，与水发生水化反应，又还原成二水石膏，相关反应式为

$$CaSO_4 \cdot \frac{1}{2}H_2O + \frac{3}{2}H_2O \longrightarrow CaSO_4 \cdot 2H_2O$$

由于二水石膏在水中的溶解度小于半水石膏，故半水石膏很快在溶液中达到饱和，形成胶体微粒并不断转变为晶体析出；二水石膏的析出破坏了原来半水石膏溶解的平衡状态，这时半水石膏会进一步溶

解，以补偿二水石膏析晶在液相中减少的硫酸钙含量。如此不断进行半水石膏的溶解和二水石膏的析出，直到半水石膏完全水化。同时浆体中的自由水分由于水化和蒸发而不断减少，浆体的稠度不断增加，晶体微粒间的搭接、连生和交错使相互黏结逐步增强，浆体逐步失去可塑性，这个过程称为凝结过程；这一过程不断进行，直至浆体完全失去塑性，产生强度并且干燥，这个过程称为硬化过程。如图2.5所示。

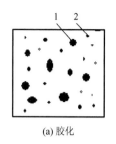 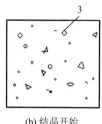 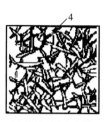

(a) 胶化　　　　　　　(b) 结晶开始　　　　　　(c) 结晶长大与交错

图 2.5　建筑石膏凝结和硬化示意

1—半水石膏；2—二水石膏胶体微粒；3—二水石膏晶体；4—交错的晶体

事实上，石膏的水化、凝结、硬化是一个连续复杂的物理化学变化过程，只是为了便于理解而将其拆为三个过程。石膏从加水开始拌和一直到浆体刚开始失去可塑性的过程，称为浆体的初凝，对应的这段时间称为初凝时间；石膏从加水开始拌和一直到浆体完全失去塑性并逐渐产生强度的过程，称为石膏的硬化，对应的这段时间称为石膏的终凝时间。

2.2.3　石膏的技术要求

根据 GB/T 9776—2008《建筑石膏》的规定，石膏按原材料种类分为天然建筑石膏（代号 N）、脱硫建筑石膏（代号 S）和磷建筑石膏（代号 P）三类；按其凝结时间、细度及强度指标则分为三级，见表 2-1。

表 2-1　建筑石膏的技术指标

技术指标	产品等级	3.0	2.0	1.6
2h 强度/MPa	抗折强度	≥3.0	≥2.0	≥1.6
	抗压强度	≥6.0	≥4.0	≥1.6
细度（0.2mm 方孔筛筛余）		≤10%		
凝结时间/min	初凝时间	≥3		
	终凝时间	≤30		

2.2.4　石膏的性质与应用

【粉刷石膏的施工及注意事项】

1. 建筑石膏的特性

（1）凝结硬化快。建筑石膏一般加水 3～5min 内即可初凝，30min 左右达到终凝，一星期左右能完全硬化。为满足施工操作的要求，往往需掺加适量的缓凝剂，如 0.1%～0.15% 的动物胶或 1% 的亚硫酸纸浆废液，也可掺加 0.1%～0.15% 的硼砂或柠檬酸等。

（2）硬化后体积微膨胀。建筑石膏硬化后一般会产生 0.05%～0.15% 的体积膨胀，使得硬化体表面饱满、尺寸精确、轮廓清晰，干燥时不开裂，有利于制造复杂图案的石膏装饰制品。

（3）孔隙率大、质量轻但强度低。建筑石膏水化的理论需水量为 18.6%，但为了满足施工要求的可塑性，实际加水量为 60%～80%，石膏凝结后多余水分蒸发，导致孔隙率大、质量减轻。但抗压强度也因此下降，一般为 3～5MPa。

（4）具有良好的保温隔热和吸声性能。石膏硬化体中微细的毛细孔隙率高，使其导热系数小，一般为 0.121～0.205W/(m·K)，故隔热保温性能好，是理想的节能材料。同时石膏的大量微孔特别是表面微孔对声音传导或反射的能力也显著下降，使其具有较强的吸声能力。

（5）具有一定的调节温度、湿度的性能。石膏的热容量大，吸湿性强，可均衡调节室内温度和湿度，营造一个怡人的生活和工作环境。

（6）防火性能优良。石膏硬化后的结晶物 $CaSO_4 \cdot 2H_2O$ 遇火时，结晶水蒸发，吸收热量并在表面生成蒸汽幕，因此在火灾发生时，能够有效抑制火焰蔓延和温度的升高。

（7）耐水性差。石膏硬化后孔隙率高，吸水性强，并且二水石膏微溶于水，长期浸水将使其强度下降，所以耐水性差。通常其软化系数为 0.3～0.5。

（8）有良好的装饰性和可加工性。石膏不仅表面光滑饱满，而且质地细腻、颜色洁白，装饰性好。此外，硬化石膏可锯、可钉、可刨，具有良好的加工性。

2. 建筑石膏的应用

石膏具有上述诸多的优良性能，因而是一种良好的建筑功能材料。目前应用较多的是在建筑石膏中掺入各种填料，加工制成各种石膏制品（如纸面石膏板、纤维石膏板、石膏空心板、石膏装饰板、石膏砌块、石膏吊顶等），用于建筑物的内隔墙、墙面和棚顶的装饰装修等，如图 2.6 所示。

由于石膏具有凝结快和体积稳定的特点，因而常用来制作建筑雕塑，此外，建筑石膏也可用于生产水泥和各种硅酸盐建筑制品。

石膏板材作为一种新型墙体材料，其应用也日渐广泛，与传统墙材相比，它在质量轻、美观、防火、抗震、保温隔热、调湿、隔墙占地面积、可施工性和节能

图 2.6　石膏板材的应用

等方面都具有明显的优势，可为墙材改革助一臂之力，为建筑节能增辉添彩。

2.2.5　石膏的储存及运输

石膏在运输储存的过程中应注意防水、防潮。另外长期储存会使石膏的强度下降很多（一般储存三个月后强度会下降 30% 左右），因此建筑石膏不宜长期储存。一旦储存时间过长，应重新检验确定其等级。

【新型石膏板在井道隔墙中的应用】

【应用案例 2-2】石膏粉拌水为一桶石膏浆，用以在光滑的天花板上直接粘贴石膏饰条，前后半小时完工。但几天后最后粘贴的两条石膏饰条突然坠落，请分析原因。

解析：建筑石膏拌水后一般于数分钟至半小时凝结，因而粘贴最后两条石膏饰条的石膏浆已初凝，使其黏结性能差。为此可掺入缓凝剂，延长其凝结时间，或者分多次配制石膏浆，即配即用。

2.3 水　玻　璃

水玻璃可用于建筑物表面，以提高其抗风化能力，加入颜料和填料后，还有装饰作用。此外水玻璃可与多种硫酸盐配制多矾防水剂，掺入水泥浆中用于堵漏、补缝隙等局部抢修，具有速凝和抗渗作用。

为什么水玻璃可以用作装饰涂料，还可以用来堵漏洞呢？让我们一起探讨一下。

2.3.1　水玻璃的组成

水玻璃俗称泡花碱，是由碱金属氧化物和二氧化硅按不同比例化合而成的一种可溶于水的硅酸盐，水玻璃的外观如图 2.7 所示。常用的水玻璃，有硅酸钠水玻璃（钠水玻璃）和硅酸钾水玻璃（钾水玻璃）。水玻璃分子式中，SiO_2 与 Na_2O（或 K_2O）的分子数比值 n 称为水玻璃的模数。水玻璃的模数越大，就越难溶于水，越容易分解硬化，且硬化后黏结力、强度、耐热性与耐酸性越高。

图 2.7　水玻璃的外观

2.3.2　水玻璃的生产

生产水玻璃的方法，有湿法和干法两种。湿法生产硅酸钠水玻璃时，将石英砂和苛性钠溶液在压蒸锅（2～3 标准大气压，1 标准大气压＝$1.01×10^5$ Pa）内用蒸汽加热并搅拌，使其直接反应而形成液体水玻璃。干法（碳酸盐法）生产则是将石英砂和碳酸钠磨细拌匀，在熔炉内于 1300～1400℃ 温度下熔化，按下式反应生成固体水玻璃，然后在水中加热溶解而形成液体水玻璃。

$$Na_2CO_3 + nSiO_2 \longrightarrow Na_2O \cdot nSiO_2 + CO_2 \uparrow$$

二氧化硅和氧化钠的分子比 n 称为水玻璃的模数，一般在 1.5～3.5。固体水玻璃在水中溶解的难易随模数而定。$n=1$ 时能溶解于常温的水中，n 加大后则只能在热水中溶解；当 $n>3$ 时，要在 4 个标准大气压以上的蒸汽中才能溶解。低模数水玻璃的晶体组分较多，黏结能力较差，模数提高时胶体组分相对增多，黏结能力随之增大。

除了液体水玻璃外，尚有不同形状的固体水玻璃，如未经溶解的块状或粒状水玻璃、溶液除去水分后呈粉状的水玻璃等。

液体水玻璃因所含杂质不同，可呈青灰色、绿色或微黄色，以无色透明的液体水玻璃为最好。液体水玻璃可以与水按任意比例混合成不同浓度（或相对密度）的溶液，同一模数的液体水玻璃，其浓度越稠，则相对密度越大，黏结力越强。在液体水玻璃中加入尿素，在不改变其黏度的情况下可提高黏结力25％左右。

2.3.3　水玻璃的硬化

水玻璃在空气中吸收二氧化碳形成无定形的二氧化硅凝胶（又称硅酸凝胶），并逐渐干燥而硬化，其化学反应式为

$$Na_2O \cdot nSiO_2 + CO_2 + mH_2O \longrightarrow Na_2CO_3 + nSiO_2 \cdot mH_2O$$

因为空气中的二氧化碳极少，上述反应过程极慢，为加速硬化，可掺入适量氟硅酸钠促凝剂，其反应式为

$$2(Na_2O \cdot nSiO_2) + mH_2O + Na_2SiF_6 = 6NaF + (2n+1)SiO_2 \cdot mH_2O$$

氟硅酸钠的适宜掺量为12％～15％，掺量少，硬化速度慢，强度低，且未反应的水玻璃易溶于水，导致耐水性差；但掺量过多，会引起凝结硬化过快，不便于施工操作。因此使用时应严格控制掺量，并根据气温、湿度、水玻璃的模数、密度在上述范围内适当调整，即气温高、模数大、密度小时选下限，反之亦然。氟硅酸钠有一定的毒性，操作时要注意安全。

2.3.4　水玻璃的性质及应用

水玻璃能抵抗多数无机酸、有机酸的腐蚀，具有很强的耐酸腐蚀性。另外水玻璃还有良好的耐热性，在高温下不分解，强度不降低甚至还有所增加。

在土木工程中，水玻璃除了用作耐热材料和耐酸材料外，还有以下主要用途。

（1）涂刷建筑材料表面，提高其密实性和抗风化能力。用浸渍法处理多孔材料时，可使其密度和强度提高。常用水将液体水玻璃稀释至相对密度为1.35左右的溶液，多次涂刷或浸渍，对黏土砖、硅酸盐制品、水泥混凝土和石灰石等均有良好的效果。但不能用以涂刷或浸渍石膏制品，因为硅酸钙和硅酸钠会起化学反应而生成硫酸钠，在制品孔隙中结晶后体积显著膨胀，导致制品被破坏。调制液体水玻璃时可加入耐碱颜料和填料，兼有饰面效果。

用液体水玻璃涂刷或浸渍含有石灰的材料，如水泥混凝土和硅酸盐制品时，水玻璃与石灰之间产生如下反应。

$$Na_2O \cdot nSiO_2 + Ca(OH)_2 = Na_2O \cdot (n-1)SiO_2 + CaO \cdot SiO_2 + H_2O$$

生成的硅酸钙胶体填实制品孔隙，使制品的密实度有所提高。

（2）配制防水剂。以水玻璃为基料，加入2～4种矾可配制二矾、三矾或四矾防水剂。四矾防水剂是取蓝矾（硫酸铜）、明矾（钾铝矾）、红矾（重铬酸钾）和紫矾（铝矾）各一份溶于60份100℃的水中，降温至50℃，投入400份水玻璃溶液中，搅拌均匀而制成。这种防水剂凝结迅速一般不超过1min，适用于水泥浆调和，及堵塞漏洞、缝隙等局部抢修工程。因为凝结过速，不宜以之调配水泥防水砂浆用作屋面或地面的刚性防水层。

（3）配制碱矿渣水泥砂浆或混凝土。将水玻璃、粒化高炉矿渣粉、砂（石）和硅酸钠等按适当比例混合，可配制出具有很高早期强度的碱矿渣水泥砂浆或混凝土，用其浇筑的道路、构件等在短短几小时后即可获得50～100MPa的抗压强度。目前碱矿渣水泥的凝结时间已可通过掺入缓凝剂调节，满足不同使用要求。粒化高炉矿渣粉不仅起填充及减少砂浆收缩的作用，而且能与水玻璃产生化学反应，成为提高砂浆强度的一个因素。

（4）用于土壤加固。将模数为2.5～3的液体水玻璃和氯化钙溶液通过金属管轮流向地层压入，两种

溶液发生化学反应后析出硅酸胶体，将土壤颗粒包裹并填实其空隙。硅酸胶体为一种吸水膨胀的果冻状凝胶，因吸收地下水而经常处于膨胀状态，能阻止水分的渗透和使土壤固结。

用这种方法加固的砂土，抗压强度可达 3～6MPa。

【裂缝止水堵漏胶】

（5）水玻璃与促硬剂、耐酸粉、耐酸骨料配合，可制得耐酸砂浆和耐酸混凝土，对于硫酸、盐酸、硝酸等无机酸具有较好的耐腐蚀能力，常用于冶金、化工等行业的防腐工程。

（6）利用水玻璃的耐热性可配制耐热砂浆和耐热混凝土，用于高炉基础、热工设备等耐热工程中。

【应用案例 2-3】某些建筑物的室内墙面装修过程中，我们可以观察到，使用以水玻璃为成膜物质的腻子作为底层涂料时，施工过程中腻子往往散落到铝合金窗上，造成铝合金窗外表形成有损美观的斑迹。试分析原因。

解析：铝合金制品不耐酸碱，而水玻璃呈强碱性。当含碱涂料与铝合金接触时，引起后者表面发生腐蚀反应，锈蚀后形成斑迹。

模 块 小 结

本模块介绍建筑工程中主要应用的气硬性胶凝材料，包括石灰、石膏和水玻璃。

用于制备石灰的原料有石灰石、白云石等，经煅烧得到块状生石灰。块状生石灰经过不同加工，可得到磨细生石灰粉、消石灰粉、石灰膏三种产品。除磨细生石灰粉外，建筑工程中使用的石灰必须通过充分熟化方可使用，以消除过火石灰的危害。石灰浆体的硬化过程非常缓慢。石灰的主要性质是保水性和可塑性好、硬化慢、强度低、耐水性差、硬化时体积收缩大。石灰在建筑上的主要用途是制作石灰乳涂料、配制砂浆、拌制石灰土与三合土、生产硅酸盐制品等。

石膏是一种以硫酸钙为主要成分的气硬性胶凝材料，有着许多优良的建筑性能，如良好的隔热性能、吸声性能、防火性能，装饰性和加工性能亦佳，并具有一定的调温调湿性能，尤其适合作为室内的装饰装修材料，也是一种具有节能意义的新型轻质墙体材料。

建筑上常用的水玻璃为硅酸钠的水溶液。工程中常用的水玻璃模数为 2.6～2.8。水玻璃耐酸性好，可用作耐酸材料；耐热性优良，可用作耐热材料；黏结力大，可用于粘贴等。

复习思考题

一、选择题

1. 水玻璃在空气中硬化很慢，通常要加入促硬剂（　　）才能正常硬化。

A. NaF　　　　　　　　B. Na_2SO_4　　　　　　　C. Na_2SiF_6

2. 下列（　　）工程不适于选用石膏制品。

A. 吊顶材料　　　　　　　　　　　　B. 影剧院的穿孔贴面板

C. 冷库内的墙贴面　　　　　　　　　D. 非承重隔墙板

3. 生石灰使用前的陈伏处理，是为了（　　）。

A. 消除欠火石灰　　　　　　　　　　B. 放出水化热

C. 消除过火石灰危害

4. 建筑石膏凝结硬化时，最主要的特点是（   ）。

A. 体积膨胀大   B. 体积收缩大

C. 放出大量的热   D. 凝结硬化快

5. 由于石灰浆体硬化时（   ），以及硬化强度低等缺点，所以不宜单独使用。

A. 吸水性大   B. 需水量大

C. 体积收缩大   D. 体积膨胀大

6. （   ）在使用时，常加入氟硅酸钠作为促凝剂。

A. 高铝水泥   B. 石灰   C. 石膏   D. 水玻璃

7. 建筑石膏在使用时，通常掺入一定量的动物胶，其目的是（   ）。

A. 缓凝   B. 提高强度   C. 促凝   D. 提高耐久性

8. （   ）在空气中凝结硬化是因受到结晶和碳化两种作用。

A. 石灰浆体   B. 石膏浆体   C. 水玻璃溶液   D. 水泥浆体

二、简答题

1. 生石灰、熟石灰、建筑石膏的主要成分是什么？各有哪些技术性质和用途？

2. 生石灰在熟化时为什么要陈伏？为什么陈伏时需要在其表面保留一层水？

3. 为什么用不耐水的石灰拌制成的石灰土、三合土具有一定的耐水性？

4. 石灰在储存和保管时需要注意哪些方面？

5. 简述水玻璃的应用。

【模块2课后习题自测】

模块3
水泥

**教学目标**

知识模块	知识要点	权重
硅酸盐水泥的生产及其熟料矿物组成	熟料的矿物成分及特性对水泥性能的影响	30%
硅酸盐水泥的水化、凝结硬化及水泥石的结构	水泥的水化反应，凝结硬化过程及机理，影响凝结硬化的主要因素，水泥石的结构及其影响因素	20%
硅酸盐水泥的技术性质及其储存与应用	硅酸盐水泥的主要技术性质、检测方法、物理性质、化学特性及应用	30%
水泥混合材料	混合材料的种类及其对性能的影响	10%
通用硅酸盐水泥、专用水泥、特性水泥及新型水泥	水泥的种类、成分、性能及工程适用性	10%

技能目标

　　了解生产水泥所需原料、生产过程，熟悉水泥矿物成分及特性，水泥的凝结硬化过程及机理，掌握硅酸盐水泥及掺混合材料的硅酸盐水泥的主要技术性质、检测方法、特性及应用。了解水泥的存储、运输、验收保管等要求。通过学习，要求可应用水泥特性正确选择水泥品种和强度等级，并对通用硅酸盐水泥、专用水泥、特性水泥等有所了解。

引例

　　水泥是一种粉末状材料，加适当水调制后，经一系列物理、化学作用，由最初的可塑性浆体变成坚硬的石状体。其具有较高的强度，并能将散状、块状材料黏结成整体。水泥浆体不仅能在空气中凝结硬化，而且能更好地在水中凝结硬化并发展其强度，因而水泥是典型的水硬性胶凝材料。

　　应用水泥制成混凝土已有数千年历史。在公元前5000年，现今的东欧一带就有使用石灰、砂和卵石制成砂浆和混凝土的记载。1980年和1983年，中国考古工作者在甘肃先后发现了两块距今5000多年的混凝土地坪，其使用的胶结材料即是水硬性的，材料强度亦达到11MPa。古罗马在2000年前也使用具有较强水硬性的胶凝材料建造地下水道。然而现代意义上的混凝土技术的形成和飞速发展仅有100多年的历史。

1824年，英国建筑工人Joseph Aspdin发明了水泥并取得了波特兰水泥的专利权。他以石灰石和黏土为原料，按一定比例配合后，在类似于烧石灰的立窑内煅烧成熟料，再经磨细制成水泥。因水泥硬化后的颜色与英格兰岛上波特兰地方用于建筑的石头相似，故而被命名为波特兰水泥。它表现了优良的建筑性能，在水泥史上具有划时代的意义。

20世纪人们在不断改进波特兰水泥性能的同时，研制成功了一批适用于特殊建筑工程的水泥，如高铝水泥、特种水泥等。全世界的水泥品种目前已发展到200多种，研发出了形形色色的新式水泥，如弹性水泥、变色水泥、废渣水泥、夜光水泥、医用水泥、甜水泥、导电水泥及木制水泥等，且水泥的品种还在不断创新，以满足不同工程的需求。

目前水泥的种类很多，按其用途可分为通用硅酸盐水泥、专用水泥和特性水泥。通用硅酸盐水泥为土木工程中一般用途的水泥，如硅酸盐水泥、火山灰质硅酸盐水泥等；专用水泥为有专门用途的水泥，如油井水泥、道路水泥等；特性水泥是指某种性能比较突出的水泥，如快硬硅酸盐水泥、抗硫酸盐硅酸盐水泥、膨胀硫铝酸盐水泥、自应力铝酸盐水泥等。水泥按其化学成分又可分为硅酸盐系列水泥、铝酸盐系列水泥、硫铝酸盐系列水泥、铁铝酸盐系列水泥、氟铝酸盐系列水泥等，目前使用最广泛的为硅酸盐系列水泥。

3.1　硅酸盐水泥

　想一想

在日常生活中，人们都会见到或使用到水泥，那么你对水泥了解吗？从图3.1～图3.3中你能领会水泥是如何生产及使用的吗？

图3.1　水泥厂

图3.2　常见的水泥制品

国家标准GB 175—2007《通用硅酸盐水泥》定义：凡有硅酸盐水泥熟料、含0～5％石灰石或粒化高炉矿渣及适量石膏等规定的混合材料磨细制成的水硬性胶凝材料，称为硅酸盐水泥（国外称之为波特兰水泥）。硅酸盐水泥分为两种类型：不掺加混合材料的为Ⅰ型硅酸盐水泥，用代号P·Ⅰ表示；在硅酸盐水泥粉磨时掺加不超过水泥质量5％的石灰石或粒化高炉矿渣混合材料的为Ⅱ型硅酸盐水泥，代号为P·Ⅱ。根据国家规定，硅酸盐水泥分为42.5、42.5R、52.5、52.5R、62.5、62.5R六个强度等级。硅酸盐水泥是硅酸盐水泥系列的基本品种，其他品种的硅酸盐水泥，都是在硅酸盐水泥熟料的基础上掺入一定量的混合材料制得的。

图 3.3　水泥的使用

3.1.1　硅酸盐水泥生产工艺及其矿物组成

1. 硅酸盐水泥原料及生产

生产硅酸盐水泥的原料主要有石灰质、黏土质两大类，再配以辅助的铁质和硅质校正原料。其中石灰质原料主要提供 CaO，可采用石灰石、石灰质凝灰岩等；黏土质原料主要提供 SiO_2、Al_2O_3 及少量的 Fe_2O_3，可采用黏土、黄土等；铁质校正原料主要补充 Fe_2O_3，可采用铁矿粉、黄铁矿渣等；硅质校正原料主要补充 SiO_2，可采用砂岩、粉砂岩等。

硅酸盐水泥的生产过程，是将原料破碎后，按一定比例配合、混合磨细，配制得到具有适当化学成分的生料，这个过程称为生料的制备；再将生料在水泥窑（回转窑或立窑）中经过 1400～1450℃ 的高温煅烧直至部分熔合，冷却后得到硅酸盐水泥熟料。通常生料在出现液相以前，不会大量生成硅酸三钙。生料经煅烧到达最低共熔温度（一般在煅烧温度 1250℃）后，开始出现液相。液相主要由氧化铁、氧化铝、氧化钙所组成，还可能有氧化镁、碱等其他组分。1280～1450℃ 时液相增多，C_2S 通过液相吸收 CaO 形成 C_3S（C_2S 及 C_3S 含义见下文），直至熟料矿物全部形成，获得以硅酸钙为主要成分的硅酸盐水泥熟料。上述过程称为熟料煅烧。熟料加适量石膏、混合材料共同磨细成粉状的水泥，并包装或散装出厂，即称为水泥制成及出厂。在粉磨水泥时，根据混合材料的种类和掺入量不同，可以生产各类通用水泥。

水泥的生产过程可概括为"两磨一烧"，水泥生产工艺流程如图 3.4 所示。

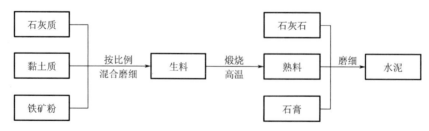

图 3.4　水泥生产工艺流程

煅烧水泥熟料的窑型主要有两类：回转窑和立窑，但技术落后、产品质量差的立窑已逐渐被淘汰。回转窑又包括干法回转窑、湿法回转窑、立波尔窑、悬浮预热器窑和窑外分解窑，其中技术先进的窑外分解窑具有产品质量高、生产规模大、热耗低等优点，因而发展迅速，已逐渐成为目前主要的窑型。

2. 硅酸盐水泥熟料矿物组成及特点

硅酸盐水泥熟料的主要矿物成分有以下四种。

① 硅酸三钙 $3CaO \cdot SiO_2$，简写为 C_3S，含量 36%～60%。

② 硅酸二钙 $2CaO \cdot SiO_2$，简写为 C_2S，含量 15%～38%。

③ 铝酸三钙 $3CaO \cdot Al_2O_3$，简写为 C_3A，含量 6%～15%。

④ 铁铝酸四钙 $4CaO \cdot Al_2O_3 \cdot Fe_2O_3$，简写为 C_4AF，含量 10%～18%。

四种硅酸盐水泥熟料的性质可参考表 3-1。

表 3-1　四种硅酸盐水泥熟料的性质

类别	硅酸三钙	硅酸二钙	铝酸三钙	铁铝酸四钙
性质	水化速度快，水化热大，强度早期放出，后期强度值最高，它主要决定着水泥强度及熟料质量的好坏	水化速度最慢，水化热最小，强度后期放出，是保证后期强度的主要矿物；其耐腐蚀性好	凝结硬化速度最快，水化热最大，且收缩体积最大；强度是早期高、后期低。其耐腐蚀性最差	水化速度也较快，仅次于铝酸三钙，水化热中等，有利于提高水泥抗拉强度

显然在这四种矿物中硅酸三钙和硅酸二钙是主要的，称为硅酸盐矿物，硅酸盐水泥的名称也由此得来。除上述四种矿物外，还有少量在煅烧过程中未反应的氧化钙、氧化镁及含碱矿物等，若这些矿物含量过高，则会引起水泥体积安定性不良等现象，故应加以限制，其总含量一般不超过水泥质量的 5%。

水泥是由多种矿物成分组成的，不同的矿物组成具有不同的特性，改变熟料中矿物成分间的比例，水泥的性质即发生相应的变化，可制成不同性能的水泥。如提高熟料中的硅酸三钙和硅酸二钙的含量，可制得快硬高强水泥；降低硅酸三钙、铝酸三钙的含量，提高硅酸二钙的含量，可以制得水化热低的低热水泥；提高铁铝酸四钙和硅酸三钙的含量，可以制得抗折强度高、抗腐蚀的水泥。

3.1.2　硅酸盐水泥的凝结硬化

1. 水泥的水化反应

由于水泥熟料所含有的各种矿物是在高温且不平衡的条件下形成的，所以其晶体结构发育不完善，对称性低。结构不对称并有大量缺陷的水泥熟料矿物，是水泥具有水化活性、能迅速与水产生化合反应的原因。处于不稳定高能态的各种熟料矿物与水反应，可生成较稳定的低能态的水化产物，该过程总是伴随着放热，即水泥的水化为放热反应。其中主要反应方程式如下。

$$2(3CaO \cdot SiO_2) + 6H_2O \longrightarrow 3CaO \cdot 2SiO_2 \cdot 3H_2O + 3Ca(OH)_2$$

水化硅酸钙　　　氢氧化钙

$$2(2CaO \cdot SiO_2) + 4H_2O \longrightarrow 3CaO \cdot 2SiO_2 \cdot 3H_2O + Ca(OH)_2$$

$$3CaO \cdot Al_2O_3 + 6H_2O \longrightarrow 3CaO \cdot Al_2O_3 \cdot 6H_2O$$

水化铝酸钙

$$4CaO \cdot Al_2O_3 \cdot Fe_2O_3 + 7H_2O \longrightarrow 3CaO \cdot Al_2O_3 \cdot 6H_2O + CaO \cdot Fe_2O_3 \cdot H_2O$$

水化铁酸钙

水化铝酸钙进一步反应，生成难溶的水化硫铝酸钙，又称钙矾石，该反应方程如下。

$$3CaO \cdot Al_2O_3 \cdot 6H_2O + 3(CaSO_4 \cdot 2H_2O) + 19H_2O \longrightarrow 3CaO \cdot Al_2O_3 \cdot 3CaSO_4 \cdot 31H_2O$$

水化硫铝酸钙（钙矾石）

硅酸盐水泥由多种熟料矿物和石膏共同组成，加水后，石膏要溶解于水，C_3A 和 C_2S 很快与水反应。C_3S 水化时析出 $Ca(OH)_2$，故填充在颗粒之间的液相实际上不是纯水，而是充满 Ca^{2+} 和 OH^- 离子的溶液。水泥熟料中的碱也迅速溶于水，因此，水泥的水化在开始之后，基本上是在含碱的氢氧化钙和硫酸钙溶液中进行的，其钙离子浓度取决于 OH^- 离子浓度，OH^- 浓度越高，Ca^{2+} 离子浓度越低，且液相组成的这种变化会反过来影响各熟料的水化速度。石膏的存在可略加速 C_3S 和 C_2S 的水化，并有一部分硫酸盐进入 C—S—H 凝胶；更重要的是，石膏的存在改变了 C_3A 的反应过程，使之形成钙矾石。

综上所述，硅酸盐水泥熟料与水反应之后，主要的水化产物有水化硅酸钙、水化铁酸钙胶体、氢氧化钙、水化铝酸钙和水化硫铝酸钙晶体。在完全水化的水泥石中，水化硅酸钙占 70%，氢氧化钙占 20% 左右，其余产物约占 7%。

2. 硅酸盐水泥的凝结与硬化

1）水泥凝结与硬化反应过程

刚拌和好的水泥浆体既有可塑性，又有流动性，但随着水化时间延长而逐渐减小。在常温下通常加水拌和 2～4h 后水泥浆体的塑性基本丧失，称为初凝，此时水泥浆体加速变硬，但尚没有或者只有很低的强度。水泥浆体完全硬化并产生强度要经过几小时达到终凝后才开始，随着时间推延，水泥浆的塑性逐渐丧失，成为具有一定强度的固体，这一过程即称为水泥的凝结硬化。

凝结硬化是一个连续而复杂的物理过程，可以用图 3.5 中的四个阶段来描述。

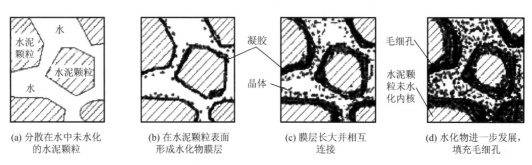

(a) 分散在水中未水化 (b) 在水泥颗粒表面 (c) 膜层长大并相互 (d) 水化物进一步发展，
的水泥颗粒   形成水化物膜层   连接   填充毛细孔

图 3.5　水泥凝结硬化过程示意

综上所述，水泥的凝结硬化是一个由表及里、由快到慢的过程。较粗颗粒的内部很难完全水化，因此，硬化后的水泥石是由水泥凝胶（胶凝体、结晶体及凝胶孔）、未完全水化的水泥颗粒、毛细孔（含毛细孔水）等组成的不匀质结构体。

水泥的凝结硬化过程也是水泥强度的发展过程。为了正确使用水泥，必须了解影响水泥凝结硬化的因素，以便采取合理、有效的应对措施。

2）影响水泥凝结硬化的因素

（1）熟料矿物组成。矿物组成是影响水泥凝结硬化的主要内因，当不同的熟料矿物成分单独与水作用时，水化反应的速度、强度、水化热是不同的，因此改变水泥的矿物组成，其凝结硬化将产生明显的变化。主要矿物的水化速率次序为：$C_3A>C_3S>C_4AF>C_2S$。

（2）水泥细度及粒型。水泥颗粒的粗细直接影响水泥的水化、凝结硬化、强度、干缩及水化热等。水泥的颗粒粒径一般在 7～200μm，颗粒较细时，水泥晶格扭曲、缺陷多，有利于水化；与水接触的比表面积较大，则水化速度较快且充分，水泥的早期强度和后期强度都将较高。一般认为，水泥颗粒中 0～30μm 的颗粒对强度起主要作用，其中 0～10μm 部分会使早期强度高，10～30μm 部分使后期强度高，含有 0～30μm 颗粒量越多，则水泥的质量越好，大于 100μm 的颗粒活性就较小了。水泥颗粒较细对质量更有保证，但颗粒过细，会在生产过程中消耗过多能量，机械损耗也大，使生产成本增加，且水泥在硬化时收缩也会增大，所以水泥颗粒适中即可。

水泥颗粒的形状也对水泥性能有所影响，当该形状近似球形时，单位质量下的比表面积最小，使得其标准稠度用水量最低，保证后期强度较高。

（3）石膏。石膏掺入水泥中的目的是延缓水泥的凝结、硬化速度，所以石膏的掺量必须严格控制。如果石膏掺量过多，水泥硬化后仍会有一部分石膏与铝酸三钙继续反应，生成水化硫铝酸钙的针状晶体，导致体积膨胀，使水泥的强度降低，严重时还导致水泥体积安定性不良。所以石膏掺量须取决于水泥中铝酸三钙的含量和石膏的品种及质量，同时与水泥细度及熟料的氧化硫含量有关。

（4）龄期。水泥的凝结、硬化是随着龄期增长而渐进的过程，在适宜的温度、湿度环境中，水泥颗粒水化程度不断提高，水泥的强度增长可持续若干年。水泥强度在水化作用最初增长最迅速，水化7d的强度大约达到水化28d强度的70%，28d后强度增长明显减缓。

（5）温度和湿度。温度对水泥的凝结硬化影响很大，提高温度可加速水泥的凝结硬化，强度增长较快。一般情况下，提高温度可加速硅酸盐水泥的早期水化，促使早期强度较快发展，但会导致后期强度有所降低。若在较低温度下进行水化，虽然凝结硬化慢，但水化产物致密，反而可获得较高的后期强度。但温度低于0℃时，强度不仅不增长，还会因为水的结冰导致水泥石的破坏。

湿度是保证水泥水化的必备条件，在缺乏水的干燥条件下，水化反应不能正常进行，硬化也会停止。潮湿环境下水泥石能够保持足够的水分进行水化和凝结硬化，从而保证强度不断发展。

（6）水灰比。拌和水泥浆时，水与水泥的质量比称为水灰比（记为W/C）。拌和水泥浆时，为使浆体具有一定塑性和流动性，所加入的水量通常要多于水泥充分水化所需要的用水量，多余的水容易在水泥石内形成毛细孔，用水量越大，毛细孔就越多，而毛细孔的含量容易影响水泥石的强度。W/C较大，水泥水化时有充足的水分供应，可促进水泥水化，提高水化程度。研究发现，W/C为0.38时，完全水化后水泥石的总孔隙率为29.7%，生成的水化物基本填满全部空隙；W/C继续增大时，即使水泥全部水化，仍然不能填满全部空隙，会留下毛细孔，且W/C越大，毛细孔占据的体积越大。而水泥石的强度与孔隙量呈线性反比关系，所以在熟料矿物组成大致相同的情况下，水灰比的大小是影响水泥强度的关键。

除上述因素外，水泥的水化、凝结硬化还受外加剂、养护条件等因素影响。

3.1.3　硅酸盐水泥的技术性质

按照《通用硅酸盐水泥》的规定，通用硅酸盐水泥的技术性质包括化学性质和物理力学性质。

1. 化学性质

水泥的化学性质，包括氧化镁含量、三氧化硫含量、烧失量和不溶物。

（1）氧化镁含量。在烧制水泥熟料过程中，存在游离的氧化镁，它的水化速度很慢，而且水化产物为氢氧化镁，氢氧化镁能产生体积膨胀，可导致水泥石结构出现裂缝甚至破坏。因此氧化镁是引起水泥安定性不良的原因之一。

（2）三氧化硫。水泥中的三氧化硫主要是生产水泥过程中掺入石膏，或者在煅烧水泥熟料时加入石膏矿化剂带入的。如果石膏掺量超出一定限度，在水泥硬化后，它会继续水化并产生膨胀，导致结构破坏。因此，三氧化硫也是引起水泥安定性不良的原因之一。

（3）烧失量。水泥煅烧不理想或者受潮后，会导致烧失量增加，因此烧失量是检验水泥质量的一项指标。

（4）不溶物。水泥中不溶物主要是指煅烧过程中存在的残渣，不溶物的含量会影响水泥的黏结质量。

2. 物理力学性质

水泥的物理力学性质，包括细度、标准稠度用水量、凝结时间、体积安定性和强度。

（1）细度。水泥颗粒的粗细程度称为细度。在一般情况下，水泥颗粒越细，其比表面积（以每千克水泥所具有的总表面积表示）越大，与水的接触面积越大，水化反应速率就越快，所以相同矿物组成的水泥，细度越大，凝结硬化速度越快，早期强度越高。一般认为，水泥颗粒粒径小于 $45\mu m$ 时才具有较大的活性。但水泥颗粒太细，会使混凝土产生裂缝的可能性增加，此外水泥颗粒细度提高会导致生产成本提高，因此应合理控制水泥细度。水泥细度一般在 $7\sim200\mu m$，国家规定比表面积不得小于 $300m^2/kg$。

（2）标准稠度用水量。在测定水泥的凝结时间和安定性时，为使其测定结果具有可比性，必须采用标准稠度的水泥净浆进行测定。现行国家标准规定，水泥净浆标准稠度用水量是指水泥净浆达到标准稠度的用水量，以水占水泥质量的百分数表示。标准稠度用水量可用调整水量和不变水量两种方法中任意一种测定，但如果发生矛盾，以前者为准。标准稠度用水量的测定方法见模块12试验部分。

（3）凝结时间。水泥从加水开始，到水泥浆失去可塑性所需的时间称为凝结时间。水泥在凝结过程中经历的时间包括初凝时间和终凝时间，初凝时间是指水泥从加水到水泥浆开始失去可塑性所经历的时间，终凝时间是指水泥从加水到水泥浆完全失去可塑性所经历的时间。水泥的凝结时间是重要的技术指标之一，应通过试验测定水泥的凝结时间，评定水泥的质量，确定其能否用于工程之中。凝结时间的测定方法见模块12试验部分。

（4）体积安定性。水泥在凝结硬化过程中体积变化的均匀程度称为体积安定性。假如体积变化是轻微的、均匀的，对建筑物的质量就没有什么影响，但若水泥中的有害成分使水泥石内部产生剧烈的、不均匀的体积变化，则会在建筑物内部产生破坏应力，导致建筑物的强度降低，继续发展下去会引起建筑物出现开裂、崩塌等严重质量事故，这称为水泥的体积安定性不良。

引起水泥体积安定性不良的原因有：水泥熟料中含有过多的游离 CaO 和 MgO，或石膏掺量过多。熟料中所含游离 CaO 或 MgO 都是过烧的，结构致密，水化很慢，使其在水泥已经硬化后才进行熟化，生成六方板状的 $Ca(OH)_2$ 晶体，这时体积膨胀95％以上，导致不均匀的体积膨胀，从而使水泥石开裂；当石膏掺量过多时，水泥硬化后，残余石膏与水化铝酸钙继续反应生成钙矾石，体积增大1.5倍，也会导致水泥石开裂。

（5）强度。水泥技术要求中最基本的指标，系指胶砂的强度。水泥强度直接反映了水泥的质量水平和使用价值。水泥强度越高，其胶结能力也越大。水泥的强度除了与水泥本身的性质有关外，还与水灰比、试件制作方法、养护条件和养护龄期等有关。

水泥强度按 GB/T 17671—1999《水泥胶砂强度检验方法（ISO法）》进行检测，水泥、砂、水按 $1:3:0.5$ 进行配比，用标准方法制成 $40mm\times40mm\times160mm$ 的棱柱体，在标准养护条件下（24h之内温度保持在20℃±1℃、相对湿度不低于90％的养护箱或雾室内，24h后在20℃±1℃的水中）经过一定龄期（3d、28d），测得试件的抗折和抗压强度，由此划分强度等级。表3-2所列为硅酸盐水泥强度指标。

表3-2 硅酸盐水泥强度指标   单位：MPa

品种	强度等级	抗压强度		抗折强度	
		3d	28d	3d	28d
硅酸盐水泥	42.5	≥17.0	≥42.5	≥3.5	≥6.5
	42.5R	≥22.0		≥4.0	
	52.5	≥23.0	≥52.5	≥4.0	≥7.0
	52.5R	≥27.0		≥5.0	
	62.5	≥28.0	≥62.5	≥5.0	≥8.0
	62.5R	≥32.0		≥5.5	

我国现行标准将水泥分为普通型和早强型（R型）两个型号。早强型水泥的3d抗压强度可达到28d抗压强度的50%；同强度等级的早强水泥，3d抗压强度较普通型可提高10%～24%。

（6）氯离子含量。水泥是碱性的，钢筋在碱性环境下由于其表面氧化保护膜的作用，一般不会发生锈蚀，但如果水泥中的氯离子含量较高，后者会强烈促进锈蚀反应，破坏保护膜，从而加速钢筋的锈蚀。因此，国家标准规定硅酸盐水泥中氯离子含量应不大于0.06%。氯离子含量不满足要求的为不合格品。

（7）水化热及碱含量。水泥的水化热是由各熟料矿物水化作用所产生的，通常用单位J/kg表示。水化热的大小主要与水泥的细度有关，颗粒越细，水化热越大。影响水化热的因素很多，凡能加速水泥水化的各种因素，均能相应提高放热速率。大部分的水化热集中在早期放出，3～7d以后会逐步减少。

水化热在混凝土工程中，既有其有利的影响，也有不利的影响。高水化热的水泥在大体积混凝土工程中是不利的，因为水泥水化释放的热量在混凝土内部发散速度非常缓慢，能使混凝土内部温度升高20～40℃，产生内外温差应力，使得混凝土受拉开裂而导致破坏。有利方面为，普通工程在冬季施工时，水化放热可提高浆体温度，可以保持水泥的正常凝结硬化。

水泥中的碱含量按$Na_2O + 0.658K_2O$计算值表示。若用活性骨料，用户要求提供低碱水泥时，水泥中的碱含量应不大于0.6%或由买卖双方协商确定。这项指标为选择性指标。

（8）密度与堆积密度。硅酸盐水泥的密度一般在3.1～3.2g/cm^3，水泥在松散状态时的堆积密度一般在900～1300kg/m^3。国家标准除了对上述内容做出规定，还对不溶物、烧失量、碱含量等有相应要求。这之中最主要的是水泥中的碱含量，按$Na_2O + 0.657K_2O$计算值来表示；若使用活性骨料，需按要求提供低碱水泥，水泥中的碱含量不得大于0.60%。

3.2 通用硅酸盐水泥

 想一想

硅酸盐水泥为什么要添加混合材料？一般在什么情况下使用掺入混合材料的硅酸盐水泥？

通用硅酸盐水泥是指在硅酸盐水泥熟料的基础上，加入一定量的混合材料和适量石膏共同磨细制成的一种水硬性胶凝材料。掺混合材料的目的主要有：生产不同品种的水泥，以便合理利用水泥，满足各项建设工程的需要；提高水泥产量，降低水泥生产成本，节约能源，达到提高经济效益的目的；有利于改善水泥的性能，如改善水泥的安定性、降低水化热、提高抗腐蚀侵害等；综合利用工业废渣，减少环境污染，实现水泥工业的绿色生态化。

3.2.1 水泥混合材料

所谓水泥混合材料，是指在生产水泥及其各种制品和构件时，常掺入大量天然或人工的矿物材料，混合材料按照其参与水化的程度，分为活性混合材料和非活性混合材料。

1. 活性混合材料

活性混合材料是指具有火山灰性或潜在水硬性，或兼有火山灰性和水硬性的矿物质材料。

火山灰性是指一种材料磨成细粉，单独不具有水硬性，但在常温下与石灰一起能形成具有水硬性的化合物；潜在水硬性是指磨细的材料与石膏一起，和水能形成具有水硬性的化合物。硅酸盐水泥熟料水化后会产生大量的氢氧化钙并且熟料中含有石膏，因此在硅酸盐水泥中掺入活性混合材料具备使活性混合材料发挥活性的条件，通常将氢氧化钙、石膏称为活性混合材料的"激发剂"。"激发剂"的浓度越高，作用越大，混合材料活性发挥得越充分。水泥中常用的活性混合材料如下。

（1）粒化高炉矿渣。高炉炼铁时排出的熔渣，倒入水池或喷水迅速冷却后所得到的含有大量玻璃体的粒状渣称为高炉矿渣，又称水淬矿渣，其中主要的化学成分是 CaO、SiO_2 和 Al_2O_3，约占 90% 以上。一般以无定型的 CaO 和 Al_2O_3 含量较高、活性较大、质量较好，而含量较低的 CaO 则具有较弱的胶凝性。急速冷却的矿渣结构为不稳定的玻璃体，储有较高的潜在活性，在有激发剂的情况下具有水硬性，而熔融状态的矿渣缓慢冷却，形成的 SiO_2 等会形成晶体，活性极小，称为慢冷矿渣，不具有活性。图 3.6 所示即为粒化高炉矿渣的粉材。

（2）火山灰质混合材料。以天然或人工的含有无定型或玻璃态的活性氧化硅和活性氧化铝为主要成分，含量可达到 65%～95%，具有火山灰活性的矿物质材料，都称为火山灰质混合材料，如图 3.7 所示。活性的 Al_2O_3 和 SiO_2 本身没有胶凝性，但当以细粉状态存在时，活性原料能够与 $Ca(OH)_2$ 和水在常温下发生化学反应，生成有胶凝性质的产物。具有火山灰性质的材料与水泥混合使用时，与水泥水化时放出的 $Ca(OH)_2$ 反应，生成水化硅酸钙，该反应式为

$$SiO_2 + Ca(OH)_2 + H_2O \longrightarrow C-S-H$$

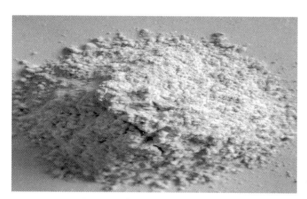

图 3.6　粒化高炉矿渣的粉材

图 3.7　火山灰质混合材料

这种二次反应生成的产物，与水泥水化时的产物没什么区别。原本 $Ca(OH)_2$ 多以片状结晶富集在骨料和水泥浆体之间的过渡区，此反应消耗了部分 $Ca(OH)_2$，生成 $C-S-H$ 凝胶，能够增强过渡区的微结构，提高硬化混凝土的强度，降低渗透性并改善耐久性能。

火山灰质混合材料按其成因，分为天然的和人工的两类。天然的火山灰主要是火山喷发时随同熔岩一起喷发的大量碎屑沉积在地面或水中的松软物质，包括浮石、火山灰、凝灰岩等。还有一些天然材料或工业废料，如硅藻土、沸石、烧黏土、煤矸石、煤渣等，也属于火山灰质混合材料。

（3）粉煤灰。粉煤灰是发电厂燃煤锅炉排出的烟道灰，其颗粒直径一般为 0.001～0.050mm，呈玻璃态实心或空心的球状颗粒，表面比较致密，其成分主要是活性氧化硅和活性氧化铝。粉煤灰就其化学成分及性质而言，属于火山灰质混合材料，如图 3.8 所示。粉煤灰由于其本身的化学成分、结构和颗粒形状等特性，在混凝土中可产生下列三种效应，总称"粉煤灰效应"。

① 活性效应。粉煤灰中所含有的 SiO_2 和 Al_2O_3 具有活性，它们能与水泥水化产生的 $Ca(OH)_2$ 反应，生成类似水泥水化产物中的水化硅酸钙和水化铝酸钙，可作为胶凝材料的一部分而起增强作用。

② 颗粒形态效应。煤粉在高温燃烧过程中形成的粉煤灰颗粒，绝大多数为玻璃微珠，掺入混凝土中可减少内摩擦力，从而可减少混凝土的用水量，起到减水作用。

③ 微细料效应。粉煤灰中的微细颗粒均匀分布在水泥浆内，填充孔隙和毛细孔，改善了混凝土的孔结构并增大了密度。

综上所述，粉煤灰可以改善混凝土拌合物的流动性、保水性、可泵性，并能降低混凝土的水化热，提高混凝土抗化学侵蚀、抗渗、抑制碱骨料反应等耐久性能。

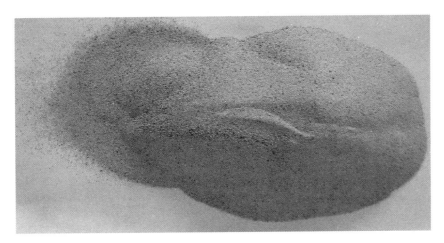

图 3.8 粉煤灰

2.非活性混合材料

在水泥中主要起填充作用而不与水泥发生化学反应或化学反应很微弱的矿物材料,称为非活性混合材料。与活性混合材料的区别在于:非活性混合材料不含与氢氧化钙起反应生成 C—S—H 凝胶的活性组分,即没有吸收氢氧化钙的能力;另外它对水泥的后期强度基本无贡献,即掺非活性混合材料的水泥强度与硅酸盐水泥强度的比值,基本上不因龄期的变化而变化。将其掺入硅酸盐水泥的目的,主要是提高水泥产量、调节水泥强度等级、减小水化热等。一般对非活性混合材料的要求,是对水泥的性能无害。实际上非活性混合材料在水泥中仅起填充作用,所以又称填充性混合材料、惰性混合材料。磨细的石英砂、石灰石、黏土、慢冷矿渣及各种废渣等都属于非活性混合材料。另外,凡不符合技术要求的粒化高炉矿渣、火山灰质混合材料及粉煤灰,均可作为非活性混合材料使用。

3.2.2 通用硅酸盐水泥的种类

1.普通硅酸盐水泥

凡由硅酸盐水泥熟料加入 5%～15%的活性材料,并允许不超过水泥质量 8%的非活性混合材料或不超过水泥质量 5%的窑灰代替部分活性混合材料、加适量石膏磨细制成的水硬性胶凝材料,称为普通硅酸盐水泥,简称普通水泥,代号 P·O。

由于添加混合材料较少,普通硅酸盐水泥与硅酸盐水泥特点差别不大,适用范围也基本相同。

2.矿渣硅酸盐水泥

由硅酸盐水泥熟料和粒化高炉矿渣、适量石膏磨细制成的水硬性胶凝材料,称为矿渣硅酸盐水泥,简称矿渣水泥,代号 P·S。其主要分为两种类型:加入大于 20%且不超过 50%的粒化高炉矿渣的为 A型,代号 P·S·A;加入大于 50%且不超过 70%的粒化高炉矿渣的为 B 型,代号 P·S·B。其中允许不超过水泥质量 8%的活性混合材料、非活性混合材料和窑灰中的任何一种材料代替部分矿渣。

矿渣水泥主要有如下特点。

(1)早期强度低,后期强度增长较快。

(2)水化热低。

(3)具有较强的抗溶出性侵蚀及抗硫酸盐侵蚀的能力。

(4)耐热性好。

(5)泌水及干缩性较大。

（6）抗冻性、抗渗性及抗碳化能力较差。

因此矿渣水泥适用于大体积混凝土、耐热混凝土、水工及海工混凝土，不适用于受冻融或干湿交替作用的混凝土。

3. 火山灰质硅酸盐水泥

凡由硅酸盐水泥熟料和火山灰质混合材料、适量石膏磨细制成的水硬性胶凝材料，称为火山灰质硅酸盐水泥，简称火山灰水泥，代号 P·P。一般火山灰质硅酸盐水泥，加入了大于 20%且不超过 40%的火山灰质混合材料。

火山灰质混合材料中有大量的微细孔隙，使其具有良好的保水性，并且在水化过程中形成大量的水化硅酸钙凝胶，使水泥石结构密实，从而具有较高的抗渗性。火山灰质硅酸盐水泥水化产物中含有大量胶体，长期处于干燥环境时，胶体会脱水产生严重的干缩，导致干缩裂缝，因此使用时应特别注意加强养护，使其较长时间保持潮湿状态，避免产生干缩裂缝。对于处于干热环境中施工的工程，不宜使用火山灰质硅酸盐水泥。

4. 粉煤灰硅酸盐水泥

凡以硅酸盐水泥熟料、21%～40%的粉煤灰与适量石膏磨细制成的水硬性胶凝材料，称为粉煤灰硅酸盐水泥，简称粉煤灰水泥，代号 P·F。粉煤灰硅酸盐水泥干燥收缩小，抗裂性好，这主要是由于粉煤灰呈球形颗粒，比表面积小，吸附水的能力小；但如果是致密的球形颗粒，则保水性差、易泌水。

粉煤灰硅酸盐水泥早期强度、水化热比矿渣硅酸盐水泥和火山灰质硅酸盐水泥还要低，因此特别适用于大体积混凝土工程。

5. 复合硅酸盐水泥

由硅酸盐水泥熟料、两种或两种以上规定的混合材料加适量石膏磨细制成的水硬性胶凝材料，称为复合硅酸盐水泥，简称复合水泥，代号 P·C。复合硅酸盐水泥中混合材料总掺加量，按质量百分比计大于 15%但不超过 50%。与矿渣硅酸盐水泥、火山灰质硅酸盐水泥、粉煤灰硅酸盐水泥相比，其中混合材料不是一种而是两种或两种以上，而且所掺混合材料的范围也扩大了，不仅仅是前三种水泥所掺的矿渣、粉煤灰、火山灰、窑灰等。复合硅酸盐水泥特性取决于所掺混合材料的种类、掺量及相对比例，与矿渣硅酸盐水泥、火山灰质硅酸盐水泥、粉煤灰硅酸盐水泥有不同程度的类似，其使用应根据所掺混合材料的种类，参照其他掺混合材料水泥的适用范围按工程实践经验选择。

3.2.3　通用硅酸盐水泥的选用

通用硅酸盐水泥的性能特点及其适用性见表 3-3。

表 3-3　通用硅酸盐水泥的性能特点及其适用性

品种	硅酸盐水泥 (P·Ⅰ、P·Ⅱ)	普通硅酸盐水泥 (P·O)	矿渣硅酸盐水泥 (P·S)	火山灰质 硅酸盐水泥 (P·P)	粉煤灰 硅酸盐水泥 (P·F)	复合硅酸盐水泥 (P·C)
组成	硅酸盐水泥熟料及适量石膏					
	无或很少量的混合材料（0～5%的混合材料）	少量混合材料（6%～15%的混合材料）	20%～70%的粒化高炉矿渣	20%～50%的火山灰质混合材料	20%～40%的粉煤灰	15%～50%的两种或两种以上规定的混合材料

续表

品种	硅酸盐水泥 (P·Ⅰ, P·Ⅱ)	普通硅酸盐水泥 (P·O)	矿渣硅酸盐水泥 (P·S)	火山灰质硅酸盐水泥 (P·P)	粉煤灰硅酸盐水泥 (P·F)	复合硅酸盐水泥 (P·C)
性质	早期、后期强度高，耐腐蚀性差，水化热大，抗碳化性好，抗冻性好，耐磨性好，耐热性差	早期强度稍低，后期强度高，耐腐蚀性稍差，水化热略小，抗碳化性好，抗冻性好，耐磨性较好	早期强度高，后期强度高；对温度敏感，适合高温养护，耐腐蚀性好，水化热小，抗冻性差，抗碳化性较差；泌水性大，抗渗性差，耐热性较好，干缩性较大	保水性好，抗渗性好，干缩大，耐磨性差	泌水性大，易产生失水裂纹，抗渗性差，干缩小，抗裂性好，耐磨性差	早期强度较高；干缩较大
优先使用于	早期强度要求高的混凝土，有耐磨要求的、严寒地区反复遭受冻融作用的混凝土，抗碳化性要求高的混凝土及掺混合材料的混凝土；高强度混凝土	普通气候及干燥环境中的混凝土、有抗渗要求的、受干湿交替作用的混凝土	水下混凝土、海港混凝土、大体积混凝土、耐腐蚀性要求较高的混凝土及高温下养护的混凝土；有耐热要求的混凝土	有抗渗要求的混凝土	受载较晚的混凝土	—
可以使用于	一般工程	高强度混凝土、水下混凝土、高温养护混凝土及耐热混凝土	普通气候环境中的混凝土；抗冻性要求较高的混凝土及有耐磨性要求的混凝土	—	—	早期强度要求较高的混凝土
不宜使用于	大体积混凝土及耐腐蚀性要求高的混凝土；耐热混凝土及高温养护混凝土	—	早期强度要求高的混凝土；抗冻性要求高的混凝土、掺混合材料的混凝土、低温或冬季施工混凝土及抗碳化性要求高的混凝土；抗渗性要求高的混凝土	干燥环境中的混凝土及有耐磨要求的混凝土	有抗渗要求的混凝土	—

3.3　专用水泥

 ? 想一想

水泥在各个领域都有广泛的应用，那么专用水泥的种类及用途有哪些呢?

3.3.1　油井水泥

油井水泥专用于油井、气井的固井工程，又称为堵塞水泥。它的主要作用是将套管与周围的岩层胶结固封，封隔地层内油、气、水层，防止互相窜扰，以便在井内形成一条从油层流向地面且隔绝良好的油流通道。

对油井水泥的基本要求为：水泥浆在注井过程中要有一定的流动性和合适的密度；水泥浆应快速凝结，并在短期内达到相当强度；硬化后的水泥浆应有良好的稳定性和抗渗性、抗腐蚀性等。

油井底部的温度和压力随着井深的增加而提高，每深入 100m，温度约提高 3℃，压力增加 1.0～2.0MPa。因此，高温高压特别是高温对水泥性能的影响，是油井水泥生产和使用面临的最主要的问题。高温作业易使硅酸盐水泥的强度明显下降，所以由于注水泥作业的井下条件与建筑工程的地面环境完全不同，我国标准或 API 规范都根据化学成分和矿物组成规定了专门的分级和分类，以适应不同的井深和井下条件。目前，API 规范和我国标准把油井水泥分为 A～H 八个级别，每种水泥都适用于不同的井深、温度和压力。

A 级：属于普通型的一种，化学成分和细度类似于 ASTMC150，Ⅰ型。适用无特殊要求的浅层固井作业。

B 级：具有中抗硫酸型（MSR）和高抗硫酸盐型（HSR）。B 级中抗型的成分和细度类似于 ASTMC150，Ⅱ型。B 型高抗型类似于 ASTMC150，Ⅴ型。一般适用于需要抗硫酸盐的浅层固井作业，目前我国还没有使用到。

C 级：又被称为早强油井水泥，具有普通型、中抗硫酸盐型和高抗硫酸盐型三种类型，一般适用于需要早强和抗硫酸盐的浅层固井作业，C 级油井水泥凭借其自身低密高强的特性，在浅层油气井的封固和低密度水泥浆的配制都有较大的优势，只是我国固井在配方设计上习惯用 G 级油井水泥，限制了 C 级油井水泥的使用，它在我国几乎没有使用。

D 级、E 级、F 级：被称作缓凝油井水泥。具有中抗硫酸盐和高抗硫酸盐型。一般适用于中井深和深井固井作业。

G 级、H 级：被称作基本油井水泥，具有中抗硫酸盐型和高抗硫酸盐型，可以与外加剂和外加掺料相混合，适用于大多数的固井作业，水泥浆体系也多种多样。G 级、H 级油井水泥可以与低密材料配制低密度水泥浆体系，用于低压易漏地层的封固；可与外加剂配制成常规低密度水泥浆体系，用于常规井的封固，可与加重材料（晶石粉、铁矿粉等）外加剂配制成高密度水泥浆体系，用于深井和高压气井的封固。

3.3.2　道路硅酸盐水泥

由较高 C_4AF 含量的硅酸盐道路水泥熟料、0～10％活性混合材料和适量石膏磨细制成的水硬性胶凝材料，称为道路硅酸盐水泥（简称道路水泥），代号 P·R。一般要求道路水泥熟料中铝酸三钙的含量不超过 5％，C_4AF 的含量不低于 16％。道路水泥是一种专用水泥，对其性能要求为耐磨性好、收缩性小、抗冻性好、抗冲击性好、有高的抗折强度和良好的耐久性，特别适用于道路路面、飞机跑道、车站、公共广场等对耐磨、抗干缩性能要求较高的混凝土工程。

3.3.3　白色及彩色硅酸盐水泥

白色硅酸盐水泥和彩色硅酸盐水泥又称装饰水泥，白色硅酸盐水泥是由氧化铁含量少的硅酸盐水泥熟料、适量石膏及混合材料（指石灰石或窑灰）磨细制成的水硬性胶凝材料，简称白水泥，代号 P·W。图 3.9 所示为常见的白水泥袋装产品和其常见的使用方式。

图 3.9　白水泥及其常见的使用方式

硅酸盐水泥的颜色主要是由氧化铁引起的，所以白水泥与普通硅酸盐水泥制造工艺上的主要区别在于严格控制水泥原料中铁的含量。当 Fe_2O_3 含量在 3％～4％时，熟料呈暗灰色；在 0.45％～0.7％时，带淡绿色；降低到 0.35％～0.40％后，即接近白色。因此，白水泥的生产主要是降低 Fe_2O_3 含量。此外氧化锰、氧化钴和氧化钛也对白水泥的白度有显著影响，其含量也应尽量减少。水泥白度，通常以白水泥与 MgO 标准白板的反射率之比值来表示。为提高熟料白度，在煅烧时宜采用弱还原气氛，使 Fe_2O_3 还原成颜色较浅的 FeO。另外若采用漂白措施，如通常将刚出窑的熟料喷水冷却，使熟料从 1250～1300℃ 急冷至 500～600℃，可提高熟料白度，熟料存放一段时间也可提高白度。为提高水泥白度，在粉磨时应加入白度较高的石膏，同时提高水泥粉磨细度。采用铁含量很低的铝酸盐或硫铝酸盐水泥生料，也可生产出白色铝酸盐或硫铝酸盐水泥。

用白色水泥熟料与石膏以及颜料共同磨细，可制得彩色水泥。所用颜料要求对光和大气具有耐久性，能耐碱而又不对水泥性能起破坏作用。常用的颜料有氧化铁（红色、黄色、褐红色）、二氧化锰（黑色、褐色）、氧化铬（绿色）、赭石（赭色）、群青（蓝色）和炭黑（黑色）等。但制造红、褐、黑等较深颜色彩色水泥时，也可用一般硅酸盐水泥熟料来磨制。在白水泥生料中加入少量金属氧化物着色剂直接烧成彩色熟料，也可制得彩色水泥。

生产彩色硅酸盐水泥所用的颜料应满足以下基本要求：不溶于水，分散性好；耐大气稳定性好，耐光性应在 7 级以上；抗碱性强，应具有一级耐碱性；着色力强，颜色浓，不会使水泥强度显著降低，也不影响水泥正常凝结硬化。无机矿物颜料能较好地满足以上要求，而有机颜料色泽鲜艳，在彩色硅酸盐水泥中只需掺入少量，就能显著提高装饰效果。

白色和彩色硅酸盐水泥在装饰工程中常用来配制彩色水泥浆、装饰混凝土，也可配制各种彩色砂浆用来装饰抹灰，以及制造各种色彩的水刷石、人造大理石及水磨石等制品。

3.4　特 性 水 泥

想一想

在基本的硅酸盐水泥成分中，加入一些掺合物或外加剂，可以使水泥具备一些特殊性能，那么这些特性水泥有哪些呢？

3.4.1　铝酸盐水泥

凡以铝酸钙为主的铝酸盐水泥熟料磨细制成的水硬性胶凝材料，称为铝酸盐水泥，代号 C·A。铝酸盐水泥的制造是由铝矾土和石灰石经高温煅烧、磨细而成，主要成分为铝酸钙。

铝酸盐水泥加水后会迅速发生水化反应，其水化产物主要为十水铝酸一钙、八水铝酸二钙和铝胶。十水铝酸一钙和八水铝酸二钙具有细长的针状和板状结构，能相互联结成坚固的结晶连生体，形成晶体骨架；析出的氢氧化铝凝胶难溶于水，填充于晶体骨架的孔隙中，形成较密实的水泥石结构。铝酸盐水泥初期强度增长很快，但后期强度增长不显著。

铝酸盐水泥的特性主要如下。

（1）快凝早强，1d 强度可达到最高强度的 80％以上。

（2）水化热大且热量集中，1d 内放出水化热总量的 70％～80％，使混凝土内部温度上升较高，故即使在−10℃下施工，铝酸盐水泥也能很快凝结硬化。

（3）抗硫酸盐性能很强，因其水化后无氢氧化钙生成。

（4）耐热性好，能耐 1300～1400℃高温。

（5）长期强度降低，一般为 40％～50％。

由于铝酸盐水泥的以上特性，所以适用于紧急抢修工程、低温季节施工和早期强度要求高的特殊工程。不宜将其在高温季节施工。铝酸盐水泥中的硬化晶体结构在长期使用中会发生转移，引起强度下降，因此也不适用于要求长期承载的结构工程。铝酸盐水泥硬化后没有氢氧化钙，且水泥结构密实，可以具有较高的抗渗、抗冻性，同时具有良好的抗硫酸盐、盐酸、碳酸等侵蚀溶液的作用。但它对碱的侵蚀没有抵抗力，所以铝酸盐水泥不得用于接触碱性溶液的工程。另外，铝酸盐水泥不宜与硅酸盐水泥、石灰等能析出氢氧化钙的材料混合使用。

3.4.2　快硬型水泥

1. 快硬型硅酸盐水泥

凡以硅酸盐水泥熟料和适量石膏磨细制成的以 3d 抗压强度表示其强度等级的水硬性胶凝材料，称为快硬型硅酸盐水泥，简称快硬水泥，分为 325、375 和 425 几类。除强度外，快硬水泥的品质指标与硅酸盐水泥略有区别。快硬水泥水化放热速率快，水化热较高，早期强度高，但早期干缩率较大；其水泥石较致密，不透水性和抗冻性均优于普通硅酸盐水泥。主要用于抢修工程、军事工程及预应力钢筋混凝土构件，适用于配制干硬混凝土。

2. 快硬型硫铝酸盐水泥

以铝质原料、石灰质原料和石膏适当配比后，煅烧成含有适量无水硫铝酸钙的熟料，再掺适量石膏共同磨细所得的水硬性胶凝材料，即为快硬型硫铝酸盐水泥。

快硬型硫铝酸盐水泥早期强度高，长期强度稳定，低温硬化性能好，在 5℃仍能正常硬化。其水泥石结构致密，抗硫酸盐性能良好，抗冻性和抗渗性好，可用于抢修工程、冬季施工工程、地下工程及配制膨胀水泥。

3. 快硬型氟铝酸盐水泥

以矾土、石灰石、萤石经配料煅烧得到以氟铝酸钙为主要矿物的熟料，再与石膏一起磨细而成的水泥，称为快硬型氟铝酸盐水泥。

这类熟料易磨性好,其比表面积一般控制在 $500\sim600m^2/kg$。氟铝酸盐水泥凝结很快,初凝一般仅几分钟,终凝一般不超过半小时,所以可用于抢修工程,用作喷锚用的喷射水泥。由于其水化产物钙矾石在高温下迅速脱水分解,还可作为型砂水泥用于铸造业。

快硬型水泥由于水泥细度大,易受潮变质,故在运输和储存中应注意防潮,一般储存期限不宜超过一个月。如果是已经风化的水泥,必须对其性能重新检验,合格后方可使用。

3.4.3 膨胀水泥

普通硅酸盐水泥在空气中硬化时,其收缩率为 $0.20\%\sim0.35\%$,这将使混凝土内部产生微裂纹,导致其强度、抗渗性和抗冻性均下降。在浇筑装配式构件接头或建筑物之间的连接处及堵塞孔洞、修补缝隙时,由于水泥的收缩,将达不到预期的效果,而使用膨胀水泥可克服这些缺点。用膨胀水泥配制钢筋混凝土,由于水泥石的膨胀,钢筋受拉而伸长,混凝土则因钢筋限制而受到相应的压应力,这种压应力称为自应力,并以此种自应力值表示混凝土所产生压力的大小。

根据膨胀值和用途的不同,膨胀水泥可分为收缩补偿水泥和自应力水泥两大类。前者所产生的压应力大致可抵消干缩所引起的拉应力,膨胀值不是很大;后者则膨胀值很大,在抵消干缩后,仍能使混凝土有较大的自应力值。

3.4.4 抗硫酸盐硅酸盐水泥

以适当成分生料烧至部分熔融,得到以硅酸钙为主的硅酸三钙和铝酸三钙含量受限制的熟料,加入适量石膏磨细制成的具有一定抗硫酸盐侵蚀性能的水硬性胶凝材料,称为抗硫酸盐硅酸盐水泥,简称抗硫酸盐水泥。抗硫酸盐水泥适用于一般受硫酸盐侵蚀的海港、水利、地下、隧道、道路和桥梁基础等工程,可抵抗硫酸根离子浓度不超过 $2500mg/L$ 的纯硫酸盐的腐蚀。若超过此浓度,应采用高抗硫酸盐水泥熟料,其中 C_3A 含量不大于 2%,C_3S 含量不大于 36%。

3.4.5 中热硅酸盐水泥和低热矿渣硅酸盐水泥

中低热水泥是中热硅酸盐水泥和低热矿渣硅酸盐水泥的统称,其主要特点为水化热低,适用于大坝和大体积混凝土工程。中热硅酸盐水泥是由适当成分的硅酸盐水泥熟料加适量石膏磨细制成,简称中热水泥;低热矿渣硅酸盐水泥是由适当成分的硅酸盐水泥熟料加入矿渣和适量石膏磨细制成,简称低热矿渣水泥,其矿渣掺量为水泥质量的 $20\%\sim60\%$,允许用不超过混合材料总量 50% 的磷渣或粉煤灰代替矿渣。

低热矿渣水泥和中热水泥的性能主要通过限制水化热较高的 C_3A 和 C_3S 含量得以实现。为了适应大体积混凝土建筑工程的需要并与国际接轨,关于中热水泥、低热矿渣水泥的标准 GB 200—2003《中热硅酸盐水泥 低热硅酸盐水泥 低热矿渣硅酸盐水泥》已于 2004 年 1 月 1 日起执行。

中热水泥主要适用于大坝溢流面或大体积建筑物的面层和水位变化区等部位,要求低水化热和较高耐磨性、抗冻性的工程;低热矿渣水泥主要适用于大坝或大体积混凝土内部及水下等要求低水化热的工程。

3.4.6 新型水泥

1. 弹性水泥

弹性水泥既有水泥类无机材料良好的耐久性,又有橡胶类材料的弹性和变形性能,是近几年发达国家逐

【生态水泥介绍】

渐兴起的新型环保防水密封材料。它以特种水泥为主，采用特殊物理化学改性工艺制成，具有高分子乳液与改性水泥等多种助剂组成的防水材料克服了传统材料脆性大的缺点，具有即时修复的弹性、优良的耐水性和抗渗特性，特别适用于复杂结构。

2. 可长草的水泥

与一般水泥不同的是，只要浇上水，十多天后这种水泥里面就会长出绿草来。它主要是采用多孔轻质火山岩浆为骨料，配以水泥、添加剂及各种冷、暖型优良草种，经特殊工艺加工而成。

3. 变色水泥

在白水泥中加入二氧化钴，可制成一种能随空气含水率多少而变色的水泥，它可以预报天气、湿度变化，故又称气象水泥。

4. 夜光水泥

这种水泥可储存白天的日光及来往车辆的灯光，在夜晚时发光，构成夜光公路，方便夜行车辆。多用于在公路上标画车道、人行横道或各种路面标志等。

5. 导电水泥

为了能使水泥导电，在水泥中添加了有导电性能的无烟煤或焦炭粉末。导电水泥在有电流通过时会发热，这样的发热安全而不会引起燃烧，因此可用来建造干燥室、不结冰的机场跑道、人行道和楼梯；还可以有效抵抗电磁辐射的干扰，可用来建设机场。

6. 木质水泥

具有木头质地的水泥，是在水泥中加入粒径为 $300\mu m$ 的聚合物制成。其除了具有普通水泥的特性外，还能像木材一样锯切、钉割和开孔，并具有良好的隔声和防火性能。

【应用案例3-1】 某公司自2011年初开始经营一条1000t/d水泥生产线，水泥出厂的质量相对稳定。自2011年6月起，在水泥出库过程中突然发现有结块现象，导致水泥无法出厂和销售，整个工厂处于非常被动的局面。试分析原因。

解析： 水泥在储存过程中如果防潮措施不到位，或水泥在生产过程中各种物料的水分控制和磨机温度控制不好，都会导致水泥在储存过程中受潮，受潮后的水泥将会提前水化，丧失其胶凝能力，容易结块，使水泥质量下降，对后续的出厂和使用造成很大的影响。

【应用案例3-2】 某高速公路全长105km，该路段用粉煤灰硅酸盐水泥混凝土铺设路面，路面厚度为28cm，路面宽度为双幅29m，路面基层为水泥稳定碎石，底基层为级配碎石。路线位于山岭重丘区，雨季多集中在每年6—10月，沿线地质情况较好，无严重不良地质，地下水位不高，方便施工。为何本工程可采用粉煤灰硅酸盐水泥呢？

解析： 本工程中使用粉煤灰硅酸盐水泥，不仅是因为粉煤灰使得胶凝材料的总量增大，路面光滑平整，而且使工作性能大大改善。研究表明，粉煤灰硅酸盐水泥混凝土的振动黏度系数较小，有利于振捣密实，同时其静态坍落度变小，有利于防止路面塌边。粉煤灰硅酸盐水泥混凝土可以提高后期抗折强度，使后期抗磨性大大提高；还可降低水泥水化速度，有利于高温季节施工和远距离运输。且粉煤灰的加入会降低泌水率，现在铺设路面多采用自卸车运输混合料，在运输过程中较严重的泌水会导致混合料工作性能降低，而粉煤灰可降低混凝土的泌水率，有利于混凝土的远距离运输。

3.5　水泥的保管、选用与验收

1. 水泥的保管

水泥在保管时，应按不同生产厂、不同品种、强度等级和出厂日期分开堆放，严禁混杂；在运输及保管时要注意防潮和防止空气流动，先存先用，不可储存过久。若水泥保管不当，会因风化而影响其品质。

通常水泥强度等级越高，细度越细，吸湿受潮也就越快。在正常储存条件下，储存 3 个月，水泥强度降低 10%～25%，储存 6 个月，强度降低 25%～40%。因此国家标准规定，常用水泥储存期为 3 个月，铝酸盐水泥为 2 个月，双快水泥不宜超过 1 个月，过期水泥在使用时应重新检测，按实际强度使用。水泥受潮变质的快慢及受潮的程度，与保管条件、保管期限及质量有关。

水泥一般应入库存放，仓库应保持干燥，库房地面应高出室外地面 30cm，保存时应离开窗户和墙壁 30cm 以上；袋装水泥堆垛不宜过高，以免下部水泥受压结块，一般为 10 袋，如存放时间短、库房紧张，也不宜超过 15 袋；露天临时储存的袋装水泥，应选择地势高、排水条件好的场地，并认真做好上盖下垫，以防水泥受潮；若使用散装水泥，应采用铁皮水泥罐仓或散装水泥库。图 3.9 所示为某工厂存放的袋装水泥。

图 3.9　袋装水泥的存放

2. 水泥的选用

水泥的选用，包括水泥品种的选择和强度等级的选择两个方面，选择时要点如下。

（1）按环境条件选择水泥品种。环境条件主要是指工程所处的外部条件，包括环境的温度、湿度及周围所存在的侵蚀性介质的种类及数量等。严寒地区的露天混凝土，应优先选用抗冻性较好的硅酸盐水泥、普通硅酸盐水泥，不得选用矿渣硅酸盐水泥、粉煤灰硅酸盐水泥、火山灰质硅酸盐水泥，若环境具有较强的侵蚀性介质，应选用掺混合材料的水泥而不宜选用硅酸盐水泥。

（2）按工程特点选择水泥品种。冬季施工及有早强要求的工程，应优先选用硅酸盐水泥，不得使用掺混合材料的水泥；大体积混凝土工程如大坝、大型基础、桥墩等建设项目，应优先选用水化热较小的低热矿渣硅酸盐水泥和中热硅酸盐水泥，不得使用硅酸盐水泥；有耐热要求的工程如工业窑炉、冶炼车间等建设项目，应优先选用耐热性较高的矿渣硅酸盐水泥、铝酸盐硅酸盐水泥；军事工程、紧急抢修工程，应优先选用快硬型硅酸盐水泥、快硬型硫铝酸盐水泥；修筑道路路面、飞机跑道等，应优先选用道路硅酸盐水泥。

3. 水泥的验收

1）品种验收

水泥袋上应清楚标明：产品名称、代号、净含量、强度等级、生产许可证编号、生产者名称和地址、出厂编号、执行标准号、包装年月日，掺火山灰质混合材料的普通硅酸盐水泥，还应标有"掺火山灰"字样，包装袋两侧应印有水泥名称和强度等级。硅酸盐水泥和普通硅酸盐水泥的印刷采用红色，矿渣硅酸盐水泥的印刷采用绿色，火山灰质硅酸盐水泥、粉煤灰硅酸盐水泥和复合硅酸盐水泥的印刷采用黑色。

2）数量验收

水泥可以袋装或散装，袋装水泥每袋净含量50kg，且不得少于标志质量的98%；随机抽取20袋，总质量不得少于1000kg。其他包装形式由双方协商确定，袋装质量要求必须符合上述原则规定。散装水泥平均堆积密度为1450kg/m³，袋装压实的水泥则为1600kg/m³。

3）质量验收

水泥出厂前应按品种、强度等级和编号取样试验，对袋装水泥和散装水泥分别进行编号和取样，取样应有代表性，可连续取样。交货时，水泥的质量验收可抽取实物试样以其检验结果为依据，也可以水泥厂同编号水泥的检验报告为依据。采取何种方法验收由双方商定，并在合同或协议中注明。

4）结论

出厂水泥应保证出厂强度等级，其余技术要求应符合国家标准规定。出厂水泥有废品、不合格品、合格品之分。

模块小结

本模块介绍水泥的种类、组成和性质。其中硅酸盐水泥是一种水硬性胶凝材料，按混合材料的品种和掺量分为硅酸盐水泥、普通硅酸盐水泥、矿渣硅酸盐水泥、火山灰质硅酸盐水泥、粉煤灰硅酸盐水泥和复合硅酸盐水泥。

硅酸盐水泥熟料是由硅酸三钙、硅酸二钙、铝酸三钙和铁铝酸四钙等几种矿物组分共同组成的，其水化产物主要有水化硅酸钙、氢氧化钙、水化铝酸钙、水化铁铝酸钙和水化硫铝酸钙等。

水泥的水化、凝结和硬化是一个非常复杂的过程，水泥经过水化、凝结、硬化后，由流动态逐渐失去可塑性，凝结硬化成具有一定强度的水泥石。

通用硅酸盐水泥的技术特性，主要有细度、强度、凝结时间和安定性等，其中强度是评价水泥的主要指标。水泥的强度等级，主要有32.5、42.5、52.5、62.5级等，其中按早期强度的高低又分为早强型和普通型。

在土木工程中经常用到的水泥，还有掺混合材料的硅酸盐水泥、铝酸盐水泥、快硬型水泥、道路硅酸盐水泥、中低热水泥、膨胀水泥等。

通用硅酸盐水泥是目前土木建筑工程中使用最广、用量最大的水泥。

复习思考题

一、选择题

1. 水泥熟料中，（　　）与水发生反应的速度最快。

A. 硅酸二钙　　　　B. 硅酸三钙　　　　C. 铝酸三钙　　　　D. 铁铝酸四钙

2. 水泥按性质和用途分类，（　　）属于特种水泥。

A. 砌筑水泥　　　　B. 铝酸盐水泥　　　　C. 油井水泥　　　　D. 中热硅酸盐水泥

3. 硅酸盐水泥熟料中，矿物水化反应后对水泥早期强度影响最大的是（　　）。

A. C_3S　　　　B. C_2S　　　　C. C_3A　　　　D. C_4AF

4. 下列（　　）组材料全部属于气硬性胶凝材料。

A. 石灰、水泥　　　　　　　　　　B. 玻璃、水泥

C. 石灰、建筑石膏　　　　　　　　D. 沥青、建筑石膏

5. 硅酸盐水泥的强度等级根据（　　）强度划分。

A. 抗压　　　　B. 抗折　　　　C. 抗弯与抗剪　　　　D. 抗折与抗剪

6. 最不宜用于大体积混凝土工程的水泥是（　　）。

A. 硅酸盐水泥　　　　B. 普通水泥　　　　C. 火山灰水泥　　　　D. 矿渣水泥

7. 根据水泥石侵蚀的原因，下列（　　）是错误的硅酸盐水泥防侵蚀措施。

A. 提高水泥强度等级

B. 提高水泥的密实度

C. 根据侵蚀环境特点，选用适当品种的水泥

D. 在混凝土或砂浆表面设置耐侵蚀且不透水的防护层

8. 为了调节硅酸盐水泥的凝结时间，常掺入适量的（　　）。

A. 石灰　　　　B. 石膏　　　　C. 粉煤灰　　　　D. MgO

9. 硅酸盐水泥熟料矿物组成中，以下（　　）熟料矿物不是主要成分。

A. 硅酸二钙　　　　　　　　　　B. 硅酸三钙

C. 铁铝酸四钙和铝酸三钙　　　　D. 游离氧化钙

10. 水泥凝结时间的影响因素很多，以下（　　）说法不对。

A. 熟料中铝酸三钙含量高、石膏掺量不足使水泥快凝

B. 水泥的细度越细，水化作用越快

C. 水灰比越小，凝结时温度越高，凝结越慢

D. 混合材料掺量大、水泥过粗等都使水泥凝结缓慢

二、简答题

1. 通用硅酸盐水泥熟料由哪些主要矿物组成？它们在水泥水化过程中各表现出什么特性？

2. 引起水泥体积安定性不良的原因是什么？安定性不良的水泥应如何处理？

3. 硅酸盐水泥中的混合材料有哪些？其掺入水泥后的作用分别是什么？硅酸盐水泥常掺入哪几种活性混合材料？

4. 简述硅酸盐水泥的凝结硬化机理。影响凝结硬化过程的因素有哪些？是如何影响的？

5. 水泥在运输和存放过程中为何不能受潮和受雨淋？储存水泥时应注意什么？

【模块3课后习题自测】

模块4
混凝土

教学目标

知识模块	知识目标	权重
混凝土组成材料及其技术要求	掌握砂的细度模数及级配分区、粗骨料的级配、外加剂及矿物掺合料的使用	20%
混凝土主要技术指标及其影响因素	理解混凝土工作性、强度等级、变形性质，掌握混凝土主要性能影响因素	30%
混凝土配合比设计	掌握普通混凝土配合比设计程序	20%
普通混凝土质量控制	熟悉普通混凝土质量控制的原理及方法	10%
其他混凝土特点、应用及配制原理	理解高性能混凝土、泵送混凝土、轻混凝土等的特点及应用	10%
混凝土耐久性	理解混凝土抗渗性、抗冻性、碳化、抗侵蚀性、碱骨料反应等耐久性性质	10%

技能目标

　　掌握混凝土用砂石基本性能测定方法，掌握混凝土和易性、强度等级及耐久性指标的测定方法，掌握混凝土配合比设计的程序和方法，熟悉混凝土质量控制的评定方法；熟悉混凝土的配制和养护方法，理解特殊混凝土的性能特点和应用特性。

引例

　　混凝土材料的使用，在历史上可追溯至很古老的时代。现代意义的混凝土是由胶凝材料和骨料混合，通过一定的工艺成型硬化而制成的人造材料，其中胶凝材料有水泥、石膏等无机胶凝材料和沥青、聚合物等有机胶凝材料，并且无机和有机胶凝材料可复合使用。目前使用最多的是以水泥为胶凝材料的混凝土，称为水泥混凝土或普通混凝土，是由水泥、砂、石子和水按适当比例配制，经过养护硬化而形成的人造石材，为改善其性能，还经常加入外加剂和掺合料。

混凝土是重要的土木工程结构材料，在当今世界上用途最广、用量最大，也是单位产品质量下能耗最低的材料之一。随着社会经济及土木工程领域的迅速发展，对混凝土的需求也日益增大，已从一般的工业与民用建筑、港口码头、道路桥梁、水利工程等领域扩展应用到了海上浮动平台、海底建筑、地下城市建筑、高压储罐、核电站等领域。

对混凝土配筋，虽然使混凝土可用于制作受弯和受拉构件，但并未解决混凝土容易开裂的问题。用张拉钢筋对混凝土预先施以压应力的办法，可以保证混凝土构件在荷载作用下既能抗拉又不致形成裂纹，特别是应用高强材料时，预应力方法最为有效。预应力混凝土的出现是混凝土技术的一次飞跃，它是通过外部条件对混凝土改性，预应力技术在大跨建筑、高层建筑以及在抗震、防裂、抗内压等方面的卓越效果，大大地扩展了混凝土的应用范围。强度等级为C100的预应力混凝土，在质量上即可与钢结构相近，这样大部分的钢结构工程即可用预应力混凝土结构代替。

尽管混凝土可以达到很高的抗压强度，但相对而言其抗拉强度却提高不多，拉压比总是保持在1/10左右。混凝土破坏时，表现出典型的脆性材料突然破坏的特点，这个缺点大大限制了混凝土材料的应用范围。混凝土及其制品另一缺点是自重大。随着建筑技术的发展，建筑物趋向高层和大型化，因此减轻高层建筑和大跨度结构的自重是十分重要的课题。除采用高强度混凝土以减小构件的截面外，降低混凝土本身的自重也是十分重要的研究任务。

尽管混凝土的价格比钢材、有色金属、木材等土木工程材料低，消耗的能源也较少，但由于它的用量极大，因此在该领域节约资源和能源仍然具有极为重要的经济意义。

4.1　概　　述

? 想一想

置身于现代化的城市和乡村，众多的高楼大厦、高铁、桥梁大都使用了混凝土材料。你是否知道这些混凝土是怎样生产出来的？它们各自有着怎样的特性呢？

4.1.1　混凝土的产生和发展概况

【钢筋混凝土的由来】

现代混凝土是在19世纪20年代波特兰水泥发明以后出现的，用水泥配制成的混凝土，其强度和耐久性都有了很大提高，使其应用获得了迅速发展和极广泛的用途。19世纪50年代钢筋混凝土的诞生，又使水泥混凝土扩展了在土木工程各领域的应用。20世纪20年代发明了预应力钢筋混凝土施工工艺，进一步弥补了混凝土抗拉强度低的弱点，为钢筋混凝土结构在大跨度桥梁等构筑物中的应用开辟了新的途径。

20世纪60年代各种混凝土化学外加剂不断涌现，尤其减水剂、塑化剂的大量应用，不仅改善了混凝土的各种性能，而且为混凝土施工工艺的发展变化创造了良好条件，如泵送混凝土、自密实混凝土、自流平混凝土等的发展都与高效减水剂和高性能减水剂的研制成功与应用密切相关。因此，化学外加剂被确认为混凝土的第五种组分。与此同时，在使用外加剂的前提下，高性能矿物掺合料的逐渐推广应用，不仅解决了工业废渣的利用，而且有效地改善了混凝土的性能，矿物掺合料又被认为是混凝土的第六种组分。组分的改变使大量应用的混凝土强度由原来的20MPa左右逐渐向50MPa以上转变。

在生产工艺上，混凝土已基本摆脱过去那种劳动强度大、生产规模零星分散、技术含量低的落后状态。20世纪80年代以来，我国各地区纷纷建立了大、中型预拌混凝土厂，可保质保量地为用户及时提供满足工程要求的商品混凝土。

未来的建筑要向超高层、大跨度方向发展，还要开发地下和海洋建筑，这些变化势必要求混凝土的综合性能全面改善，高性能水泥混凝土（HPC）将是其主要发展方向之一。未来的高性能水泥混凝土除了具有高强度（抗压强度在 60MPa 以上）外，还必须具备良好的施工操作性、体积稳定性，而且必须具有适应环境的高耐久性。

4.1.2 混凝土的分类

混凝土通常有下面几种分类方法。

1. 按表观密度分类

混凝土按其表观密度的大小，可分为以下几类。

（1）普通混凝土。表观密度为 2100～2500kg/m³，一般在 2400kg/m³ 左右，由水泥、水和普通砂、石配制而成，为土木工程中最常用的混凝土，通常简称为混凝土。主要用作各种土木工程的承重结构材料。

（2）轻混凝土。表观密度小于 1950kg/m³，是采用轻质多孔的骨料或不用骨料而掺入加气剂或泡沫剂等制成的多孔结构的混凝土，包括轻骨料混凝土、多孔混凝土、大孔混凝土、发泡/泡沫混凝土等。其用途可分为结构用、保温用和结构兼保温用等。

（3）重混凝土。表观密度大于 2600kg/m³，是采用密度很大的重骨料如重晶石、铁矿石、钢屑等配制而成，也可以同时采用重水泥（如钡水泥、锶水泥）进行配制。重混凝土具有防射线的性能，所以又称防辐射混凝土，主要用作核能工程的屏蔽结构材料。

2. 按用途分类

混凝土按其用途，可分为结构混凝土（即普通混凝土）、防水混凝土、耐热混凝土、耐酸混凝土、装饰混凝土、大体积混凝土、膨胀混凝土、防辐射混凝土、道路混凝土等多种。

3. 按所用胶凝材料分类

混凝土按其所用胶凝材料，可分为水泥混凝土、沥青混凝土、聚合物水泥混凝土、聚合物混凝土、石膏混凝土、水玻璃混凝土等。

4. 按生产和施工方法分类

混凝土按生产和施工方法，可分为预拌混凝土（商品混凝土）、泵送混凝土、喷射混凝土、压力灌浆混凝土（预填骨料混凝土）、挤压混凝土、离心混凝土、真空吸水混凝土、碾压混凝土、热拌混凝土等。

5. 按掺合料种类分类

混凝土按其中的掺合料划分，可分为粉煤灰混凝土、硅灰混凝土、碱矿渣混凝土和纤维混凝土等。

6. 按混凝土强度大小分类

混凝土按抗压强度（f_{cu}）大小，可分为低强度混凝土（$f_{cu} < 30$MPa）、中强度混凝土（$f_{cu} = 30 \sim 60$MPa）、高强度混凝土（$f_{cu} \geqslant 60$MPa）和超高强度混凝土（$f_{cu} \geqslant 100$MPa）等。

【混凝土基本知识】

4.1.3 混凝土的特点

普通混凝土在土木工程中能得到广泛的应用，主要原因是因为它具有以下优点。

（1）原材料来源丰富，造价低廉。混凝土中砂、石骨料占混凝土整体体积的 60%～80%（其中细骨料约占 40%，粗骨料约占 60%），而砂、石为地方性材料，到处可得，因此可就地取材，价格便宜。

（2）混凝土拌合物具有良好的可塑性。可根据结构要求，浇筑成各种形状及尺寸的整体结构或预制构件。

（3）配制灵活、适应性好。改变混凝土组成材料的品种及比例，可配制得到不同物理力学性能的混凝土，以满足各种工程的不同需要。

（4）抗压强度高。硬化后的混凝土，其抗压强度一般为 20～40MPa，可高达 80～100MPa 甚至更高，很适宜作土木工程结构材料。

（5）与钢筋有牢固的黏结力。钢筋的温度线膨胀系数为 $1.2 \times 10^{-5}/℃$，混凝土的温度线膨胀系数为 $1.0 \times 10^{-5} \sim 1.5 \times 10^{-5}/℃$，两者很相近，复合成钢筋混凝土后能保证共同工作，从而大大扩展了混凝土的应用范围。

（6）耐久性良好。混凝土在一般环境不需要维护保养，故维修费用少。

（7）耐火性好。普通混凝土的耐火性远比木材、钢材和塑料好，可耐数小时的高温作用而仍保持其力学性能，有利于发生火灾时的扑救作业。

（8）生产能耗较低。混凝土生产的能源消耗，比烧土制品及金属材料低得多。

（9）有利于环保。配制混凝土可充分利用工业废料，如矿渣、粉煤灰等，降低环境污染。

普通混凝土的不足之处主要表现在以下几方面。

（1）自重大，比强度小。每立方米普通混凝土重达 2400kg 左右，致使其在土木工程中形成肥梁、胖柱、厚基础，尤其对高层、大跨度建筑不利。

（2）抗拉强度低。一般混凝土抗拉强度是其抗压强度的 1/20～1/10，因此受拉时易产生脆裂。

（3）导热系数大。普通混凝土导热系数为 1.40W/(m·K)，约为红砖的两倍，故保温隔热性能较差，不得用于建筑节能。

（4）硬化较慢，生产周期长。在自然条件下养护的混凝土预制构件，一般要养护 7～14d 方可投入使用。

随着现代科学技术的发展，混凝土的不足之处已经得到很大改进。如采用轻骨料，可使混凝土的自重及导热系数显著降低；在混凝土中掺入纤维或聚合物，可大幅度降低混凝土的脆性；混凝土采用快硬水泥或掺入早强剂、减水剂等，可明显缩短其硬化周期。正因为混凝土具有以上诸多优点，使得许多强度大、效益高的结构材料亦无法与之竞争。混凝土已成为当代主要的土木工程材料，广泛应用于工业与民用建筑工程、水利工程、地下工程、公路、铁路、桥梁及国防建设等工程中。

4.2 普通混凝土的基本组成材料

? 想一想

在现代土木工程中混凝土的用量巨大，是构成工程实体的物质基础，其中原材料的性能和质量对混凝土工程的质量有着直接影响。那么你知道这些取材广泛或便捷的原材料都有哪些吗？又如何评定和获得这些材料呢？

普通混凝土是指用水泥作为胶凝材料，以砂、石作为骨料，经加水搅拌、浇筑成型、凝结硬化制成的具有一定强度的"人工石材"，亦即水泥混凝土，这也是目前土木工程中使用量最大的混凝土品种。为改善混凝土的性能，可以添加化学外加剂与矿物掺合料。混凝土组成材料的体积比如图 4.1 所示。

混凝土中，各组成材料所起的作用是不同的。砂、石等一般不与水泥浆产生化学反应，起着骨架作用，因此也称骨料；这类材料除了起骨架作用外，也是廉价的填充材料，还可以降低水化热、减少水泥硬化所产生的收缩，并可以降低造价。由水泥与水所形成的水泥浆通常包裹在骨料的表面，并填充骨料间的空隙；水泥浆在混凝土硬化前起润滑作用，赋予混凝土拌合物一定的流动性，以便于施工操作。在混凝土硬化过程中和硬化后，水泥和水产生化学反应，起胶结作用，把砂、石等胶结成为整体而成为坚硬的人造石材，并产生力学强度。硬化后混凝土的组织结构如图4.2所示。

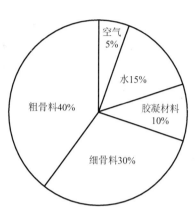

图 4.1　混凝土组成材料的体积比

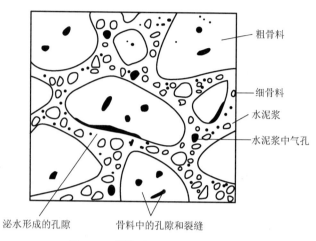

图 4.2　硬化后混凝土的组织结构

混凝土的技术性质，在很大程度上是由原材料的性质及其相对含量所决定的，同时也与施工工艺（配料、搅拌、捣实成型、养护等）有关。因此，要获得满足设计性能要求的混凝土，首先必须了解其原材料的性质、作用及质量要求。

4.2.1　水泥

水泥在混凝土中起胶结作用，是混凝土中最重要的组分，除了其技术性质必须满足相关标准规定之外，还应根据不同使用环境与使用条件合理选择其品种及强度等级，以满足工程上对混凝土强度、耐久性及经济性等方面的要求。

1. 水泥品种的选择

配制混凝土所用水泥的品种，应根据实际工程性质、部位、工程所处环境及施工条件，参考各种水泥的特性进行合理选择。

2. 水泥强度等级的选择

配制混凝土时所选水泥强度等级，一般应与混凝土的设计强度等级相适应，原则上配制高强度等级的混凝土应选用较高强度等级的水泥，配制低强度等级的混凝土应选用低强度等级的水泥。通常以水泥强度等级（MPa）为混凝土强度等级（MPa）的 1.5～2.5 倍为宜，对高强度混凝土可以取 0.9～1.5 倍。若水泥强度选用过高，较少的水泥用量就可满足混凝土强度要求，但由于水泥用量少，与水形成的砂浆量少，不能完全包裹粗、细骨料表面，不能形成紧密的砂浆层，会导致混凝土拌合物施工操作性能不良，甚至影响混凝土的耐久性；反之，若采用强度过低的水泥来配制较高强度的混凝土，则很难达到强度要求，即使达到了强度要求，也会使水泥用量过大，不够经济，而且使混凝土收缩开裂性变大，影响混凝土质量。

4.2.2　细骨料

混凝土用骨料按其大小分为细骨料和粗骨料，粒径（方孔筛）在 0.15～4.75mm 的岩石颗粒为细骨料，粒径大于 4.75mm 的岩石颗粒为粗骨料。骨料总体积占到混凝土体积的 70%～80%，其质量优劣对混凝土性能影响很大，要求骨料的颗粒级配良好、颗粒粗细程度适当，以尽量减小空隙率；表面应干净，以保证与水泥浆更好地黏结；含有害杂质少，以保证混凝土的强度及耐久性；还应具有足够的强度和坚固性，以保证起到充分的骨架和传力作用。

1. 细骨料的种类及其特性

GB/T 14684—2011《建设用砂》将砂产源分为天然砂和机制砂，按砂颗粒粗细程度分为粗、中、细三种规格，按技术要求则分为Ⅰ、Ⅱ、Ⅲ三种类别。

天然砂是指自然生成、经人工开采和筛分的粒径小于 4.75mm 的岩石颗粒，包括河砂、湖砂、山砂、淡化海砂，但不包括软质、风化的岩石颗粒。河砂、湖砂由于长期受水流和波浪的冲洗，颗粒表面比较圆滑、洁净，且产源较广，故一般工程中多采用；海砂因长期受到海流冲刷，颗粒圆滑，比较洁净且粒径一般较整齐，但其中常含有碎贝壳及可溶盐等有害杂质而不利于混凝土结构，需经淡化处理后使用；山砂是岩体风化后在山间适当地形中堆积下来的岩石碎屑，多从山谷或旧河床中采运而得，其颗粒多具棱角、表面粗糙，含泥量及有机杂质等有害杂质较多。

机制砂是指经除土处理，由机械破碎、筛分制成的粒径小于 4.75mm 的岩石、矿山尾矿或工业废渣颗粒，但不包括软质、风化的颗粒，俗称人工砂。机制砂由天然岩石轧碎而成，其颗粒富有棱角，比较光亮洁净，但砂中片状颗粒及细粉含量较大，且成本较高。若当地缺乏天然砂源，可将机制砂与天然砂混合使用。用矿山尾矿、工业废渣生产的机制砂中有害物质除应符合有关规定外，还应符合我国环保和安全的相关标准和规范要求，不应对人体、生物、环境及混凝土、砂浆性能等产生有害影响。

再生细骨料是指由废弃建（构）筑物中的混凝土、砂浆、石、砖瓦等加工而成，用于配制混凝土和砂浆的粒径不大于 4.75mm 的颗粒。与天然砂和机制砂相比，再生细骨料由于源自废弃建筑物，因此具有需水量大、容重小、强度低等缺点。GB/T 25176—2010《混凝土和砂浆用再生细骨料》和 GB/T 25177—2010《混凝土用再生粗骨料》等国家标准的制定和实施，为我国建筑垃圾规范化再生利用提供了途径。

2. 细骨料的技术要求

细骨料质量的优劣直接关系到混凝土质量的好坏。有关砂的质量要求，现有国家标准 GB/T 14684—2011《建设用砂》和建设部行业标准 JGJ 52—2006《普通混凝土用砂、石质量及检验方法标准（附条文说明）》等。《建设用砂》对砂的质量提出了一系列要求，主要内容如下。

1）含泥量、石粉含量和泥块含量

含泥量是指天然砂中粒径小于 75μm 的颗粒含量；石粉含量是指人工砂中粒径小于 75μm 的颗粒含量；泥块含量是指砂中原粒径大于 1.18mm，经水浸洗、手捏后小于 600μm 的颗粒含量。天然砂的含泥量和泥块含量应符合表 4-1 的规定。

表 4-1　天然砂的含泥量和泥块含量　　　　单位：%

类　　别	Ⅰ	Ⅱ	Ⅲ
含泥量（按质量计）	≤1.0	≤3.0	≤5.0
泥块含量（按质量计）	0	≤1.0	≤2.0

机制砂及再生细骨料石粉和泥块含量要求见表 4-2 的规定。表中亚甲蓝值 MB 为用于判定人工砂中粒径小于 75μm 颗粒含量主要是泥土还是与被加工母岩化学成分相同的石粉的指标。

表 4 - 2　机制砂及再生细骨料石粉和泥块含量要求（GB/T 14684—2011 和 GB/T 25176—2010）　单位：%

项目			机制砂			再生细骨料		
			Ⅰ	Ⅱ	Ⅲ	Ⅰ	Ⅱ	Ⅲ
亚甲蓝试验		MB 值	≤0.5	≤1.0	≤1.4 或合格		—	
	MB 值＜1.4 或合格	石粉含量（按质量计）	≤10.0			＜5.0	＜7.0	＜10.0
		泥块含量（按质量计）	0	≤1.0	≤2.0	＜1.0	＜2.0	＜3.0
	MB 值≥1.4 或不合格	石粉含量（按质量计）	≤1.0	≤3.0	≤5.0	＜1.0	＜3.0	＜5.0
		泥块含量（按质量计）	0	≤1.0	≤2.0	＜1.0	＜2.0	＜3.0

2）有害物质含量

砂中常含有一些有害杂质，如云母、硫酸盐及硫化物、有机物质、黏土、淤泥和尘屑以及轻物质等。云母呈薄片状，表面光滑，与硬化水泥浆黏结不牢，会降低混凝土的强度；硫酸盐和硫化物及有机物质，对硬化水泥浆有腐蚀作用，而氯盐会对混凝土中的钢筋有锈蚀作用；黏土、淤泥和尘屑黏附在砂表面，妨碍硬化水泥浆与砂的黏结，除降低混凝土强度外，还会降低混凝土抗渗性和抗冻性，并会增大混凝土的收缩；密度小于 2000kg/m³ 的轻物质如煤和褐煤等，会降低混凝土的强度和耐久性。为了保证混凝土的质量，上述这些有害物质的含量必须加以限制，其含量不得超过表 4 - 3 的规定。

表 4 - 3　有害物质限量　单位：%

类别	Ⅰ	Ⅱ	Ⅲ
云母（按质量计）	≤1.0	≤2.0	
轻物质（按质量计）	≤1.0		
有机物	合格		
硫化物及硫酸盐（按 SO₃ 质量计）	≤0.5		
氯化物（以氯离子质量计）	≤0.01	≤0.02	≤0.06
贝壳*（按质量计）	≤3.0	≤5.0	≤8.0

注：＊处表示该指标仅适用于海砂，对其他砂种不做要求。

3）碱骨料反应

碱骨料反应，是指水泥、外加剂等混凝土组成物及环境中的碱与骨料中碱活性矿物在潮湿环境下缓慢发生反应，导致混凝土开裂破坏的膨胀反应。混凝土用砂中不能含有活性二氧化硅等物质，以免产生碱骨料反应而导致混凝土破坏。为此，标准规定，混凝土用砂经碱骨料反应试验后，该砂制备的试件应无裂缝、酥裂及胶体外溢等现象，在规定的试验龄期其膨胀率应小于 0.10%。

4）坚固性

砂子的坚固性，是指砂在自然风化和其他外界物理化学因素作用下抵抗破裂的能力。标准规定对此采用硫酸钠溶液法进行试验，砂样经五次循环后，其质量损失应符合表 4 - 4 的要求。机制砂及再生细骨料除了要满足表 4 - 4 中的规定外，还要采用压碎指标法进行试验，压碎指标值应小于表 4 - 5 的要求。

表 4 - 4　砂的坚固性指标　单位：%

砂的类别	项目	指标		
		Ⅰ	Ⅱ	Ⅲ
天然砂和机制砂	质量损失	≤8	≤8	≤10
再生细骨料	质量损失	＜8.0	＜10.0	＜12.0

表 4 - 5　砂的压碎指标　　　　　　　　　　　　　　　　　　　　　　单位：%

项　目	指　标		
	Ⅰ	Ⅱ	Ⅲ
机制砂单级最大压碎指标	≤20	≤25	≤30
再生细骨料单级最大压碎指标	＜20	＜25	＜30

5）砂的粗细程度和颗粒级配

砂的粗细程度，是指不同粒径砂粒混合体总体的粗细程度。砂的粗细程度可反映砂的比表面积（即单位质量的总表面积）的大小，砂的颗粒越粗，比表面积越小，包裹砂粒表面所需的水泥浆数量也就越少；反之亦然。在配制混凝土时，当相同用砂量条件下，采用细粒砂其总表面积较大，而用粗砂则其总表面积较小。当混凝土拌合物和易性要求一定时，显然用较粗的砂拌制混凝土，比用较细的砂所需的水泥浆量少。但若砂子过粗，易使混凝土拌合物产生离析、泌水等现象，则会影响混凝土的工作性，因此用作配制混凝土的砂既不宜过细，也不宜过粗。

砂子的颗粒级配，是指大小不同的砂子互相搭配的比例情况，可反映出砂空隙率的大小。图 4.3 所示的不同粒径的级配中，用第三种粒径的砂组配时空隙最少，因此当砂中含有较多的粗颗粒，并以适量的中粗颗粒及少量的细颗粒填充其空隙，即具有良好的颗粒级配，可使得砂的空隙率和总表面积均较小，这种砂是比较理想的。使用级配良好的砂，不仅所需水泥浆量较少、节省水泥，经济性好，还可提高混凝土的和易性、密实度和强度。

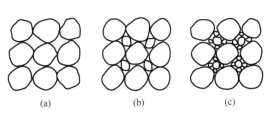

图 4.3　骨料的颗粒级配状况

砂的粗细程度和颗粒级配通常采用砂筛分析的方法测定。砂筛分析法是用一套孔径分别为 9.50mm、4.75mm、2.36mm、1.18mm、600μm、300μm 及 150μm 的方孔标准筛，将 500g 干砂试样由粗到细依次过筛，而后称取留在各个筛上的砂质量 G_i

【方孔筛及摇筛机】

（称筛余）和底盘上的砂质量 $G_底$，并计算出各筛上的分计筛余百分率 a_i（各筛上的筛余量占砂样总重的百分率），$a_i = [G_i/(\sum G_i + G_底)] \times 100\%$。再算出各筛的累计筛余百分率（各个筛与比该筛粗的所有筛之分计筛余百分率之和），分别以 A_1、A_2、A_3、A_4、A_5 和 A_6 表示。分计筛余与累计筛余的关系见表 4 - 6。

表 4 - 6　分计筛余与累计筛余的关系

筛孔尺寸	筛余/g	分计筛余百分率/%	累计筛余百分率/%
4.75mm	G_1	$a_1 = G_1 \div 500 \times 100$	$A_1 = a_1$
2.36mm	G_2	$a_2 = G_2 \div 500 \times 100$	$A_2 = a_1 + a_2$
1.18mm	G_3	$a_3 = G_3 \div 500 \times 100$	$A_3 = a_1 + a_2 + a_3$
600μm	G_4	$a_4 = G_4 \div 500 \times 100$	$A_4 = a_1 + a_2 + a_3 + a_4$
300μm	G_5	$a_5 = G_5 \div 500 \times 100$	$A_5 = a_1 + a_2 + a_3 + a_4 + a_5$
150μm	G_6	$a_6 = G_6 \div 500 \times 100$	$A_6 = a_1 + a_2 + a_3 + a_4 + a_5 + a_6$
底盘	$G_底$	—	—

砂的粗细程度用通过累计筛余百分率计算而得的细度模数 M_x 来表示，其计算式为

$$M_x = \frac{(A_2 + A_3 + A_4 + A_5 + A_6) - 5A_1}{100 - A_1}$$

（4 - 1）

细度模数越大，表示砂越粗。根据《建设用砂》的规定，砂按细度模数 M_x 可分为粗、中、细三种规格，其中粗砂 $M_x=3.7\sim3.15$，中砂 $M_x=3.0\sim2.3$，细砂 $M_x=2.2\sim1.6$。普通混凝土用砂的细度模数范围一般为 $3.7\sim1.6$，其中以采用中砂较为适宜。在我国有些地区，天然砂的细度模数小于上述范围，为此一般将 $M_x=0.7\sim1.5$ 的砂称为特细砂，$M_x<0.7$ 的砂称为粉砂。

砂的颗粒级配用级配区表示。国家标准规定，砂按 0.60mm 孔径筛的累计筛余百分率划分成三个级配区，三个区的最大和最小孔径筛的累计筛余相同，而其他孔径筛的累计筛余有部分搭接，据此分为 1 区、2 区及 3 区三个级配区，见表 4-7 和表 4-8。普通混凝土用砂的颗粒级配，应处于表 4-7 中的任何一个区内。在工程中，混凝土所用砂的实际颗粒级配的累计筛余百分率，除 4.75mm 和 600μm 筛号外，允许稍有超出分界线，但其总量不应大于 5%。

表 4-7 建设用砂颗粒级配

砂 的 分 类	天 然 砂			机 制 砂		
级配区	1 区	2 区	3 区	1 区	2 区	3 区
方孔筛	累计筛余百分率/%					
4.75mm	10~0	10~0	10~0	10~0	10~0	10~0
2.36mm	35~5	25~0	15~0	35~5	25~0	15~0
1.18mm	65~35	50~10	25~0	65~35	50~10	25~0
600μm	85~71	70~41	40~16	85~71	70~41	40~16
300μm	95~80	92~70	85~55	95~80	92~70	85~55
150μm	100~90	100~90	100~90	97~85	94~80	94~75

表 4-8 级配类别

类 别	I	II	III
级配区	2 区	1、2、3 区	

为了方便应用，可将表 4-7 中的天然砂（或机制砂）数值绘制成砂级配曲线图，即以累计筛余百分率为纵坐标，以筛孔尺寸为横坐标，画出砂的 1、2、3 三个区的级配曲线，如图 4.4 所示。使用时，将砂筛分析试验计算得到的各筛累计筛余百分率标注到图中，并连成曲线，然后观察此筛分结果的曲线，只要其落在三个区的任何一个区内，均为级配合格。

配制混凝土时宜优先选用 2 区砂。当采用 1 区砂时，应适当提高砂率，并保证足够的水泥用量，以满足混凝土的和易性；当采用 3 区砂时，宜适当降低砂率，以保证混凝土强度。混凝土用砂应贯彻就地取材的原则，若某些地区的砂料出现过细、过粗或天然级配不良时，可采用人工级配，以调整其粗细程度和改善颗粒级配，直到符合要求。

6）砂的颗粒形状及表面特征

细骨料颗粒形状和表面特征是决定混凝土拌合物需水量及其与水泥石界面黏结力的重要因素，影响到拌合物的流动性及石化后的强度。山砂表面较粗糙、多棱角，与水泥黏结性能较好，配制混凝土强度较高，但流动性相对较差；河砂和海砂颗粒表面少棱角、较光滑，配制混凝土流动性比山砂好，但与水泥的黏结性能相对较差。

7）砂的表观密度、松散堆积密度和空隙率

砂表观密度等应符合如下规定：表观密度不小于 2500kg/m³，松散堆积密度不小于 1400kg/m³，空隙率不大于 44%。

为保证混凝土具有较好的和易性、较好的密实度和强度，并达到节约水泥的目的，混凝土用砂的选择应同时考虑砂的颗粒级配和粗细程度两方面，并在选用时注意以下方面。

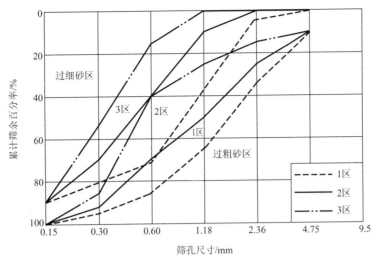

图 4.4　砂的级配曲线

（1）Ⅰ类砂宜用于强度等级大于 C60 的混凝土，Ⅱ类砂宜用于强度等级为 C30～C60 及有抗冻、抗渗或其他要求的混凝土，Ⅲ类砂宜用于强度等级小于 C30 的混凝土和建筑砂浆。

（2）配制混凝土应优先选用 2 区砂；1 区砂适于富混凝土（水泥用量≥230kg/m³）和低流动性的混凝土，为保证拌合物保水性，使用时要适当提高砂率；使用 3 区砂时，应适当降低砂率。

（3）当砂的自然级配不符合级配区要求时，可采用人工级配的方法来改善。

（4）为保证混凝土的可泵性，泵送混凝土用砂宜选用中砂，且通过 315μm 筛孔的颗粒含量应小于 15%。

【应用案例 4-1】 某工程用砂，经烘干、称量、筛分析，砂样筛分试验数据见表 4-9，试评定这种砂的粗细程度和级配情况。

表 4-9　砂样筛分析试验数据

筛孔尺寸/mm	4.75	2.36	1.18	0.60	0.30	0.15	底盘	合计
筛余量/g	28.5	57.6	73.1	156.6	118.5	55.5	9.7	499.5

解析： 分计筛余百分率计算公式为 $a_1 = G_i \div 500 \times 100\%$，累计筛余百分率计算 $A_i = \sum a_i$。

根据试验数据，该砂样分计筛余百分率和累计筛余百分率的计算结果见表 4-10。

表 4-10　砂样筛分析计算结果

	a_1	a_2	a_3	a_4	a_5	a_6
分计筛余百分率/%	5.71	11.53	14.63	31.35	23.72	11.11
	A_1	A_2	A_3	A_4	A_5	A_6
累计筛余百分率/%	5.71	17.24	31.87	63.22	86.94	98.05

根据表 4-10 中的数据，可得砂的细度模数为

$$M_x = \frac{(A_2 + A_3 + A_4 + A_5 + A_6) - 5A_1}{100 - A_1} = \frac{(17.24 + 31.87 + 63.22 + 86.94 + 98.05) - 5 \times 5.71}{100 - 5.71} = 2.86$$

$M_x = 2.86$ 对应为中砂。根据表 4-10 中的数据，该砂样在 600μm 筛上的累计筛余百分率为 $A_4 = 63.22$，落在 2 区，其他各筛上的累计筛余百分率也落在 2 区的范围内。

故结果评定为：该砂属于 2 区中砂，级配良好，可用于配制混凝土。

4.2.3 粗骨料

1. 粗骨料的种类及其特性

普通混凝土常用的粗骨料有碎石、卵石和再生粗骨料三种。

碎石大多由天然岩石、卵石或矿山废石经机械破碎、筛分制成粒径大于4.75mm的岩石颗粒。碎石表面粗糙、多棱角且较洁净，与水泥浆黏结比较牢固。用矿山废石生产的碎石，其有害物质应符合我国环保和安全的相关标准和规范要求，不应对人体、生物、环境及混凝土性能产生有害影响。

卵石是由自然风化、水流搬运和分选、堆积形成的粒径大于4.75mm的岩石颗粒，按其产源可分为河卵石、海卵石及山卵石等几种，其中以河卵石应用较多。卵石中有机杂质含量较多，与碎石比较卵石表面光滑，拌制混凝土时需用水泥浆量较少，拌合物和易性较好。卵石与水泥石的胶结力较差，在相同配制下，卵石混凝土的强度较碎石混凝土低。

再生粗骨料是由废弃建（构）筑物中的混凝土、砂浆、石、砖瓦等加工而成，用于配制混凝土的粒径大于4.75mm的颗粒。与天然粗骨料相比，再生粗骨料来源于废弃建筑物，具有需水量大、容重小、强度低等缺点。

2. 混凝土用粗骨料的质量要求

1）含泥量、泥块含量和微粉含量

粗骨料的含泥量，指卵石、碎石中粒径小于75μm的颗粒含量；泥块含量，指卵石、碎石中原粒径大于4.75mm，经水浸洗、手捏后小于2.36mm的颗粒含量；微粉含量，指再生粗骨料中粒径小于75μm的颗粒含量。各种类型粗骨料的含泥量和泥块含量等应符合表4-11的规定。

表4-11 各种类型粗骨料的含泥量和泥块含量　　　　单位：%

类别及项目		I	II	III
卵石、碎石	含泥量（按质量计）	≤0.5	≤1.0	≤1.5
	泥块含量（按质量计）	0	≤0.2	≤0.5
再生粗骨料	微粉含量（按质量计）	<1.0	<2.0	<3.0
	泥块含量（按质量计）	<0.5	<0.7	<1.0

2）有害杂质含量

粗骨料也可能含有一些有害杂质，主要是黏土及淤泥、有机物、硫化物及硫酸盐等，其危害基本上与砂中有害杂质相同，应加以限制。粗骨料有害杂质限量应符合表4-12的规定。再生粗骨料中的杂物指除混凝土、砂浆、砖瓦和石之外的其他物质，其含量不得超过1%。

表4-12 粗骨料有害杂质限量　　　　单位：%

类别	卵石、碎石			再生粗骨料		
	I	II	III	I	II	III
云母（按质量计）	—			<2.0		
轻物质（按质量计）	—			<1.0		
有机物（按质量计）	合格	合格	合格	合格		
硫化物及硫酸盐（按SO₃质量计）	≤0.5	≤1.0	≤1.0	<2.0		
氯化物（按氯离子质量计）				<0.06		

3）碱活性骨料

骨料本身会含有一些活性物质，并且会与水泥中的碱产生膨胀反应，导致混凝土的破坏。这类活性物质主要有活性硅组分和碳酸盐组分，与碱的反应分别称为碱-硅反应和碱-碳酸盐反应。碱-硅反应首先是从水泥浆体中的碱性物质侵蚀骨料中的硅质矿物开始，随后形成碱-硅酸盐凝胶体，这种凝胶体会损坏骨料与水泥浆体之间的黏结，还会吸水膨胀，最终使周围的水泥浆体产生破裂。活性硅质材料的颗料尺寸会影响到碱-硅反应速率，细小的颗粒（20～30μm）会在数个月内导致膨胀，而较大的颗粒则会在数年后产生膨胀。水分的存在是碱-硅膨胀反应的必要条件，而温度的升高会加速其膨胀。

对于重要工程的混凝土用石子，应首先检验碱活性骨料的品种、类型及含量，若含有活性 SiO_2 时，应采用化学法或砂浆长度法检验；若含有活性碳酸盐时，应采用岩石柱法进行检验。经检验的石子，当被判定为具有碱-碳酸盐反应潜在危害时，不宜用作混凝土骨料；当被判定为有潜在碱-硅反应危害时，应遵守以下规定方可使用。

（1）使用含碱量小于 0.6% 的水泥，或掺加能抑制碱骨料反应的掺合料。

（2）当使用含钾、钠离子的混凝土外加剂时，必须进行专门的试验。

4）颗粒形状及表面特征

粗骨料的颗粒形状及表面特征会影响其与水泥的黏结及拌合物的流动性。碎石表面粗糙且具有棱角，与水泥浆的黏结能力较强；卵石表面光滑且少棱角，与水泥浆的黏结能力较差。在水泥用量和用水量相同的条件下，用碎石拌制混凝土比用卵石的流动性差，但强度略高。在相同条件下，用碎石比用卵石的混凝土强度高 10% 左右。如果流动性要求相同，用卵石时的用水量可以少一些，但强度不一定低。

针状颗粒是指长度大于该颗粒所属粒级平均粒径的 2.4 倍的颗粒，片状颗粒是指小于平均粒径 0.4 倍的颗粒。针状、片状颗粒本身强度较低，在混凝土搅拌、浇筑过程中会产生较大阻力，影响混凝土的流动性及成型的均匀密实性，使混凝土和易性变差、强度降低，故此应对针状、片状颗粒含量加以限制，具体限量见表 4-13。

表 4-13 针状、片状骨料颗粒限量   单位：%

类 别	卵石、碎石			再生粗骨料		
	Ⅰ	Ⅱ	Ⅲ	Ⅰ	Ⅱ	Ⅲ
针状、片状颗粒（按质量计）	≤5	≤10	≤15	≤10		

5）颗粒级配

粗骨料的颗粒级配原理与细骨料相同，大小石子级配应适当，使空隙率和总表面积均较小，从而获得较稳定的堆聚结构，这样混凝土水泥用量少，密实度也较好，有利于改善混凝土拌合物的和易性及提高强度。粗骨料的颗粒级配也是通过筛分析试验来测定的，一套标准筛共 12 个，方孔筛孔径依次为 2.36mm、4.75mm、9.50mm、16.0mm、19.0mm、26.5mm、31.5mm、37.5mm、53.0mm、63.0mm、75.0mm 及 90.0mm，试样筛分析时，可按需要选用某几个筛号。粗骨料分计筛余和累计筛余的试验方法及计算方法与细骨料基本相同。普通混凝土用碎石或卵石的颗粒级配范围应符合表 4-14 的规定，再生粗骨料的颗粒级配范围应符合表 4-15 的规定。

粗骨料的级配有连续级配和间断级配两种。连续级配是石子由小到大各粒级相连的级配，每一级骨料都占有适当的比例。由于连续级配含有各种大小颗粒，互相搭配，一般较合适，配制成的混凝土拌合物和易性较好，不易发生分层和离析现象，故目前应用比较广泛。

间断级配是指石子用小颗粒的粒级直接和大颗粒的粒级相配，中间级配不连续，即人为剔除骨料中的某些粒级，造成颗粒粒级的间断。这种级配可以获得更小的空隙率，用来拌制混凝土可节约水泥，但由于内部颗粒粒径相差较大，易使混凝土拌合物产生分离现象，增加施工时的困难，故工程中应用较少。对于低流动度和干硬性混凝土来说，如果采用强力振捣施工，则采用间断级配是较为适宜的。

表 4-14　碎石或卵石的颗粒级配

公称粒径/mm		累计筛余百分率/%											
		方孔筛孔径/mm											
		2.36	4.75	9.50	16.0	19.0	26.5	31.5	37.5	53.0	63.0	75.0	90
连续粒级	5~16	95~100	85~100	30~60	0~10	0	—	—	—	—	—	—	—
	5~20	95~100	90~100	40~80	—	0~10	0	—	—	—	—	—	—
	5~25	95~100	90~100	—	30~70	—	0~5	0	—	—	—	—	—
	5~31.5	95~100	90~100	70~90	—	10~45	—	0~5	0	—	—	—	—
	5~40	—	95~100	70~90	—	30~65	—	—	0~5	0	—	—	—
单粒粒级	5~10	95~100	80~100	0~15	0	—	—	—	—	—	—	—	—
	10~16	—	95~100	80~100	0~15	0	—	—	—	—	—	—	—
	10~20	—	95~100	85~100	—	0~15	0	—	—	—	—	—	—
	16~25	—	—	95~100	55~70	25~40	0~10	—	—	—	—	—	—
	16~31.5	—	95~100	—	85~100	—	—	0~10	0	—	—	—	—
	20~40	—	—	95~100	—	80~100	—	—	0~10	0	—	—	—
	40~80	—	—	—	—	95~100	—	—	70~100	—	30~60	0~10	0

表 4-15　再生粗骨料的颗粒级配

公称粒径/mm		累计筛余百分率/%							
		方孔筛孔径/mm							
		2.36	4.75	9.50	16.0	19.0	26.5	31.5	37.5
连续粒级	5~16	95~100	85~100	30~60	0~10	0	—	—	—
	5~20	95~100	90~100	40~80	—	0~10	0	—	—
	5~25	95~100	90~100	—	30~70	—	0~5	0	—
	5~31.5	95~100	90~100	70~90	—	15~45	—	0~5	0
单粒粒级	5~10	95~100	80~100	0~15	0	—	—	—	—
	10~20	—	95~100	85~100	—	0~15	0	—	—
	16~31.5	—	95~100	—	85~100	—	—	0~10	0

单粒级宜用于组合成具有所要求级配的连续粒级，也可与连续粒级配合使用，以改善骨料级配或配成较大粒度的连续粒级。工程中石子一般不宜采用单一粒级配制混凝土。

6）最大粒径

粗骨料公称粒级的上限，称为粗骨料的最大粒径。当最大粒径增大时，单位体积中用给定水灰比的水泥浆包裹的骨料表面积就随之减小，可节约水泥；如果保持水泥用量不变，在达到特定的流动性时可减少用水量，因而降低水灰比，混凝土强度可随之提高。另外，随最大粒径的增大，将引起混凝土不均匀性增加，同时由于粗骨料与水泥砂浆黏结面减少，混凝土不连续性也随之增大；而且骨料粒径越大，则存在内部缺陷的概率也越大，致使混凝土强度降低。一般认为对于中等强度混凝土，最大粒径宜控制在 40mm 以下，对于高等级混凝土，最大粒径宜控制在 25mm 以下。

从施工方面来看，最大粒径如果很大，混凝土的搅拌和其他操作都将发生困难，而且容易产生离析。因此选择粗骨料最大粒径时，除必须考虑当地骨料来源外，还要考虑其经济性以及结构物的构件断面、钢筋净距和施工机械等条件。

GB 50666—2011《混凝土结构工程施工规范》规定：粗骨料的最大粒径不得超过构件截面最小尺寸的1/4，同时不得超过钢筋间最小净距的3/4；对于混凝土实心板，允许采用最大粒径达1/3板厚的粗骨料，但最大粒径不得超过40mm。

对于泵送混凝土，为防止混凝土泵送时管道堵塞、保证泵送顺利进行，粗骨料的最大粒径与输送管的管径之比应符合表4-16的要求。

表4-16 粗骨料的最大粒径与输送管的管径之比

粗骨料品种	泵送高度/m	粗骨料最大粒径与输送管管径之比
碎石	<50	≤1∶3
	50~100	≤1∶4
	>100	≤1∶5
卵石	<50	≤1∶2.5
	50~100	≤1∶3
	>100	≤1∶4

7）强度及压碎指标

为了保证配制混凝土的强度，所用粗骨料必须具有足够的强度。碎石的强度可用其母岩岩石的立方体抗压强度和碎石的压碎指标值来表示，卵石的强度用压碎指标值表示。当混凝土强度等级大于或等于C60时，应进行骨料岩石的抗压强度检验。其他情况下如有怀疑或认为有必要时，也可进行岩石的抗压强度试验。对于土木工程中经常性的生产质量控制，采用压碎指标值检验较为简便实用。

粗骨料的压碎指标是其抵抗压碎的能力，测定方法是将一定质量气干状态下9.50~19mm粒级的石子装入一标准圆筒内，放至压力机上在3~5min内均匀加荷达200kN，卸荷后称取试样重G，然后用孔径为2.36mm的筛筛除被压碎的细粒，再称取余留在筛上的试样重G_1，然后按下式计算出压碎指标值Q_c。

$$Q_c = \frac{G-G_1}{G} \times 100\% \tag{4-2}$$

压碎指标值越小，表示粗骨料抵抗受压碎裂的能力越强。按标准的技术要求，各类粗骨料的压碎指标值应符合表4-17规定。

表4-17 粗骨料的压碎指标值　　　　单位：%

项 目	类 别		
	Ⅰ	Ⅱ	Ⅲ
碎石压碎指标值	≤10	≤20	≤30
卵石压碎指标值	≤12	≤14	≤16
再生粗骨料压碎指标值	≤12	≤20	≤30

8）坚固性

坚固性是粗骨料在气候、环境变化或其他物理化学因素作用下抵抗碎裂的能力，在一定程度上反映了其结构的致密程度和强度高低。若粗骨料的结构较致密，则强度高、吸水率小，坚固性好；而结构疏松、矿物成分复杂或构造不均匀的粗骨料，坚固性较差。通常粗骨料的坚固性采用硫酸钠溶液法进行检验，粗骨料样品在硫酸钠饱和溶液中经五次循环浸渍后，其质量损失应符合表4-18的规定。

表4-18　粗骨料的坚固性指标（质量损失）　　　　　　　　　　　　单位：%

类　　别	质量损失指标		
	Ⅰ	Ⅱ	Ⅲ
碎石、卵石	≤5	≤8	≤12
再生粗骨料	≤8.0	≤10.0	≤12.0

对于处于腐蚀性介质环境中的混凝土，或经常处于水位变化的地下结构用混凝土，或有抗疲劳、耐磨、抗冲击等要求时，所用粗骨料经上述五次循环后的质量损失不得大于8%。

9）表观密度等要求

卵石、碎石的表观密度、连续级配松散堆积空隙率和吸水率等应符合表4-19的规定。

表4-19　表观密度等要求

项　　目	碎石、卵石			再生粗骨料		
	Ⅰ	Ⅱ	Ⅲ	Ⅰ	Ⅱ	Ⅲ
表观密度/(kg/m³)	≥2600			>2450	>2350	>2250
连续级配松散堆积空隙率/%	≤43	≤45	≤47	<47	<50	<53
吸水率（按质量计）/%	≤1.0	≤2.0	≤3.0	<3.0	<5.0	<8.0

GB/T 14685—2011《建设用卵石、碎石》规定，卵石、碎石按含泥量、泥块含量、有害物质含量、坚固性、压碎指标等技术要求划分为Ⅰ类、Ⅱ类和Ⅲ类。一般Ⅰ类石子宜用于强度等级大于C60的高强混凝土，Ⅱ类石子宜用于强度等级为C30～C60及有抗冻、抗渗或其他要求的混凝土，Ⅲ类石子宜用于强度等级为C30的混凝土。

知识链接

骨料的含水状态

骨料的含水状态如图4.5所示，可分为干燥、气干、饱和面干和湿润状态四种。当拌制混凝土时，由于骨料含水量的不同，将影响混凝土的用水量和骨料用量。干燥状态的骨料含水率等于或接近零；气干状态时骨料含水率与大气湿度相平衡，但未达到饱和状态；当骨料的颗粒表面干燥，而颗粒内部的孔隙含水饱和时，称为饱和面干状态，相应含水率称为饱和面干吸水率；湿润状态的骨料，不仅内部孔隙含水达到饱和，而且表面还附有一部分自由

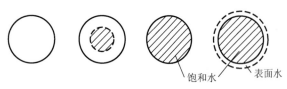

饱和水　表面水

(a) 干燥状态　(b) 气干状态　(c) 饱和面干状态　(d) 湿润状态

图4.5　骨料的含水状态

水。计算普通混凝土中各项材料的配合比时，一般以干燥状态的骨料为准，而一些大型水利工程常以饱和面干的骨料为准。

【应用案例4-2】某学校有一栋砖混结构的教学楼，在完成结构，进行屋面施工时，屋面局部倒塌。审查设计方面时未发现问题，对施工审查时发现问题如下：所设计为C20的混凝土，施工时未留试样，

事后鉴定其强度仅为C7.5左右，在断口处可清楚看到砂石未洗干净，骨料中混有黏土块和树叶等杂质。此外，梁主筋偏于一侧，梁的受拉区1/3宽度内几乎没有配筋。试分析事故的因果关系。

解析： 骨料的杂质对混凝土有着重大的影响，必须严格控制其含量。树叶等有机杂质固然影响混凝土强度，而泥块及泥黏附在骨料表面，妨碍水泥石与骨料的黏结，不仅会降低混凝土强度，并且会增加拌合水用量、加大混凝土的干缩、降低混凝土的抗渗性和抗冻性，因而对混凝土性能的影响更严重。另外，配筋偏缺显然也会影响梁的承载能力，导致事故的发生。

4.2.4　混凝土拌和及养护用水

水是混凝土的重要组分之一，水质的好坏不仅影响混凝土的凝结和硬化，还会影响混凝土的强度和耐久性及混凝土中钢筋的锈蚀。用来拌制和养护混凝土的水，不应含有能够影响水泥正常凝结与硬化的有害杂质、油脂和糖类等。凡可供饮用的自来水或清洁的天然水，一般都可用来拌制和养护混凝土。遇到为工业废水或生活废水所污染的河水或含矿物质较多的泉水时，应事先进行化验，水质必须符合JGJ 63—2006《混凝土用水标准（附条文说明）》的规定，见表4-20所列。

表4-20　混凝土拌和及养护用水中物质含量限值

项　目	预应力混凝土	钢筋混凝土	素混凝土
pH值	＞5.0	＞4.5	＞4.5
不溶物/(mg/L)	≤2000	≤2000	≤5000
可溶物/(mg/L)	≤2000	≤5000	≤10000
氯化物（以Cl^-计）/(mg/L)	≤500	≤1000	≤3500
硫酸盐（以SO_4^{2-}计）/(mg/L)	≤600	≤2000	≤2700
碱含量/(mg/L)	≤1500	≤1500	≤1500

由于海水中含有硫酸盐、镁盐和氯化物，对硬化水泥浆有腐蚀作用，有的会锈蚀钢筋，故在钢筋混凝土和预应力钢筋混凝土工程中不得用海水拌制混凝土。

4.2.5　混凝土外加剂

【膨胀剂和速凝剂】

外加剂是在拌制混凝土过程中掺入用以改善混凝土性能的物质，其掺量不大于水泥质量的5%（特殊情况除外）。外加剂是近几十年发展起来的新型材料，能赋予新拌混凝土和硬化混凝土以优良的性能，如提高抗冻性、调节凝结时间和硬化时间、改善工作性、提高强度等，其应用历史已有半个多世纪，特别是20世纪80年代以来发展迅速，已成为除水泥、砂、石子和水以外混凝土的第五种必不可少的组分。混凝土外加剂按其主要功能分为以下几类。

（1）改善混凝土拌合物流变性能的外加剂，包括各种减水剂、引气剂和泵送剂等。

（2）调节混凝土凝结时间、硬化性能的外加剂，包括缓凝剂、早强剂和速凝剂等。

（3）改善混凝土耐久性的外加剂，包括引气剂、防水剂和阻锈剂等。

（4）改善混凝土其他性能的外加剂，包括加气剂、膨胀剂、防冻剂、着色剂等。

1. 减水剂

1）减水剂作用原理

在混凝土坍落度基本相同的条件下，能显著减少拌合水用量的外加剂称为减水剂。减水剂一般为表面活性剂，按减水效果可分为普通减水剂和高效减水剂。有些减水剂还兼有其他功能，又可分为早强型、缓凝型和引气型减水剂等。

表面活性剂分子构造示意如图 4.6 所示，分子一端为易溶于水而难溶于油的亲水基团，如羟基（—OH）、羧基（—COOH）和磺酸基（—SO₃Na）等；另一端为易溶于油而难溶于水的憎水基团，如长链烷基原子团。当表面活性剂溶解于水（或液体）后，会从溶液中向界面富集，形成单位分子吸附膜层，亲水基团指向溶液，而憎水基团指向空气、非极性液体或固体，并在表面或界面作定向排列，降低了水与其他液相或固相之间的界面张力。表面活性剂能显著降低溶液的表面能，从而产生一系列的表面效应，起到分散、湿润、起泡、乳化、洗涤和润滑等作用，这种现象称为表面活性，如图 4.7 所示。

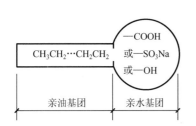

图 4.6 表面活性剂分子构造示意

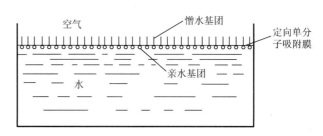

图 4.7 单分子吸附膜示意

当水泥加水拌和后，由于水泥颗粒分子间力和静电引力的作用，使水泥浆形成絮凝结构，其中包裹着许多游离水，如图 4.8(a) 所示，水分不能充分地分散于水泥颗粒间隙中，从而降低了拌合物的流动性；当加入适量减水剂后，其憎水基团定向吸附于水泥颗粒表面并使之带有相同电荷，在电性斥力作用下水泥颗粒彼此相互排斥，絮凝结构解体，如图 4.8(b) 所示，包裹于其中的游离水被释放出来，如图 4.8(c) 所示，从而在不增加拌合水的情况下，有效地增大了混凝土的流动性。另外减水剂分子的亲水基团朝向水溶液做定向排列，其极性很强，易于与水分子以氢键形式结合，在水泥颗粒表面形成一层稳定的溶剂化水膜，有利于水泥颗粒的滑动，也更强化了水对水泥颗粒的润湿作用。而溶剂化水膜对拌合水又起到了屏蔽作用，延长了潜伏期，降低了 C_3S 水化初期的水化速率，故减水剂还具有缓凝作用。

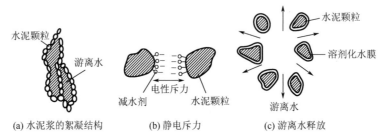

(a) 水泥浆的絮凝结构   (b) 静电斥力   (c) 游离水释放

图 4.8 减水剂作用原理

混凝土拌合物掺加减水剂后，坍落度显著增大。若保持其流动性不变，则可减少拌合水用量，使水灰比降低，水泥石密实度提高，进而提高混凝土强度。同时，由于水泥的分散致使水泥颗粒与水接触面积增大，使得水化较充分，水泥石孔结构得到改善。若减水后要求保持混凝土强度不变，就可减少水泥用量，达到节约水泥的目的。

2）减水剂的类型和品种

（1）普通减水剂。普通减水剂以木质磺酸盐类为主，包括木质素磺酸钙、木质素磺酸钠、木质素磺酸镁及丹宁等。其中木质素磺酸钙又称 M 剂，一般掺量为水泥用量的 0.3%～0.5%，减水率约 10%，有引气、缓凝作用，可提高混凝土的抗渗性和抗冻性，适用于一般混凝土工程、泵送混凝土及大体积混凝土工程等。普通减水剂不宜单独用于蒸汽养护和低温（低于 5℃）施工；高效减水剂适用于日最低气温 0℃以上施工的混凝土，低于此温度则宜与早强剂复合使用。

（2）高效减水剂。高效减水剂包括以下几类。

① 多环芳香族磺酸盐类。主要有萘和萘的同系磺化物与甲醛缩合的盐类、氨基磺酸盐等。此类减水剂多数为萘系减水剂，属阴离子表面活性剂，其中大部分为非引气型减水剂。萘系减水剂在减水、增强、改善耐久性等方面均优于木质素磺酸钙，一般减水率在 15％ 以上，增强效果显著，缓凝性较小，适宜掺量为 0.5％～1.0％。掺萘系减水剂的混凝土坍落度损失比未掺外加剂的还要大，这就限制了它在泵送混凝土或商品混凝土中的单独使用。为减少混凝土坍落度损失，可选用含 C_3A 矿物少的水泥，也可与缓凝剂复合使用或选用载体硫化剂；还可采用后掺法，即在运输途中或施工现场分几次或一次加入。萘系减水剂适用于配制早强、高强、流态、防水、蒸养等混凝土。氨基磺酸盐属于高性能减水剂，其坍落度损失小，减水率比萘系更高。

② 水溶性树脂磺酸盐类。主要成分为硬化三聚氰胺树脂、磺化古玛隆树脂等。这类减水剂的减水、增强、改性效果均优于萘系减水剂，适用于早强、高强及流态混凝土等。

③ 脂肪族类。主要有聚羧酸盐类、聚丙烯酸盐类、脂肪族烃甲基磺酸盐高缩聚物等。聚羧酸盐类属于高性能减水剂，具有掺量低、减水率大、坍落度损失小等优点，适用于早强、高强、泵送、防水、抗冻等混凝土。

④ 其他类。如改性木质素磺酸钙、改性丹宁等。

2. 早强剂

早强剂是能加速混凝土早期强度的发展且对后期强度无显著影响的外加剂，其中只起促凝作用的称为促凝剂。早强剂能促进水泥的水化和硬化，提高早期强度，缩短养护周期，提高模板和场地周转率，加快施工速度。常用的早强剂有氯盐类、硫酸盐类、有机胺类以及复合类。

早强剂可用于蒸汽养护的混凝土及常温、低温和最低温度不低于 −5℃ 环境中施工的有早强要求的混凝土工程。炎热环境条件下，不宜使用早强剂和早强减水剂。对人体产生危害或对环境产生污染的化学物质严禁掺入混凝土用作早强剂，含有六价铬盐、亚硝酸盐等有害成分的早强剂严禁用于饮水工程及与食品相接触的工程，硝铵类严禁用于办公、居住等建筑工程；含强电解质无机盐类的早强剂和早强减水剂，严禁用于与镀锌钢材或铝铁相接触部分的结构、有外露钢筋预埋铁件而无防护措施的结构、使用直流电源的结构以及距高压直流电源 100m 以内的结构。

为了防止氯盐类的危害和硫酸钠掺量过大在混凝土表面产生盐析现象以及对水泥石产生硫酸盐侵蚀，早强剂的掺量应予以限制。

3. 引气剂

引气剂是在混凝土搅拌过程中引入大量均匀分布、稳定而封闭的微小气泡，起到改善混凝土和易性、提高混凝土抗冻性和耐久性等作用的外加剂。引气剂引入的气泡直径为 20～1000μm，大多在 200μm 以下。

1）引气剂作用原理

引气剂为表面活性剂，由于在搅拌混凝土时会混入一些气泡，掺入的引气剂就定向排列在气–液界面上，形成大量微小气泡。被吸附的引气剂离子增强了气–液界面上泡膜的厚度和强度，使气泡不易破灭，这些气泡均匀分散在混凝土中，互不相连，使混凝土的部分性能得以改善。引气剂的主要作用如下。

（1）改善混凝土拌合物的和易性。封闭的小气泡在混凝土拌合物中减少了骨料间的摩擦，增强了润滑作用，从而提高了混凝土拌合物的流动性。同时微小气泡的存在，阻滞了固体颗粒的沉降和水分的上升，加之气泡薄膜形成时消耗了部分水分，减少了能够自由移动的水量，使混凝土拌合物的保水性得到改善，泌水率显著降低，并提高保水能力，黏聚性也更好。

（2）提高混凝土的抗渗性和抗冻性。大量微小封闭气泡能有效隔断毛细孔通道；能减少泌水造成的渗水通道，减少了混凝土因沉降和泌水造成的孔缝；减少了施工造成的孔隙，可提高混凝土的抗渗性。

另外，封闭气泡对水结冰产生的膨胀力起缓冲作用，从而提高了抗冻性。引气混凝土的抗渗性能一般比不掺引气剂的混凝土提高 50% 以上，抗冻性可提高三倍左右。

（3）混凝土强度有所降低。气泡的存在，使混凝土的有效受力面积减少，导致其强度有所下降。一般含气量每增加 1%，混凝土抗压强度将降低 4%～6%，抗折强度降低 2%～3%。而且随龄期的延长，引气剂对强度的影响越加显著。

要想使掺引气剂的混凝土强度不降低，首先应严格控制引气剂掺量，按 GB 50119—2013《混凝土外加剂应用技术规范》的规定，混凝土含气量不宜超过表 4-21 的数值。另外可减少拌合水量 5% 以上，这样就能大部分或全部补偿混凝土由于引气造成的强度损失。

表 4-21　掺引气剂或引气减水剂混凝土的含气量限值

粗骨料最大粒径/mm	10	15	20	25	40
混凝土含气量/%	7.0	6.0	5.5	5.0	4.5

2）引气剂的种类

混凝土引气剂有松香树脂类（松香热聚物、松香皂等）、烷基和烷基芳烃磺酸盐类（十二烷基碳酸盐、烷基苯磺酸盐、烷基苯酚聚氧乙烯醚等）、脂肪醇磺酸盐类（脂肪醇聚氧乙烯醚、脂肪醇聚氧乙烯磺酸钠、脂肪醇硫酸钠等）、皂苷类（三萜皂苷等）及其他类（蛋白质盐、石油碳酸盐等）五类，其中以松香树脂类应用最为广泛，这类引气剂的主要品种有松香热聚物和松香皂两种。

松香热聚物由松香与苯酚在浓硫酸存在及较高温度下进行缩合和聚合反应，再经氢氧化钠处理而成；松香皂的主要成分是松香酸钠，由松香和氢氧化钠经皂化反应而成。松香热聚物和松香皂引气剂属憎水性表面活性剂，其掺量极少，一般为水泥质量的 0.05%～0.01%，但当高频振捣混凝土时，引气剂的掺量可达 0.01%～0.02%。

引气剂及引气减水剂可用于抗冻混凝土、抗渗混凝土、抗硫酸盐侵蚀混凝土、泌水严重的混凝土、贫混凝土、轻骨料混凝土及对饰面有要求的混凝土等，但引气剂不宜用于蒸养混凝土及预应力混凝土。

4. 缓凝剂

缓凝剂是指能延长混凝土凝结时间的外加剂，有糖类、无机盐类、羟基羧酸及其盐类、多元醇及其衍生物、有机磷酸及其盐类，以及由不同组分复合的产物。

我国使用较多的缓凝剂，是糖类及木质素磺酸盐类。糖蜜是经石灰处理过的制糖废料，将其掺入新拌混凝土中，能吸附在水泥颗粒表面，形成同种电荷的亲水膜，使水泥颗粒相互排斥分散而不致相互聚合成较大的粒子，从而起到缓凝作用。糖蜜的掺加量对混凝土性能影响很大，当掺量大于水泥质量的 1% 时，混凝土会长时间疏松不硬；当掺量为 4% 时，混凝土的强度严重下降，28d 的强度仅为不掺用时的 1/10；当掺量为 0.1%～0.3% 时，可适当延长混凝土的凝结时间 2～4h。

其他如酒石酸钾钠、柠檬酸、硼酸盐、磷酸盐、锌盐、胺盐及其衍生物、纤维素醚等也都可作为缓凝剂使用，可使混凝土凝结时间延缓几小时以上。

缓凝剂的具体掺量应根据对混凝土凝结时间的要求，通过试验确定。如以占水泥质量的百分数计，常用掺量为：木质素磺酸钙 0.1%～0.3%，酒石酸 0.075% 左右，柠檬酸 0.05% 左右。缓凝剂的掺量一般很小，使用时应严格控制，过量掺入会使混凝土强度下降。

缓凝剂主要适用于夏季施工、泵送施工和远距离运输的混凝土及大体积混凝土。宜用于延长凝结时间的混凝土、对坍落度保持能力有要求的混凝土、静停时间较长或长距离运输的混凝土、自密实混凝土、日最低气温 5℃ 以上施工的混凝土及大体积混凝土；不适用于日最低气温为 5℃ 以下施工的混凝土，也不宜单独用于有早强要求的混凝土及蒸养混凝土。

5. 泵送剂

泵送剂是指在新拌混凝土泵送过程中能显著改善其泵送性能的外加剂。

泵送剂主要是改善新拌混凝土和易性的外加剂，它所改进的核心是新拌混凝土在输送过程中的均匀稳定性和流动性，这与减水剂的性能有所差别。

泵送剂可分为引气型和非引气型两类。引气型主要组分为高效减水剂、引气剂或引气型减水剂等，非引气型主要组分为高效减水剂、缓凝型减水剂、保塑剂等。常用的减水剂多为引气型，而且夏季时多采用具有缓凝作用的泵送剂。对于远距离运送泵送混凝土，必须掺加抑制流动性损失的保塑剂。

混凝土中掺加泵送剂后，能使其流动性显著增加，并降低其泌水性和离析现象，从而方便其泵送施工操作，并保证混凝土的质量。但所掺泵送剂的品种和掺量应严格掌握与控制，必要时应进行试验确定，以避免泵送剂对水泥凝结硬化过程或后期性能的不利影响。

6. 防冻剂

混凝土防冻剂是能使混凝土在负温下硬化，并在规定时间内达到足够防冻强度的外加剂，具有早强、引气、减水、降低冰点四方面的防冻作用。混凝土防冻剂绝大多数为复合外加剂，通常由防冻组分、早强组分、减水组分或引气组分等复合而成。

目前常用的混凝土防冻剂，主要有强电解质无机盐类（氯盐类、氯盐阻锈类、无氯盐类）、水溶性有机化合物类、有机化合物与无机盐复合类和复合型防冻剂四类。强电解质无机盐类中的氯盐类防冻剂是氯盐或以氯盐为主与其他早强剂、引气剂、减水剂复合的外加剂，氯盐阻锈类防冻剂是以氯盐和阻锈剂（亚硝酸钠）为主复合的外加剂；无氯盐类防冻剂，以亚硝酸盐、硝酸盐、碳酸盐、乙酸钠或尿素为主复合。水溶性有机化合物类防冻剂，以某些醇类、尿素等水溶性有机化合物为防冻组分，有机防冻组分大致可分为羧酸盐、酰胺醇类三种，其中酰胺类以尿素为代表，一元醇和多醇类物质作为防冻剂常用的有甘油、丙二醇、乙醇、甲醇、甲酰胺等；无机和有机复合防冻剂以矿物细粉和超细粉类混合材料与少量防冻剂复合后，在养护初期使混凝土有一定的防冻能力，矿粉的胶凝材料性质又能大量减少混凝土内部孔隙数量和减小孔径，这使得混凝土结构内水的冰点进一步降低。复合型防冻剂，以防冻组分复合早强、引气、减水等组分，对提高低温混凝土和冷混凝土性能方面有明显优势。

各类防冻剂具有不同的特性，有些还具有毒副作用，选择时应注意。氯盐类防冻剂适用于无筋混凝土，氯盐阻锈类防冻剂可用于钢筋混凝土，无氯盐类防冻剂可用于钢筋混凝土工程和预应力钢筋混凝土工程。硝酸盐、亚硝酸盐和碳酸盐不得用于预应力混凝土工程，以及与镀锌钢材或与铝铁相接触部位的钢筋混凝土结构；含有六价铬盐、亚硝酸盐等有毒防冻剂，严禁用于饮水工程及与食品接触部位的工程。防冻剂用于负温条件下施工的混凝土，目前国产混凝土防冻剂品种适用于 0~15℃ 的气温，当在更低气温下施工时，应用其他混凝土冬季施工措施，如暖棚法、原料（砂、石、水）预热等。

7. 外加剂的选择和使用要点

使用外加剂首先应进行与水泥的相容性试验，然后再进行试配试验，以确定其最佳掺量，施工时必须严格控制剂量。在应用时必须遵照 GB 8076—2008《混凝土外加剂》、GB 50119—2013《混凝土外加剂应用技术规范》及 GB 50204—2015《混凝土结构工程施工质量验收规范》的规定选用外加剂配制混凝土。

在混凝土中掺用外加剂，若选择和使用不当，会造成质量事故，应注意以下几点。

（1）品种的选择。对不同品种水泥，作用效果不同，应根据工程需要和现场的材料条件，检测外加剂对水泥的适应性。不同品种外加剂复合使用时，要注意其相容性及对混凝土性能的影响，使用前进行试验检测。不允许使用对人体产生危害、对环境产生污染的外加剂。

（2）掺量的确定。外加剂掺量以胶凝材料总量的百分数表示，应按厂家推荐掺量、使用要求、施工条件、混凝土原材料等因素通过试验试配确定。如聚羧酸系高效减水剂的掺量对混凝土性能影响较大，使用时应准确计量。

（3）耐久性要求。含有氯离子、硫酸根等离子的外加剂应符合《混凝土外加剂应用技术规范》的规定。处于与水相接触或潮湿环境中的混凝土，使用碱活性骨料时，由外加剂带入的碱含量不宜超过 $1kg/m^3$。

（4）掺加方法。外加剂掺量一般很小，为保证均匀分散，一般不能直接加入混凝土搅拌机内。能溶于水的外加剂应先配成一定浓度的溶液，随拌合水加入；不溶于水的外加剂则应与适量水泥或砂混合均匀后，再加入搅拌机。按外加剂的掺入时间点不同，可分为同掺法、后掺法、分掺法三种方法，其中后掺法最能充分发挥减水剂的功能。

（5）符合环保要求。外加剂材料的组分有些属于工业副产品，可能有毒或污染环境，危害人体健康，因此，严禁选用对人体产生危害、对环境产生污染的外加剂。

4.2.6 矿物掺合料

【用于混凝土的其他矿物掺合料】

矿物掺合料是指在配制混凝土过程中，直接加入的具有一定化学活性的磨细矿物粉料。矿物掺合料主要来源于工业废渣，其主要成分为活性 SiO_2 和 Al_2O_3，在碱性或兼有硫酸盐存在的液相条件下能发生水化反应（火山灰效应），生成具有固化特性的胶凝物质。

常用混凝土矿物掺合料有粉煤灰、硅灰、粒化高炉矿渣粉、沸石灰、钢渣粉、磷渣粉和燃烧煤矸石等，以粉煤灰最为常用。这些矿物掺合料既可单独使用，也可两种或两种以上按一定比例混合使用。

1. 粉煤灰

粉煤灰是从燃烧煤粉的锅炉烟气中收集到的细粉末，其颗粒多呈球形，表面光滑，大部分直径在 $20\mu m$ 以下，由实心和（或）中空玻璃微珠以及少量的莫来石、石英等结晶物质组成，根据氧化钙含量是否大于 10%，分为高钙粉煤灰和低钙粉煤灰。我国绝大多数电厂的粉煤灰均属于低钙粉煤灰。按煤种不同，粉煤灰可分为 F 类和 C 类。F 类粉煤灰是指无烟煤或烟煤煅烧收集的粉煤灰，呈灰色或深灰色，具有火山灰活性；C 类粉煤灰是由褐煤或次烟煤燃烧收集的粉煤灰，呈褐黄色，其 CaO 含量一般大于 10%，具有一定的水硬性。粉煤灰掺入混凝土中不仅可节约水泥，还能改善混凝土拌合物的和易性、可泵性，降低水化热，提高混凝土的抗渗性、抗硫酸盐腐蚀性及可抑制碱骨料反应。

1）粉煤灰的颗粒形貌和化学成分

粉煤灰化学成分主要有 SiO_2、Al_2O_3、Fe_2O_3、CaO、MgO、SO_2 等，其矿物组成主要为硅铝玻璃体。煤粉燃烧时，较细粒子随气流掠过燃烧区时熔融成液态水滴状，到达炉膛外面后受到骤冷，将熔融时圆珠形态保持下来，成为玻璃微珠，这是粉煤灰主要颗粒形貌，如图4.9（a）所示。玻璃微珠有空心和实心两种，实心微珠颗粒最细，表面光滑，是粉煤灰中需水量最小、活性最高的有效成分；空心微珠是因矿物杂质转变过程中产生的 CO_2、CO、SO_2、SO_3 等气体被截留于熔融的灰滴中而形成。空心微珠有薄壁与厚壁之分，前者能漂浮在水面上，又叫"漂珠"，活性高；后者在水中能下沉，又叫"空心沉珠"。粉煤灰中还有部分未燃尽的碳粒、未成珠

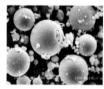

| (a) 玻璃微珠 | (b) 多孔玻璃体 |

图 4.9 粉煤灰颗粒形貌

的多孔玻璃体，是一些未完全变成液态的粗灰变成的渣状物，如图4.9（b）所示。未燃尽碳粒颗粒较粗，会降低粉煤灰的活性，增大需水性，是有害成分之一；多孔玻璃体等非球形颗粒表面粗糙，粒径较大，会增大需水量，含量较多时会降低粉煤灰的品质。另外，粉煤灰中还有部分玻璃体碎块和结晶体等。

2）粉煤灰的分级和质量指标

根据细度、需水量等将粉煤灰分成三级，用于不同工程时，所采用的标准、指标要求都不尽相同。

GB/T 1596—2017《用于水泥和混凝土中的粉煤灰》、DL/T 5055—2007《水工混凝土掺用粉煤灰技术规范》和 JTG/T F30—2014《公路水泥混凝土路面施工技术细则》中对粉煤灰分级及质量指标有相应要求。

细度是评定粉煤灰质量的重要指标，用 $45\mu m$ 方孔筛筛余的百分率来表示。一般说来，细度越细，粉煤灰活性越好。

烧失量是指在 $950\sim1000℃$ 下，灼烧 $15\sim20min$ 至恒重时的质量损失，其大小反映未燃尽碳粒的多少。未燃尽碳粒是有害成分，其含量越小越好。

需水量比是水泥粉煤灰砂浆（水泥：粉煤灰＝70：30）与纯水泥砂浆在达到相同流动度情况下的需水量之比，是影响混凝土强度和拌合物流动性的重要参数。

Ⅰ级粉煤灰的品质最好，是在电厂经静电收尘器收集，细度较细（$80\mu m$ 以下颗粒一般占 95％以上），颗粒为表面光滑的球状玻璃体。这种粉煤灰掺入混凝土中可以取代较多的水泥，并能降低混凝土的用水量、提高密实度。因此掺这种粉煤灰的混凝土的变形性能好于基准混凝土（不掺粉煤灰的对比试验用混凝土）的变形性能，可以应用于各种混凝土结构、钢筋混凝土结构和跨度小于 6m 的预应力混凝土结构。

Ⅱ级粉煤灰细度较粗，经加工才能达到细度要求，适用于钢筋混凝土和无筋混凝土。我国大多数火力发电厂的机械收尘灰为Ⅱ级粉煤灰，有些需经过加工后才能达到Ⅱ级粉煤灰的标准。

Ⅲ级粉煤灰为火电厂的直接排出物，大多数为机械收尘的原状灰，含碳量较高或粗颗粒含量较多。掺入混凝土中减水效果较差，增加强度作用较小，因此只能用于 C30 以下的中、低强度的无筋混凝土，或以代砂方式掺用的混凝土工程。

3）粉煤灰效应

（1）活性效应（火山灰效应）。粉煤灰中活性 SiO_2 及 Al_2O_3 与水泥水化生成的 $Ca(OH)_2$ 反应，生成具有水硬性的低碱度水化硅酸钙和水化铝酸钙，起到了增强作用。上述反应消耗了水泥石中的 $Ca(OH)_2$，一方面对于改善混凝土的耐久性起到了积极的作用，另一方面却因此降低了混凝土的抗碳化性能。

（2）形态效应。粉煤灰颗粒大部分为玻璃体微珠，掺入混凝土中可减小拌合物的内摩阻力，起到减水、分散、匀化作用。

（3）微骨料效应。粉煤灰中的微细颗粒均匀分布在水泥浆内，填充空隙和毛细孔，改善了混凝土的孔结构，增加了密实度。

粉煤灰掺入混凝土中，可以改善混凝土拌合物的和易性、可泵性和可塑性，能降低混凝土的水化热，使混凝土的弹性模量提高，提高混凝土抗化学侵蚀性、抗渗、抑制碱骨料反应等耐久性。粉煤灰取代混凝土中部分水泥后，混凝土的早期强度有所降低，但后期强度可以赶上甚至超过未掺粉煤灰的混凝土。

4）粉煤灰的环境特性

粉煤灰曾被视为一种有毒、有害物质。粉煤灰中的有害物质，包括 As、Se、Pb、B、Zn、Cd、Cr、Hg、Mo、Ni、Ti、S、Sb 等 20 余种有潜在毒害性的微量元素和 ^{238}U（铀）、^{226}Ra（镭）、^{232}Th（钍）、^{40}K（钾）和 ^{222}Rn（氡）等放射性元素及粉尘三类。粉煤灰的有毒有害物质来源于原煤，并经燃烧而富集在粉煤灰颗粒中，原煤的有毒有害成分越多，粉煤灰的环境危害性就越大，掺粉煤灰的建筑材料，其放射性应符合 GB 6566—2010《建筑材料放射性核素限量》要求。

根据大量研究，粉煤灰总体上对环境不会产生显著危害，包括我国在内的很多国家已将粉煤灰排除在有毒、有害废渣之外。

2. 硅灰

硅灰又称硅粉或硅烟灰，是从生产硅铁合金或硅钢、工业硅时所排放的烟气中收集到的颗粒极细的烟尘，以无定型二氧化硅为主要成分，颜色呈浅灰到深灰。硅灰的颗粒是微细的玻璃球体，部分粒子凝聚成片或球状的粒子，表面光滑，在电子显微镜下可以观察到硅灰为非结晶态的球形颗粒。硅灰有很高的火山灰活性，比水泥活性高 $1\sim3$ 倍，可配制高强、超高强混凝土，其掺量一般为水泥用量的 5％～

10%，在配制超高强混凝土时，掺量可达 20%～30%。

硅粉具有独特的细度，小的球状硅粉可填充于水泥颗粒之间，使胶凝材料具有更好的级配，低掺量下还能降低水泥的标准稠度用水量。但因其比表面积很大，其吸附水分的能力很强，掺量提高时，将增加混凝土的用水量，需水量比约为 134%。综合考虑混凝土的性能和生产成本，一般情况下硅粉掺量是水泥质量的 5%～15%，超过 20%水泥浆将变得非常黏稠。掺入硅粉可降低泌水，但硅粉的掺入会加大混凝土的收缩。由于硅灰具有高比表面积，因而其需水量很大，将其作为混凝土掺合料需配以减水剂方可保证混凝土的和易性。

3. 粒化高炉矿渣粉

粒化高炉矿渣粉，是指将粒化高炉矿渣经干燥、磨细达到相当细度且符合相应活性指数的粉状材料，其细度大于 $350m^2/kg$，一般为 $400～600m^2/kg$；主要成分是 CaO、SiO_2、Al_2O_3，三者总量占 90%以上，另外还有 Fe_2O_3、MgO 等氧化物和少量 SO_3，其活性比粉煤灰高。根据 GB/T 18046—2008《用于水泥和混凝土中的粒化高炉矿渣粉》规定，粒化高炉矿渣粉分为 S105、S95 和 S75 三个级别。

粒化高炉矿渣具有微弱的自身水硬性。用于高性能混凝土的矿渣粉磨至比表面积超过 $400m^2/kg$，可以较充分地发挥其活性，减少泌水性。矿渣磨得越细，其活性越高，掺入混凝土中后，早期产生的水化热越多，越不利于控制混凝土的温升，同时成本也越高；当矿渣的比表面积超过 $400m^2/kg$ 后，用于低水胶比的混凝土中时，混凝土早期的自收缩随掺量的增加而增大。因此，矿渣不宜磨得过细。用于大体积混凝土时，矿渣的比表面积不宜超过 $420m^2/kg$；超过时，宜用于水胶比不太低的非大体积混凝土。而且矿渣颗粒多为棱形，会使混凝土拌合物的需水量随着掺入矿渣微粉细度的提高而增加，同时生产成本也大幅度提高，综合经济技术效果并不好。

磨细矿渣粉和粉煤灰复合掺入时，矿渣粉弥补了粉煤灰先天"缺钙"的不足，而粉煤灰又可起到辅助减水作用，同时自干燥收缩和干燥收缩都很小，使上述问题得到缓解。而且复掺可改善颗粒级配和混凝土的孔结构及孔级配，进一步提高混凝土的耐久性。

4. 沸石粉

沸石粉是由沸石岩经粉磨加工制成的以水化硅铝酸盐为主的矿物火山灰质活性掺合料，主要化学成分为 SiO_2 占 60%～70%，Al_2O_3 占 10%～30%，可溶硅占 5%～12%，可溶铝占 6%～9%。沸石岩具有较大的内表面积和开放性结构，沸石粉本身没有水化能力，在水泥中碱性物质激发下其活性才表现出来，能与水泥水化析出的氢氧化钙作用，生成 C—S—H 和 C—A—H。

沸石粉的技术要求：细度为 0.080mm 方孔筛筛余≤7%；吸氨值≥100mg/100g；密度 2.2～2.4g/cm³；堆积密度 700～800kg/m³；火山灰试验合格；SO_3 含量≤3%；水泥胶砂 28d 强度比不得低于 62%。

沸石粉掺入混凝土中，可取代 10%～20%的水泥，可以改善混凝土拌合物的黏聚性，减少泌水，宜用于泵送混凝土，可减少混凝土离析及堵泵。沸石粉应用于轻骨料混凝土，可较大幅度改善混凝土拌合物的黏聚性，减少轻骨料的上浮。

4.3　混凝土拌合物的主要技术性能

 ?想一想

实际工程施工中往往面临不同的环境和施工条件，因此对混凝土的性能也存在不同的要求。如何使混凝土更好地适应工程施工环境？怎样做到有利于施工呢？

建筑物或结构物在施工过程中使用的是尚未硬化的混凝土，称为混凝土拌合物或新拌混凝土；混凝土拌合物凝结硬化后称为硬化混凝土，简称混凝土。混凝土拌合物是将粗细骨料、水泥和水等一系列组分按适当比例配合，经搅拌均匀而成的具有塑性的混合材料，它必须具有良好的和易性，便于施工操作，以保证能获得均匀密实的浇筑质量。

4.3.1 和易性的概念

混凝土拌合物的工作性，主要包括和易性、可泵性和凝结时间等。和易性是指其在拌和、运输、浇筑、振捣等施工作业中易于流动变形，保持其组成均匀稳定，并能获得质量均匀、成型密实的混凝土硬化体的性能。和易性是一项综合性指标，主要包括流动性、黏聚性和保水性三方面。

流动性是指混凝土拌合物在自重或机械振捣力的作用下，能产生流动并均匀密实地充满模板的性能。流动性的大小，在外观上表现为拌合物的稀稠，它直接影响着浇捣施工的难易和混凝土硬化后的质量。

黏聚性是指混凝土拌合物内部组分间具有一定的黏聚力，在运输和浇筑过程中不致发生离析分层现象，而使混凝土能保持整体均匀的性能。黏聚性差的混凝土拌合物或者发涩，或者产生石子下沉，石子与砂浆容易分离而后聚积，振捣后会出现蜂窝、空洞等现象。

保水性是指混凝土拌合物具有一定的保持内部水分的能力，在施工过程中不致产生严重的泌水现象。保水性差的拌合物，在混凝土振实后，一部分水易从内部析出至表面，在水发生渗流之处留下许多毛细管通道，成为以后混凝土内部的透水通路。另外，在水分上升的同时，一部分水分还会滞留在石子及钢筋的下缘形成水隙，从而减弱水泥浆与石子及钢筋的胶结力。所有这些都将影响混凝土的密实性，降低混凝土的强度及耐久性。

混凝土拌合物的流动性、黏聚性及保水性是互相关联又互相矛盾的，当流动性很大时，往往黏聚性和保水性差，反之亦然。因此，和易性良好，就是要使这三方面的性质在某种具体条件下得到矛盾的统一，既流动性好，又不易产生分层离析或泌水现象，满足施工操作方便及混凝土后期质量良好的要求。

4.3.2 和易性指标

混凝土拌合物和易性内涵比较复杂，通常是采用一定的试验方法测定混凝土拌合物的流动性，再辅以直观经验目测评定黏聚性和保水性。按 GB 50164—2011《混凝土质量控制标准》规定，混凝土拌合物的流动性以坍落度（mm）或维勃稠度（s）作为指标，坍落度适用于流动性较大（自重作用下具有塑性）的混凝土拌合物，维勃稠度适用于较干硬的混凝土拌合物。

【坍落度筒及值测量】

1. 坍落度测定

坍落度试验方法是由美国的查普曼首先提出的，目前已为各国广泛采用。测定方法是将混凝土拌合物按规定方法分三层装入坍落度筒中，每层用捣棒沿螺旋方向由外向中心插捣 25 次，使捣实后每层高度约为筒高的 1/3。顶层插捣完毕，刮去多余的混凝土，并用抹刀抹平筒口。清除筒边底板上的混凝土后，垂直平稳地提起坍落度筒。提离过程应在 5～10s 内完成；从开始装料到提坍落度筒的整个过程应不间断地进行，并应在 150s 内完成。

提起坍落度筒后，测量筒高与坍落后混凝土试体最高点间的高度差，即为该混凝土拌合物的坍落度值（以 mm 计），如图 4.10 所示。坍落度越大，表示混凝土拌合物的流动性

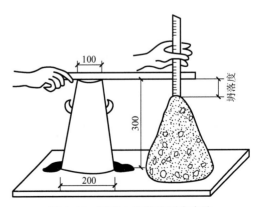

图 4.10 混凝土坍落度测定方法

越好。坍落度筒提离后，如果发生混凝土试体崩塌或一边剪坏现象，则应重新取样另行测定；如第二次试验仍出现上述现象，即表示该混凝土工作性不好，应予以记录备查。

在测定坍落度过程中，还应检查混凝土拌合物的黏聚性和保水性。测定坍落度值后用捣棒轻轻敲击已坍落的混凝土锥形试体侧面，观察其受击后下沉及坍落情况，如果试体逐渐下沉，表示黏聚性良好；若锥体倒塌、部分崩裂或出现离析现象，则表示黏聚性不好。保水性以混凝土拌合物稀浆析出程度及四周泌水情况来评定，在灌装混凝土过程或提起坍落度筒后，如有较多稀浆从底部析出、锥体表面部分混凝土因失浆而骨料外露，即表示其保水性能不好；若提起坍落度筒后无稀浆或仅有少量稀浆从底部析出，则表示保水性良好。

坍落度法适用于测定最大骨料粒径不大于40mm、坍落度值不小于10mm的混凝土拌合物的流动性。混凝土拌合物的坍落度大于220mm时，应用钢尺测量混凝土扩展后最终的最大直径和最小直径，取其算术平均值作为坍落扩展度值。如果最大粒径超过40mm，可采用湿筛法（筛去大于40mm的粗骨料）来测定坍落度。根据坍落度大小，混凝土拌合物可分为四级，见表4-22所列。

表4-22　混凝土拌合物按坍落度分级

级　别	名　称	坍落度值/mm
T_1	低塑性混凝土	10～40
T_2	塑性混凝土	50～90
T_3	流动性混凝土	100～150
T_4	大流动性混凝土	≥160

【维勃稠度仪】

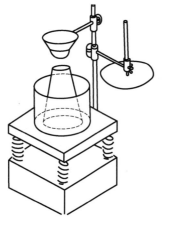
图4.11　维勃稠度仪

2. 维勃稠度测定

坍落度值小于10mm的混凝土称为干硬性混凝土，通常采用维勃稠度仪测定其稠度。维勃稠度仪如图4.11所示，将圆桶容器用螺母固定在振动台上，放入坍落度筒，把漏斗转到坍落度筒上口，拧紧螺钉。按规定方法装入存放在圆桶内的坍落度筒内，装满后垂直向上提走圆锥桶，在拌合物锥体顶面盖一透明玻璃圆盘，然后开启振动台并计时，记录当玻璃圆盘底面布满水泥浆时所用的时间，所读秒数即为维勃稠度值。

维勃稠度方法适用于骨料最大粒径不超过40mm、维勃稠度在5～30s的混凝土拌合物的稠度测定。根据维勃稠度大小，混凝土拌合物分为四级，见表4-23。

表4-23　混凝土按维勃稠度分级

级　别	名　称	维勃稠度/s
V_1	超干硬性混凝土	≥31
V_2	特干硬性混凝土	30～21
V_3	干硬性混凝土	20～11
V_4	半干硬性混凝土	10～5

3. 流动性（坍落度）的选择

工程中选择混凝土拌合物的坍落度，要根据结构构件截面尺寸大小、配筋疏密、施工捣实方法和环境温度等因素来确定。当构件截面尺寸较小或钢筋较密，或采用人工插捣时，坍落度可选择大些；如构件截面尺寸较大或钢筋较疏，或采用振动器振捣时，坍落度可选择小些。当环境温度在 30℃ 以下时，可按表 4-24 确定混凝土拌合物坍落度值；当环境温度在 30℃ 以上时，由于水泥水化和水分蒸发的加快，混凝土拌合物流动性下降加快，在设计混凝土配合比时，应将混凝土拌合物坍落度提高 15～25mm。

表 4-24　混凝土浇筑时的坍落度

结 构 种 类	坍落度值/mm
基础或地面等的垫层、无配筋的大体积结构（挡土墙、基础等）或配筋稀疏的结构板、梁或大型及中型截面的柱子等	10～30
	30～50
配筋密列的结构（薄壁、斗仓、筒仓、细柱等）	55～70
配筋特密的结构	75～90

注：表中数值系采用机械振捣混凝土时的坍落度，当采用人工捣实混凝土时其值可适当增大。轻骨料混凝土的坍落度，宜比表中数值减少 10～20mm。当施工采用泵送混凝土拌合物时，其坍落度通常为 80～180mm，应掺入外加剂。

4.3.3　影响混凝土和易性的主要因素

影响混凝土和易性的因素主要有两大方面：一是拌合物组成材料的性质及其用量比例，二是拌合物所处的环境条件。其中主要的影响因素分述如下。

1. 水泥浆的数量及稠度

混凝土拌合物中，无论水泥浆数量的多少还是稠度的大小，都表现为用水量的变化，单位用水量对拌合物流动性起着决定性的作用。实践证明，在混凝土拌合物原材料确定的情况下，当用水量基本一定，$1m^3$ 混凝土中水泥用量增减不超过 50～100kg 时，混凝土拌合物的坍落度即保持不变，这一规律称为"固定用水量法则"或"恒定用水量法则"。因此在配制混凝土时，当所用粗、细骨料的种类及比例一定时，为获得要求的流动性，所需拌合水用量基本一定，即使水泥用量有所变动，对用水量也无甚影响。这一法则为混凝土配合比设计时确定拌合水用量带来很大方便，只要通过固定单位用水量，变化水灰比，就可得到既满足拌合物和易性要求又满足混凝土强度要求的混凝土。

虽然单位用水量是影响混凝土拌合物和易性的主要因素，但不能采用单纯改变用水量的办法来调整拌合物的流动性。应在保持水灰比不变的前提下，采取调整水泥浆数量的办法来调整混凝土拌合物的流动性。

2. 砂率

砂率 S_p 是指混凝土中砂的质量 S 占砂、石总质量 G 的百分数，即

$$S_p = \frac{S}{S+G} \times 100\% \qquad (4-3)$$

式中　S_p——砂率，%；

　　　S、G——分别为砂、石子的用量，kg。

砂率大小确定原则，是砂子填满石子的空隙并略有富余。富余的砂子在粗骨料之间起滚珠作用，能减少粗骨料之间的摩擦力。根据此原则，砂率可按以下公式计算。

$$V'_{s0} = V'_{g0} \cdot P'_0 \qquad (4-4)$$

$$S_p = \beta \cdot \frac{S}{S+G} = \beta \cdot \frac{\rho'_{s0} \cdot V'_{s0}}{\rho'_{s0} \cdot V'_{s0} + \rho'_{g0} \cdot V'_{g0}} = \beta \cdot \frac{\rho'_{s0} \cdot P'_0}{\rho'_{s0} \cdot P'_0 + \rho'_{g0}} = \beta \cdot \frac{\rho'_{s0} \cdot V'_{g0} \cdot P'_0}{\rho'_{s0} \cdot V'_{g0} \cdot P'_0 + \rho'_{g0} \cdot V'_{g0}} \qquad (4-5)$$

式中　V'_{s0}、V'_{g0}——分别为砂子、石子的堆积体积，m^3；

　　　ρ'_{s0}、ρ'_{g0}——分别为砂子、石子的堆积密度，kg/m^3；

P'_0——石子空隙率，%；

β——砂浆剩余系数，一般取 1.1～1.4。

砂率可表示混凝土中砂子与石子两者的组合关系，砂率的变动会使骨料的总表面积和空隙率发生很大的变化，因此对混凝土拌合物的工作性有显著的影响。当砂率过大时，骨料的总表面积和空隙率均增大，在混凝土中水泥浆量一定的情况下，骨料颗粒表面的水泥浆层将相对减薄，拌合物就显得干稠，流动性就变小，如要保持流动性不变，则需增加水泥浆，就要多耗用水泥；反之若砂率过小，则拌合物中显得石子过多而砂子过少，形成砂浆量不足以包裹石子表面，并不能填满石子间空隙，在石子间没有足够的砂浆润滑层时，不但会降低混凝土拌合物的流动性，而且会严重影响其黏聚性和保水性，使混凝土产生粗骨料离析、水泥浆流失甚至溃散等现象。

因此在配制混凝土时，砂率不能过大，也不能太小，应该选用合理砂率。所谓合理砂率，是指在用水量及水泥用量一定的情况下，能使混凝土拌合物获得最大的流动性，且能保持黏聚性及保水性能良好的砂率值，如图 4.12 所示；或者在采用合理砂率时，能在拌合物获得所要求的流动性及良好的黏聚性与保水性条件下，使水泥用量最少，如图 4.13 所示。

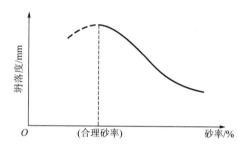

图 4.12　坍落度与砂率的关系（水和水泥用量一定）

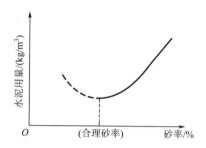

图 4.13　水泥用量与砂率的关系（达到相同坍落度）

3. 组成材料的性质

（1）水泥。水泥对拌合物和易性的影响，主要是水泥品种和水泥细度的影响。在其他条件相同的情况下，需水量大的水泥比需水量小的水泥配制的拌合物流动性要小，如矿渣水泥或火山灰水泥拌制的混凝土拌合物，其流动性比用普通水泥时的小，另外，矿渣水泥易泌水。水泥颗粒越细，总表面积越大，润湿颗粒表面及吸附在颗粒表面的水越多，在其他条件相同的情况下，拌合物的流动性越小。

（2）骨料。骨料对拌合物和易性的影响，主要是骨料总表面积、骨料的空隙率和骨料间摩擦力大小的影响，具体地说是骨料级配、颗粒形状、表面特征及粒径的影响。一般说来，级配好的骨料，其拌合物流动性较大，黏聚性与保水性较好；骨料的粒径增大，总表面积减小，拌合物流动性就增大。

扁平和针状的骨料对流动性不利，卵石及河砂表面光滑而呈蛋圆形的骨料，能使需水量减少，其拌合物流动性较大。碎石和山砂表面粗糙且呈棱角形，增加了拌合物的内摩擦阻力，提高了需水性，其拌合物流动性较小。多孔的骨料，由于表面多孔增加了混合料的内摩擦阻力，又由于吸水性大，而使需水性增加。例如，普通混凝土需水量为 130～200kg/m³，而矿渣混凝土为 200～300kg/m³，浮石混凝土则为 300～400kg/m³。

（3）外加剂。拌制混凝土时，加入少量外加剂能使混凝土拌合物在不增加水泥浆用量的条件下，获得很好的和易性，增大流动性，改善黏聚性，降低泌水，并且由于改善了混凝土结构，还能提高混凝土耐久性。例如，掺入减水剂或引气剂，拌合物的流动性明显增大。引气剂还可有效改善混凝土拌合物的黏聚性和保水性。

（4）矿物掺合料。矿物掺合料不仅自身水化缓慢，还减缓了水泥的水化速度，使混凝土的工作性更加流畅，并防止泌水及离析的发生。

4. 拌合物存放时间及环境温度

搅拌制备的混凝土拌合物，随着时间的延长会变得越来越干稠，坍落度将逐渐减小，这称为坍落度损失，其原因是拌合物中的一些水分逐渐被骨料吸收、一部分水分被蒸发以及水泥的水化与凝聚结构的逐渐形成等效应所致。坍落度与拌合物存放时间的关系如图 4.14 所示。

引起混凝土拌合物工作性降低的环境因素，主要有温度、湿度和风速。当给定组成材料性质和配合比时，混凝土拌合物的工作性主要受水泥水化率和水分的蒸发率所支配，因此，混凝土拌合物从搅拌到捣实的这段时间内，温度的升高会加速水分蒸发及水泥的化学反应，加剧水化率以及水由于蒸发而损失的量。随着环境温度的升高，混凝土的坍落度损失变得更快，据测定，温度每增高 10℃，拌合物的坍落度减小 20～40mm。温度对拌合物坍落度的影响如图 4.15 所示。显然，在热天为了保持不一定的工作性必须增加用水量。同样，风速和湿度因素会影响混凝土拌合物的蒸发率，从而影响坍落度。在不同环境条件下，要保证拌合物具有不一定的工作性，就必须采取相应的改善工作性的措施。

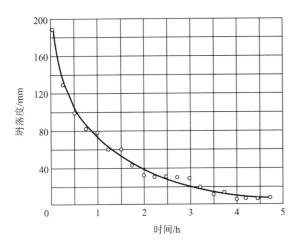

图 4.14 坍落度与拌合物存放时间的关系

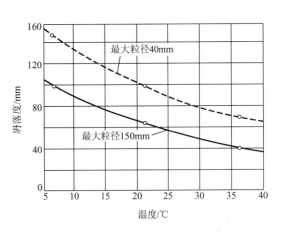

图 4.15 温度对拌合物坍落度的影响

5. 搅拌条件

在较短时间内，搅拌得越完全彻底，混凝土拌合物的和易性越好。强制式搅拌机比自落式搅拌机的拌和效果好，高频搅拌机比低频搅拌机的拌合效果好；适当延长搅拌时间，也可以获得较好的和易性，但搅拌时间过长，由于部分水泥水化，将使流动性降低。

【应用案例 4-3】某混凝土搅拌站用的骨料含水率波动较大，其混凝土强度不仅离散程度较大，而且有时会出现卸料及泵送困难，有时又易出现离析现象，请分析原因。

解析：由于骨料特别是砂的含水率波动较大，使实际配合比中的加水量随之波动，以致加水量不足时混凝土坍落度不足，水量过多时则坍落度过大，混凝土强度的离散程度亦因此较大。坍落度过大时，易出现离析。若振捣时间过长、坍落度过大，还会造成"过振"现象。

4.3.4 改善混凝土拌合物工作性的主要措施

在实际工程中，改善混凝土拌合物的工作性可采取以下措施。

（1）调节混凝土的材料组成。在保证混凝土强度、耐久性和经济性的前提下，适当调整混凝土的配合比，以提高其工作性。为此可采用以下方法。

①改善砂、石（特别是石子）的级配，尽可能降低砂率，采用合理砂率，这有利于提高混凝土的质量和节约水泥。

②尽量采用较粗的砂、石骨料。

③当混凝土拌合物坍落度太小时，维持水灰比不变，适当增加水泥和水的用量，或者掺加外加剂等；当拌合物坍落度太大但黏聚性良好时，可保持砂率不变，适当增加砂、石骨料用量。

（2）掺加各种外加剂。使用外加剂是调整混凝土性能的重要手段，常用的有普通减水剂、高效减水剂、硫化剂、引气剂、泵送剂等，外加剂在改善混凝土拌合物工作性的同时，还具有提高混凝土强度、改善耐久性、降低水泥用量等作用。

（3）改进水泥混凝土拌合物的施工工艺。采用高效率的强制搅拌机械，可以提高水的润滑效率；采用高效振捣设备，也可以在较小的坍落度情况下获得较高的密实度。商品混凝土在远距离运输时，为了减小坍落度损失，还经常采用二次加水法，即在搅拌站拌和时只加入大部分的水，剩余少部分水在快到施工现场时再加入，然后迅速搅拌以获得较好的坍落度。

（4）加快施工速度。减少运输距离、加快施工速度、采用使坍落度损失小的外加剂，都可以使混凝土拌合物在施工时保持较好的工作性。

工作性只是混凝土众多性能中的一种，当决定采取某种措施来调整和易性时，还要同时考虑对混凝土其他性质（如强度、耐久性等）的影响，不能以降低强度和耐久性来换取和易性。

4.3.5　混凝土拌合物的凝结时间

混凝土拌合物的凝结时间与其所用水泥的凝结时间是不相同的，混凝土的水灰比、环境温度和外加剂的性能等均对混凝土的凝结快慢产生很大影响。水灰比增大，水泥水化产物间的间距增大，水化产物粘连及填充颗粒间隙的时间延长，使凝结时间增长；环境温度升高，水泥水化和水分蒸发加快，使凝结时间缩短；缓凝剂会明显延长凝结时间，速凝剂会显著缩短凝结时间。

混凝土拌合物的凝结时间通常用贯入阻力仪来测定。先用5mm的圆孔筛从混凝土拌合物中筛取砂浆，按一定的方法装入规定的容器中，然后每隔一定时间测定砂浆贯入一定深度的贯入阻力，绘制贯入阻力与时间的关系曲线，以贯入阻力3.5MPa和280MPa划两条平行于时间坐标的直线，直线与曲线交点的时间即分别为混凝土拌合物的初凝时间和终凝时间。这是从实用角度人为确定的，用该初凝时间表示施工时间的极限，终凝时间表示混凝土力学强度的开始发展。

4.3.6　混凝土拌合物的可泵性

可泵性是指在泵送压力下，混凝土拌合物在管道中的通过能力。可泵性好的混凝土应保证输送过程中与管道之间的流动阻力尽可能小，并有足够的黏聚性，保证在泵送过程中不泌水、不离析，且混凝土之间的内摩擦阻力应较小。泵送性能指标，包括坍落度、坍落扩展度和摩擦阻力（表征流动难易程度）、压力泌水值（表征流动稳定程度）等。

4.3.7　混凝土拌合物浇筑后性能

混凝土浇筑后，仍处于塑性状态和半流态，各组分能相对运动，在凝结过程中，逐渐变稠而失去流动性，但还不具有强度。在这一阶段，不允许对其扰动。经过一段时间，混凝土开始硬化，强度快速增加。因此，混凝土拌合物具有良好的工作性只是保证混凝土浇筑施工质量的前提条件，还必须保证混凝土在浇筑后的早期（几天内）不发生不良的干扰行为，才能使其获得优良的性能和质量。

当混凝土处于半流态和塑性状态时，因密度不同，骨料和水泥颗粒有向下沉降的倾向，而水分有向上迁移的趋势，这种情形可持续几小时，直至混凝土终凝和强度开始增长。因此，混凝土浇筑后可能会发生的四种相关的现象有：离析、泌水、塑性沉降和塑性收缩。

1. 离析和泌水

离析是较大粒径的骨料颗粒下沉，而泌水是拌合水向上迁移或上浮的过程，它们常常同时发生。泌水最明显的现象是在浇筑后的混凝土表面形成一层水膜，极端情况下，水膜可能占到混凝土高度的2%或更大。这层水膜既可挥发，也可因水泥连续水化而被混凝土吸收，因而导致混凝土体积减小。混凝土浇筑后的泌水现象可能带来两方面的问题，如图4.16所示。一是浇筑后的混凝土表面或稍下位置的水泥浆含水量较大，因而水化物结构很弱，孔隙率较大，降低硬化后混凝土表面硬度和耐磨性；二是向上迁移的水会在骨料颗粒下方形成水囊，导致骨料与砂浆间界面过渡区的局部弱化，可能成为混凝土中最薄弱的部分，从而降低硬化混凝土的强度。然而大多数混凝土中，有此泌水现象是不可避免的，也可能无害。

大量泌水的主要原因是骨料级配不良、骨料总表面积小。对此可以通过增加砂率来改善，但如果因某种原因增加砂率无效或砂较粗时，可以采用引气剂，引入微小气泡代替细砂颗粒来减小泌水。

高流动性的混凝土拌合物可能发生较严重的泌水现象，因此，工程施工需要混凝土具有较大的流动性，最好的方法是采用高效减水剂或超塑化剂来实现，而不应增大用水量。具有很大比表面积的硅灰是控制和减小泌水的有效矿物掺合料，但泌水不太可能完全消除，工程施工中必须采取合适的养护措施降低其不利影响。

2. 塑性沉降

拌合物由于沁水而产生整体沉降，浇筑深度大时靠近顶部的拌合物运动距离长，如果沉降时受到阻碍如遇到钢筋，则沿与钢筋垂直的方向，从表面向下至钢筋处产生塑性沉降裂缝。

3. 塑性收缩

到达顶部的泌水会蒸发掉，如果泌水速度低于蒸发速度，混凝土表面含水减小，将会因干缩引起塑性收缩裂缝。这是由于混凝土表面区域受到约束产生拉应变，而这时它的抗拉强度几乎为零，所以形成塑性收缩裂缝，如图4.17所示。这种裂缝与塑性沉降裂缝明显不一样，当混凝土处于环境温度高、相对湿度小以及风大的环境时，容易出现塑性收缩裂缝，尤其是低水胶比混凝土这种塑性收缩更大，应注意及早养护，尤其是对各种大面积的平板，浇筑后必须注意尽快养护。

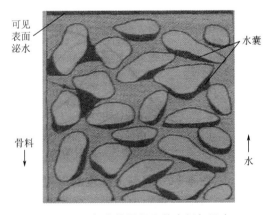

图4.16 新浇筑混凝土的离析与泌水

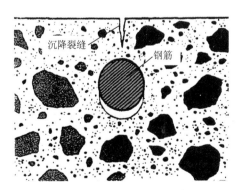

图4.17 浇筑混凝土塑性沉降与开裂

4.4 硬化后混凝土的性能

 想一想

混凝土构件在建成的工程中要承受荷载及环境中各种因素的作用，那么在荷载和环境作用下混凝土的性能有无变化？其性能改变有怎样的规律，又受哪些因素影响呢？

4.4.1 混凝土强度和强度等级

强度是硬化后混凝土最重要的技术性质，包括抗压强度、抗拉强度、抗弯强度、抗剪强度、抗折强度和与钢筋的黏结强度等，其中以抗压强度最大，抗拉强度最小。结构工程中的混凝土主要用于承受压力。混凝土的强度与其他性能密切相关，一般来说，混凝土的强度越高，其刚性、不透水性、抵抗风化和某些介质侵蚀的能力也越强。混凝土的抗压强度是结构设计的主要参数，也是混凝土质量评定和控制的主要技术指标。

【混凝土抗压强度试验】

1. 混凝土立方体试件抗压强度 f_{cu} 与强度等级

混凝土抗压强度是结构设计的主要参数，也是混凝土质量评定的指标。我国是以立方体试件抗压强度作为混凝土强度的特征值，将混凝土制作成边长为150mm的正立方体试件，在标准养护条件［温度（20±2）℃，相对湿度95%以上］下，养护到28d龄期，按照标准的测定方法测定单位面积上的破坏荷载，即得到抗压强度值，称为混凝土立方体试件抗压强度（以 f_{cu} 表示，单位 N/mm^2，即MPa），简称立方体抗压强度。具体试验详见项目12试验部分。

为便于设计使用和施工控制混凝土质量，将混凝土强度分为若干等级，即强度等级。混凝土强度等级是按混凝土立方体抗压标准强度来划分的，普通混凝土通常划分为C10、C15、C20、C25、C30、C35、C40、C45、C50、C55、C60、C65、C70、C75、C80、C85、C90、C95和C100等级，其中"C"代表混凝土，C后面的数字为立方体抗压强度标准值（MPa），是混凝土结构设计时强度计算取值、混凝土施工质量控制和工程验收的依据。立方体抗压强度标准值是按标准试验方法测得的立方体抗压强度总体分布中的一个值，强度低于该值的百分率不超过5%（即具有95%以上的保证率），如强度等级为C30，即表示立方体抗压强度标准值 f_{cu} 为30MPa。

结构设计时，根据建筑物不同部位和承受荷载的不同，应采用不同强度的混凝土，一般要求如下。

（1）C10、C15用于垫层、基础、地坪及受力不大的结构。

（2）C15、C20、C25用于普通混凝土结构的梁、板、柱、楼梯及屋架等。

（3）C25、C30用于大跨度钢筋混凝土结构、耐久性要求较高的结构、预制构件等。

（4）C30以上用于预应力钢筋混凝土结构、吊车梁及特种结构等。

GB 50010—2010《混凝土结构设计规范》规定：素混凝土结构的混凝土强度等级不应低于C15，钢筋混凝土结构的混凝土强度等级不应低于C20，采用强度等级400MPa及以上的钢筋时，混凝土强度等级不应低于C25；预应力混凝土结构的混凝土强度等级不宜低于C40，且不应低于C30；承受重复荷载的钢筋混凝土构件，混凝土强度等级不应低于C30。

2. 混凝土轴心抗压强度 f_{cp}

确定混凝土强度等级是采用立方体试件，但在实际结构中，钢筋混凝土受压构件多为棱柱体或圆柱体，为了使测得的混凝土强度与实际情况接近，在进行钢筋混凝土受压构件（如柱子、桁架的腹杆等）计算时，都是采用混凝土的轴心抗压强度 f_{cp} 作为设计依据。

棱柱体试件测得的抗压强度称为棱柱体抗压强度，又称轴心抗压强度。目前，我国采用 $150\text{mm} \times 150\text{mm} \times 300\text{mm}$ 的棱柱体作为轴心抗压强度的标准试件。轴心抗压强度比同截面的立方体抗压强度小，试验资料表明，当标准立方体抗压强度在 $10\sim50\text{MPa}$ 时，混凝土的轴心抗压强度与立方体抗压强度的关系近似为

$$f_{cp} = (0.7\sim0.8)f_{cu} \tag{4-6}$$

3. 混凝土抗拉强度

混凝土是脆性材料，抗拉强度很低，拉压比为 $1/10\sim1/20$（通常取 $1/15$），拉压比随着混凝土强度等级的提高而降低。因此在钢筋混凝土结构设计时，不考虑混凝土承受拉力（考虑钢筋承受拉应力），但抗拉强度对混凝土抗裂性具有重要作用，是结构设计时确定混凝土抗裂度的重要指标，有时也用它来间接衡量混凝土抗冲击强度、与钢筋的黏结强度、抵抗干湿变化或湿度变化的能力。

混凝土抗拉强度的测定，目前国内外都采用劈裂法，相关强度简称劈拉强度。测定时试件前期制作方法、试件尺寸、养护方法及养护龄期等的规定，与检验混凝土立方体抗压强度的要求相同。标准规定，我国混凝土劈拉强度采用边长为 150mm 的立方体作为标准试件。试验时先在立方体试件的两个相对的上下表面加上垫条，然后施加一对均匀分布的压力，这样就能使在此外力作用下的试件竖向平面内，产生均布拉伸应力，如图 4.18 所示。该拉应力可根据弹性理论计算得出。混凝土劈拉强度计算公式为

$$f_{ts} = \frac{2P}{\pi A} = 0.637\frac{P}{A} \tag{4-7}$$

式中 f_{ts}——混凝土劈拉强度，MPa；

     P——破坏荷载，N；

     A——试件劈裂面积，mm^2。

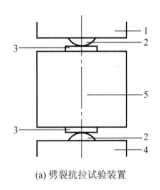 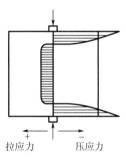

(a) 劈裂抗拉试验装置   (b) 试验时垂直于受力面的应力分布

图 4.18 混凝土劈裂试验示意

1、4—压力机上、下压板；2—弧形钢块；3—垫条；5—试件

试验证明，混凝土的劈拉强度 f_{ts} 与混凝土标准立方体抗压强度 f_{cu} 之间存在一定的相关性，对于强度等级在 $10\sim50\text{MPa}$ 的混凝土，可用经验公式近似表达为

$$f_{ts} = 0.35 f_{cu}^{\frac{3}{4}} \tag{4-8}$$

4. 混凝土抗折强度

混凝土的抗折强度是指处于受弯状态下混凝土抵抗外力的能力，混凝土道路工程和桥梁工程的结构设计、质量控制与验收等环节，需要检测混凝土的抗折强度。通常混凝土的抗折强度是利用 $150\text{mm} \times 150\text{mm} \times 600\text{mm}$（或 550mm）的长方体试件，在标准养护条件下养护到 28d 龄期，以标准试验方法测得

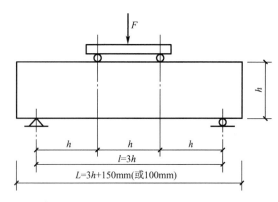

图 4.19 混凝土抗折强度测定装置

的抗折强度值。按三分点加荷，试件的支座一端为铰支，另一端为滚动支座，如图 4.19 所示。抗折强度计算公式如下。

$$f_{tf} = \frac{Pl}{bh^2} \qquad (4-9)$$

式中　f_{tf}——混凝土抗折强度，MPa；

　　　　P——破坏荷载，N；

　　　　l——支座之间的距离，450mm；

　　　　b——试件截面的宽度，150mm；

　　　　h——试件截面的高度，150mm。

当试件尺寸为 1100mm×100mm×400mm 非标准试件时，应乘以换算系数 0.85；当混凝土强度等级＞C60 时，宜采用标准试件；使用非标准试件时，尺寸换算系数应由试验确定。

5. 混凝土与钢筋的黏结强度

目前，还没有一种较适当的标准试验能准确测定混凝土与钢筋的黏结强度。为了对比不同混凝土与钢筋的黏结强度，美国材料试验学会（ASTM）提出了一种拔出试验方法：混凝土试件为边长 150mm 的立方体，其中埋入 ϕ19mm 的标准变形钢筋，试验时以不超过 34MPa/min 的加荷速度对钢筋施加拉力，直到钢筋发生屈服，或混凝土裂开，或加荷端钢筋滑移超过 25mm。记录出现上述三种之中任一情况时的荷载值 P，用下式计算混凝土与钢筋的黏结强度。

$$f_N = \frac{P}{\pi dl} \qquad (4-10)$$

式中　f_N——混凝土与钢筋的黏结强度，MPa；

　　　　d——钢筋直径，mm；

　　　　l——钢筋埋入混凝土中的长度，mm；

　　　　P——测定的荷载值，N。

4.4.2　影响混凝土强度的因素

混凝土的强度主要取决于水泥石强度及其与骨料的黏结强度，而黏结强度又与水泥强度等级、水灰比及骨料的性质有密切关系，此外混凝土的强度还受施工质量、养护条件及龄期的影响。

1. 水泥强度等级和水灰比的影响

水泥强度等级和水灰比是影响混凝土强度最主要的因素，也是决定性因素。普通混凝土的受力破坏主要发生于水泥石与骨料的界面，这些部位往往存在许多孔隙、水隙和潜在微裂缝等结构缺陷，是混凝土中的薄弱环节，而骨料本身的强度往往大大超过水泥石及界面的强度，因此，混凝土的强度主要取决于水泥石强度及其与骨料表面的黏结强度，这些强度又取决于水泥强度等级和水灰比的大小。试验证明，在相同配合比情况下，所用水泥强度等级越高，则硬化水泥石的强度越大，对骨料的胶结力也越强，所配制混凝土的强度越高。

在水泥品种、强度等级不变时，混凝土的强度随着水灰比的增大而有规律地降低。在水灰比不变时，水泥强度等级越高，硬化水泥石强度越大，对骨料的胶结力也就越强。从理论上讲，水泥水化时所需的水一般只占水泥质量的 23% 左右。在拌制混凝土拌合物时，为了获得施工要求的流动性，常需要多加一些水，这些多加的水不仅使水泥浆变稀、胶结力减弱，而且多余的水分残留在混凝土中形成水泡或水道，随混凝土硬化而蒸发后便留下孔隙，减少混凝土实际受力面积，在混凝土受力时，易在孔隙周围产生应力集中。因此，水灰比越大，多余水分越多，留下的孔隙也越多，混凝土强度也就越低；反之则混凝土强度越高。但这一规律只适用于混凝土拌合物能被充分振捣密实的情况。如果水灰比过小，水泥浆过于干稠，混凝土拌合物和易性太差，在一定的施工振捣条件下混凝土不能被振捣密实，则容易出现较多的蜂窝、孔洞等缺陷，反而导致混凝土强度严重下降，如图 4.20(a) 中的虚线所示。

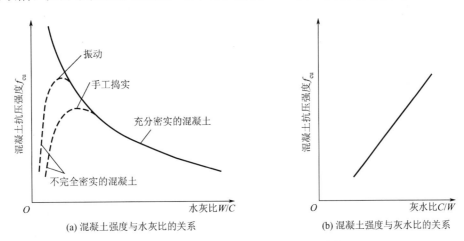

(a) 混凝土强度与水灰比的关系　　　　(b) 混凝土强度与灰水比的关系

图 4.20　混凝土强度与水灰比及灰水比的关系

试验证明，在材料相同的情况下，混凝土的强度 f_{cu} 与其水灰比 W/C 的关系，呈近似双曲线形状 [见图 4.20(a) 中的实线]，可用方程 $f_{cu}=K/(W/C)$ 表示，这样 f_{cu} 与灰水比（C/W）之间就呈线性关系。根据试验，当混凝土拌合物的灰水比在 1.2～2.5 时，混凝土强度与灰水比的直线关系如图 4.20(b) 所示。

这种线性关系很便于应用，结合考虑水泥强度并应用数理统计方法，可建立起混凝土强度与水泥强度及水灰比之间的关系式，即混凝土强度经验公式（又称鲍罗米公式）。

$$f_{cu}=\alpha_a f_{ce}\left(\frac{C}{W}-\alpha_b\right) \tag{4-11}$$

式中　f_{cu}——混凝土28d 龄期的抗压强度，MPa；

　　　　C——1m³ 混凝土中的水泥用量，kg；

　　　　W——1m³ 混凝土中的用水量，kg；

　　C/W——混凝土的灰水比；

　　　f_{ce}——水泥 28d 抗压强度实测值，MPa。当无此值时，可按式 $f_{ce}=\gamma_c f_{ce,k}$ 确定，式中 γ_c 为水泥强度等级值的富余系数，可按实际统计资料确定，一般取 1.13，$f_{ce,k}$ 为水泥强度等级值；

　α_a、α_b——回归系数，应按工程所使用的水泥和骨料，通过试验建立的灰水比与混凝土强度关系来确定。当不具备上述试验统计资料时，可按 JGJ 55—2011《普通混凝土配合比设计规程》的规定取值，如碎石混凝土取 $\alpha_a=0.53$、$\alpha_b=0.20$，卵石混凝土取 $\alpha_a=0.49$、$\alpha_b=0.13$。

上面的经验公式，一般只适用于强度等级小于 C60 的流动性混凝土和低流动性混凝土，对于干硬性混凝土则不适用。利用混凝土强度经验公式，可进行两方面问题的估算，一是根据所用水泥强度和水灰比来估算所配制的混凝土强度，二是根据水泥强度和要求的混凝土强度等级来计算应采用的水灰比。

【应用案例 4-4】已知某混凝土所用水泥强度为 36.4MPa，水灰比为 0.45，粗骨料为碎石，试估算该混凝土 28d 强度值。

解析：由 $W/C=0.45$，得 $C/W=1/0.45=2.22$。粗骨料为碎石，取 $\alpha_a=0.53$、$\alpha_b=0.20$。代入混凝土强度公式得

$$f_{cu}=0.53\times36.4\times(2.22-0.20)=39.0(MPa)$$

故可估计该混凝土 28d 强度值为 39.0MPa。

2. 骨料的影响

骨料在混凝土中起骨架与稳定作用，对强度的影响还与其本身质量状况及用量多少有关。骨料中有害杂质含量较多、级配不良时均不利于混凝土强度的提高。骨料表面粗糙，则与水泥石黏结力较大，但达到同样流动性时需水量也大，随着水灰比变大，致使强度降低。

颗粒接近球形和立方形的骨料对混凝土强度有利，而过多针状或片状颗粒将会导致混凝土强度下降。粒径粗大的骨料，可降低用水量及水灰比，有利于提高混凝土的强度。混凝土中骨料的多少也影响强度的高低，通常将混凝土中骨料质量与水泥质量的比值称为骨灰比。骨灰比对于 C35 以上混凝土的强度影响很大，在相同水灰比和坍落度下，混凝土强度随骨灰比的增大而提高，但骨料过多也会降低混凝土的强度。

3. 养护条件的影响

混凝土的养护条件主要指所处的环境温度和湿度，它们是通过影响水泥水化过程而影响混凝土强度。

养护环境温度高，水泥水化速度加快，混凝土早期强度高；反之亦然。若温度在冰点以下，不但水泥水化停止，而且有可能因冰冻导致混凝土结构疏松，强度严重降低，尤其是早期混凝土应特别注意采取加强防冻措施。为加快水泥的水化速度，可采用湿热养护的方法，即蒸汽养护或蒸压养护。

湿度通常指的是空气相对湿度。相对湿度低，混凝土中的水挥发快，混凝土因缺水而停止水化，强度发展受阻；混凝土在强度较低时，失水过快，极易引起干缩，影响混凝土耐久性。一般在混凝土浇筑完毕后 12h 内应开始对混凝土加以覆盖或浇水。对硅酸盐水泥、普通水泥和矿渣水泥配制的混凝土，浇水养护不得小于 7d；使用粉煤灰水泥和火山灰水泥，或掺有缓凝剂、膨胀剂或有防水抗渗要求的混凝土，浇水养护不得小于 14d。

4. 龄期与强度的关系

龄期是指混凝土在正常养护条件下所经历的时间，即自混凝土配制时加水时间开始至某一时刻的延续时间。在正常养护条件下，混凝土强度将随着龄期的增加而不断发展，最初 7~14d 强度发展较快，28d 以后增长缓慢。事实上，只要温度和湿度条件适当，混凝土的强度增长过程很长，可延续数十年之久。

实践证明，在标准养护条件下，普通水泥混凝土强度的发展大致与龄期的常用对数值成正比关系，可按这一经验公式估算不同龄期的强度值。

$$\frac{f_n}{f_{28}}=\frac{\lg n}{\lg 28} \tag{4-12}$$

式中 f_n——混凝土 n 天龄期的抗压强度，MPa；

f_{28}——混凝土 28d 龄期的抗压强度，MPa；

n——养护龄期，d，且 $n\geqslant3$。

根据式(4-12)，不仅可估算混凝土 28d 的强度，或推算 28d 前混凝土达到某一强度需要养护的天数，还可用于确定生产施工进度，如混凝土的拆模、构件的起吊、放松预应力钢筋、制品堆放、出厂等的日期。

在实际工程中，各国用以估算不同龄期混凝土强度的经验公式很多，如常用的斯拉特公式，它是根据标准养护条件下的混凝土 7d 强度 f_7 来推算其 28d 的强度 f_{28}，即

$$f_{28}=f_7+K\sqrt{f_7} \tag{4-13}$$

式中 K——经验系数，与所用水泥品种有关，应根据试验资料确定，一般为 1.9~2.4。

5. 外加剂和外掺料的影响

在水泥强度和水灰比确定的条件下，水灰比越小，混凝土强度越高。但水灰比越小，混凝土的流动性也越差。掺入外加剂，可在较小的水灰比情况下获得较高的流动性，掺入掺合料，可提高水泥石的密实度，改善水泥石与骨料间的黏结能力，提高混凝土强度。

6. 施工方法的影响

拌制混凝土时，采用机械搅拌比人工拌和更为均匀，搅拌不充分的混凝土不但硬化后的强度低，强度差异也大。对水灰比小的混凝土拌合物，采用强制式搅拌机比自由落体式效果更好。在相同配合比和成型密实条件下，机械搅拌的混凝土强度一般要比人工搅拌的提高10%左右，这对低水灰比的混凝土尤为显著。如采用高频或多频振动器来振捣，可进一步排除混凝土拌合物中的气泡，使之更密实，从而获得更高的强度。但当水灰比逐渐增大、流动性逐渐增大时，振动捣实的效果就不再明显。

另外，采用分次投料搅拌新工艺，也能提高混凝土强度。其原理是将骨料和水泥投入搅拌机后，先加少量水拌和，使骨料表面裹上一层水灰比很小的水泥浆，俗称"造壳"，可以有效改善骨料界面结构，提高混凝土的强度。

4.4.3 混凝土的变形性能

在环境因素和施加的长短期应力作用下，混凝土会产生一定的变形。因温度、湿度的变化，混凝土将产生膨胀或收缩变形，如湿胀干缩、自收缩、碳化收缩、热胀冷缩等，可称为非荷载作用下的变形；承受荷载时混凝土将产生弹性变形、塑性变形和徐变等，可称为荷载作用下的变形。变形是材料的重要性质，直接影响强度和耐久性，特别对裂缝的产生有直接的影响。

【混凝土结构的变形】

1. 在非荷载作用下的变形

1）化学收缩

水泥水化生成的固体体积，比未水化水泥和水的总体积小，而使混凝土产生收缩，这种收缩称为化学收缩。

化学收缩是伴随水泥水化而进行的，其收缩量是随混凝土硬化龄期的延长而增长的，增长的幅度逐渐减小。一般在混凝土成型后40d内化学收缩增长较快，以后就渐趋稳定。化学收缩是不能恢复的。

2）干湿变形

由于混凝土周围环境湿度的变化引起混凝土中水分的变化，导致混凝土的湿胀干缩，这种变形称为干湿变形。

混凝土在干燥过程中，毛细孔中的自由水分首先蒸发，使混凝土体积收缩；当毛细孔中的自由水蒸发完毕，凝胶中的吸附水开始蒸发，凝胶体因失水而收缩。可见，混凝土的体积干缩是由毛细孔中的自由水和凝胶中的吸附水相继蒸发引起的。空气相对湿度越低，干缩发展越快。混凝土的这种体积收缩，在重新吸水后大部分可以恢复。当混凝土在水中硬化时，体积产生轻微膨胀，这是由凝胶体中胶体粒子的吸附水膜增厚，胶体粒子的间距增大导致的。

混凝土的干缩对其有较大危害，因为干缩使混凝土表面产生较大拉应力，导致混凝土表面干裂，使混凝土强度降低，耐久性变差。混凝土干缩值的大小主要取决于水泥石及水泥石中毛细孔的多少，因此，减小干缩就要合理选择水泥品种，减少水泥用量，降低水灰比，选用质量好、级配好、砂率合理、弹性模量大的骨料，加强养护特别是早期的湿润养护。

结构设计中，混凝土的干缩率取值为$1.5 \times 10^{-4} \sim 2.0 \times 10^{-4}$，即每米干缩$0.15 \sim 0.20$mm，湿胀导致的变形很小，对混凝土性能影响不大。

3）温度变形

混凝土随着温度的变化而产生热胀冷缩变形。混凝土的温度膨胀系数为 $(0.7\sim1.4)\times10^{-5}/℃$，一般取 $1.0\times10^{-5}/℃$，即温度每改变 $1℃$，$1m$ 混凝土将产生 $0.01mm$ 膨胀或收缩变形。

混凝土是热的不良导体，传热很慢，在大体积混凝土硬化初期，由于内部水泥水化热而积聚较多热量，造成混凝土内外层的温差可达 $50\sim80℃$。这将使内部混凝土的体积产生较大热膨胀，而外部混凝土与大气接触，温度相对较低，产生收缩。对于纵长结构的混凝土，温度升高或降低 $30℃$，每 $100m$ 混凝土将产生 $30mm$ 的膨胀或收缩，混凝土内部将产生 $7.5MPa$ 左右的拉应力，内部膨胀与外部收缩相互制约，在外表混凝土中将产生很大拉应力，严重时足以使混凝土产生裂缝。

大体积混凝土施工时，必须减小内外层温差，防止产生混凝土温度裂缝，常用的方法有以下几种。

（1）采用低热水泥（如矿渣水泥、粉煤灰水泥、大坝水泥等）和尽量减少水泥用量，以减少水泥水化热。

（2）在混凝土拌合物中掺入缓凝剂、减水剂和掺合料，降低水泥水化速度，使水泥水化热不至于在早期过分集中放出。

（3）预先冷却原材料，用冰块代替水，以抵消部分水化热。

（4）在混凝土中预埋冷却水管，从管子的一端注入冷水，冷水流经埋在混凝土内部的管道后，从另一端排出，将混凝土内部的水化热带出。

（5）在建筑结构安全许可的条件下，将大体积混凝土工程化整为零施工，减轻约束和扩大散热面积。

（6）表面绝热，调节混凝土表面温度下降速率。

对于纵长和大面积混凝土工程，可每隔一段距离设置一道伸缩缝或留后浇带来防止温度裂缝的产生。

2. 在荷载作用下的变形

混凝土作为现代土木工程中的主要承重材料，往往承受着较大的荷载，在不同荷载作用下，会表现出不同的变形性能。

1）在短期荷载作用下的变形

混凝土是多相复合材料，属于一种弹塑性体，在受力时，既会产生可以恢复的弹性变形，又会产生不可恢复的塑性变形，其应力与应变关系是非线性的。如用混凝土立方体试件进行单轴静力受压试验，其应力-应变曲线如图 4.21 所示。

在应力-应变曲线上任一点的应力与其应变的比值，称为混凝土在该应力下的变形模量，它反映混凝土所受应力与所产生的应变之间的关系。在计算钢筋混凝土的变形、裂缝开展及大体积混凝土湿度应力时，均需要用到混凝土的变形模量。根据不同的取值方法，可得图 4.22 所示的三种不同的模量。

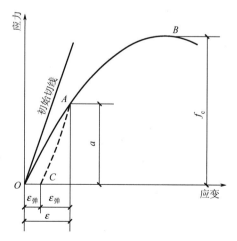

图 4.21 混凝土在压力作用下的应力-应变曲线

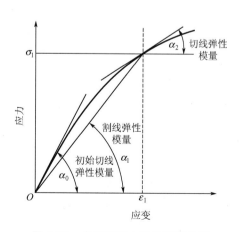

图 4.22 水泥混凝土弹性模量分类

图 4.22 中由应力-应变曲线上的原点上切线的斜率求得的，即 $E_i = \tan\alpha_0$，称为初始切线弹性模量；由应力-应变曲线上任一点切线斜率求得的，即 $E_t = \tan\alpha_2$，称为切线弹性模量；由应力-应变曲线上任一点与原点的连线的斜率求得的，即 $E_s = \tan\alpha_1$，称为割线弹性模量。为提高适用性，通常采用混凝土割线弹性模量来表示混凝土的弹性模量。

混凝土的弹性模量随混凝土强度的提高而增大，两者存在密切关系。通常当混凝土强度等级在 C10～C60 时，其弹性模量为 $(1.75\sim3.60)\times10^4\,\text{MPa}$。

混凝土的弹性模量取决于骨料和水泥石的弹性模量。水泥石的弹性模量一般低于骨料的弹性模量，因而混凝土的弹性模量一般略低于所用骨料的弹性模量，介于所用骨料和水泥石的弹性模量之间。在材料质量不变的条件下，混凝土的骨料含量较多，水灰比较小、养护较好及龄期较长时，混凝土的弹性模量较大。蒸汽养护的混凝土弹性模量比标准养护的低。

2）在长期荷载作用下的变形

混凝土在长期不变荷载作用下，随时间的延长，沿着作用力的方向产生变形，这种随时间而发展的变形称为混凝土的徐变，也称蠕变。徐变变形在受力初期增长较快，之后逐渐减慢，2～3 年时趋于稳定，是一种不可恢复的塑性变形，几乎所有材料都有不同程度的徐变。金属和天然石材等在正常温度及使用荷载下的徐变不显著，可以忽略。混凝土则会产生较大的徐变，且受压、受拉或受弯时均会产生徐变现象，在结构设计时必须加以考虑。

【混凝土徐变仪】

影响混凝土徐变的因素很多，包括荷载大小、持续时间、混凝土的组成特性以及环境温度、湿度等，而最根本的因素是水胶比与胶材用量，即胶材用量越大，水胶比越大，徐变越大。徐变通常与强度相反，强度越高，徐变越小。

徐变对不同混凝土结构物的影响各有利弊。徐变可消除钢筋混凝土内的应力集中，使应力产生较均匀的重新分布，从而使结构物中局部集中应力得到缓和；对大体积混凝土，则能消除一部分由于温度变形所产生的破坏应力。但预应力钢筋混凝土结构中，因徐变将使钢筋的预应力值受到损失，影响结构的性能。

4.5　混凝土的配合比设计及质量控制

 想一想

混凝土的强度要受多种因素的影响，具有一定的不确定性，但任何工程都要求混凝土材料具有一定的强度及其他性能指标。为什么要对混凝土的施工质量进行控制？如何评定混凝土的质量是否达到规定的要求呢？此外，混凝土配合比设计是混凝土工程中的一项重要内容，设计正确与否，不仅影响工程质量，还关乎整个工程的经济性和寿命。那么在进行混凝土配合比设计时，应注意哪些关键问题呢？

4.5.1　混凝土的基本要求及质量控制

1. 混凝土的基本要求

建筑工程中所使用的混凝土，须满足以下基本要求。

（1）混凝土拌合物具有与施工条件相适应的和易性。

（2）满足混凝土结构设计的强度等级。

（3）具有适应所处环境条件的耐久性。

（4）有着在保证上述三项基本要求前提下的经济性。

2. 混凝土的质量控制

混凝土质量控制的目标，是使所生产的混凝土能按规定的保证率满足设计要求，其质量控制包括以下三个过程。

（1）混凝土生产前的初步控制，主要包括人员配备、设备调试、组成材料的检验及配合比的确定与调整等内容。

（2）混凝土生产过程中的控制，包括控制称量、搅拌、运输、浇筑、振捣及养护等内容。

（3）混凝土生产后的合格性控制，包括批量划分、确定批取样数、确定检测方法和验收界限等内容。

3. 混凝土生产质量水平评定

用数理统计方法可求出几个特征统计量：强度平均值、强度标准差及变异系数。强度标准差越大，说明强度的离散程度越大，混凝土质量越不均匀。也可用变异系数来评定，该值越小，混凝土质量越均匀。《混凝土强度检验评定标准》根据强度标准差的大小，将混凝土生产单位的质量管理水平划分为"优良""一般""差"三等。

【应用案例 4-5】 藤县某镇综合楼为 7 层框架综合楼，1994 年 5 月下旬完成主体结构，6 月 28 日上午，施工人员发现底层柱出现裂缝，上午 10 时提出加固方案，用杉圆木支顶该柱交叉的主次梁。下午柱钢筋已外露，向柱边弯曲。此后再以槽钢为基础支顶到 2 层梁底，柱四周用角钢封焊加固。但至晚上 9 时，混凝土柱被压破坏。试分析事故原因。

解析： 除设计方面存在严重问题外，从现场出现的现象可见所用钢筋的钢种混乱，在同一梁柱断面中有竹节钢、螺纹钢、圆钢三种混合使用，且取样的钢筋试件大部分不合格；此外，混凝土用质地较差的红色碎石作骨料，砂细且含泥多、砂用量多，碎石与水泥砂浆无黏结痕迹，混凝土与钢筋无黏结力。

可见该工程施工质量差。一方面钢筋使用混乱，且大部分不合格；另一方面混凝土级配不当，混凝土强度太低。用钻芯法现场取样混凝土芯样抗压强度平均只有 10.2MPa，最低仅 6.1MPa，不仅远低于 C20 混凝土强度的要求，而且波动大、质量差。

4.5.2 混凝土的配合比设计

1. 混凝土配合比设计的基本要求

混凝土配合比设计的任务是根据原材料的技术性能和施工条件等，合理地选择各组成材料，并计算出满足工程要求的各项组成材料的用量。混凝土配合比设计的基本要求为：满足结构设计要求的混凝土强度等级，满足施工要求的混凝土拌合物工作性，满足环境和使用要求的混凝土耐久性，并在满足上述要求的前提下考虑经济性。

混凝土配合比的表示方法有两种：一是以每立方米混凝土中各组成材料的质量表示，如水泥 320kg、水 160kg、砂 704kg、石子 1216kg，每立方米混凝土总质量为混凝土容积密度；另一种是以各组成材料相互间的质量比来表示，其中取水泥质量为 1，如水泥∶砂∶石子＝1∶2.20∶3.80，水灰比＝0.50。

2. 混凝土配合比设计的基本参数

混凝土配合比设计，是通过计算确定各种组成材料的用量。普通混凝土中的水泥、水、砂、石子四种主要组成材料的相对比例，通常由三个参数来控制。

（1）水胶比。水胶比指水和胶凝材料之间的比例关系，仅以水泥作为胶凝材料时即为水灰比。如前所述，水胶比对混凝土和易性、强度和耐久性都有重要的影响，因此，通常是根据强度和耐久性来确定水胶比的大小。一方面，水胶比较小时可以使强度更高且耐久性更好；另一方面，在保证混凝土和易性所要求用水量基本不变的情况下，在满足强度和耐久性的要求下，用较大水胶比时可以节约水泥。

（2）单位用水量。单位用水量指每立方米混凝土拌合物中水的用量（kg/m³），它反映了水泥浆与骨料之间的比例关系。在水胶比确定后，混凝土中单位用水量也表示水泥浆与骨料之间的比例关系。为节约水泥和改善耐久性，在满足流动性条件下，应尽可能取较小的单位用水量。

（3）砂率。砂率指砂子占砂石总质量的百分率。砂率对混合料的和易性影响较大，若选用不恰当，还会对混凝土强度和耐久性产生不利影响，因此选用必须合理。一般在保证和易性要求的条件下取较小值，以利于节约水泥。

3. 混凝土配合比设计的方法与原理

混凝土配合比设计的方法有体积法（又称绝对体积法）和质量法（又称假定容重法）两种，其中体积法为最基本的方法。

1）体积法的基本原理

混凝土配合比设计体积法的基本原理是：假定刚浇捣完毕的混凝土拌合物的体积，等于其各组成材料的绝对体积及其所含少量空气体积之和。若以 V_h、V_b、V_w、V_s、V_g、V_k 分别表示混凝土、胶凝材料、水、砂、石、空气的体积，则体积法原理可用公式表达为

$$V_h = V_b + V_w + V_s + V_g + V_k \qquad (4-14)$$

若在 $1m^3$ 混凝土中，以 m_{b0}、m_{w0}、m_{s0}、m_{g0} 分别表示混凝土中的胶凝材料、水、砂、石的用量（kg），并以 ρ_{b0}、ρ_{w0}、ρ_{s0}、ρ_{g0} 分别表示胶凝材料、水、砂、石的表观密度，又设混凝土拌合物中含空气体积百分数为 α，则式（4-14）可改写为

$$\frac{m_{b0}}{\rho_{b0}} + \frac{m_{w0}}{\rho_{w0}} + \frac{m_{s0}}{\rho_{s0}} + \frac{m_{g0}}{\rho_{g0}} + 0.01\alpha = 1 \qquad (4-15)$$

式中 α——混凝土含气量的百分数，%，在不使用引气型外加剂时，可取 $\alpha = 1$。

2）质量法的基本原理

普通混凝土配合比设计质量法的基本原理是：当混凝土所用原材料比较稳定时，则所配制的混凝土的表观密度将接近一个恒值，这样若预先假定出 $1m^3$ 新拌混凝土的质量 m_{cp}，就可建立下列关系式。

$$m_{b0} + m_{w0} + m_{s0} + m_{g0} = m_{cp} \qquad (4-16)$$

m_{cp} 可根据本单位积累的试验资料确定，如缺乏资料，可根据骨料的表观密度、粒径以及混凝土强度等级，在 2400～2450kg 范围内选定。

4.5.3 混凝土配合比设计步骤

进行混凝土配合比设计时，首先按照要求的技术指标，初步计算出"计算配合比"；然后经实验室试拌和调整，得出"试拌配合比"；在试拌配合比的基础上经强度复核，定出"实验室配合比"；最后根据现场原材料的实际情况（如砂、石含水率等）修正"实验室配合比"，得出"施工配合比"。

1. 混凝土计算配合比的计算步骤

1）确定混凝土配制强度

JGJ 55—2011《普通混凝土配合比设计规程》中规定，当混凝土的设计强度等级小于 C60 时，配制强度应按下式确定。

$$f_{cu,0} = f_{cu,k} + 1.645\sigma \qquad (4-17)$$

式中 $f_{cu,0}$——混凝土配制强度，MPa；

$f_{cu,k}$——混凝土立方体抗压强度标准值，这里取混凝土的设计强度等级值，MPa；

σ——混凝土强度标准差，MPa。

当混凝土设计强度等级不小于C60时，配制强度应按下式确定。

$$f_{cu,0} \geqslant 1.15 f_{cu,k} \tag{4-18}$$

强度标准差 σ 的取值规定如下。

① 当具有近1～3个月的同一品种、同一强度等级混凝土的强度资料，且试件组数不小于30时，其混凝土强度标准差 σ 应按下式计算。

$$\sigma = \sqrt{\frac{\sum\limits_{i=1}^{n} f_{cu,i}^2 - n \overline{f}_{cu}^2}{n-1}} \tag{4-19}$$

式中　σ——混凝土强度标准差，MPa；

　　$f_{cu,i}$——第 i 组试件的强度，MPa；

　　$\overline{f}_{cu}$——n 组试件的强度平均值，MPa；

　　n——试件组数。

对于强度等级不大于C30的混凝土，当混凝土强度标准差计算值不小于3.0MPa时，应按式(4-19)计算结果取值；当混凝土强度标准差计算值小于3.0MPa时，应取 $\sigma = 3.0$MPa。对于强度等级大于C30且小于C60的混凝土，当混凝土强度标准差计算值不小于4.0MPa时，应按式(4-19)计算结果取值；当混凝土强度标准差计算值小于4.0MPa时，应取 $\sigma = 4.0$MPa。

② 当没有近期的同一品种、同一强度等级混凝土强度资料时，其强度标准差可按表4-25取值。

表4-25　强度标准差　　　　　　　　　　单位：MPa

混凝土设计强度等级	≤C20	C25～C45	C50～C55
σ	4.0	5.0	6.0

2）确定水胶比

根据混凝土配制强度 $f_{cu,0}$ 及所用胶凝材料28d的胶砂抗压强度 f_b，可由混凝土强度经验公式求得所要求的水胶比值，即

$$\frac{W}{B} = \frac{\alpha_a f_b}{f_{cu,0} + \alpha_a \alpha_b f_b} \tag{4-20}$$

式中　f_b——水泥石28d强度实测值，MPa。当无实测值时，可由下式计算确定。

$$f_b = \gamma_f \gamma_s f_{ce} \quad \text{或} \quad f_b = \gamma_c \gamma_f \gamma_s f_{ce,g} \tag{4-21}$$

γ_f、γ_s——分别为粉煤灰影响系数、粒化高炉矿渣粉影响系数，由JGJ 55—2011确定，见表4-26。

表4-26　粉煤灰影响系数 γ_f 和粒化高炉矿渣粉影响系数 γ_s

掺量/%	种类 粉煤灰影响系数 γ_f	粒化高炉矿渣粉影响系数 γ_s
0	1.00	1.00
10	0.85～0.95	1.00
20	0.75～0.85	0.95～1.00
30	0.65～0.75	0.90～1.00
40	0.55～.065	0.80～0.90
50	—	0.70～0.85

注：① 采用Ⅰ级、Ⅱ级粉煤灰宜取上限值；

　　② 采用S75级粒化高炉矿渣粉宜取下限值，采用S95级粒化高炉矿渣粉宜取上限值，采用S105级粒化高炉矿渣粉可取上限值加0.05；

　　③ 当超出表中的掺量时，粉煤灰和粒化高炉矿渣粉影响系数应经试验确定。

γ_c、$f_{ce,g}$——分别为水泥强度等级的富裕系数和水泥强度等级值。对 32.5、42.5、52.5 级水泥，γ_c
分别取 1.12、1.16 和 1.10。

α_a、α_b——回归系数，对碎石分别为 0.53 和 0.20，对卵石分别为 0.49 和 0.13。

混凝土的最大水胶比应符合 GB 50010—2010《混凝土结构设计规范》的规定，设计使用年限为 50 年的混凝土结构，其混凝土材料宜符合表 4-27 的规定。

计算所得水胶比值大于表 4-27 规定的最大水胶比时，应取表中规定的最大水胶比值。

表 4-27 混凝土材料的耐久性要求

环境等级	条　　件	最大水胶比	最低强度等级	最大氯离子含量/%	最大碱含量/(kg/m³)
一	室内干燥环境； 无侵蚀性静水浸没环境	0.60	C20	0.30	不限制
一ₐ	室内潮湿环境； 非严寒和非寒冷地区的露天环境； 非严寒和非寒冷地区与无侵蚀性的水或土壤直接接触的环境； 严寒和寒冷地区的冰冻线以下与无侵蚀性的水或土壤直接接触的环境	0.55	C25	0.20	3.0
二_b	干湿交替环境； 水位频繁变动环境； 严寒和寒冷地区的露天环境； 严寒和寒冷地区冰冻线以上与无侵蚀性的水或土壤直接接触的环境	0.50 (0.55)	C30 (C25)	0.15	3.0
三ₐ	严寒和寒冷地区冬季水位变动区环境； 受除冰盐影响环境； 海风环境	0.45 (0.50)	C35 (C30)	0.15	3.0
三_b	盐渍土环境； 受除冰盐作用环境； 海岸环境	0.40	C40	0.10	3.0
四	海水环境				
五	受人为或自然的侵蚀性物质影响的环境				

注：① 室内潮湿环境，是指构件表面经常处于结露或湿润状态的环境。
　　② 严寒和寒冷地区的划分应符合 GB 50176—2016《民用建筑热工设计规范》的有关规定。
　　③ 海岸环境和海风环境宜根据当地情况，考虑主导风向及结构所处迎风、背风部位等因素的影响，由调查研究和工程经验确定。
　　④ 受除冰盐影响环境，是指受到除冰盐影响的环境；受除冰盐作用环境，是指被除冰盐溶液溅射的环境以及使用除冰盐地区的洗车房、停车楼等建筑。
　　⑤ 露天环境是指混凝土结构表面所处的环境。

3）确定混凝土拌合水用量

混凝土拌合物的单位用水量 m_{w0}，可根据粗骨料种类、最大粒径及施工要求的坍落度值等因素选择。

当水胶比在 0.40~0.80 范围时，该值可按表 4-28 和表 4-29 选取；混凝土水胶比小于 0.40 时，可通过试验确定。

表 4-28　干硬性混凝土单位用水量　　　　　　　　单位：kg/m³

拌合物稠度		卵石最大公称粒径/mm			碎石最大公称粒径/mm		
项目	指标	10.0	20.0	40.0	16.0	20.0	40.0
维勃稠度值/s	16~20	175	160	145	180	170	155
	11~15	180	165	150	185	175	160
	5~10	185	170	155	190	180	165

表 4-29　塑性混凝土单位用水量　　　　　　　　单位：kg/m³

拌合物稠度		卵石最大公称粒径/mm				碎石最大公称粒径/mm			
项目	指标	10.0	20.0	31.5	40.0	16.0	20.0	31.5	40.0
坍落度/mm	10~30	190	170	160	150	200	185	175	165
	35~50	200	180	170	160	210	195	185	175
	55~70	210	190	180	170	220	205	195	185
	75~90	215	195	185	175	230	215	205	195

注：① 本表用水量系采用中砂时的取值。采用细砂时，每立方米混凝土用水量可增加 5~10kg；采用粗砂时，可减少 5~10kg。

　　② 掺用矿物掺合料和外加剂时，用水量应相应调整。

当掺用外加剂时，每立方米流动性或大流动性混凝土的用水量可按下式计算。

$$m_{w0} = m'_{w0}(1-\beta) \tag{4-22}$$

式中　m_{w0}——计算配合比每立方米混凝土的用水量，kg/m³。

　　　m'_{w0}——未掺外加剂时推定的满足实际坍落度要求的每立方米混凝土用水量，kg/m³。以表 4-28、表 4-29 中 90mm 坍落度的用水量为基础，按每增大 20mm 坍落度相应增加 5kg/m³ 的用水量来计算，当坍落度增大到 180mm 以上时，随坍落度相应增加的用水量可减少。

　　　β——外加剂的减水率，%。应经混凝土试验确定。

4）确定混凝土外加剂用量

每立方米混凝土中外加剂用量应按下式计算。

$$m_{a0} = m_{b0}\beta_a \tag{4-23}$$

式中　m_{a0}——计算配合比每立方米混凝土中外加剂用量，kg/m³；

　　　m_{b0}——计算配合比每立方米混凝土中胶凝材料用量，kg/m³；

　　　β_a——外加剂掺量，%，应经混凝土试验确定该值。

计算配合比中，外加剂掺量还应符合 JGJ 55—2011 的规定。

5）确定胶凝材料、矿物掺合料和水泥用量

（1）混凝土中的用水量选定之后，即可根据已求出的水胶比值计算每立方米混凝土的胶凝材料用量，即

$$m_{b0} = \frac{m_{w0}}{W/B} \tag{4-24}$$

式中 m_{b0}——计算配合比每立方米混凝土中胶凝材料用量，kg/m^3；

m_{w0}——计算配合比每立方米混凝土中单位用水量，kg/m^3；

W/B——计算配合比混凝土水胶比。

按式（4-24）计算出每立方米混凝土的胶凝材料用量 m_{b0}，并进行试拌调整，在满足拌合物性能的情况下，取经济合理的胶凝材料用量。

除配制 C15 及其以下强度等级的混凝土外，混凝土的最小胶凝材料用量应符合表 4-30 的规定。如果计算所得的胶凝材料用量小于表中规定的最小胶凝材料用量值时，应取表中规定的最小胶凝材料用量值。

表 4-30　混凝土的最小胶凝材料用量　　　　　　　　　　　　单位：kg/m^3

最大水胶比	最小胶凝材料用量		
	素混凝土	钢筋混凝土	预应力混凝土
0.60	250	280	300
0.55	280	300	300
0.50	320		
≤0.45	320		

（2）每立方米混凝土的矿物掺合料用量应按下式计算。

$$m_{f0} = m_{b0}\beta_f \tag{4-25}$$

式中 m_{f0}——计算配合比每立方米混凝土中矿物掺合料用量，kg/m^3；

β_f——矿物掺合料掺量，%。

矿物掺合料在混凝土中的掺量应通过试验确定。采用硅酸盐水泥或普通硅酸盐水泥时，钢筋混凝土及预应力混凝土中矿物掺合料最大掺量宜符合表 4-31 的规定。对基础大体积混凝土，粉煤灰、粒化高炉矿渣粉和复合掺合料的最大掺量可增加 5%。采用掺量大于 30% 的 C 类粉煤灰的混凝土，应以实际使用的水泥和粉煤灰掺量进行安定性检验。

表 4-31　混凝土中矿物掺合料最大掺量　　　　　　　　　　　　单位：%

矿物掺合料种类	水胶比	最大掺量			
		钢筋混凝土		预应力钢筋混凝土	
		采用硅酸盐水泥	采用普通硅酸盐水泥	采用硅酸盐水泥	采用普通硅酸盐水泥
粉煤灰	≤0.40	45	35	35	30
	>0.4	40	30	25	20
粒化高炉矿渣粉	≤0.40	65	55	55	45
	>0.4	55	45	45	35
钢渣粉	—	30	20	20	10
磷渣粉	—	30	20	20	10
硅灰	—	10	10	10	20
复合掺合料	≤0.40	65	55	55	45
	>0.4	55	45	45	35

注：① 采用其他通用硅酸盐水泥时，宜将水泥混合材料掺量 20% 以上的混合材料掺量计入矿物掺合料；

　　② 复合掺合料各组分的掺量不宜超过单掺时的最大掺量；

　　③ 在混合使用两种或两种以上矿物掺合料时，矿物掺合料总掺量应符合表中复合掺合料的规定。

外加剂掺量还应符合 GB 50119—2013《混凝土外加剂应用技术规程》、GB50146—2014《粉煤灰混凝土应用技术规程》、GB/T 18046—2008《用于水泥与混凝土中的粒化高炉矿渣粉》的有关规定。

（3）每立方米混凝土的水泥用量应按下式计算。

$$m_{c0} = m_{b0} - m_{f0}$$

$$(4-26)$$

式中　m_{c0}——计算配合比每立方米混凝土中水泥用量，kg/m³。

6）确定合理砂率

混凝土合理砂率值 β_s 应根据骨料的技术指标、混凝土拌合物性能和施工要求，参考既有历史资料确定。当缺乏砂率的历史资料时，混凝土砂率的确定应符合下列规定。

① 坍落度小于 10mm 的混凝土，其砂率应经试验确定；

② 坍落度为 10～60mm 的混凝土，其砂率可根据粗骨料品种、最大公称粒径及水胶比按表 4-32 选取；

③ 坍落度大于 60mm 的混凝土，其砂率可经试验确定，也可在表 4-32 的基础上，按坍落度每增大 20mm、砂率增大 1% 的幅度予以调整。

表 4-32　混凝土砂率　　　　　　　　　　　　　　　单位：%

水胶比	卵石最大公称粒径/mm			碎石最大公称粒径/mm		
	10.0	20.0	40.0	16.0	20.0	40.0
0.40	26～32	25～31	24～30	30～35	29～34	27～32
0.50	30～35	29～34	28～33	33～38	32～37	30～35
0.60	33～38	32～37	31～41	36～41	35～40	33～38
0.70	36～41	35～40	39～44	39～44	38～43	36～41

注：① 本表数值系中砂的选用砂率，对细砂或粗砂，可相应地减少或增大砂率；

② 采用人工砂配制混凝土时，砂率可适当增大；

③ 只用一个单粒级粗骨料配制混凝土时，砂率应适当增大。

7）计算砂、石用量

计算粗、细骨料的方法有体积法和质量法两种，在条件相同时，两种方法计算的结果基本一致，误差不会太大。

（1）在已掌握原材料性能指标及已知砂率的情况下，粗、细骨料的质量可用体积法求得。具体可按下列关系式计算联立方程，即可求出粗、细骨料的用量。

$$\frac{m_{c0}}{\rho_c} + \frac{m_{f0}}{\rho_f} + \frac{m_{g0}}{\rho_g} + \frac{m_{s0}}{\rho_s} + \frac{m_{w0}}{\rho_w} + 0.01\alpha = 1$$

$$\beta_s = \frac{m_{s0}}{m_{g0} + m_{s0}} \times 100\%$$

式中　ρ_c——水泥密度，kg/m³；可按 GB/T 208—2014《水泥密度测定方法》测定，也可取 2900～3100kg/m³。

ρ_f——矿物掺合料密度，kg/m³；可按《水泥密度测定方法》测定。

ρ_g——粗骨料的表观密度，kg/m³；应按 JGJ 52—2006《普通混凝土用砂、石质量及检验方法标准（附条文说明）》测定。

ρ_s——细骨料的表观密度，kg/m³；应按《普通混凝土用砂、石质量及检验方法标准（附条文说明）》测定。

ρ_w——水的密度，kg/m³；可取 1000kg/m³。

α——混凝土的含气量百分数；在不使用引气剂或引气型外加剂时，可取 1。

m_{g0}——计算配合比每立方米混凝土的粗骨料用量，kg/m³。

m_{s0}——计算配合比每立方米混凝土的砂用量，kg/m^3。

β_s——砂率，%。

（2）当已假定 $1m^3$ 混凝土拌合物的质量即为其表观密度时，粗、细骨料的用量可按质量法求得。按下列关系式计算联立方程，即可求出粗、细骨料的用量。

$$m_{f0}+m_{c0}+m_{g0}+m_{s0}+m_{w0}=m_{cp}$$

$$\beta_s=\frac{m_{s0}}{m_{g0}+m_{s0}}\times 100\%$$

式中　m_{cp}——每立方米混凝土拌合物的假定质量，可取 $2350\sim2450kg/m^3$。

8）写出混凝土计算配合比

混凝土配合比有两种表示方法，一是直接以 $1m^3$ 混凝土中各种材料的用量来表示；二是以混凝土各组成材料间的质量比例关系来表示，其中以胶凝材料质量为1，如水泥∶粉煤灰∶砂∶石＝m_{c0}/m_{b0}∶m_{f0}/m_{b0}∶x∶y。

2. 混凝土配合比的试配与确定

按以上方法计算所得的混凝土计算配合比，是借助经验公式或以往资料而得，尚有一些影响混凝土性质的因素未能充分考虑，因此并不能直接用于工程施工。应采用工程中实际使用的材料进行试配，经调整和易性、检验强度等后方可用于实际施工。

1）混凝土配合比的试配与调整

混凝土试配时应采用工程中实际使用的原材料，搅拌方法也应与生产时使用的方法相同。根据粗骨料最大粒径确定每盘混凝土最小搅拌量，当粗骨料最大粒径不大于 31.5mm 时，每盘混凝土试配的最小搅拌量为20L；当粗骨料最大粒径为 40.5mm 时，每盘混凝土试配的最小搅拌量为25L。当采用机械搅拌时，拌合量应不小于搅拌机公称容积的 1/4 且不应大于搅拌机公称容积。

混凝土配合比试配、调整的主要工作如下。

（1）混凝土拌合物和易性调整。按计算配合比进行试拌料，用以检验拌合物的性能。如试拌料得出的拌合物坍落度（或维勃稠度）不能满足要求，或黏聚性和保水性能不好，则应在保证水胶比不变的条件下相应调整用水量或砂率，修正计算配合比，调整各种材料的用量。材料的调整幅度一般为 1%～2%。每次对材料用量调整后，再重新测定和易性，直到符合要求，该满足和易性要求的配合比即为供混凝土强度试验用的基准配合比。

（2）混凝土强度检验。进行混凝土强度检验时，至少应采用三个不同的配合比，其中一个为基准配合比，另外两个配合比的水胶比值应较基准配合比分别增加和减少 0.05，其中用水量与基准配合比基本相同，砂率值可分别增加或减小 1%。若发现不同水胶比的混凝土拌合物坍落度与要求值相差超过允许偏差，可适当增、减用水量进行调整。

制作混凝土强度试件时，尚应检验各组混凝土拌合物的坍落度或维勃稠度、黏聚性、保水性及拌合物表观密度，并以此结果代表相应组混凝土拌合物的性能。

为检验混凝土强度等级，每种配合比应至少制作一组（三块）试件，并经标准养护28d或规定的设计龄期时试压。

2）实验室配合比的确定

（1）确定混凝土初步配合比。根据强度试验的结果，绘制强度与胶水比的线性关系图，或按插值法确定略大于配制强度（$f_{cu,0}$）对应的胶水比值，并按下列原则确定每立方米混凝土的材料用量。

① 用水量 m_w：在基准配合比用水量的基础上，根据制作强度试件时测得的坍落度或维勃稠度进行适当调整。

② 胶凝材料用量 m_b：取用水量 m_w 乘以选定出的胶水比 B/W 计算而得。

③ 粗、细骨料用量 m_g、m_s：取基准配合比中的粗、细骨料用量，并按确定出的胶水比进行调整。

至此，得到混凝土初步配合比。

（2）确定实验室混凝土配合比。在进行强度检验的配合比调整过程中，若混凝土配合比发生了变化，各原材料计算用量的体积之和可能不再等于 $1m^3$。因此在确定出初步配合比后，为确定材料的实际用量，还应根据实际测定的混凝土表观密度 $\rho_{c,t}$ 按如下步骤进行校正。

① 计算混凝土的理论表观密度 $\rho_{c,c}$，即

$$\rho_{c,c}=m_c+m_f+m_g+m_s+m_w \tag{4-27}$$

② 计算混凝土配合比校正系数。

$$\delta=\frac{\rho_{c,t}}{\rho_{c,c}} \tag{4-28}$$

式中　δ——混凝土配合比校正系数；

$\rho_{c,t}$——混凝土拌合物的表观密度实测值，kg/m^3。

③ 当混凝土表观密度实测值与计算值之差的绝对值不超过计算值的 2% 时，上述得出的初步配合比即可确定为混凝土的正式配合比设计值；若两者之差超过 2% 时，则须将初步配合比中每项材料用量均乘以校正系数 δ 值，即为最终定出的混凝土正式配合比设计值，通常也称实验室配合比。

配合比调整后，应测定拌合物水溶性氯离子含量，试验结果应符合表 4-33 的规定。

表 4-33　混凝土中氯离子含量限值　　　　　　　　　单位：%

环境条件	水溶性氯离子最大含量（按水泥用量的质量百分比）		
	钢筋混凝土	预应力混凝土	素混凝土
干燥环境	0.30		
潮湿但不含氯离子的环境	0.20	0.06	1.00
潮湿且含有氯离子的环境、盐渍土环境	0.10		
除冰盐等侵蚀性物质的腐蚀环境	0.06		

对耐久性有设计要求的混凝土，应进行耐久性相关试验验证。

3. 混凝土施工配合比换算

混凝土实验室配合比计算用料是以干燥骨料为基准的，但实际工地使用的骨料常含有一定的水分，因此必须将实验室配合比进行换算，换算成扣除骨料中水分后，实际施工用的配合比。

设施工配合比 $1m^3$ 混凝土中胶凝材料、水、砂、石的用量分别为 m'_b、m'_w、m'_s、m'_g，并设工地砂子含水率为 a，石子含水率为 b，则施工配合比 $1m^3$ 混凝土中各材料用量应为

$$m'_b=m_b$$
$$m'_s=m_s(1+a)$$
$$m'_g=m_g(1+b)$$
$$m'_w=m_w-m_s\times a-m_g\times b$$

施工现场骨料的含水率是经常变动的，因此应随时测定砂、石骨料的含水率，并及时调整混凝土配合比，以免因骨料含水率的变化导致混凝土水胶比的波动，而对混凝土的强度、耐久性等技术性能造成不良影响。

【应用案例 4-6】某框架结构工程现浇钢筋混凝土梁，环境作用等级为 I-a 级，设计使用寿命为 100 年，混凝土设计强度等级为 C40，施工采用泵送浇筑，机拌机振，混凝土坍落度要求为 180～200mm。根据施工单位历史资料统计，混凝土强度标准差 $\sigma=5MPa$，所用原材料情况如下：42.5 级普通硅酸盐水泥，

密度为 3000kg/m³；Ⅰ级粉煤灰，密度为 2250kg/m³；中砂，级配合格，表观密度 2650kg/m³；石灰岩碎石，粒径 5～31.5mm，级配合格，表观密度 2700kg/m³；外加剂为聚羧酸类高性能减水剂（液体），固态含量为 20%，适宜掺量为 0.8%。

（1）计算混凝土配合比。混凝土掺加聚羧酸类高性能减水剂的目的是即使混凝土拌合物和易性有所改善，又节约水泥用量，求出此掺减水剂混凝土的配合比。

（2）经试配制得的混凝土和易性和强度等均符合要求，无须做调整。又知现场砂子含水率为 3%，石子含水率为 1%，试计算混凝土施工配合比。

解析：（1）求混凝土计算配合比。

① 确定混凝土配制强度 $f_{cu,0}$。

$$f_{cu,0} = f_{cu,k} + 1.645\sigma = 40 + 1.645 \times 5 = 48.2(\text{MPa})$$

② 胶凝材料 28d 胶砂强度 f_b 计算。由 JGJ 55—2011 中表 4-43 查得Ⅰ级粉煤灰影响系数 γ_f 为 0.85，42.5 级普通硅酸盐水泥 $f_{ce,g}$ 为 42.5MPa，其富余系数 γ_c 为 1.16，则有

$$f_b = \gamma_c \gamma_f f_{ce,g} = 1.16 \times 0.85 \times 42.5 = 41.9(\text{MPa})$$

③ 确定水胶比 W/B。

$$W/B = \frac{\alpha_a f_b}{f_{cu,0} + \alpha_a \alpha_b f_b} = \frac{0.53 \times 41.9}{48.2 + 0.53 \times 0.20 \times 41.9} = 0.42$$

由于框架结构混凝土梁处于干燥环境，故按表 4-27 可取水胶比值为 0.42。

④ 确定用水量 m_w。查 JGJ 55—2011 中表 4-46，对于最大粒径为 31.5mm 的碎石混凝土，当坍落度为 90mm 时，1m³ 混凝土的用水量可选用 205kg，现要求坍落度为 180～200mm，按标准坍落度每增大 20mm 需增加 5kg 用水量，故其需要增加 25kg，即实际需要 230kg 用水量。由于掺入聚羧酸类高性能减水剂 0.8%，减水率为 30%，混凝土含气量 a 为 2.5%。故实际用水量为

$$m_w = 230 \times (1-0.30) = 161(\text{kg/m}^3)$$

⑤ 计算胶凝材料用量 m_{b0}。

$$m_{b0} = \frac{m_w}{W/B} = \frac{161}{0.42} = 383(\text{kg})$$

按表 4-27、表 4-30，对于 100 年设计使用年限的Ⅰ-a 级环境的钢筋混凝土，最大水胶比和最小胶凝材料用量满足要求。

⑥ 计算粉煤灰掺量。$m_{f0} = 383 \times 20\% = 76.6(\text{kg/m}^3)$。

⑦ 计算水泥用量。$m_{c0} = 383 \times (1-20\%) = 306.4(\text{kg/m}^3)$。

⑧ 计算减水剂用量。$m_{a0} = 383 \times 0.8\% = 3.06(\text{kg/m}^3)$。

⑨ 确定砂率 β_s。查表 4-32，对于采用最大粒径为 31.5mm 的碎石配制的混凝土，当水胶比为 0.42、坍落度为 10～60mm 时，其砂率可选取 $\beta_s = 33\%$（采用插入法选定），坍落度每增大 20mm，砂率可增大 1%，所以坍落度为 180～200mm 的泵送混凝土其砂率可确定为 40%。

⑩ 计算砂、石用量 m_{s0}、m_{g0}。用体积法计算，按相应公式联立得

$$\begin{cases} \dfrac{306.4}{3000} + \dfrac{76.6}{2250} + \dfrac{161}{1000} + \dfrac{m_{s0}}{2620} + \dfrac{m_{g0}}{2700} + 0.01 \times 2.5 = 1 \\ \dfrac{m_{s0}}{m_{g0} + m_{s0}} \times 100\% = 40\% \end{cases}$$

解得 $m_{s0} = 723\text{kg}$，$m_{g0} = 1084\text{kg}$。

⑪ 写出混凝土计算配合比。1m³ 混凝土中，各材料用量为水泥 306.4kg、粉煤灰 76.6kg、水 161kg、砂 723kg、碎石 1084kg，以质量比表示即为水泥∶粉煤灰∶砂∶石 = 0.8∶0.2∶1.89∶2.83，$W/B = 0.42$，减水剂用量为 0.8%。

（2）确定施工配合比。设施工配合比 $1m^3$ 混凝土中水泥、粉煤灰、水、砂、石、减水剂等各材料用量分别为 m_c'、m_f'、m_w'、m_s'、m_g'、m_a'，$a=3\%$，$b=1\%$，则按公式可得

$$m_c' = m_{c0} = 306.4kg$$

$$m_f' = m_{f0} = 76.6kg$$

$$m_a' = m_{a0} = 3.06kg$$

$$m_s' = m_s(1+a) = 723 \times (1+3\%) = 745(kg)$$

$$m_g' = m_g(1+b) = 1084 \times (1+1\%) = 1095(kg)$$

$$m_w' = m_w - m_s \times a - m_g \times b$$
$$= 161 - 723 \times 3\% - 1084 \times 1\%$$
$$= 128.5(kg)$$

4.6 其他混凝土

 想一想

在土木工程中不仅应用大量的普通混凝土，一些特别重要工程以及在恶劣或复杂环境，要求混凝土还应具有一定的特殊性能。那么你知道有哪些特殊性能的混凝土吗？在一些恶劣环境下如何保持混凝土的耐久性？

【高性能混凝土】

4.6.1 高性能混凝土

高性能混凝土是在 1990 年，美国 NIST 和 ACI 召开的一次国家会议上首先提出的，并立即得到各国学者和工程技术人员的积极响应。但高性能混凝土国内外尚无统一的认识和定义。根据一般的理解，对高性能混凝土有以下几点共识。

（1）混凝土的使用寿命要长。

（2）混凝土应具有较高的体积稳定性。

（3）混凝土应具有良好的施工性能。

（4）混凝土具有一定的强度和密实度。

混凝土达到高性能最重要的技术手段，是使用新型外加剂和超细矿物掺合料（超细粉），降低水灰比、增大坍落度和控制坍落度损失，给予混凝土高的密实度和优异的施工性能，填充胶凝材料的空隙，保证胶凝材料的水化体积安定性，改善混凝土的界面结构，以及提高混凝土的强度和耐久性等。

4.6.2 轻混凝土

表观密度小于 $1950kg/m^3$ 的混凝土，称为轻混凝土。由于原材料与制造方法不同，轻混凝土可分为轻骨料混凝土、大孔混凝土和多孔混凝土。

1. 轻骨料混凝土

用轻粗骨料、轻细骨料（或普通砂）和水泥配制而成的混凝土，称为轻骨料混凝土。当粗、细骨料均为轻骨料时，称为全轻混凝土；当细骨料全部或部分为普通砂时，称为砂轻混凝土；骨料粒径大于 5mm、堆积密度小于 $1000kg/m^3$ 时，称为轻粗骨料混凝土。轻骨料混凝土与普通混凝土区别在于组成材料，其所用骨料孔隙率高，表观密度小，吸水率大，强度低。

轻骨料的来源有以下几方面：①天然多孔岩石加工而成的天然轻骨料，如浮石、火山渣等；②以地方材料为原料加工而成的人造轻骨料，如页岩陶粒、膨胀珍珠岩等；③以工业废渣为原料加工而成的工业废渣轻骨料，如粉煤灰陶粒、膨胀矿渣等。

与普通混凝土相比较，轻骨料混凝土表观密度较小，强度等级范围稍低，弹性模量较小，收缩、徐变较大，热膨胀系数较小，抗渗、抗冻和耐火性能良好，保温性能优良。

轻骨料混凝土适用于高层和多层建筑、软土地基、大跨度结构、耐火等级要求高的建筑、有节能要求的建筑、抗震结构、漂浮式结构和旧建筑的加层等。

2. 大孔混凝土

1）大孔混凝土的种类及骨料

大孔混凝土中无细骨料，按其所用粗骨料的品种，可分为普通大孔混凝土和轻骨料大孔混凝土两类。普通大孔混凝土是用碎石、卵石、重矿渣等配制而成；轻骨料大孔混凝土则是用陶粒、浮石、碎砖、煤渣等配制而成。有时为了提高大孔混凝土的强度，也可掺入少量细骨料，这种混凝土称为少砂混凝土。

2）特性和应用

普通大孔混凝土的表观密度在 $1500\sim1900kg/m^3$，抗压强度为 $3.5\sim10MPa$；轻骨料大孔混凝土的表观密度在 $500\sim1500kg/m^3$，抗压强度为 $1.5\sim7.5MPa$。

大孔混凝土的导热系数小，保温性能好，吸湿性小，比一般普通混凝土收缩小 $30\%\sim50\%$，抗冻性能可达 $10\sim20$ 次冻融循环。

大孔混凝土宜采用单一粒级的粗骨料，如粒径为 $10\sim20mm$ 或 $10\sim30mm$；不允许采用小于 5mm 和大于 40mm 的骨料。水泥宜采用强度等级 32.5 级或 42.5 级。水灰比（对轻骨料大孔混凝土为净用水量的水灰比）可在 $0.30\sim0.42$ 取用，应以水泥浆能均匀包裹在骨料表面而不流淌为准。

大孔混凝土适用于制作墙体用小型空心砌块和各种板材，也可用于现浇墙体。普通大孔混凝土还可制成滤水管、滤水板等，广泛用于市政工程。

3. 多孔混凝土

多孔混凝土是指内部分布大量微小封闭气泡而无骨料或无粗骨料的轻质混凝土。根据制造原理，多孔混凝土可分为加气混凝土和泡沫混凝土两种。近年来，也有用压缩空气经过充气介质弥散成大量微小气泡，均匀地分散在料浆中而形成多孔结构，这种多孔混凝土称为充气混凝土。

1）蒸压加气混凝土

蒸压加气混凝土是用钙质材料（水泥、石灰）、硅质材料（石英砂、尾矿粉、粉煤灰、粒状高炉矿渣、页岩等）和适量加气剂为原料，经过磨细、配料、搅拌、浇筑、切割和蒸压养护（在压力 0.8MPa 或 1.5MPa 下养护 $6\sim8h$）等工序生产而成。

加气剂一般采用铝粉，它在加气混凝土料浆中，与钙质材料中的氢氧化钙发生化学反应而放出氢气形成气泡，使料浆形成多孔结构。该化学反应过程如下。

$$2Al+3Ca(OH)_2+6H_2O=\!=\!=3CaO\cdot Al_2O_3\cdot 6H_2O+3H_2\uparrow$$

除铝粉外，也可采用过氧化氢、碳化钙、漂白粉等作为加气剂。

蒸压加气混凝土通常是在工厂预制成砌块或条板等制品。蒸压加气混凝土砌块按其强度和体积密度，划分为七个强度等级和六个密度等级。

蒸压加气混凝土砌块适用于承重和非承重的内墙和外墙。加气混凝土条板可用于工业和民用建筑中，作承重和保温合一的屋面板和墙板；条板均配有钢筋，钢筋必须预先经防锈处理。还可用加气混凝土和普通混凝土预制成复合墙板，用作外墙板。蒸压加气混凝土还可做成各种保温制品。

蒸压加气混凝土的吸水率高，且强度较低，所以其所用砌筑砂浆及抹面砂浆与砌筑砖墙时不同，需专门配制。墙体外表面必须作饰面处理，与门窗的固定方法也与砌筑砖墙时不同。

2）泡沫混凝土

泡沫混凝土是将由水泥等拌制的料浆与由泡沫剂搅拌造成的泡沫混合搅拌，再经浇筑、养护硬化而成的多孔混凝土。

泡沫混凝土的技术性质和应用，与相同体积密度的加气混凝土大体相同。其生产工艺，除发泡和搅拌与加气混凝土不同外，其余基本相似。泡沫混凝土还可在现场直接浇筑，用作屋面保温层。

 **知识链接**

泡沫混凝土与加气混凝土的区别

首先两者的气泡的形成方式不同，加气混凝土经过原材料破碎、球磨、计量、制浆、搅拌、静养、切割、蒸养的工序，原材料通过高温高压发生的化学反应形成气泡；而泡沫混凝土是通过机械制泡将泡沫加入混凝土浆体形成的。其次两者的气泡结构不同，加气混凝土气孔一般是椭圆形的，泡沫混凝土属于气泡状绝热材料，两者有不同的保温隔热功能。再次与加气混凝土相比，泡沫混凝土可以轻易地实现超低密度（300kg/m³以下），只需利用水泥发泡机直接制取泡沫混凝土，自然养护，不需蒸压养护。最后加气混凝土一般采用大型钢模整体浇筑，而泡沫混凝土保温材料可采用各种材料制成的小型模具、组合模具、异形模具等，生产工艺简单，所用设备、模具简单，生产投资少。

【混凝土泵送技术】

4.6.3 泵送混凝土

泵送混凝土是以混凝土泵为动力，通过管道将搅拌好的混凝土混合料输送到建筑物的模板中的混凝土。泵送混凝土配合比设计除了考虑工程设计所需的强度和耐久性外，还应考虑泵送工艺对混凝土拌合物的流动性和工作性要求。混凝土拌合物应具有好的流动性，不离析、不泌水，同时必须具有可泵性。

可泵性主要表现为流动性和黏聚性。流动性是能够泵送的主要性能；黏聚性是抵抗分层离析的能力，即使在振动状态下和在压力条件下也不容易发生水与骨料的分离。一般来说，石子粒径适宜、流动性和黏聚性比较好的塑性混凝土，其泵送性能也较好。泵送混凝土的坍落度一般宜在100～130mm，不应小于50mm，也不宜大于200mm。坍落度太小，摩阻力大，混凝土泵易磨损，泵送时易发生堵管现象；而坍落度太大，骨料易分离沉淀，使结构物上下部位质量不均。

配制泵送混凝土时，水泥宜选用硅酸盐水泥、普通硅酸盐水泥、矿渣硅酸盐水泥和粉煤灰硅酸盐水泥；所用粗骨料宜采用连续级配，其针片状颗粒含量不宜大于10%；粗骨料的最大公称粒径与输送管径之比宜符合表4-34的规定，且应选用连续级配的骨料。细骨料宜采用中砂，其通过公称直径为315μm筛孔的颗粒含量不宜少于15%，含量低时输送管容易阻塞。

表4-34 粗骨料的最大公称粒径与输送管径之比

粗骨料品种	输送高度/m	粗骨料最大公称粒径与输送管径之比
碎石	<50	≤1:3.0
	50～100	≤1:4.0
	>100	≤1:5.0
卵石	<50	≤1:2.5
	50～100	≤1:3.0
	>100	≤1:4.0

泵送混凝土应掺用泵送剂或减水剂，并宜掺用矿物掺合料。高效减水剂掺入混凝土中，可明显提高拌合物的流动性，是泵送混凝土必不可少的组分。为了改善混凝土的可泵性，在配制泵送混凝土时可以掺入一定数量的粉煤灰，不仅对混凝土的流动性和黏聚性有良好的作用，而且能减少泌水，降低水化热，提高硬化混凝土的耐久性。

水泥浆体的含量对混凝土泵送特别重要，国内外对泵送混凝土的最小水泥用量都有明确的规定，其规定的实质应是保证拌合物中的最低浆体含量，即保证填充骨料空隙、包裹骨料的浆体体积含量。泵送混凝土的最小胶凝材料用量应不低于 $300kg/m^3$。泵送混凝土对细骨料级配有要求，细骨料对可泵性的影响比粗骨料大，砂率比普通混凝土高 $7\%\sim9\%$，宜为 $35\%\sim45\%$。

目前，德国生产的最大功率的混凝土泵，最大排量为 $159m^3/h$，最大水平运距达 $1600m$，最大垂直运距为 $400m$。我国 $420.5m$ 的上海金贸大厦，混凝土一次泵送高度为 $382m$。用混凝土泵输送和浇筑混凝土，施工速度快，生产效率高，因此在土木工程中应用非常广泛。

4.7　混凝土的耐久性

想一想

混凝土的耐久性是一项综合性能，在不同的环境中混凝土的耐久性表现不同，相同环境下的不同混凝土其耐久性也不尽相同。哪些因素会对混凝土耐久性有影响呢？

混凝土的耐久性，是指混凝土在所处环境和使用条件下，抵抗环境介质作用并长期保持其良好的使用性能和外观完整性，从而维持混凝土结构的安全及正常使用的能力。环境对混凝土结构的物理和化学作用以及混凝土结构抵御环境作用的能力，是影响混凝土结构耐久性的因素。在从前的混凝土结构设计中，往往忽视环境对结构的作用，许多混凝土结构或构件在达到预定的设计使用年限前，就出现了钢筋锈蚀、混凝土劣化剥落等影响结构性能及外观的破坏现象，需要大量投资进行修复，甚至拆除重建。近年来，混凝土结构的耐久性及耐久性设计受到了较多关注。

【混凝土耐久试验设备】

混凝土的耐久性是一个综合性的指标，包括了抗渗性、抗冻性、抗腐蚀、抗碳化性、抗碱骨料反应及混凝土中的钢筋耐锈蚀等性能，这些都决定着混凝土经久耐用的程度。

4.7.1　混凝土的抗渗性

混凝土的抗渗性，指混凝土抵抗有压介质（水、油、溶液等）渗透作用的性能。外界环境中的侵蚀性介质只有通过渗透才能进入混凝土内部产生破坏作用，因此抗渗性是决定混凝土耐久性最基本的因素，直接影响抗冻性和抗侵蚀性等性能。若混凝土的抗渗性差，不仅周围水等液体物质容易渗入内部，而且当遇有负温或环境水中含有

【混凝土抗渗试验】

侵蚀性介质时，混凝土就易遭受冰冻或侵蚀作用而破坏，还将引起钢筋混凝土内部钢筋锈蚀，并导致表面混凝土保护层开裂与剥落。因此，对地下建筑、水坝、水池、港工、海工等工程，必须要求混凝土具有较好的抗渗性能。

混凝土抗渗强度等级分为 P4、P6、P8、P10、P12 五个等级，表示相应混凝土最大能抵抗 0.4MPa、0.6MPa、0.8MPa、1.0MPa、1.2MPa 的静水压力而不产生渗透。抗渗等级大于 P6 级的混凝土为抗渗混凝土。

混凝土渗水的主要原因是其内部的孔隙形成连通的渗水通道。这些通道除产生于施工振捣不密实外，主要来源于水泥浆中多余水分的蒸发而留下的气孔、水泥浆泌水所形成的毛细孔、粗骨料下部界面水富集所形成的孔穴、混凝土干缩和热胀产生的裂缝等。这些渗水通道的多少，主要与水胶比大小有关，因

此水胶比是影响抗渗性的主要因素。有关研究表明，随着水胶比增大，抗渗性逐渐变差，当水胶比大于0.6时，抗渗性急剧下降。

承受压力液体作用的工程，如地下建筑、水池、水塔、压力水管、水坝、油罐以及港工、海工等，都必须要求混凝土具有一定的抗渗性能。提高混凝土抗渗性的主要措施，是提高混凝土的密实度和改善混凝土中的孔隙结构，减少连通孔隙。这些可通过降低水胶比、选择良好的骨料级配、选用合适的水泥品种和细度、防止离析和泌水的发生、充分振捣和加强养护防止出现施工缺陷、掺入减水剂或引气剂及矿物掺合料等方法来实现。

4.7.2 混凝土的抗冻性

混凝土的抗冻性，是指混凝土在饱水状态下，能经受多次冻融循环而不被破坏，同时也不严重降低所具有性能的能力。在寒冷地区，特别是接触水又受冻的环境下的混凝土，要求具有较高的抗冻性。

混凝土的抗冻性用抗冻等级表示。抗冻等级的测定方法有慢冻法、快冻法和单面冻法。慢冻法是以气冻水融的冻融方式，以经受的冻融循环次数来表示混凝土冻结性能。试验时以 28d 龄期的混凝土标准试件，在饱水后反复承受冻融循环，当达到规定的循环次数或者抗压强度损失率已达到 25% 或者质量损失率已达到 5% 时停止试验。以抗压强度损失不超过 25% 或质量损失不超过 5% 时所能承受的最大冻融循环次数作为抗冻性的性能指标，对应混凝土的抗冻强度等级，分 D25、D50、D100、D150、D200、D250、D300 及 D300 以上八个等级，分别表示混凝土能承受冻融循环的最大次数不少于 25、50、100、150、200、250、300 及 300 以上规定的次数。

【混凝土碳化深度测量】

4.7.3 混凝土的碳化

空气中的 CO_2 气体渗透到混凝土内，与其碱性物质起化学反应后生成碳酸盐和水，使混凝土酸度降低的过程，称为混凝土碳化，亦称中性化。其化学反应式为

$$Ca(OH)_2 + CO_2 = CaCO_3 + H_2O$$

水泥水化生成大量的氢氧化钙，pH 为 12～13。碱性介质对钢筋有良好的保护作用，在钢筋表面生成难溶的 Fe_2O_3，称为钝化膜。碳化后混凝土碱度降低，失去对钢筋的保护作用，造成钢筋锈蚀。由此产生体积膨胀，致使混凝土保护层产生开裂。开裂后的混凝土又加速碳化的进行和钢筋的锈蚀，最后导致混凝土产生顺筋开裂而破坏。另外，碳化作用会增加混凝土的收缩，引起混凝土表面产生拉应力而出现微细裂缝，从而降低混凝土的抗拉、抗折强度及抗渗能力。

在正常的大气介质中，混凝土的碳化深度可用下式表示。

$$D = \varepsilon\sqrt{t} \tag{4-29}$$

式中　D——碳化深度，mm；

　　　ε——碳化速度系数，对普通混凝土取 2.32；

　　　t——碳化龄期，d。

影响混凝土碳化因素有很多，不仅有材料、施工工艺和养护工艺等因素，还有周围介质因素等。碳化作用只有在适中的湿度下才会较快进行，过高湿度和过低湿度下，碳化都不易进行。

检验混凝土碳化的简易方法是凿下一部分混凝土，除去表面微粉末，滴以酚酞酒精溶液，碳化部分不会变色，而碱性部分则呈红紫色。

4.7.4 混凝土的抗侵蚀性

环境介质对混凝土的化学侵蚀主要是对水泥石的侵蚀，当混凝土所处使用环境中有侵蚀性介质时，

混凝土很可能遭受侵蚀。侵蚀的类型通常有软水侵蚀、硫酸盐侵蚀、镁盐侵蚀、碳酸侵蚀、一般酸侵蚀和强碱腐蚀等，其机理在有关水泥的内容中已作讲解。随着混凝土在海洋、盐渍、高寒等环境中的大量使用，对混凝土的抗侵蚀性提出了更严格的要求。要提高混凝土的耐化学腐蚀性，关键在于选用耐蚀性好的水泥和提高混凝土内部的密实性或改善孔结构。从材料本身来说，混凝土的耐化学腐蚀性，主要取决于水泥石的耐腐蚀能力。

GB/T 50476—2008《混凝土结构耐久性设计规范》要求，对氯化物环境和化学腐蚀环境需做混凝土抗氯离子渗透试验，试验方法依据 GB/T 50082—2009《普通混凝土长期性能和耐久性能试验方法标准》进行，包括电通量法和快速氯离子迁移系数法（RCM 法）。电通量法是用通过混凝土试件的电通量来反映混凝土抗氯离子渗透性能的试验方法；RCM 法为通过测定混凝土中氯离子渗透深度，计算得到氯离子迁移系数，来反映混凝土抗氯离子渗透性能的试验方法。

氯盐环境（海水、除冰盐）下的配筋混凝土，应采用大掺量或较大掺量的矿物掺合料，且为低水胶比。当单掺粉煤灰时掺量不宜小于 30%，单掺磨细矿渣时不宜小于 50%，最好复合两种以上掺用，对于侵蚀非常严重的环境，可掺加 5% 硅灰。

氯盐环境下应严格限制混凝土原材料引入的氯离子量，要求硬化混凝土中的水溶氯离子含量不应超过胶凝材料重的 0.1%，对于预应力混凝土不应超过胶凝材料重的 0.06%。

4.7.5　混凝土的碱骨料反应

混凝土中的碱性氧化物（Na_2O 和 K_2O）与骨料中二氧化硅成分产生化学反应时，由于所生成的物质不断膨胀，导致混凝土发生裂纹、崩裂和强度降低甚至破坏的现象，称为碱骨料反应，一般分为碱-硅反应、碱-硅酸盐反应和碱-碳酸盐反应三种。

参与碱-硅反应的岩石主要有蛋白石、黑硅石、燧石、鳞石英、方石英、玻璃质火山岩、玉髓及微晶或变质石英，能生成硅胶体，通水膨胀，其反应式为

$$Na_2O + SiO_2 + H_2O \longrightarrow Na_2O \cdot SiO_2 + H_2O$$

参与碱-硅酸盐反应的岩石是黏土质页岩和千板岩，其反应性质与碱-硅反应相似，只是反应速度较慢。参与碱-碳酸盐反应的岩石是白云石质石灰岩，其反应式为

$$CaMg(CO_3)_2 + 2NaOH = Mg(OH)_2 + CaCO_3 + Na_2CO_3$$

反应物 $Mg(OH)_2$ 和 Na_2CO_3 都会造成混凝土开裂，只是该反应不是发生在骨料与水泥浆的界面，而是发生在骨料颗粒的内部。

碱骨料反应对混凝土的破坏主要是引起混凝土膨胀、开裂，但与常见的干缩开裂、荷载引起的裂缝以及其耐久性因素引起的破坏不同，主要特点如下。

（1）碱骨料反应引起混凝土开裂、剥落，在其周围往往聚集较多白色浸出物，当钢筋锈露时，其附近有棕色沉淀物。从混凝土芯样看，骨料周围有裂缝、反应环与白色胶状泌出物。

（2）碱骨料反应产生的裂缝形貌与分布，与结构中钢筋形成的限制和约束作用有关，裂缝往往发生在顺筋方向，呈龟背状或地图状。

（3）碱骨料反应引起的混凝土裂缝，往往发生在断面大、承受雨水或渗水的区段、受环境温度与湿度变化影响大的部位。对同一构件或结构，在潮湿部位出现裂缝，有白色沉淀物，而干燥部位无裂缝症状时，应考虑到碱骨料反应破坏。

（4）碱骨料反应引起混凝土开裂的速度和危害比其他耐久性因素引起的破坏都严重，一般不到两年就有明显裂缝出现。

【应用案例4-7】杭州湾地处世界三大强潮海湾之一，建桥条件受气象、水文、地质、冲刷及浅层气等多种自然条件的影响，施工条件恶劣。一是台风多，2004—2007 年施工期间影响杭州湾地区的台风多达 19

场；二是潮差大，最大潮差 7.57m，平均潮差 4.65m；三是流潮急，平均流速 2.39m/s，实测最大流速 5.16m/s；四是冲刷深，呈现冬冲夏淤的演变规律，在施工期，南岸滩涂最大冲刷为 15.5m；五是腐蚀强烈，海水实测氯离子含量在 5.54～15.91g/L，对结构具有比较强的腐蚀作用；六是南岸滩涂区富含浅层气。

1994 年、2000 年调查发现，浙东沿海混凝土结构工程 80％以上都发生了严重或较严重钢筋锈蚀破坏，出现锈蚀破坏的时间有的不到 10 年。分析显示，混凝土中性化、碱骨料反应、硫酸盐侵蚀、海洋生物及海流冲刷等并不是混凝土结构劣化的主要原因，影响混凝土结构耐久性的主导因素是氯离子的侵蚀。

应根据结构所处的位置和腐蚀环境，区分不同侵蚀作用等级，制定不同层次的混凝土结构耐久性措施。为此杭州湾跨海大桥工程采用海工耐久混凝土和设置合理的钢筋保护层厚度，作为保证大桥混凝土结构 100 年设计使用年限的基本措施。采用的海工耐久混凝土，主要以氯离子扩散系数为控制参数，在原材料遴选方面主要考虑使混凝土具备高抗氯离子扩散能力、高抗裂性能和高工作性能，并根据不同情况和环境采用混凝土结构表面防腐涂装、预应力筋保护、渗透性控制模板、局部使用环氧钢筋和阻锈剂以及外加电流阴极防护等附加措施。又设置预埋式耐久性监测系统，用于长期动态获取耐久性参数，制定本工程相应的耐久性预案。

模块小结

本模块介绍混凝土的基本知识。混凝土是由胶凝材料、粗细骨料、水及其他材料，按适当的比例配合搅拌并硬化形成的具有所需形状、强度和耐久性的人造石材。普通混凝土组成材料的质量，对混凝土的性质起着重要的约束作用。粗细骨料的质量要求涉及以下方面：有害杂质含量、粗细程度或最大粒径、颗粒级配、强度与坚固性等。

外加剂能显著改善混凝土拌合物或硬化混凝土性能；减水剂在混凝土拌合物流动性不变的情况下可减小用水量，或在用水量不变的情况下增加混凝土拌合物流动性；引气剂可提高硬化混凝土抗冻性、耐久性；早强剂能提高混凝土早期强度；缓凝剂能延缓混凝土的凝结时间。

混凝土的技术性能，主要包括混凝土拌合物的和易性、硬化混凝土的力学性质和耐久性。混凝土的和易性包含流动性、黏聚性、保水性三个方面的内容，可通过坍落度方法检测，影响和易性的因素主要有水泥浆的用量、稠度、砂率、时间和温度等。混凝土强度包括立方体抗压强度、劈裂抗拉强度等，影响混凝土强度的因素有水泥强度、水胶比、骨料特征、养护条件、龄期、试验条件等。硬化后混凝土的变形，主要包含非荷载作用下的化学变形、干湿变形、温度变形以及荷载作用下的弹-塑性变形和徐变等。评价混凝土耐久性的指标，有抗渗性、抗冻性、抗碳化性能、抗腐蚀性能和碱骨料反应等。

水胶比、砂率、单位体积用水量是混凝土配合比设计中的三个重要参数，混凝土配合比设计包括初步配合比设计、基准配合比设计、实验室配合比设计和施工配合比设计四个步骤。

通过对比普通混凝土与其他混凝土的异同之处，掌握其他混凝土所独具的特性及其配制、施工特点和方法。

复习思考题

一、选择题

1. 反映混凝土稳定性的指标是（　　）。

A. 流动性　　　　　B. 黏聚性　　　　　C. 保水性　　　　　D. 稠度

2. 两种砂子，其细度模数相同，则它们的颗粒级配（　　）。

A. 必然相同　　　　B. 必然不同　　　　C. 不一定相同　　　　D. 不一定不同

3. 混凝土用粗骨料最大粒径不得大于结构最小截面的最小边长的1/4，同时不得大于钢筋最小间距的（　　）。

A. 3/2　　　　B. 1/2　　　　C. 1/4　　　　D. 3/4

4. 下列外加剂中，对混凝土早期强度有显著效果影响的是（　　）。

A. 木质素磺酸钙　　　B. 氯化钙　　　　C. 硫酸钠　　　　D. 海波

5. 测定混凝土强度的标准立方体试块尺寸为（　　）mm^3。

A. 70.7×70.7×70.7　　　　　　　　B. 100×100×100

C. 150×150×150　　　　　　　　　D. 200×200×200

6. 评定混凝土耐久性的主要指标是（　　）。

A. 抗渗性　　　　B. 抗冻性　　　　C. 抗侵蚀性　　　　D. 抗碳化能力

7. 在试配混凝土时，发现混凝土拌合物的黏聚性太差，为改善其黏聚性，宜采取的办法是（　　）。

A. 增加细砂量　　　B. 增大砂率　　　C. 减少砂率　　　D. 减少细砂量

8. 混凝土配合比设计的主要参数是（　　）。

A. 水胶比　　　B. 单位用水量　　　C. 单位水泥用量　　　D. 砂率

E. 混凝土强度等级

9. 混凝土的强度主要与（　　）有关。

A. 水泥的强度等级　　　　　　　　B. 水胶比

C. 粗骨料的颗粒形态及表面特征　　　D. 单位用水量

E. 龄期

10. 混凝土在非荷载作用下的变形有（　　）。

A. 化学收缩　　　B. 干湿变形　　　C. 温度变形　　　D. 徐变

二、简答题

1. 试述影响水泥混凝土强度的主要因素及提高强度的主要措施。

2. 简述混凝土拌合物工作性的含义，影响工作性的主要因素和改善工作性的措施。

3. 简述坍落度和维勃稠度测定方法。

4. 粗细骨料中的有害杂质是什么？它们分别对混凝土质量有何影响？

5. 何谓减水剂？试述减水剂的作用机理。

6. 何谓混凝土的早强剂、引气剂和缓凝剂？指出它们各自的用途和常用品种。

7. 如何确定混凝土的强度等级？混凝土强度等级如何表示？

8. 何谓碱骨料反应？混凝土发生碱骨料反应的必要条件是什么？

9. 对普通混凝土有哪些基本要求？怎样才能获得质量优良的混凝土？

10. 试述混凝土中的四种基本组成材料所起的作用。

11. 试比较碎石和卵石拌制混凝土的优缺点。

12. 试述泌水对混凝土质量的影响。

13. 和易性与流动性之间有何区别？混凝土试拌调整时，发现坍落度太小，如果单纯对用水量去调整，混凝土的拌合物会有什么变化？

14. 普通混凝土为何强度愈高愈易开裂？试提出提高混凝土早期抗裂性的措施。

15. 某市政工程队在夏季正午施工，铺筑路面水泥混凝土。选用缓凝减水剂，浇筑完后表面未及时覆盖，后发现混凝土表面形成众多表面微细龟裂纹，请分析原因。

16. 某混凝土搅拌站原使用砂的细度模数为2.5，后改用细度模数为2.1的砂。改用后原混凝土配合比不变，但发觉混凝土坍落度明显变小，请分析原因。

17. 为什么混凝土在潮湿条件下养护时收缩较小，干燥条件下养护时收缩较大，而在水中养护时却几乎不收缩？

18. 某工地施工人员拟采用下述方案提高混凝土拌合物的流动性，试问哪个方案可行，哪个不可行？简要说明原因。方案：①多加水；②保持水灰比不变，适当增加水泥浆量；③加入氯化钙；④掺加减水剂；⑤适当加强机械振捣。

三、计算题

1. 干砂500g的筛分结果见表4-35，试计算该砂的细度模数，判断其属何种砂。

表4-35 干砂筛分结果

筛孔尺寸/mm	4.75	2.36	1.18	0.60	0.30	0.15	<0.15
筛余量/g	25	50	100	125	100	75	25

2. 甲、乙两种机制砂各取500g砂样进行筛分析试验，结果见表4-36。

表4-36 筛分析试验结果

筛孔尺寸/mm		4.75	2.36	1.18	0.60	0.30	0.15	<0.15
筛余量/g	甲	0	0	30	80	140	210	40
	乙	30	170	120	90	50	30	10

(1) 分别计算甲、乙两种砂的细度模数并评定其级配。

(2) 这两种砂可否单独用于配制混凝土？如欲利用甲、乙两种砂配制出细度模数为2.7的砂，两种砂的比例为多少？混合砂的级配如何？

3. 采用矿渣水泥、卵石和天然砂配制混凝土，水灰比为0.5，制作100mm×100mm×100mm试件三块，养护条件下养护7d后，测得破坏荷载分别为140kN、135kN、142kN。试估算该混凝土28d的立方体抗压强度。

4. 某混凝土试拌调整后，各材料用量分别为水泥3.1kg、水1.86kg、砂6.24kg、碎石12.84kg，并测得拌合物体积密度为2450kg/m³，试求1m³混凝土的各材料实际用量。

5. 已知混凝土的水胶比为0.60，无掺合料，每立方米混凝土拌合水用量为180kg，采用砂率为33%，水泥的表观密度为$\rho_c = 3100 \text{kg/m}^3$，砂子和石子的表观密度分别为$\rho_s = 2620 \text{kg/m}^3$及$\rho_g = 2700 \text{kg/m}^3$。试用体积法求1m³混凝土中各材料的用量。

6. 某混凝土公司生产预应力钢筋混凝土大梁，需用设计强度等级为C40的混凝土，拟用原材料如下：水泥为42.5级普通硅酸盐水泥，富余系数为1.10，密度为3150kg/m³；中砂的密度为2660kg/m³，级配合格；碎石的密度为2700kg/m³，级配合格，最大粒径为20mm。已知单位用水量为170kg，标准差为5MPa，试用体积法计算混凝土配合比。

7. 某高层全现浇框架结构梁（不受雨雪影响，无冻害）所用混凝土的强度等级为C40，施工要求坍落度为35~50mm，拟采用机械搅拌和机械振捣施工，施工单位以往统计的混凝土强度标准差为4.8MPa，所用原材料如下：普通水泥，强度等级42.5（$f_{ce} = 47.1 \text{MPa}$），$\rho_c = 3100 \text{kg/m}^3$，河砂，$\rho_{so} = 2650 \text{kg/m}^3$，$\rho'_{so} = 1480 \text{kg/m}^3$，$\omega_s = 3\%$，级配为Ⅱ区，中砂（$M_x = 2.7$）；碎石，$\rho_{go} = 2700 \text{kg/m}^3$，$\rho'_{go} = 1520 \text{kg/m}^3$，$\omega_g = 1\%$，级配为连续粒级4.75~37.5mm，$D_{max} = 37.5 \text{mm}$；自来水，$\rho_w = 1000 \text{kg/m}^3$。试以干燥状态骨料为基准，设计该混凝土的初步配合比。若实测混凝土表观密度$\rho_{c,t} = 2440 \text{kg/m}^3$，试求实验室配合比并进行施工配合比换算。

【模块4课后习题自测】

模块5

砂浆

教学目标

知识模块	知识目标	权重
砂浆的组成材料	胶凝材料、细骨料、掺合料	10%
砂浆的技术性质	新拌砂浆的和易性、砂浆的强度、砂浆的黏结力、砂浆的变形、砂浆的抗冻性	35%
砌筑砂浆	砌筑砂浆的技术要求、砌筑砂浆的配合比设计	35%
抹面砂浆	普通抹面砂浆、防水砂浆、装饰砂浆、其他特种砂浆	20%

技能目标

　　要求熟悉砂浆的组成材料,熟练掌握砂浆的和易性、强度等技术性质;熟悉砂浆稠度试验和分层度试验;掌握砌筑砂浆的配合比设计;熟悉抹面砂浆的各种分类及其特点。

引例

　　2016年11月初,某报记者接到某市某小区业主的投诉电话,反映住宅外墙出现大面积裂纹,同时室内地面也有不少裂缝。通过进一步了解,许多业主非常担心裂纹会影响今后的生活,他们向开发商提出了交涉。请说明该问题的出现原因,以及是否会对外墙留下质量隐患,比如外墙防水问题、涂料脱落问题等;另外,同样的问题在其他部位是否还会出现?有何预防措施等?

　　通过专业人士分析,裂缝产生的根本问题不在主体结构墙体上。而是出现在水泥砂浆抹灰这道工序上。他们认为具体的原因如下。

　　(1)抹灰前有两道工序未做或未做到位。原主体结构墙面未清理干净、抹灰未甩毛,即未用掺107胶的素水泥浆甩到墙面。这将导致抹灰层空鼓(即抹灰层未能与主体结构墙体粘好),而出现裂缝。

　　(2)水泥砂浆配合比不准确。配合比过高、过低均会导致抹灰裂缝。配合比不准确,会使水泥砂浆施工初期水泥与水发生化学反应,而导致硬化时出现内部应力不均。

（3）抹灰后，天气炎热、干燥，未洒水养护水泥砂浆层。

（4）承建商、监理工程师、开发商的管理人员均未认真履行"工序检查"，就允许下道工序"刷涂料"施工。

由此可见，建筑砂浆在施工中有着重要意义，其作用主要表现在以下方面。

（1）在结构工程中，把单块的砖、石、砌块等胶结起来构成砌体。

（2）在装配式结构中，形成砖墙的勾缝、大型墙板和各种构件的接缝。

（3）在装饰工程中，完成墙面、地面及梁柱结构等表面的抹面。

（4）完成天然石材、人造石材、瓷砖、锦砖等的镶贴。

砂浆按其所用胶凝材料的不同，可分为水泥砂浆、石灰砂浆和混合砂浆等；按其用途，可分为砌筑砂浆、抹面砂浆、装饰砂浆、防水砂浆以及耐酸防腐、保温、吸声等特种用途砂浆；按其生产形式，可分为现场拌制砂浆和预拌砂浆，其中预拌砂浆按其干湿状态，可分为湿拌砂浆和干混砂浆。

5.1　砂浆的组成材料

 想一想

砂浆是常见的建筑材料，那么它是由哪些材料构成的呢？

5.1.1　胶凝材料

砂浆常用的胶凝材料有水泥、石灰、石膏等，在选用时应根据使用环境、用途等合理选择，如图 5.1 所示。在干燥条件下使用的砂浆既可选用气硬性胶凝材料（石灰、石膏），也可选用水硬性胶凝材料（水泥）；若在潮湿环境或水中使用，则必须使用水硬性胶凝材料（水泥）。

(a) 水泥　　　　　　　　　　(b) 石膏

(c) 石灰　　　　(d) 高分子聚合物(环氧树脂灌封胶)

图 5.1　胶凝材料

1. 水泥

水泥宜采用通用硅酸盐水泥或砌筑水泥，且应符合 GB 175—2007《通用硅酸盐水泥》和 GB/T 3183—2017《砌筑水泥》的规定。水泥强度等级应根据砂浆品种及强度等级的要求进行选择，如 M15 及以下强度等级的砌筑砂浆，宜选用 32.5 级的通用硅酸盐水泥或砌筑水泥；M15 以上强度等级的砌筑砂浆，宜选用 42.5 级通用硅酸盐水泥。

【水泥的历史与发展现状】

2. 石膏

石膏是一种以硫酸钙为主要成分的气硬性胶凝材料，常用的种类有建筑石膏、高强石膏、无水石膏、高温煅烧石膏等。其中建筑石膏凝结硬化速度快，硬化时体积微膨胀，硬化后孔隙率较大，表观密度和强度较低，防火性能良好，耐水性、抗冻性和耐热性差，故建筑石膏的主要用途是制备石膏抹灰砂浆等。

3. 石灰

为了改善砂浆的和易性和节约水泥，常在砂浆中掺入适量的石灰。为了保证砂浆的质量，经常将生石灰熟化成石灰膏，然后用孔径不大于 3mm×3mm 的网过滤，且熟化时间不得少于 7d；如用磨细生石灰粉制成，其熟化时间不得小于 2d。沉淀池中储存的石灰膏应采取防止干燥、冻结和污染的措施，严禁使用脱水硬化的石灰膏。消石灰粉不得直接使用于砂浆中。

4. 高分子聚合物

在许多有特殊要求和特定环境中的结构，可采用聚合物作为砂浆的胶凝材料，由于聚合物为线型或体型（网状）高分子化合物，且黏性好，在砂浆中可呈膜状大面积分布，因此可提高砂浆的黏结性、韧性和抗冲击性，同时也有利于提高砂浆的抗渗、抗碳化等耐久性能，但是可能会使其抗压强度下降。如常用环氧树脂和不饱和聚酯树脂生产聚合物砂浆，用于修补建筑损伤构件。

5.1.2　细骨料

所谓骨料，是指于胶凝材料之中起填充、支撑或改性作用的颗粒状材料。颗粒粒径在 0.15～4.75mm 范围内的骨料称为细骨料，它包括天然砂、人工砂和工业灰渣砂，如图 5.2 所示。

(a) 天然砂　　　　　(b) 人工砂

(c) 工业灰渣砂

图 5.2　细骨料

1. 天然砂

天然砂是由天然岩石长期风化、水流搬运等自然作用而形成的岩石颗粒，按产源可分为河砂、湖砂、山砂和海砂。由于受水流的长期冲刷作用，河砂、湖砂和海砂颗粒比较圆滑、坚硬、洁净。海砂内含有贝壳碎片及可溶性氯盐、硫酸盐等有害物质，一般情况下不直接使用，故配制普通砂浆采用河砂、湖砂最好。山砂是岩石风化后在山涧堆积下来的岩石碎屑，颗粒多棱角，表面粗糙，容易含较多黏土及有机物等杂质，品质较差。

2. 人工砂

人工砂是将天然岩石用机器破碎、筛分后制成的符合细骨料尺寸规定的颗粒，其棱角多，片状颗粒多，且石粉多，成本较高。

3. 工业灰渣砂

工业灰渣砂是指颗粒尺寸在细骨料规定范围内的炉渣、矿渣和某些矿山尾渣，经试验合格后，可代替或部分代替天然岩石砂使用。

配制砂浆的细骨料最常用的是天然砂。砂应符合 JGJ 52—2006《普通混凝土用砂、石质量及检验方法标准（附条文说明）》的技术性质要求。砂的粗细程度对砂浆的水泥用量、和易性、强度及收缩性质等影响很大。由于砂浆层较薄，砂的最大粒径应有所限制，理论上不应超过砂浆层厚度的 1/4～1/5。如砖砌体用砂浆宜选用中砂，砂的最大粒径以不大于 2.5mm 为宜；石砌体用砂浆宜选用粗砂，砂的最大粒径以不大于 5.0mm 为宜；光滑的抹面及勾缝的砂浆宜采用细砂，其最大粒径不大于 1.2mm 为宜。为保证砂浆质量，尤其在配制高强度砂浆时，应选用洁净的砂。砂中含泥量过大，不但会增加砂浆的水泥用量，还会使砂浆的收缩值增大、耐久性降低，因此对砂的含泥量应予以限制。如砌筑砂浆的砂含泥量不应超过 5%。

5.1.3　掺合料

在砂浆中，掺合料是为改善砂浆和易性而加入的无机材料或有机材料，通常可分为两大类：一类是水硬性混合材料，另一类是非水硬性混合材料。

1. 水硬性混合材料

水硬性混合材料具有在水中硬化的性质，如粒状高炉矿渣、粉煤灰、硅灰、凝灰岩、火山灰、沸石灰、烧结土、硅藻土等材料，如图 5.3 所示。

(a) 粉煤灰　　　　　　　　　　　　　(b) 火山灰

图 5.3　水硬性混合材料

2. 非水硬性混合材料

非水硬性混合材料能在常温、常压下跟其他物质不起或只起很微弱的化学反应，主要是起填充和降低水泥强度的作用，如石英砂粉、石灰石粉等，如图5.4所示。

(a) 石英砂粉 (b) 石灰石粉

图 5.4 非水硬性混合材料

此外，为了改善砂浆韧性，提高抗裂性，还常在砂浆中加入纤维，如纸筋、麻刀、木纤维、合成纤维等。

5.1.4 水

砂浆拌合水的技术要求与混凝土拌合水相同，应选用洁净、无杂质的可饮用水来拌制砂浆。为节约用水，经化验分析或试拌验证合格的工业废水也可用于拌制砂浆。

5.1.5 外加剂

砂浆掺入外加剂是一个发展方向。砂浆中掺入的外加剂应具有法定检测机构出具的该产品砌体强度型式检验报告，并经砂浆性能试验合格后，方可使用。应用于建筑砂浆的常用外加剂是引气剂。

5.2 砂浆的技术性质

? 想一想

生活中，我们见到的砂浆有稠有稀，有硬有软，你知道这是为什么吗？

砂浆的主要技术性质，包括新拌砂浆的和易性、硬化后砂浆的强度、砂浆的黏结力、砂浆的变形及抗冻性等。

5.2.1 新拌砂浆的和易性

新拌砂浆应具有良好的和易性，和易性良好的砂浆易在粗糙的砖、石基面上铺成均匀的薄层，且能与基层材料紧密黏结，这样既便于施工操作，提高劳动生产率，又能保证工程质量。砂浆的和易性通常用流动性和保水性两项指标表示。

1. 流动性

砂浆的流动性又称稠度，指砂浆在自重或外力作用下是否易于流动的性能，用砂浆稠度测定仪（图5.5）测定。流动性的大小以砂浆稠度测定仪的圆锥体沉入砂浆中深度的毫米数（mm）来表示，该深度即为沉入度。沉入度越大，流动性越好。

图 5.5 砂浆稠度测定仪

影响砂浆流动性的因素很多，主要与砂浆中的掺合料及外加剂的品种、用量有关，也与胶凝材料的种类和用量、用水量以及细骨料的种类、颗粒形状、粗细程度和级配有关。水泥用量和水用量多，砂子级配好、棱角少、颗粒粗，则砂浆的流动性大。

砂浆流动性的选择与基底材料种类、施工条件及天气情况等有关。对于密实不吸水的砌体材料或湿冷的天气条件，要求砂浆的流动性小一些；反之对于多孔吸水的砌体材料或干热的天气，则要求砂浆的流动性大一些。砌筑砂浆及抹灰砂浆施工流动性可参考表5-1来选择。

表 5-1 砌筑砂浆及抹灰砂浆施工流动性 单位：mm

项 目 类 型		施工流动性
砌体种类	烧结普通砖砌体、粉煤灰砖砌体	70～90
	混凝土砖砌体、普通混凝土小型空心砌块、灰砂砖砌体	50～70
	烧结多孔砖砌体、烧结空心砖砌体、轻骨料混凝土小型空心砌块砌体、蒸压加气混凝土砌块砌体	60～80
	石砌体	30～50
抹灰工程	准备层	110～120
	底层	90～110
	中层	80～90
	面层	70～80

聚合物水泥抹灰砂浆的施工流动性宜为50～60mm，石膏抹灰砂浆的施工流动性宜为50～70mm。

2．保水性

砂浆的保水性指新拌砂浆保持其内部水分不泌出流失的能力，也表示砂浆中各组成材料是否易分离的性能。新拌砂浆在存放、运输和使用过程中都必须保持其水分不致很快流失，才便于施工操作且保证工程质量。如果砂浆保水性不好，在施工过程中很容易泌水、分层、离析，并且当铺抹于基底后，水分易被基面很快吸走，从而使砂浆干涩，不便于施工，不易铺成均匀密实的砂浆薄层；水分的损失还会影响胶凝材料的正常水化和凝结硬化，降低砂浆本身强度以及与基层材料的黏结强度。因此砂浆要具有良好的保水性。JGJ/T 70—2009《建筑砂浆基本性能试验方法标准》中规定，砂浆保水性检测可通过保水性试验测定，也可用分层度方法检测。

预拌砂浆的保水性能一般采用保水性试验测定，JGJ/T 98—2010《砌筑砂浆配合比设计规程》中规定：水泥砂浆的保水率应不低于80%，水泥混合砂浆的保水率应不低于84%，预拌砌筑砂浆的保水率应不低于88%。

砂浆分层度方法适用于测定砂浆拌合物在运输及停放时内部组合的稳定性，以分层度（mm）表示，其中砂浆分层度仪如图5.6所示。分层度的测定是将已测定稠度的砂浆装满分层度筒内（分层度筒内径为150mm，分为上下两节，上节高度为200mm，下节高度为100mm），轻轻敲击筒周围1～2下，刮去多余的砂浆并抹平。静置30min后，去掉上部200mm砂浆，取出剩余100mm砂浆倒在搅拌锅中拌2min再测稠度，前后两次测得的稠度差值即为砂浆的分层度（以mm计）。砂浆合理的分层度应控制为10～30mm，分层度大于30mm的砂浆容易离析、泌水、分层或水分流失过快，不便于施工；分层度小于10mm的砂浆，硬化后容易产生干缩裂缝。

图5.6　砂浆分层度仪

【砂浆分层度试验】

5.2.2　砂浆的强度

砂浆在砌体中，主要是传递荷载，因此要求砂浆有一定的抗压强度。砂浆的抗压强度是确定砂浆强度等级的重要依据，是以标准立方体试件（70.7mm×70.7mm×70.7mm）一组六块，在标准养护条件下，测定其28d的抗压强度值而确定的。根据砂浆的抗压强度，水泥砂浆和预拌砂浆的强度可分为M5、M7.5、M10、M15、M20、M25、M30七个等级，水泥混合砂浆的强度可分为M5、M7.5、M10、M15四个等级。

砂浆的强度除了与水泥的强度和用量有关外，还与基层材料的吸水性有关。砂浆强度可用下列两种方法或原则计算。

（1）不吸水的密实基底砂浆强度。对于基底致密的石材，它们一般不吸水，砂浆强度遵从水灰比的规律，可采用近似于混凝土的强度公式。

（2）基层吸水砂浆强度。砌筑砖、多孔混凝土或其他一些多孔材料时，由于基层能吸水，砂浆中保留水分的多少取决于砂浆的保水性，而与水灰比的关系不大，砂浆强度等级主要取决于水泥用量和水泥强度等级。

砂浆的强度等级一般根据工程类别、砌体部位、所处的环境等来选择。在一般建筑工程中，办公楼、教学楼及多层商店等工程宜用 M5～M10 的砂浆；检查井、雨水井、化粪池等可用 M5 的砂浆；特别重要的结构才用 M10 以上的砂浆。随着高层建筑的发展，砂浆在使用等级上也相应提高了。

5.2.3　砂浆的黏结力

砂浆应与基底材料有良好的黏结力，一般来说，砂浆黏结力随其抗压强度增大而提高，此外还与基底表面的粗糙程度、洁净程度、润湿情况及施工养护条件等因素有关。在充分润湿的、粗糙的、清洁的表面上使用且养护良好的条件下，砂浆与该表面黏结较好。

5.2.4　砂浆的变形

【砂浆的变形】

砂浆应有较小的收缩变形。砂浆在承受荷载或在温度条件变化时容易变形，如果变形过大或者不均匀，都会降低砌体的质量，引起沉降或裂缝。若使用轻骨料拌制砂浆或掺合料掺量太多，也会引起砂浆收缩变形过大，抹面砂浆则会因此出现收缩裂缝。

影响砂浆变形的因素很多，除了骨料和胶凝材料的种类与用量外，用水量、级配和质量以及外部环境条件等都会对砂浆变形产生影响。

5.2.5　砂浆的抗冻性

强度等级 M2.5 以上的砂浆，常用于受冻融影响较多的建筑部位。当设计中提出冻融循环要求时，必须进行冻融试验。经冻融试验后，质量损失率不得大于 5%，抗压强度损失率不得大于 25%。

5.3　砌　筑　砂　浆

 想一想

我们经常见到工人师傅砌墙，你想过砌筑用的砂浆是如何配制而成的吗？对它的强度有什么要求吗？

【砌筑砂浆的种类及其区别】

将砖、石及砌块黏结成为砌体的砂浆，称为砌筑砂浆，它起着黏结砖、石及砌块构成砌体，传递荷载、协调变形的作用，因此是砌体的重要组成部分。

土木工程中，要求砌筑砂浆具有如下性质。

（1）新拌砂浆应具有良好的和易性。新拌砂浆应容易在砖、石及砌体表面上铺砌均匀的薄层，以利于砌筑施工和砌筑材料的黏结。

（2）硬化砂浆应具有一定的强度、良好的黏结力等力学性质。一定的强度可保证砌体强度等结构性能，良好的黏结力有利于砌块与砂浆之间紧密黏结。

（3）硬化砂浆应具有良好的耐久性。这有利于保证其自身不发生破坏，并对砌体结构的耐久性有重要影响。

砌筑砂浆的技术要求

1. 砌筑砂浆的和易性

（1）流动性。砂浆流动性的选择，要考虑砌体材料的种类、施工时的气候条件和施工方法等情况，可参考表5-1选择。

（2）保水性。新拌砂浆在存放、运输和使用过程中，都应有良好的保水性，这样才能保证在砌体中形成均匀致密的砂浆缝，以保证砌体的质量。如果使用保水性不良的砂浆，在施工的过程中，砂浆很容易出现泌水和分层离析现象，使流动性变差，不易铺成均匀的砂浆层，使砌体的砂浆饱满度降低。同时，保水性不良的砂浆在砌筑时，水分容易被砖、石等砌体材料很快吸收，影响胶凝材料的正常硬化。不但降低砂浆本身的强度，而且使砂浆与砌体材料的黏结不牢，最终降低砌体的质量。砌筑砂浆的分层度一般应在10~20mm。

【应用案例5-1】某施工质量不良，如图5.7所示。试问造成砂浆和易性差、灰缝不饱满的原因是什么？如何防治？

解析：

（1）原因不止一种，试分析如下。

① 水泥强度等级低，水泥用量少，砂颗粒间摩擦力较大，砂浆和易性较差，砌砖时挤浆费劲，且没有足够胶结材料起悬浮支托作用。

② 水泥强度等级高，砂子过细。不按施工配合比计量，搅拌时间短，拌和不均匀。

③ 掺入水泥混合砂浆中的塑化剂质量差。

④ 拌好的砂浆存放时间过久，使砂浆沉底结硬。

⑤ 规定时间砂浆未用完，隔日加水捣碎拌和后继续使用。

图 5.7 灰缝不饱满现象

（2）防治方法。

① 低强度等级砂浆必须使用混合砂浆。如使用混合砂浆确有困难，可掺水泥用量5%~10%的粉煤灰，达到改善砂浆和易性的目的。

② 不宜使用强度等级过高水泥和过细砂拌制砂浆。应严格执行施工配合比，保证搅拌时间。

③ 拌制砂浆加强计划性，保证规定时间内用完，杜绝隔日砂浆不经处理继续使用的现象。

2. 砌筑砂浆强度等级的选择

砌筑砂浆的强度等级，应根据规范规定和设计要求确定。一般的砖混多层住宅，采用M5或M10的砂浆；办公楼、教学楼及多层商店，常采用M2.5~M10的砂浆；平房宿舍和商店，常采用M2.5~M5的砂浆；食堂、仓库、锅炉房、变电站、地下室、工业厂房及烟囱等，常采用M2.5~M10的砂浆；检查井、雨水井、化粪池等可用M5砂浆；特别重要的砌体，可采用M15~M20砂浆；高层混凝土空心砌块建筑，应采用M20及以上强度等级的砂浆。

3. 砌筑砂浆的耐久性

砌筑砂浆应具有良好的耐久性，经常与水接触的水工砌体有抗渗及抗冻要求，故水工砂浆应考虑抗渗、抗冻、抗侵蚀性。其影响因素与混凝土的耐久性因素大致相同，但因砂浆一般不振捣，所以施工质量对其影响尤为明显。

5.3.2 砌筑砂浆的配合比设计

这里介绍的砌筑砂浆配合比设计方法，适用于现场配制的砌筑砂浆（不考虑保水增稠材料、外加剂等材料的使用，也不考虑抗冻等要求），包括的砂浆类型有水泥混合砂浆、水泥砂浆和水泥粉煤灰砂浆等三种。

根据 JGJ/T 98—2010《砌筑砂浆配合比设计规程》的规定，砌筑砂浆在配制中有如下基本技术要求。

（1）水泥砂浆和水泥粉煤灰砂浆的强度等级，分为 M5、M7.5、M10、M15、M20、M25、M30；水泥混合砂浆的强度等级，分为 M5、M7.5、M10、M15。

（2）砌筑砂浆拌合物的表观密度宜符合表 5-2 的规定。

表 5-2　砌筑砂浆拌合物的表观密度　　　　　　　　　单位：kg/m³

砂浆种类	表观密度
水泥砂浆和水泥粉煤灰砂浆	≥1900
水泥混合砂浆	≥1800

（3）砌筑砂浆的稠度、保水率、试配抗压强度应同时满足要求。

（4）砌筑砂浆施工时的流动性宜按表 5-1 选用。

（5）砌筑砂浆的保水率应符合表 5-3 的规定。

（6）砌筑砂浆中的水泥和石灰膏、电石膏等材料的用量可按表 5-4 选用。

表 5-3　砌筑砂浆的保水率　　　　　　　　　单位：%

砂浆种类	保水率
水泥砂浆和水泥粉煤灰砂浆	≥80
水泥混合砂浆	≥84

表 5-4　砌筑砂浆的材料用量　　　　　　　　　单位：kg/m³

砂浆种类	材料用量
水泥砂浆和水泥粉煤灰砂浆	≥200
水泥混合砂浆	≥350

注：① 水泥砂浆和水泥粉煤灰中的材料用量是指水泥用量；
②　水泥混合砂浆中的材料用量是指水泥和石灰膏、电石膏的材料总量。

规程 JGJ/T 98—2010 中给出的砌筑砂浆配合比确定过程包括以下两步（配合比的计算及试配、调整与确定）。

1. 配合比的计算

1）计算砂浆试配强度

计算公式为

$$f_{m,0} = k f_2 \tag{5-1}$$

式中　$f_{m,0}$——砂浆的试配强度，MPa，精确至 0.1MPa；

f_2——砂浆强度等级值，MPa，精确至 0.1MPa；

k——系数，按表 5-5 取值。

表 5-5　砂浆强度标准差 σ 及 k 值

施工水平＼强度等级	强度标准差 σ/MPa							k
	M5	M7.5	M10	M15	M20	M25	M30	
优良	1.00	1.50	2.00	3.00	4.00	5.00	6.00	1.15
一般	1.25	1.88	2.50	3.75	5.00	6.25	7.50	1.20
较差	1.50	2.25	3.00	4.50	6.00	7.50	9.00	1.25

表 5-5 中 σ 是现场配制的砂浆强度标准差，当具有统计资料时，σ 按下式确定。

$$\sigma = \sqrt{\frac{\sum\limits_{i=1}^{n} f_{m,i}^2 - \eta \overline{f_m^2}}{n-1}} \qquad (5-2)$$

式中　$f_{m,i}$——统计周期内同一品种砂浆第 i 组试件的强度，MPa；

$\overline{f_m}$——统计周期内同一品种砂浆 n 组试件强度的平均值，MPa；

n——统计周期内同一品种砂浆试件的总组数，$n \geqslant 25$。

当不具有近期统计资料时，σ 可按表 5-5 取值。

2）计算每立方米砂浆中的材料用量

（1）水泥混合砂浆中的材料包括水泥和石灰膏，分别计算如下。

① 水泥混合砂浆中的水泥用量 Q_c（kg/m³）可根据下式计算。

$$Q_c = \frac{1000(f_{m,0} - \beta)}{\alpha \cdot f_{ce}} \qquad (5-3)$$

式中　$f_{m,0}$——砂浆的试配强度，MPa，精确至 0.1MPa；

f_{ce}——水泥实测强度，MPa，精确至 0.1MPa；

α、β——砂浆的特征系数，其中 $\alpha=3.03$，$\beta=-15.09$。

各地区也可用本地区试验资料确定 α、β 值，统计用的试验组数不得少于 30 组。

在无法取得水泥的实测强度值时，可按下式计算 f_{ce}。

$$f_{ce} = \gamma_c \cdot f_{ce,k} \qquad (5-4)$$

式中　$f_{ce,k}$——水泥强度等级对应的强度值。

γ_c——水泥强度等级值的富余系数，该值应按实际统计资料确定。无统计资料时，γ_c 可取 1.0。

② 水泥混合砂浆中的石灰膏用量按下式计算。

$$Q_d = Q_a - Q_c \qquad (5-5)$$

式中　Q_d——每立方米砂浆的石灰膏用量，kg，精确至 1kg；石灰膏使用时的稠度为 (120±5)mm。

Q_c——每立方米砂浆的水泥用量，kg，精确至 1kg。

Q_a——每立方米砂浆的水泥和石灰膏的总量，kg，精确至 1kg，可为 350kg。

（2）水泥砂浆中的材料用量即水泥用量，可按表 5-6 选用。

表 5-6 每立方米水泥砂浆材料用量 单位：kg/m³

强 度 等 级	水 泥	用 水 量
M5	200～230	
M7.5	220～260	
M10	260～290	
M15	290～330	270～330
M20	340～400	
M25	360～410	
M30	430～480	

注：① M15 及 M15 以下强度等级水泥砂浆，水泥强度等级为 32.5 级；M15 以上强度等级水泥砂浆，水泥强度等级为 42.5 级。

② 当采用细砂或粗砂时，用水量分别取上限和下限。

③ 稠度小于 70mm 时，用水量可小于下限。

④ 施工现场气候炎热或干燥季节，可酌情增加用水量。

（3）水泥粉煤灰砂浆中的材料用量包括水泥和粉煤灰，可按表 5-7 选用。

表 5-7 每立方米水泥粉煤灰砂浆材料用量 单位：kg/m³

强 度 等 级	水泥和粉煤灰总量	粉 煤 灰	用 水 量
M5	210～240		
M7.5	240～270	粉煤灰掺量可占胶凝材料总量的 15%～25%	270～330
M10	270～300		
M15	300～330		

注：① 表中水泥强度等级为 32.5 级。

② 当采用细砂或粗砂时，用水量分别取上限和下限。

③ 稠度小于 70mm 时，用水量可小于下限。

④ 施工现场气候炎热或干燥季节，可酌情增加用水量。

3）计算每立方米砂浆中的砂用量 Q_s

砂浆中的水和各粉体材料用于填充砂子中的空隙。因此，1m³ 的砂浆中含有 1m³ 堆积体积的砂子，所以每立方米砂浆中的砂用量，应按干燥状态（含水率小于 0.5%）的堆积密度值作为计算值（kg/m³）。

4）计算每立方米砂浆中用水量 Q_w

砂浆中用水量的多少对其强度等性能的影响并不大，所以每立方米砂浆中的用水量，可根据经验以满足施工所需的砂浆稠度等要求按以下范围选用。

（1）水泥混合砂浆：210～310kg。

（2）水泥砂浆：参照表 5-1 确定。

（3）水泥粉煤灰砂浆：参照表 5-1 确定。

2. 砌筑砂浆配合比的试配、调整与确定

（1）砂浆试配时应采用机械搅拌，搅拌时间应自开始加水算起，符合表 5-8 的规定。

表 5-8 砂浆搅拌时间 单位：s

砂 浆 种 类	水泥砂浆、水泥混合砂浆	水泥粉煤灰砂浆
搅拌时间	≥120	≥180

（2）试拌后，测定其拌合物的稠度和保水率，若不满足要求，应调整材料用量。经调整后，符合要求的配合比确定为砂浆的基准配合比。

（3）试配时至少采用三种不同的配合比，其中一种为试配得出的基准配合比，其他两种分别使水泥用量增减10%，并在保证稠度、保水率合格的条件下相应调整水、石灰膏或粉煤灰等用量。

（4）按JGJ/T 70—2009《建筑砂浆基本性能试验方法标准》的规定，对上述三种配合比配制的砂浆制作试件，并测定砂浆表观密度及强度，选择满足试配强度及和易性要求且水泥用量较少的配合比作为所需的砂浆试配配合比。

（5）砌筑砂浆试配配合比应按下列步骤进行校正。

① 应根据（4）确定的砂浆配合比材料用量，按下式计算砂浆的理论表观密度值。

$$\rho_t = Q_c + Q_d + Q_s + Q_w \tag{5-6}$$

式中 ρ_t——砂浆的理论表观密度值，kg/m^3，精确至$10kg/m^3$。

② 应按下式计算砂浆配合比校正系数δ。

$$\delta = \frac{\rho_c}{\rho_t} \tag{5-7}$$

式中 ρ_c——砂浆的实测表观密度值，kg/m^3，精确至$10kg/m^3$。

③ 当砂浆的实测表观密度值与理论表观密度值之差的绝对值不超过理论值的2%时，可将按（4）得出的试配配合比确定为砂浆设计配合比；当超过2%时，应将试配配合比中每项材料用量均乘以校正系数δ后，确定为砂浆设计配合比。

【应用案例5-2】 某钢筋混凝土框架结构主体砌筑工程施工，施工单位的施工水平一般，砂浆试配强度中$\sigma = 1.88$，$k = 1.2$，需设计强度等级M7.5的混合砂浆，设计稠度70～90mm。原材料水泥采用P.O32.5水泥，28d抗压强度37.5MPa；砂采用细度模数为2.6的江砂，堆积密度1490kg/m^3；拌制用水为可饮用水，初步确定用水量为290kg/m^3。每立方米砂浆中水泥和石灰膏总量Q_a为350kg。砂浆的特征系数α取3.03，β取-15.09。

（1）试确定此混合砂浆的基准配合比；

（2）如若配制条件相同的水泥砂浆，确定其基准配合比。

解析：（1）配制M7.5混合砂浆。

① 计算砂浆配制强度$f_{m,0}$。

$$f_{m,0} = kf_2 = 1.20 \times 7.5 = 9.0(MPa)$$

② 计算水泥用量Q_c。

$$Q_c = \frac{1000(f_{m,0} - \beta)}{\alpha \cdot f_{ce}} = 1000 \times (9.0 + 15.09)/(3.03 \times 37.5) = 212(kg)$$

式中 $f_{ce} = 37.5MPa$，$\alpha = 3.03$，$\beta = -15.09$。

根据计算结果及查表，选定水泥用量为260kg。

③ 确定石灰膏用量。

$$Q_d = Q_a - Q_c = 350 - 260 = 90(kg)$$

④ 确定每立方米砂用量。取实测砂的堆积密度1490kg为每立方米砂浆用量。

⑤ 确定用水量。按已知条件为290kg/m^3。

⑥ 确定基准配合比。

水泥：石灰膏：砂：水$= 260:90:1490:290 = 1:0.35:5.73:1.12$

（2）配制M7.5水泥砂浆。

① 计算砂浆配制强度$f_{m,0}$。

$$f_{m,0} = kf_2 = 1.20 \times 7.5 = 9.0(MPa)$$

② 计算水泥用量 Q_c。

$$Q_c = \frac{1000(f_{m,0}-\beta)}{\alpha \cdot f_{ce}} = 1000 \times (9.0+15.09)/(3.03 \times 37.5) = 212(\text{kg})$$

式中　$f_{ce}=37.5\text{MPa}$，$\alpha=3.03$，$\beta=-15.09$。

根据计算结果及查表，选定水泥用量为 260kg。

③ 确定每立方米砂子用量。取实测砂的堆积密度 1490kg 为每立方米砂浆用量。

④ 确定用水量。为 250kg/m^3。

⑤ 确定基准配合比。

水泥：砂：水 $=260:1490:250=1:5.73:0.96$

5.4　抹面砂浆

想一想

建筑图案如图 5.8 所示，是不是感觉很熟悉呢？这就是装饰砂浆中的水刷石和水磨石。仔细想想，你还见过哪些装饰砂浆呢？

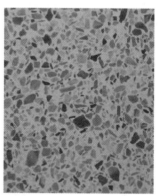

图 5.8　装饰砂浆

凡粉刷在土木工程的建（构）筑物或构件表面的砂浆，统称为抹面砂浆。根据功能的不同，抹面砂浆分为普通抹面砂浆、防水砂浆、装饰砂浆和具有某些特殊功能的抹面砂浆（如绝热砂浆、耐腐蚀砂浆、防辐射砂浆、吸声砂浆等）。

5.4.1　普通抹面砂浆

普通抹面砂浆具有保护建（构）筑物和装饰建筑物及建筑环境的效果，一般分两层或三层施工。
普通抹面砂浆的参考配合比见表 5-9。

表 5-9　普通抹面砂浆的参考配合比

材　料	体积配合比	材　料	体积配合比
水泥：砂	1:2～1:3	石灰：石膏：砂	1:0.4:2～1:2:4
石灰：砂	1:2～1:4	石灰：黏土：砂	1:1:4～1:1:8
水泥：石灰：砂	1:1:6～1:2:9	石灰膏：麻刀	100:1.3～100:2.5

【应用案例5-3】 图5.9中地面的抹面砂浆有众多裂纹，其所使用的水泥砂浆配合比为水泥：砂：水＝1：1：0.7，请分析地面产生裂纹的原因。

图5.9 地面裂纹

解析： 不同用途的砂浆其配合比有所不同，用于地面的抹灰砂浆水泥量不宜太高，水泥：砂一般为1：2.5～1：3。水泥用量高，不仅多耗费水泥，而且会引起较大干缩。此外该砂浆水灰比较大，也是产生裂缝的另一个原因。

5.4.2 防水砂浆

用作防水层的砂浆称为防水砂浆，如图5.10所示，又称刚性防水层，适用于不受振动和具有一定刚度的混凝土或砖石砌体工程，应用于地下室、水塔、水池等防水工程中。

(a) 多层抹面的防水砂浆

(b) 掺加防水剂的防水砂浆

(c) 膨胀水泥配制的防水砂浆

图5.10 防水砂浆

常用的防水砂浆主要有以下三种。

（1）多层抹面的防水砂浆。通过人工多层抹压做法（即将砂浆分几层抹压），以减少内部连通毛细孔隙，增大密实度，以达到防水效果的砂浆。其水泥宜选用强度等级 32.5 级以上的普通硅酸盐水泥，砂子宜采用洁净的中砂或粗砂，水灰比控制在 0.40～0.50，体积配合比（水泥：砂）控制在 1：2～1：3。

【掺加防水剂的防水砂浆】

（2）掺加各种防水剂的防水砂浆。常用的防水剂有氯化物金属盐类防水剂、水玻璃防水剂和金属皂类防水剂等。在水泥砂浆中掺入防水剂，可促使砂浆结构密实，填充和堵塞毛细管道和孔隙，提高砂浆的抗渗能力。配合比控制与上述相同。

（3）膨胀水泥或无收缩水泥配制的防水砂浆。这种砂浆的抗渗性主要是由于膨胀水泥或无收缩水泥具有微膨胀或补偿收缩性能，提高了砂浆的密实性，具有良好的防水效果。

5.4.3 装饰砂浆

粉刷在建筑内外表面，具有美化装饰、改善功能、保护建筑物等作用的抹面砂浆称为装饰砂浆。装饰砂浆施工时，底层和中层的抹面砂浆与普通抹面砂浆基本相同，所不同的是装饰砂浆的面层，要求选用具有一定颜色的胶凝材料、骨料以及采用特殊的施工操作工艺，使表面呈现出不同的色彩、质地、花纹和图案等装饰效果。

图 5.11 所示的几种常用装饰砂浆的施工操作方法如下。

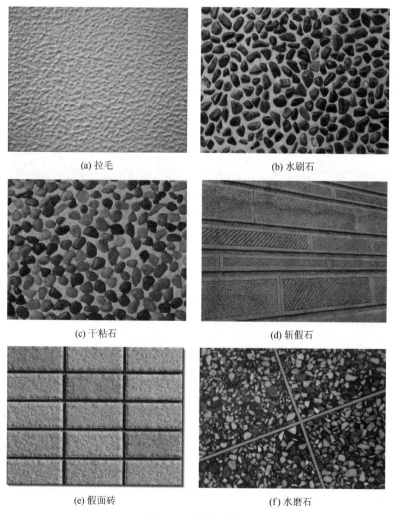

(a) 拉毛　　　　　　　　　　　(b) 水刷石

(c) 干粘石　　　　　　　　　　(d) 斩假石

(e) 假面砖　　　　　　　　　　(f) 水磨石

图 5.11　装饰砂浆

（1）拉毛。是先用水泥砂浆或水泥混合砂浆做底层，再用水泥石灰砂浆或水泥纸筋灰浆做面层，在面层灰浆尚未凝结之前用铁抹子或木蟹将表面轻压后顺势轻轻拉起，形成凹凸感较强的饰面层。要求表面拉毛花纹、斑点分布均匀，颜色一致，同一平面上不显接槎。

（2）水刷石。是将水泥和粒径为5mm左右的石渣按比例混合，配制成水泥石渣砂浆，涂抹成型，待水泥浆初凝后，以硬毛刷蘸水刷洗或以清水冲洗，将表面水泥浆冲走，使石渣半露而不脱落。水刷石饰面具有石料饰面的质感效果，如再结合适当的艺术处理，可使饰面获得自然美观、明快庄重、秀丽淡雅的艺术效果。

（3）干粘石。是在素水泥浆或聚合物水泥砂浆黏结层上，将粒径5mm以下的彩色石渣直接粘在砂浆层上，再拍平压实的一种装饰抹灰做法，分为人工甩粘和机械喷粘两种。要求石子黏结牢固、不脱落、不露浆，石粒的2/3应压入砂浆中。装饰效果与水刷石相同，而且避免了湿作业，提高了施工效率，又节约材料，因而应用广泛。

（4）斩假石。又称剁斧石，是在水泥砂浆基层上涂抹水泥石粒浆，待硬化至有一定强度时，用钝斧及各种凿子等工具，在表面剁斩出类似石材经雕琢的纹理效果。既具有真石的质感，又有精工细作的特点，给人以朴实、自然、素雅、庄重的感觉。

（5）假面砖。是将硬化的普通砂浆表面用刀斧锤凿刻画出线条，或者在初凝后的普通砂浆表面用木条、钢片压划出线条；亦可用涂料画出线条，将墙面装饰成仿砖砌体、仿瓷砖贴面、仿石材贴面等艺术效果。

（6）水磨石。是用普通水泥、白水泥、彩色水泥或普通水泥加耐碱颜料拌和各种色彩的大理石石渣做面层，硬化后用机械反复磨平抛光表面而成，多用于地面、水池等工程部位。可事先设计图案色彩，磨平抛光后更具有艺术效果。水磨石还可制成预制件或预制块，作楼梯踏步、窗台板、柱面、台度、踢脚板、地面板等构件。

【水磨石地面施工工艺】

5.4.4 其他特种砂浆

1. 绝热砂浆

采用水泥、石灰、石膏等胶凝材料与膨胀珍珠岩、膨胀蛭石、陶粒、陶砂或聚苯乙烯泡沫颗粒等轻质多孔材料，按一定比例配制的砂浆称为绝热砂浆［图5.12(a)］。绝热砂浆质轻，且具有良好的绝热保温性能。常用的绝热砂浆有水泥膨胀珍珠岩砂浆、水泥膨胀蛭石砂浆、水泥石灰膨胀蛭石砂浆等。

2. 吸声砂浆

吸声砂浆是指具有吸声功能的砂浆。一般绝热砂浆都具有多孔结构，因而也具有吸声的功能［图5.12(b)］。工程中常以水泥∶石灰膏∶砂∶锯末＝1∶1∶3∶5（体积比）配制吸声砂浆，或在石灰、石膏砂浆中加入玻璃棉、矿棉、有机纤维或棉类物质。吸声砂浆常用于有吸声要求的室内墙壁和顶棚的抹灰。

3. 耐腐蚀砂浆［图5.12(c)］

（1）耐酸砂浆。在水玻璃和氟硅酸钠配制的耐酸涂料中，掺入适量由石英石、花岗岩、铸石等制成的粉及细骨料可拌制成耐酸砂浆，常用作衬砌材料、耐酸地面和耐酸容器的内壁防护层。

（2）耐碱砂浆。其制造使用42.5强度等级以上的普通硅酸盐水泥（水泥熟料中铝酸三钙含量应小于9%），细骨料可采用耐碱、密实的石灰岩类（石灰岩、白云岩、大理岩等）、火成岩类（辉绿岩、花岗岩等）制成的砂和粉料，也可采用石英质的普通砂。耐碱砂浆可耐一定温度和浓度下的氢氧化钠和铝酸钠溶液的腐蚀，以及任何浓度的氨水、碳酸钠、碱性气体和粉尘等的腐蚀。

（3）硫黄砂浆。系以硫黄为胶结料，加入填料、增韧剂，采用石英粉、辉绿岩粉、安山岩粉作为耐酸粉料和细骨料，经加热熬制而成。硫黄砂浆具有良好的耐腐蚀性能，几乎能耐大部分有机、无机酸和中性、酸性盐的腐蚀，对乳酸亦有很强的耐蚀能力。

4. 防辐射砂浆 [图 5.12(d)]

在水泥砂浆中掺入重晶石粉、重晶石砂，可配制有防 X 射线和 γ 射线能力的砂浆。其配合比约为水泥：重晶石粉：重晶石砂＝1：0.25：（4～5）。如在水泥中掺入硼砂、硼化物等，可配制具有防中子射线的砂浆。其属于厚重气密不易开裂的砂浆，也可阻止地基中土壤或岩石里的氡（具有放射性的惰性气体）向室内迁移或流动。

【自流平砂浆施工工艺】

5. 自流平砂浆

自流平砂浆是指在重力作用下能流平的砂浆，地坪和地面施工常采用 [图 5.12(e)]。自流平砂浆施工方便、质量可靠。自流平砂浆的关键技术是：①掺入合适的外加剂；②严格控制砂的级配和颗粒形态；③选择具有合适级配的水泥或其他胶凝材料。良好的自流平砂浆可使地坪平整光洁，强度高、耐磨性好，无开裂现象。

6. 地面砂浆

地面砂浆是用于室外地面或室内楼（地）面的砂浆，作为地面或楼面的表面层，起保护作用，使地坪或楼面坚固耐久 [图 5.12(f)]。在使用中，地坪砂浆要经受各种摩擦、冲击和侵蚀作用，因此要求具有足够的强度和耐磨、耐蚀、防水、防滑和易于打扫等特点。

7. 聚合物砂浆

聚合物砂浆是在水泥砂浆中加入有机聚合物乳液配制而成，具有黏结力强、干缩率小、脆性低、耐蚀性好等特性，用于修补和防护工程 [图 5.12(g)]。常用的聚合物乳液有氯丁胶乳液、丁苯橡胶乳液、丙烯酸树脂乳液等。

8. 瓷砖黏结砂浆

瓷砖黏结砂浆是采用优质水泥、精细骨料、填料、特殊外加剂及聚合物均匀混合而成的，是一种有机-无机复合型瓷砖胶粘剂 [图 5.12(h)]，无毒无害，适合于薄层粘贴施工，是取代传统水泥砂浆粘贴瓷砖的最佳选择。其具有耐碱、耐冻融、不空鼓、不开裂的特点，适用于内外墙瓷砖粘贴、厨卫间瓷砖粘贴、瓷砖地坪及文化石粘贴。因瓷砖胶粘剂具有良好的保水性，因此瓷砖和基面无须预浸泡和润湿，可直接将干燥瓷砖以微微旋转的方式压入瓷砖胶中。

9. 界面处理砂浆

随着实心黏土砖的淘汰，各种新型墙体材料得到广泛应用，如加气混凝土砖、粉煤灰砖、页岩砖、加气混凝土砌块、轻质 GRC 隔墙板等。但新型墙体材料表面的物理性能与传统的黏土砖相比有很大差别：表面空隙率大、吸水率高、轻质多孔、黏结强度低，因此运用普通砂浆进行砌筑或抹面，会产生开裂、空鼓、脱落、渗漏等质量问题。这些问题可通过运用多用途界面处理砂浆得到有效解决 [图 5.12(i)]。

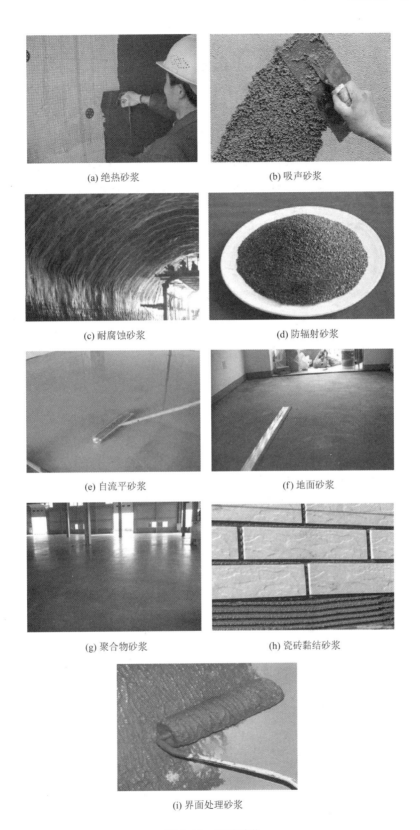

(a) 绝热砂浆

(b) 吸声砂浆

(c) 耐腐蚀砂浆

(d) 防辐射砂浆

(e) 自流平砂浆

(f) 地面砂浆

(g) 聚合物砂浆

(h) 瓷砖黏结砂浆

(i) 界面处理砂浆

图 5.12　特种砂浆

模块小结

本模块介绍砂浆的知识。

建筑砂浆是由胶凝材料、细骨料和水按一定比例配制而成的。

砂浆主要由胶凝材料、细骨料和掺合料组成，主要技术性质包括和易性、强度、黏结力、变形及抗冻性。砂浆的流动性可用砂浆稠度仪测定；砂浆的保水性可用分层度法来测定。

砌筑砂浆的主要技术性质有和易性、强度等级的选择、耐久性以及配合比设计。

抹灰砂浆分为普通抹灰砂浆、防水砂浆和装饰砂浆。

其他特种砂浆有绝热砂浆、吸声砂浆、耐腐蚀砂浆、防辐射砂浆、自流平砂浆、地面砂浆、聚合物砂浆、瓷砖黏结砂浆及界面处理砂浆等。

复习思考题

一、选择题

1. 以下不属于胶凝材料的是（   ）。

A. 水泥   B. 石膏   C. 石灰   D. 砂

2. （   ）不是砂浆强度等级选择的依据。

A. 工程类别   B. 砌体部位   C. 养护条件   D. 所处环境

3. 砂浆中的砂用量取（   ）的堆积密度值。

A. 湿润状态   B. 干燥状态   C. 密集状态   D. 松散状态

4. （   ）不是装饰砂浆的操作方法。

A. 自流平   B. 拉毛   C. 水刷石   D. 水磨石

5. 以下（   ）不是耐腐蚀砂浆。

A. 耐酸砂浆   B. 耐碱砂浆   C. 硫黄砂浆   D. 聚合物砂浆

6. 在水泥砂浆中掺入重晶石的是（   ）。

A. 吸声砂浆   B. 自流平砂浆   C. 防辐射砂浆   D. 界面处理砂浆

二、简答题

1. 何为细骨料？包括哪些材料？

2. 影响砂浆流动性的因素有哪些？

3. 影响砂浆变形的因素有哪些？

4. 土木工程中，要求砌筑砂浆有哪些性质？

5. 什么是防水砂浆？通常用于哪些部位？

【模块5课后习题自测】

模块6

砌筑材料及屋面材料

 **教学目标**

知识模块	知识目标	权重
石材	天然石材的主要技术性能及应用	20%
砖	烧结砖与非烧结砖的技术性能及应用	30%
砌块	砌块的种类、常用砌块的技术性能及应用	30%
墙用板材	墙用板材的种类和技术性能	10%
屋面材料	常用的屋面材料	10%

 技能目标

要求清楚了解各种砌筑材料及屋面材料的性能及应用，在实际应用中，能根据建筑所处的不同环境选择合适的砌筑材料；能分析砌筑材料性能对砌筑工程质量的影响，及屋面材料性能对屋顶工程质量的影响。

引例

我们的生活与材料息息相关，人类文明的发展史，就是一部如何更好地利用材料和创造材料的历史。人类一出现就开始使用材料，材料的历史与人类历史一样久远。

砌体材料是对用于砌体结构的各种石材、砖、砌块等的统称。在人类文明的进程中，砌体材料的发展大致经历了以下几个阶段。

（1）使用天然石材。对天然材料简单加工，各种天然的砌筑与装饰石材均属此类。

（2）使用砖。一类是用天然的矿土烧制陶器、砖瓦和陶瓷，各种烧结砖、瓦均属此类；另一类是不经焙烧而制成的非烧结砖，如灰砂砖、粉煤灰砖均属此类。

（3）使用砌块砌体。砌块砌体是利用物理与化学原理人工合成的新材料，普通混凝土砌块、泡沫混凝土小型砌块、蒸压加气混凝土砌块、粉煤灰砌块、石膏空心砌块均属此类。

（4）使用墙体板材。适应工业化生产，便于安装，施工效率高，能较好地提高建筑物的抗震性能，同时还能灵活布置开间，增加建筑物的使用面积，并能降低使用能耗。水泥类、石膏类墙用板材等均属此类。目前，墙用板材是一种很有发展前景的新型墙体材料。

6.1 石 材

 想一想

当置身于美丽的大自然里，我们一定会发现各式各样的岩石，你知道这些岩石是从哪里来的吗？试分析图 6.1 所示不同类型的岩石地貌是如何形成的。

(a) 波浪谷 　　　　　　　　　　　　　(b) 黄山

(c) 石林 　　　　　　　　　　　　　(d) 张掖丹霞地貌

图 6.1　岩石地貌

6.1.1　天然石材

聚焦我们生活的地球，不难发现：地球及其附近的物质可分为固体圈（99%）、水圈（1‰）和大气圈（约1%）三个圈层结构，而固体圈中最主要的物质就是岩石和矿物。矿物是天然产出的，通常由地质作用形成，是具有一定化学成分和特定原子排列（结构）的均匀固体，是建造地球的非常小的材料单元，虽千姿百态，但多表现为颗粒状，其大小悬殊，小的要借助显微镜辨认，大的颗粒直径可达几厘米，肉眼可见。而岩石是由一种或几种造岩矿物按一定方式结合而成的矿物的天然集合体，是在地球发展到一定阶段时经各种地质作用形成的坚硬产物，是构成地壳和地幔的主要物质。

1. 岩石的分类

天然石材是采自地壳表层的岩石，按成因可分为岩浆岩（火成岩）、沉积岩（水成岩）和变质岩三大类。不同成因的岩石，由于形成条件、物质成分、结构及构造各不相同，它们的物理力学性质也不同，这往往影响到各类石材在土木工程中的应用。

1）岩浆岩

岩浆岩又称火成岩，是岩浆通过地壳运动，沿地壳薄弱地带上升冷却凝结后形成的岩石，是组成地壳的主要岩石，约占地壳总质量的89%。岩浆岩根据岩浆冷凝情况的不同，分为深成岩、浅成岩和喷出岩。

（1）深成岩（形成深度大于5km）。深成岩是岩浆在地壳深处，受上部覆盖层的压力作用，缓慢且均匀冷却而形成的岩石。深成岩岩性单一，以中、粗粒结构为主，致密坚硬，孔隙率小，透水性弱，抗冻性好。工程中其常被选为理想的建筑基础，如花岗岩、正长岩等。

（2）浅成岩（形成深度小于5km）。浅成岩多以岩床、岩墙、岩脉等状态产生，有时互相穿插。岩石强度高、颗粒细小、不易风化。如花岗斑岩、辉绿岩、脉岩等。

（3）喷出岩。喷出岩是岩浆冲破覆盖层，喷出地表形成的岩浆岩。喷出岩一般呈原生孔隙和节理发育，产状不规则，厚度变化大，岩性很不均一，其强度较深成岩低，透水性强，抗风能力差。工程中常用的喷出岩有玄武岩、流纹岩、安山岩等。

2）沉积岩

沉积岩又称水成岩，主要是露出地表的各种岩石，在地壳表层常温常压下，经风化、搬运、沉积和成岩等一系列地质作用而形成的层状岩石。沉积岩为层状结构，各层的成分、结构、颜色和厚度各不相同，其结构致密性较差、体积密度较小、孔隙率较大，强度较低、耐久性也较差。但因其分布较广，易于开采加工，在工程上应用较广。

3）变质岩

变质岩是地壳中原有的岩浆岩或沉积岩，由于地壳的运动和岩浆活动等造成物理化学环境的改变，使得原来的岩石成分、结构和构造发生一系列变化，从而形成了新的岩石。变质岩的性质往往与变质前的岩石成分和变质过程有关。一般沉积岩形成变质岩后，其建筑性能有所提高，如砂岩变质形成更坚硬的石英岩。但岩浆岩变质后产生片状构造，其建筑性能反而下降，如花岗岩变质成为片麻岩后，则易于分层剥落、耐久性差。

2. 石材的主要技术性质

天然石材若生成的条件不同，常常含有不同种类的杂质，矿物成分也会有所变化，故即使是同一类岩石，可能也有很大差别。因此，在使用前有必要对其进行检验和鉴定，以保证工程质量。

1）物理性质

（1）重量。岩石的重量是岩石最基本的物理性质之一，一般有相对密度（旧称比重）和重度两个指标。岩石的相对密度是岩石固体（不含孔隙）部分单位体积的重量，在数值上等于岩石固体颗粒重量与同体积水在4℃时的重量之比，一般介于2.4～3.3。

岩石的重度又称容重，是岩石单位体积的重量，在数值上等于岩石试件的总质量（含孔隙中水重）与其总体积（含孔隙体积）之比。一般来说，组成岩石的矿物相对密度大，或岩石的孔隙性小，则岩石的重度就大。而重度大就说明岩石的结构致密、孔隙性小，岩石的强度与稳定性也较高。

（2）孔隙性。岩石的孔隙性一般用孔隙度表示，其反映岩石中各种孔隙的发育程度，在数值上等于岩石中各种孔隙的总体积与岩石总体积之比。岩石孔隙度的大小，主要取决于岩石的结构与构造，同时也受外力因素的影响。通常岩石的孔隙性对岩石的强度和稳定性有重要的影响。

（3）吸水性。岩石的吸水性一般用吸水率表示，在数值上等于岩石的吸水重量与同体积干燥岩石重量的比。岩石的吸水率与岩石的孔隙度大小、孔隙张开程度等因素有关。天然石材的吸水率一般较小，但由于形成条件、密实程度与胶结情况的不同，石材的吸水率波动也较大，如致密的石灰岩，吸水率通常小于1%，而多孔的石灰岩，吸水率可高达15%。此外，岩石的吸水率大小，对岩石的强度与稳定性也有重要的影响。

（4）抗冻性。岩石抗冻性是指岩石抵抗冻融破坏的能力，在高寒冰冻地区，抗冻性是评价岩石工程性质的一个重要指标。抗冻性一般用岩石在抗冻试验前后抗压强度的降低率表示。抗压强度降低率小于25％的岩石，被认为是抗冻的。此外，岩石的抗冻性与吸水性密切相关，一般吸水性大的岩石，其抗冻性也差。

（5）导热性。岩石的导热性通常用导热系数来衡量，而岩石的导热性又与其致密程度有关。重质石材的导热系数为$2.9 \sim 3.5 W/(m \cdot K)$，而轻质石材的导热系数则在$0.23 \sim 0.7 W/(m \cdot K)$，具有封闭孔隙的石材，导热系数更低。

2）力学性质

（1）抗压强度。岩石是非匀质和各向异性的材料，而且是典型的脆性材料，其抗压强度高，而抗拉强度很低。一般石材的抗压强度，是以边长为70mm的立方体试块用标准方法测得的抗压强度平均值表示。根据其抗压强度值的大小，石材共分七个强度等级：MU100、MU80、MU60、MU50、MU40、MU30、MU20。石材抗压强度取决于岩石的矿物组成、结构、构造特征、胶结物质的种类及均匀性等。

（2）冲击韧性。石材的冲击韧性受其矿物组成与构造的影响。一般石英岩、硅质砂岩的脆性较大，而含暗色矿物较多的辉绿岩、辉长岩等具有较高的韧性；晶体结构的岩石，较非晶体结构的岩石具有更高的韧性。

（3）硬度。硬度是岩石抵抗外力刻画、压入或研磨等机械作用的能力。岩石的硬度以莫氏硬度表示，一般划分为$1 \sim 10$共十个标准等级。石材的硬度取决于石材的矿物组成与构造，凡由致密、坚硬矿物组成的石材，其硬度就高。在实际工程中常用刻画物品来大致测定矿物的相对硬度，如指甲为$2 \sim 2.5$度，小刀为$5 \sim 5.5$度，玻璃为$5.5 \sim 6$度，钢刀为$6 \sim 7$度。

（4）耐磨性。耐磨性是石材抵抗摩擦、边缘剪切以及撞击等复杂作用的能力。石材的耐磨性，以单位面积磨耗量表示或以磨耗率表示。石材的耐磨性取决于其矿物的硬度、结构、构造特征等，石材的组成矿物越坚硬、构造越致密以及其抗压强度和冲击韧性越高，则其耐磨性越好。

3）工艺性质

石材的工艺性质，主要是指其开采和加工过程的难易程度及可能性，通常包括以下方面。

（1）加工性。加工性主要是指对岩石开采、锯解、切割、凿琢、磨光和抛光等加工工艺的难易程度。凡强度、硬度、韧性较高的石材，均不易加工。

（2）磨光性。磨光性是指石材能否磨成平整光滑表面的性质。凡致密、均匀、细粒的岩石，通常都有良好的磨光性。

（3）抗钻性。抗钻性是指石材被钻孔时的难易程度，一般与岩石强度、硬度等性质有关。通常石材强度越高、硬度越大，其越不易钻孔。

3. 天然石材在工程中的应用

天然石材有诸多优点，被公认为是一种优良土木工程材料，如古埃及的金字塔、太阳神神庙、中国古代的石窟、石塔、石桥等都是天然石材应用的典范。石材目前在土木工程中的应用仍然相当普遍。天然石材在工程中的应用主要分为两大类：一类是砌筑用石材，一类是饰面石材。

（1）砌筑用石材是工程上用于砌筑的天然石材，常加工成形状规则的石块和石板，形状特殊的石制品，以及形状不规则的石块和粗骨料。常见的花岗岩、石灰岩及砂岩均可加工成优良的砌筑石材，根据其加工程度不同，可以分为以下两种。

① 毛石。毛石是在采石场爆破后直接得到的形状不规则的石块。根据其表面的平整程度不同，又分为乱毛石和平毛石，如图6.2所示。乱毛石是指各个面的形状均不规则的块石；平毛石是指对乱毛石略经加工，形状较整齐，大致有两个平行面，但表面粗糙的块石。毛石常用于砌筑基础、勒脚、墙身、堤坝、挡土墙等，亦可配制毛石混凝土。

(a) 乱毛石

(b) 平毛石

图 6.2　毛石的种类

② 料石。又称条石，如图 6.3 所示，是用毛石加工制成的较为规则的、具有一定规格的六面体石材，按其表面加工的平整程度，又可以分为毛料石、粗料石、半细料石和细料石。一般常用致密的砂岩、石灰岩、花岗岩等开采凿制，至少应有一个面的边角整齐，以便于相互合缝。料石常用于砌筑墙身、地坪、踏步、拱和纪念碑等。

(a) 料石

(b) 料石墙

图 6.3　料石的应用

天然石材应用在工程中，杰作之一就是赵州桥。

(2) 饰面石材。饰面石材主要是指用于建筑物表面起装饰和保护作用的石材，多用于建筑物墙面、柱面、地面、台阶、门套、台面等处。饰面石材多加工成板材，即由花岗岩或大理石荒料经锯切、研磨、抛光等加工后的石板，一般可分为普通型板材（直角四边形）和异形板材（其他形状的板材），而按板材表面的加工程度，又可分为细面板材（RB）、镜面板材（PL）和粗面板材（RU）。常见的饰面石材如下。

【赵州桥】

① 天然大理石。天然大理石是石灰岩或白云岩在高温、高压等地质条件下重新结晶变质而成的变质岩，其主要成分为碳酸钙及碳酸镁，因盛产于我国云南大理而得名。但这里所说的大理石是广义的，是指具有装饰功能并可磨光、抛光的各种沉积岩和变质岩。不仅仅是大理岩，还包括石英岩、蛇纹岩、石灰岩等都能加工成大理石。

大理石通常含多种矿物质而呈现出多姿多彩的花纹。抛光后的大理石光洁细腻，如脂似玉，色彩绚丽，纹理自然，十分诱人，其装饰性极好，是一种高级的饰面材料，主要用于建筑物室内饰面，如修饰墙面、地面、柱面、踏步、台面等。但因其主要化学成分是碳酸盐类，易被酸侵蚀，抗风化能力弱，故一般不宜用于室外装修。

② 天然花岗岩。天然花岗岩为典型的深成岩，是全晶质岩石，其主要成分是石英、长石及少量暗色矿物和云母。这里所说的花岗岩也是广义的，是指具有装饰功能并可磨平、抛光的各类岩浆岩及少量的变质岩。

花岗岩组织构造十分致密，研磨抛光后富有光泽并呈现不同色彩的斑点状花纹，其色彩有灰白色、黄色、蔷薇色、红色、绿色和黑色等。通常花岗岩表观密度大、抗压强度高、吸水率低、材质硬度大，是建造永久建筑、纪念性建筑的高耐久性材料，板状的花岗岩是一种室内外均可使用的高级装饰材料。但某些花岗岩含有放射性元素，对于这类花岗岩应避免用于室内。此外，花岗岩的耐火性差，高温时会发生晶态转变，体积膨胀，发生严重开裂破坏，故不得用于高温场合。部分花色的花岗岩实物如图 6.4 所示。

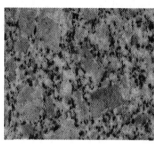

图 6.4　部分花色的花岗岩

4．天然石材的选用原则

在建筑工程中应用天然石材时，应根据建筑物的类型、环境条件等慎重选用，不但要符合工程的要求，还需经济合理。选用时一般应考虑以下方面。

（1）力学性能。应根据石材在建筑物中不同的使用部位和用途，选用满足强度、硬度等力学性能要求的石材。如承重用的石材，主要应考虑其强度等级。

（2）耐久性。要根据建筑物的重要性和使用环境，选择耐久性好的石材。如用于严寒地区室外的石材，应考虑其抗冻性与抗风化的能力。

（3）装饰性。用于建筑饰面的石材，选用时应考虑其色彩、质感及天然的纹理与建筑周围环境的协调性，以体现最佳的装饰结果，彰显建筑物的艺术气息。

（4）经济性。天然石材密度大、开采困难、运输不便、运费高，应综合考虑地方资源，尽可能就地取材，以降低成本。

（5）环保性。在选用室内装饰石材时，应注意其放射性指标是否合格，以免对使用者身体造成伤害。

6.1.2　人造石材

以天然石材碎料、石渣等为粗骨料，以石英砂为细骨料，以树脂或水泥等为胶结料，经过拌和、成型、聚合或养护后，再经过打磨、抛光、切割而成，具有天然石材花纹和质感的合成石即为人造石材。其特点主要是：具有天然石材的花纹与质感，质量轻、强度高、耐腐蚀、耐污染、施工方便。人造石材不仅可以用于墙面、门套或柱面装饰，还可以加工成浮雕、工艺品等，也是现代建筑一种比较实用、经济的饰面材料。

按所用材料的不同，人造石材一般分为以下四类。

（1）水泥型人造石材。以碎大理石、工业废渣等为粗骨料，以砂为细骨料，以硅酸盐水泥（普通硅酸盐水泥、白色或彩色硅酸盐水泥）或铝酸盐水泥为胶结材料，经配料、搅拌、成型、养护、磨光、抛光等工序而制成的人造石材即水泥型人造石材。这类人造石材的耐腐蚀性差，表面易出现小龟裂和泛霜，一般不宜用于外墙装饰。

（2）树脂型人造石材。以不饱和聚酯树脂为胶结材料，与无机材料石英砂、大理石碎粒、大理石粉、方解石粉等混合搅拌，浇筑成型，在固化剂作用下固化，再经脱模、烘干、抛光等工序制成的人造石材即树脂型人造石材。这类人造石材的抗折强度远远优于天然石材，目前使用最广泛，不仅可以作为内墙面、柱面、地面的装饰材料，还可以用作实验室、医院、工厂的工作台或家庭中厨房的操作台。

（3）烧结型人造石材。烧结型人造石材的生产方法类似于陶瓷，即将斜长石、石英、辉石、方解石粉和赤铁矿粉及部分高岭土按一定比例混合制成泥浆，制备坯料，用半干压法成型，在窑炉中以1000℃左右高温焙烧而成。

（4）复合型人造石材。复合型人造石材的生产工艺可采用"浸渍法"，先将无机填料用无机胶结料胶结成型，养护后将成型的坯体浸渍于有机单体中，然后使单体聚合。

【如何区分人造石材的优劣】

6.2　砖

？想一想

一谈到砖，就不得不说一说西安秦砖汉瓦博物馆。有的人认为砖平淡无奇，为什么要修一个博物馆出来纪念呢？然而在陕西当地，有一种"踢一脚陕西的土，保不准就有个瓦渣片片叫你拣上"的说法，而那瓦渣又都是值钱的万货（秦方言：物什之意）。为什么值钱？因为它们有沉甸甸的历史价值。"秦砖汉瓦"是中国建筑陶器的巅峰之作，十分值得纪念。

在秦都咸阳宫殿建筑遗址以及陕西临潼凤翔等地，发现了众多的秦代画像砖和铺地青砖。举世闻名的万里长城也是用砖修成的，被列为世界文化遗产，它是我国古代劳动人民创造的伟大奇迹，是中国悠久历史的见证，如图6.5所示。

【中国长城】

图6.5　万里长城

那么砖有哪些种类，在古代辉煌的文明史上曾经扮演过什么角色呢？

6.2.1　烧结砖

在建筑工程中，用于墙体的材料有砌墙砖、砌块、板材三大类，其中砌墙砖按制造工艺不同，又分为烧结砖和非烧结砖。烧结砖是指砖坯体经窑内预热、焙烧、保温、冷却而形成的砖制品，包括烧结普通砖、烧结多孔砖、烧结空心砖和空心砌块。烧结砖在我国已经有两千多年的历史，当今仍是一种广泛使用的墙体材料。

烧结砖的生产工艺过程为：原料制备→成型→干燥→焙烧→得到制品。烧结砖的主要原材料是黏土，其主要性质是可塑性与烧结性。但为了避免"取土毁田"，保护土地资源，人们开始使用粉煤灰、煤矸石等化学成分与黏土相近的工业废渣或其他替代材料，但这些材料颗粒较粗、塑性差，大量替代黏土又会带来制品成型困难等问题。

1. 烧结普通砖

烧结普通砖是以黏土、页岩、煤矸石等为主要原料经焙烧而成的普通实心砖，一般为矩形体，根据所用原料不同，可分为烧结黏土砖（N）、烧结页岩砖（Y）、烧结煤矸石砖（M）和烧结粉煤灰砖（F）。

黏土中含有铁的化合物成分，在氧化气氛中焙烧时，生成红色的高价氧化铁，使砖呈红色，称为红砖；如果坯体在氧化环境中烧成后继续在还原气氛中闷窑，高价氧化铁将还原成青灰色的低价氧化铁，使砖呈青色，称为青砖。与红砖相比，青砖更加致密、耐碱、耐久性更好，但价格偏高。砖在焙烧过程中若火候不足，会形成欠火砖；若焙烧火候过度，又会形成过火砖。欠火砖颜色浅、敲击声哑、强度低、耐久性差，不得用于工程中；过火砖颜色深、敲击声脆、强度高，但经常有弯曲变形，不便于砌筑。

1）烧结普通砖的主要技术性能

GB 5101—2003《烧结普通砖》中对烧结普通砖的尺寸偏差、外观质量、强度等级以及抗风化性能等主要技术性能均做了具体规定。强度、抗风化性能和放射性物质合格的砖，根据尺寸的偏差、外观质量、泛霜和石灰爆裂等可分为优等品（A）、一等品（B）和合格品（C）三个质量等级。

（1）尺寸偏差。烧结普通砖的公称尺寸为240mm×115mm×53mm，如图6.6所示。烧结普通砖允许的尺寸偏差应符合表6-1的规定。

表6-1 烧结普通砖允许的尺寸偏差   单位：mm

公称尺寸	优等品		一等品		合格品	
	样本平均偏差	样本极差	样本平均偏差	样本极差	样本平均偏差	样本极差
240	±2.0	6	±2.5	7	±3.0	8
115	±1.5	5	±2.0	6	±2.5	7
53	±1.5	4	±1.6	5	±2.0	6

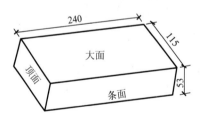

图6.6 烧结普通砖尺寸

（2）外观质量。烧结普通砖的外观质量包括两条面高度差、弯曲、杂质凸出高度、缺棱掉角、裂纹、完整面、颜色等内容，应符合表6-2的规定。

表6-2 烧结普通砖外观质量要求   单位：mm

项　　目	优等品	一等品	合格品
两条面高度差	2	3	4
弯曲	2	3	4
杂质凸出高度	2	3	4
缺棱掉角的三个破坏尺寸不得同时大于	5	20	30

续表

项　目		优等品	一等品	合格品
裂纹长度	大面上宽度方向及其延伸至条面的长度	≤30	≤60	≤80
	大面上长度方向及其延伸至顶面的长度或条、顶面上水平裂纹的长度	≤50	≤80	≤100
完整面		多于二条面和二顶面	多于一条面和一顶面	—
颜色		基本一致	—	—

注：① 装饰面施加的色差、凹凸纹、拉毛、压花等不算作缺陷。

② 凡有下列缺陷之一者，不得称为完整面。

　　a. 缺损在条面或顶面上造成的破坏面尺寸同时大于 10mm×10mm；

　　b. 条面或顶面上裂纹宽度大于 1mm，其长度超过 30mm；

　　c. 压陷、粘底、焦花在条面或顶面上凹陷或凸出超过 2mm，区域尺寸同时大于 10mm×10mm。

（3）强度等级。烧结普通砖按抗压强度分为 MU30、MU25、MU20、MU15、MU10 五个等级，各强度等级应符合表 6-3 的规定。

表 6-3　烧结普通砖的强度等级　　　　　　　　　　单位：MPa

强 度 等 级	抗压强度平均值 $\bar{f}$	变异系数 $\delta \leqslant 0.21$	变异系数 $\delta > 0.21$
		强度标准值 f_k	单块最小抗压强度值 f_{min}
MU30	≥30.0	≥22.0	≥25.0
MU25	≥25.0	≥18.0	≥22.0
MU20	≥20.0	≥14.0	≥16.0
MU15	≥15.0	≥10.0	≥12.0
MU10	≥10.0	≥6.5	≥7.5

（4）抗风化性能。抗风化性能是烧结普通砖的一项重要耐久性综合指标，主要包括抗冻性、吸水率及饱和系数。GB 5101—2003《烧结普通砖》规定，我国东北、内蒙古和新疆等严重风化地区的砖必须进行冻融试验，有关风化区划分见表 6-4；其他地区砖的抗风化性能在符合表 6-5 的规定时可不做冻融试验，否则必须进行冻融试验，且冻融试验后每块砖样不允许出现裂纹、分层、掉皮、缺棱、掉角等冻坏现象，而且质量损失不得大于 2%。

（5）泛霜。泛霜是指砖的原料中含有可溶性盐类，在砖使用过程中，随水分蒸发而在砖表面产生盐析，常为白色粉末，严重者会导致粉化剥落。优等品砖应无泛霜，一等品砖不允许出现中等泛霜，合格品砖不得严重泛霜。

表 6-4　风化区划分

严重风化区		非严重风化区		
1. 黑龙江省	8. 青海省	1. 山东省	8. 四川省	15. 海南省
2. 吉林省	9. 陕西省	2. 河南省	9. 贵州省	16. 云南省
3. 辽宁省	10. 山西省	3. 安徽省	10. 湖南省	17. 西藏自治区
4. 内蒙古自治区	11. 河北省	4. 江苏省	11. 福建省	18. 上海市
5. 新疆维吾尔自治区	12. 北京市	5. 湖北省	12. 台湾省	19. 重庆市
6. 宁夏回族自治区	13. 天津市	6. 江西省	13. 广东省	
7. 甘肃省		7. 浙江省	14. 广西壮族自治区	

表 6-5 烧结普通砖的抗风化性能指标

砖种类	严重风化区				非严重风化区			
	5h沸煮吸水率/%		饱和系数		5h沸煮吸水率/%		饱和系数	
	平均值	单块最大值	平均值	单块最大值	平均值	单块最大值	平均值	单块最大值
黏土砖	≤18	≤20	≤0.85	≤0.87	≤19	≤20	≤0.88	≤0.90
粉煤灰砖	≤21	≤23	≤0.85	≤0.87	≤23	≤25	≤0.88	≤0.90
页岩砖	≤16	≤18	≤0.74	≤0.77	≤18	≤20	≤0.78	≤0.80
煤矸石砖	≤16	≤18	≤0.74	≤0.77	≤18	≤20	≤0.78	≤0.80

注：粉煤灰掺入量（体积比）小于30%时，按黏土砖规定判定。

（6）石灰爆裂。石灰爆裂指砖内存在生石灰，待砖砌筑后，生石灰吸水消解、体积膨胀而使得砖开裂的现象。烧结普通砖的石灰爆裂应符合表 6-6 的要求。

表 6-6 烧结普通砖的石灰爆裂要求

项目	优等品	一等品	合格品
石灰爆裂	不允许出现最大破坏尺寸大于2mm的爆裂区域	（1）最大破坏尺寸大于2mm且小于或等于10mm的爆裂区域，每组砖样不得多于15块； （2）不允许出现最大破坏尺寸大于10mm的爆裂区域	（1）最大破坏尺寸大于2mm且小于或等于15mm的爆裂区域，每组砖样不得多于15块，其中大于10mm的不得多于7处； （2）不允许出现最大破坏尺寸大于10mm的爆裂区域

（7）酥砖和螺纹砖。酥砖指砖坯由于被雨水淋、受潮、受冻或在焙烧过程中受热不均等原因，使砖产生大量的网状裂纹，其强度和抗冻性严重降低；螺纹砖指从挤泥机挤出的砖坯上存在螺旋纹，它在烧结时不易消除，令砖受力时易造成应力集中，降低砖的强度。产品中不允许有酥砖和螺纹砖。

2）烧结普通砖的性质与应用

烧结普通砖由于具有强度较高、耐久性较好、有一定的保温隔热性，加上其特有的古朴、温暖的质感，是一种传统的墙体材料，主要用于砌筑建筑物的内外墙、柱、拱、烟囱、沟道等。优等砖适于砌筑清水墙和装饰墙，一等品、合格品的砖可用于砌筑混水墙。中等泛霜的砖不能用于潮湿部位。

【清水墙和混水墙的区别】

2. 烧结多孔砖

传统烧结普通砖取土毁田严重、能耗大、砖块小、自重大且施工效率低、砌体抗震性差等缺点在应用中日益暴露，故我国对大、中城市及地区限制烧结普通砖特别是烧结普通黏土砖的使用。伴随着高层建筑的发展，对烧结砖提出了减轻自重、改善绝热和吸声性能的要求，我国许多地区都进行了墙体改革，开发、研究了烧结多孔砖、烧结空心砖及其他轻质墙体材料，使用这些材料的墙体自重减轻了30%～35%，提高工效近40%，节省砂浆，降低造价约20%，并可大大改善墙体的绝热和吸声功能。特别是利用工农业废料生产的轻质墙体材料，正在得到大力推广和应用。

烧结多孔砖是以黏土、页岩、煤矸石等为主要原料，经焙烧而成，生产过程与烧结普通砖基本相同，但塑性要求较高。

烧结多孔砖为大面有孔的直角六面体，孔多而小，孔洞垂直于受压面，长、宽、高尺寸规格为290mm、240mm、190mm、180mm、175mm、140mm、115mm、90mm，也可由供需双方商定。

我国的多孔砖分为 P 型砖和 M 型砖，P 型砖的外形尺寸为 240mm×115mm×90mm，M 型砖的外形尺寸为 190mm×190mm×90mm，如图 6.7 和图 6.8 所示。

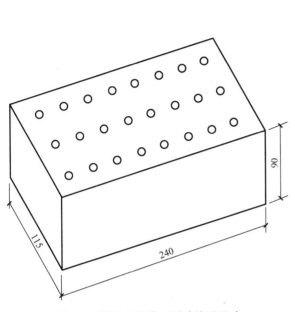

图 6.7　烧结多孔砖 P 型砖外形尺寸

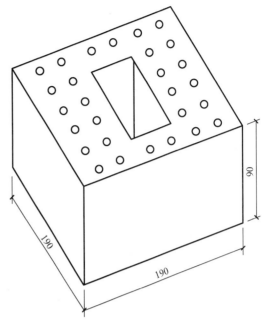

图 6.8　烧结多孔砖 M 型砖外形尺寸

1）烧结多孔砖的主要技术性能

GB 13544—2011《烧结多孔砖和多孔砌块》中对烧结普通砖的尺寸偏差、外观质量、强度等级以及抗风化性能等主要技术性能均做了具体规定。强度、抗风化性能合格的砖，根据尺寸的偏差、外观质量、强度等级和物理性能可分为优等品（A）、一等品（B）及合格品（C）三个质量等级。

（1）尺寸偏差。烧结多孔砖允许的尺寸偏差应符合表 6-7 的规定。

表 6-7　烧结多孔砖允许的尺寸偏差　　　　　　　　　　　　　　单位：mm

尺寸	优等品		一等品		合格品	
	样本平均偏差	样本极差	样本平均偏差	样本极差	样本平均偏差	样本极差
290、240	±2.0	6	±2.5	7	±3.0	8
190、180、175、140、115	±1.5	5	±2.0	6	±2.5	7
90	±1.5	4	±1.7	5	±2.0	6

（2）外观质量。烧结多孔砖的外观质量应符合表 6-8 的要求。

表 6-8　烧结多孔砖的外观质量要求　　　　　　　　　　　　　　单位：mm

项　　目	优等品	一等品	合格品
颜色（一条面和一顶面）	一致	基本一致	—
完整面	至少一条面和一顶面	至少一条面和一顶面	—
缺棱掉角的三个破坏尺寸不得同时大于	15	20	30

续表

项 目		优等品	一等品	合格品
裂纹长度	大面上深入孔壁 15mm 以上宽度方向及其延伸到条面的长度	≤60	≤80	≤100
	大面上深入孔壁 15mm 以上长度方向及其延伸到顶面的长度	≤60	≤100	≤120
	条、顶面上的水平裂纹长度	≤80	≤100	≤120
杂质在砖面上造成的凸出高度		≤3	≤4	≤5

注：① 装饰面施加的色差、凹凸纹、拉毛、压花等不算作缺陷。

② 凡有下列缺陷之一者，不得称为完整面。

a. 缺损在条面或顶面上造成的破坏面尺寸同时大于 20mm×30mm；

b. 条面或顶面上裂纹宽度大于 1mm，其长度超过 70mm；

c. 压陷、粘底、焦花在条面或顶面上凹陷或凸出超过 2mm，区域尺寸同时大于 20mm×30mm。

（3）强度等级。烧结普通砖按抗压强度分为 MU30、MU25、MU20、MU15、MU10 五个等级，各强度等级应符合表 6-9 的规定。

表 6-9 烧结多孔砖的强度等级   单位：MPa

强 度 等 级	抗压强度平均值 $\bar{f}$	变异系数 $\delta \leq 0.21$	变异系数 $\delta > 0.21$
		强度标准值 f_k	单块最小抗压强度值 f_{min}
MU30	≥30.0	≥22.0	≥25.0
MU25	≥25.0	≥18.0	≥22.0
MU20	≥20.0	≥14.0	≥16.0
MU15	≥15.0	≥10.0	≥12.0
MU10	≥10.0	≥6.5	≥7.5

（4）抗风化性能。烧结多孔砖的抗风化性能指标见表 6-10。

表 6-10 烧结多孔砖的抗风化性能指标

砖种类	严重风化区				非严重风化区			
	5h 沸煮吸水率/%		饱和系数		5h 沸煮吸水率/%		饱和系数	
	平均值	单块最大值	平均值	单块最大值	平均值	单块最大值	平均值	单块最大值
黏土砖	≤21	≤23	≤0.85	≤0.87	≤23	≤25	≤0.88	≤0.90
粉煤灰砖	≤23	≤25			≤30	≤32		
页岩砖	≤16	≤18	≤0.74	≤0.77	≤18	≤20	≤0.78	≤0.80
煤矸石砖	≤19	≤21			≤21	≤23		

注：粉煤灰掺入量（体积比）小于 30% 时，按黏土砖规定判定。

此外，烧结多孔砖的泛霜及石灰爆裂要求同烧结普通砖，也不允许有欠火砖、酥砖和螺纹砖，在此不再赘述。

2）烧结多孔砖的性质与应用

烧结多孔砖孔洞率在25％以上，表观密度为1200kg/m³左右，自重轻，保温隔热性能好，块体也较大。其虽具有一定的孔洞率，使得砖受压时有效受压面积减小，但因制坯时受较大的压力，使砖孔壁致密程度提高，且对原材料要求也较高，这就补偿了因有效面积减少而造成的强度损失，故烧结多孔砖的强度仍然较高，常被用于砌筑六层以下的承重墙。

3. 烧结空心砖和空心砌块

烧结空心砖和空心砌块是以黏土、页岩、煤矸石等为主要原料，经焙烧而成。烧结空心砖为顶面有孔的直角六面体，孔大而少，孔洞为矩形条孔或其他孔形，平行于大面和条面，其外形尺寸如图6.9所示。长、宽、高规格尺寸为390mm、290mm、240mm、190mm、180mm、175mm、140mm、115mm、90mm，也可由供需双方商定。

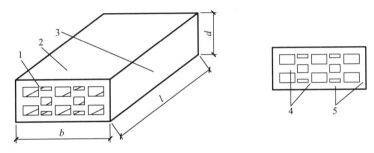

图6.9　烧结空心砖外形尺寸
1—顶面；2—大面；3—条面；4—肋；5—壁；l—长度；b—宽度；d—高度

1）烧结空心砖和空心砌块的主要技术性能

GB/T 13545—2014《烧结空心砖和空心砌块》规定，根据主要原料不同，烧结空心砖和空心砌块可分为黏土砖和砌块（N）、页岩砖和砌块（Y）、煤矸石砖和砌块（M）、粉煤灰砖和砌块（F）；根据体积密度，可分为800kg/m³、900kg/m³、1000kg/m³、1100kg/m³四个密度等级。烧结空心砖和空心砌块的密度等级、强度等级、外观质量要求应分别符合表6-11～表6-13的规定。

表6-11　烧结空心砖和空心砌块的密度等级　　单位：kg/m³

密 度 等 级	5块砌块密度平均值
800	≤800
900	801～900
1000	901～1000
1100	1001～1100

表6-12　烧结空心砖和空心砌块的强度等级　　单位：MPa

强 度 等 级	抗压强度平均值 f	变异系数 $\delta \leqslant 0.21$ 强度标准值 f_k	变异系数 $\delta > 0.21$ 单块最小抗压强度值 f_{min}
MU10.0	≥10.0	≥7.0	≥8.0
MU7.5	≥7.5	≥5.0	≥5.8
MU5.0	≥5.0	≥3.5	≥4.0
MU3.5	≥3.5	≥2.5	≥2.8

表 6-13　烧结空心砖和空心砌块的外观质量要求

项　目		指标/mm
弯曲		≤4
缺棱掉角的三个破坏尺寸不得同时大于		20
垂直度偏差		≤4
未贯穿裂纹长度	大面上宽度方向及其延伸到条面的长度	≤100
	大面上长度方向或条面上水平方向的长度	≤120
贯穿裂纹长度	大面上宽度方向及其延伸到条面的长度	≤40
	壁、肋沿长度方向、宽度方向及其水平方向的长度	≤40
肋、壁内残缺长度		≤40
完整面		至少一条面或一大面

注：凡有下列缺陷之一者，不得称为完整面。
　　① 缺损在条面或顶面上造成的破坏面尺寸同时大于 20mm×30mm；
　　② 条面或顶面上裂纹宽度大于 1mm，其长度超过 70mm；
　　③ 压陷、粘底、焦花在条面或顶面上凹陷或凸出超过 2mm，区域尺寸同时大于 20mm×30mm。

2）烧结空心砖和空心砌块的性质与应用

烧结空心砖和空心砌块，孔洞率在 30% 以上，由于孔洞大、自重轻、强度低，主要用于非承重部位，如多层建筑的内墙或框架结构的填充墙等。

6.2.2　非烧结砖

非烧结砖是指不经焙烧而制成的砖制品，目前常见的有蒸压灰砂砖、蒸压粉煤灰砖和混凝土多孔砖。

1. 蒸压灰砂砖

蒸压灰砂砖（灰砂砖）是由磨细生石灰或消石灰粉、天然砂和水按一定配合比，搅拌混合、陈伏、加压成型，再经蒸压（使用温度 175～203℃、压力 0.8～1.6MPa 的饱和蒸汽）养护而成。

图 6.10　蒸压灰砂砖

蒸压灰砂砖的规格与尺寸同烧结普通砖，本色呈灰色（N），体积密度 1800～1900kg/m³，导热系数约为 0.61W/(m·K)，外观如图 6.10 所示。若掺入耐碱材料，可制成彩色砖（Co）。

1）蒸压灰砂砖的主要技术性能

GB 11945—1999《蒸压灰砂砖》规定，根据砖的尺寸偏差、外观质量、强度等将蒸压灰砂砖分为优等品（A）、一等品（B）及合格品（C）；按砖浸水 24h 后抗压强度和抗折强度，将其分为 MU25、MU20、MU15、MU10 四个等级。

各等级砖的抗压强度和抗折强度及抗冻性指标应符合表 6-14 的规定。

表 6-14　蒸压灰砂砖的抗压强度和抗折强度及抗冻性指标

强度等级	抗压强度/MPa		抗折强度/MPa		抗冻性	
	平均值	单块值	平均值	单块值	抗压强度平均值/MPa	单块砖干质量损失/%
MU25	≥25.0	≥20.0	≥5.0	≥4.0	≥20.0	≤2.0
MU20	≥20.0	≥16.0	≥4.0	≥3.2	≥16.0	≤2.0
MU15	≥15.0	≥12.0	≥3.3	≥2.6	≥12.0	≤2.0
MU10	≥10.0	≥8.0	≥2.5	≥2.0	≥8.0	≤2.0

注：优等品的强度等级不低于 MU15。

2）蒸压灰砂砖的性质与应用

蒸压灰砂砖的耐久性良好，在长期潮湿环境中强度不会有显著变化，一般 MU15、MU20、MU25 的砖可用于基础及其他建筑，MU10 的砖仅可用于防潮层以上的建筑。蒸压灰砂砖的抗流水冲刷的能力较弱，不能用于流水冲刷部位，此外也不得用于长期受热（200℃以上）、受急冷急热和有酸性介质侵蚀的建筑部位。

2.蒸压粉煤灰砖

蒸压粉煤灰砖（粉煤灰砖）是以粉煤灰、石灰为主要原料，掺和适量石膏和骨料经坯料制备、压制成型、常压或高压蒸汽养护而成的实心砖。

蒸压粉煤灰砖规格与尺寸同烧结普通砖，呈深灰色，体积密度 1400～1500kg/m³，导热系数约为 0.65W/(m·K)，外观如图 6.11 所示。

1）蒸压粉煤灰砖的主要技术性能

JC/T 239—2014《蒸压粉煤灰砖》规定，按砖的抗压强度和抗折强度将蒸压粉煤灰砖分为 MU30、MU25、MU20、MU15、MU10 五个等级。

各等级蒸压粉煤灰砖的抗压强度和抗折强度及抗冻性指标应符合表 6-15 的规定。

图 6.11　蒸压粉煤灰砖

表 6-15　各等级蒸压粉煤灰砖的抗压强度和抗折强度及抗冻性指标

强度等级	抗压强度/MPa		抗折强度/MPa		抗冻性	
	平均值	单块值	平均值	单块值	抗压强度损失/%	质量损失/%
MU30	≥30.0	≥24.0	≥4.8	≥3.8	≤25	≤5
MU25	≥25.0	≥20.0	≥4.5	≥3.6		
MU20	≥20.0	≥16.0	≥4.0	≥3.2		
MU15	≥15.0	≥12.0	≥3.7	≥3.0		
MU10	≥10.0	≥8.0	≥2.5	≥2.0		

注：强度等级以蒸汽养护1d后的强度为准。

2）蒸压粉煤灰砖的性质与应用

蒸压粉煤灰砖一般可用于工业与民用建筑的墙体和基础，但基础或干湿交替部位必须用 MU15 及以上强度等级的砖，同时不得用于长期受热（200℃以上）、受急冷急热和有酸性介质侵蚀的建筑部位。此外，用粉煤灰砖砌筑的建筑物，为了避免或减少收缩裂缝，通常都应适当增设圈梁及伸缩缝。

3. 混凝土多孔砖

混凝土多孔砖是以水泥为胶结材料，以砂、石为主要骨料，加水搅拌、成型、养护制成的一种多排小孔的混凝土砖，是一种新型墙体材料。其外形为直角六面体，长度一般为 290mm、240mm、190mm、180mm，宽度一般为 240mm、190mm、115mm、90mm，高度为 115mm、90mm，最小外壁厚及肋厚分别不应小于 15mm 及 10mm，孔洞率一般大于 30%。根据砖的尺寸偏差、外观质量，将其分为优等品（A）、一等品（B）及合格品（C）；按砖的抗压强度，将其分为 MU30、MU25、MU20、MU15、MU10 五个等级。

混凝土多孔砖的收缩会使砌筑的砌体较易产生裂缝，故混凝土多孔砖的含水率不应大于 0.045%。当用来砌筑外墙时，应满足抗渗要求，以抗渗性试验加水 2h 后三块砖中任一块水面下降高度不大于 10mm 为合格；此外还应符合抗冻性要求，冻融循环后强度损失应不超过 25%，质量损失应不超过 5%。

6.3 砌　　块

想一想

什么是砌块，它与砖有什么区别？目前砌筑为什么常用砌块呢？

传统的小块黏土砖以其耗能大、毁田多、运输量大的缺点，越来越不适应可持续发展和环境保护的要求，对其进行革新势在必行，建筑业迫切需要一种新型的墙体材料的出现。混凝土砌块于 1882 年问世，是一种应用较早的墙用砌块。后来美国又出现了混凝土小型空心砌块。第二次世界大战后，混凝土砌块的生产和应用技术传至美洲和欧洲的一些国家，继而又传至亚洲、非洲和大洋洲。

6.3.1　混凝土砌块

砌块是用于砌筑的人造块材，外形多为直角六面体，也有各种异形的。砌块不仅尺寸大、制作工艺简单、施工效率高，可改善墙体的热工性能，而且其生产所采用的原材料可以是炉渣、粉煤灰、煤矸石等，从而可充分利用地方材料和工业废料，因此，砌块成了目前常用的墙体材料。

砌块分类的方法有多种。按主要规格尺寸，砌块分为小型砌块（高度 115～380mm）、中型砌块（高度 380～980mm）和大型砌块（高度大于 980mm）；按空心率大小，分为空心砌块（孔洞率大于或等于 25%）和实心砌块（无孔洞或孔洞率小于 25%）；按其所用主要原料及生产工艺，分为水泥混凝土砌块、粉煤灰硅酸盐砌块、石膏砌块和烧结砌块等。

1. 普通混凝土小型空心砌块

普通混凝土小型空心砌块（NHB）是以水泥、砂、石加水搅拌，经装模、振动（或加压振动或冲压）成型，再经养护而成，其孔洞率等于或大于 25%，主体规格尺寸为 390mm×190mm×190mm。砌块的各部位名称如图 6.12 所示，其实物如图 6.13 所示。

1）普通混凝土小型空心砌块的主要技术性能

GB/T 8239—2014《普通混凝土小型砌块》规定，砌块根据尺寸偏差和外观质量，可分为优等品（A）、一等品（B）及合格品（C）；按抗压强度，分为 MU20.0、MU15.0、MU10.0、MU7.5、MU5.0、MU3.5 六个等级。

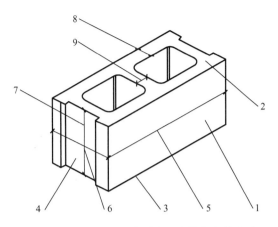

图 6.12 普通混凝土小型空心砌块各部位名称

1—条面；2—坐浆面（肋厚较小的面）；

3—铺浆面（肋厚较大的面）；4—顶面；

5—长度；6—宽度；7—高度；8—壁；9—肋

图 6.13 普通混凝土小型空心砌块实物图

普通混凝土小型空心砌块的抗压强度、抗冻性、抗渗性及相对含水率应分别符合表 6-16～表 6-19 的规定。

表 6-16 混凝土小型空心砌块的抗压强度 单位：MPa

强 度 等 级	砌块抗压强度		强 度 等 级	砌块抗压强度	
	平均值	单块最小值		平均值	单块最小值
MU3.5	≥3.5	≥2.8	MU10.0	≥10.0	≥8.0
MU5.0	≥5.0	≥4.0	MU15.0	≥15.0	≥12.0
MU7.5	≥7.5	≥6.0	MU20.0	≥20.0	≥16.0

表 6-17 混凝土小型空心砌块的抗冻性

使用环境条件		抗冻等级	指 标
非采暖地区		不规定	—
采暖地区	一般环境	D15	强度损失≤25%
	干湿交替环境	D25	质量损失≤5%

注：非采暖地区指最冷月平均气温高于−5℃的地区，采暖地区指最冷月平均气温低于或等于−5℃的地区。

表 6-18 混凝土小型空心砌块的抗渗性

项 目 名 称	指 标
渗透试验中水面下降高度	三块中任一块不大于10mm

表 6-19 混凝土小型空心砌块的相对含水率 单位：%

使 用 地 区	潮 湿	中 等	干 燥
相对含水率	≤45	≤40	≤35

注：潮湿地区指年平均相对湿度大于75%的地区，中等地区指年平均相对湿度50%～75%的地区，干燥地区指年平均相对湿度小于50%的地区。

2) 普通混凝土小型空心砌块性质及应用

普通混凝土小型空心砌块具有强度较高、自重较轻、耐久性好等优点，其导热系数随混凝土材料及孔洞率的不同而不同，孔洞率为50%时，其导热系数约为0.26W/(m·K)。

其适用于建造居住、公共、工业等建筑，亦可以砌筑围墙、挡土墙、花坛等市政设施。

【轻骨料混凝土型砌块】

2. 轻骨料混凝土小型空心砌块

轻骨料混凝土小型空心砌块（LHB）是以粉煤灰陶粒、黏土陶粒、天然轻骨料、膨胀珍珠岩等轻骨料与水泥、砂、水拌和，经装模、振动（或加压振动或冲压）成型，再经养护而成，其孔洞率等于或大于25%，主体规格尺寸为390mm×190mm×190mm，其他规格尺寸可由供需方商定。

1) 轻骨料混凝土小型空心砌块的主要技术性能

GB/T 15229—2011规范规定，砌块按密度等级，分为700、800、900、1000、1100、1200、1300、1400八个等级；按抗压强度，分为MU10.0、MU7.5、MU5.0、MU3.5、MU2.5五个等级。按其孔的排数，砌块分为单排孔、双排孔、三排孔和四排孔四类。砌块的保温性能与排孔数和密度等级密切相关。

轻骨料混凝土小型空心砌块的密度等级、强度等级、抗冻性及吸水率和相对含水率应分别符合表6-20~表6-23的规定。

表6-20 轻骨料混凝土小型空心砌块的密度等级

密 度 等 级	砌块干燥体积密度的范围/(kg/m³)	密 度 等 级	砌块干燥体积密度的范围/(kg/m³)
700	610~700	1100	1010~1100
800	710~800	1200	1110~1200
900	810~900	1300	1210~1300
1000	910~1000	1400	1310~1400

表6-21 轻骨料混凝土小型空心砌块的强度等级

强 度 等 级	砌块抗压强度/MPa		密度等级范围/(kg/m³)
	平均值	最小值	
MU2.5	≥2.5	2.0	≤800
MU3.5	≥3.5	2.8	≤1000
MU5.0	≥5.0	4.0	≤1200
MU7.5	≥7.5	6.0	≤1200① ≤1300②
MU10.0	≥10.0	8.0	≤1200① ≤1400②

注：当砌块的抗压强度同时满足两个或两个以上强度等级要求时，以最高强度等级要求为准；表中①适用于除自燃煤矸石掺量不小于砌块质量35%以外的其他砌块；②适用于自燃煤矸石掺量不小于砌块质量35%的砌块。

表 6 - 22　轻骨料混凝土小型空心砌块的抗冻性

使用环境条件		抗 冻 等 级	指　标
非采暖地区		不规定	—
采暖地区	一般环境	D15	强度损失≤25%
	干湿交替环境	D25	质量损失≤5%

表 6 - 23　轻骨料混凝土小型空心砌块的吸水率和相对含水率　　　　单位：%

吸水率	相对含水率		
	潮湿	中等	干燥
<15	≤45	≤40	≤35
15～18	≤40	≤35	≤30
>18	≤35	≤30	≤25

注：潮湿地区指年平均相对湿度大于75%的地区，中等地区指年平均相对湿度为50%～75%的地区，干燥地区指年平均相对湿度小于50%的地区。

2）轻骨料混凝土小型空心砌块性质及应用

轻骨料混凝土小型空心砌块的自重较轻、保温性能好、抗震性能、防火性能及隔声性能都好，适用于多层或高层的非承重及承重保温墙、框架结构填充墙。强度等级 MU3.5 以下的砌块，主要用于保温墙体或非承重墙；强度等级 MU3.5 及其上等级的砌块，主要用于承重保温墙。

6.3.2　蒸压加气混凝土砌块

蒸压加气混凝土砌块（ACB）是以胶凝材料（水泥、石灰等）、骨料（砂、粉煤灰、矿渣等）及加气剂（铝粉）等，经配料、搅拌、浇筑、发气、切割和蒸压养护而成的多孔轻质块体材料。其规格尺寸如下：长度为 600mm，宽度为 100mm、125mm、150mm、200mm、250mm 和 300mm，高度为 200mm、240mm、250mm 和 300mm。

1）蒸压加气混凝土砌块的主要技术性能

GB 11968—2006《蒸压加气混凝土砌块》规定，此砌块按尺寸偏差、外观质量、干密度、抗压强度和抗冻性等分为优等品（A）及合格品（B）两个等级；按砌块体积密度，分为 B03、B04、B05、B06、B07、B08 六个等级；按砌块的抗压强度，分为 A10.0、A7.5、A5.0、A3.5、A2.5、A2.0、A1.0 七个等级。

蒸压加气混凝土砌块抗压强度应符合表 6 - 24 的规定，强度、密度等级及抗冻性要求应符合表 6 - 25 的规定。此外，若掺用工业废渣为原料时，放射性应符合 GB 6566—2010《建筑材料放射性核素限量》的规定。

表 6 - 24　蒸压加气混凝土砌块抗压强度

强度等级	立方体抗压强度/MPa	
	平均值	单块最小值
A1.0	≥1.0	≥0.8
A2.0	≥2.0	≥1.6
A2.5	≥2.5	≥2.0
A3.5	≥3.5	≥2.8
A5.0	≥5.0	≥4.0
A7.5	≥7.5	≥6.0
A10.0	≥10.0	≥8.0

表6-25　蒸压加气混凝土砌块强度、密度等级及抗冻性要求

体积密度级别		B03	B04	B05	B06	B07	B08
体积密度/(kg/cm³)	优等品	≤300	≤400	≤500	≤600	≤700	≤800
	合格品	≤325	≤425	≤525	≤625	≤725	≤825
强度等级	优等品	A1.0	A2.0	A3.5	A5.0	A7.5	A10.0
	合格品			A2.5	A3.5	A5.0	A7.5
抗冻性	质量损失	≤5%					
	冻后强度/MPa 优等品	≥0.8	≥1.6	≥2.0	≥2.8	≥4.0	≥6.0
	冻后强度/MPa 合格品	≥0.8	≥1.6	≥2.0	≥2.8	≥4.0	≥6.0

2）蒸压加气混凝土砌块的性质及应用

蒸压加气混凝土砌块孔洞率一般在70%～80%，不仅自重轻、强度较高，而且耐火性、保温性、隔热性、隔声性好，在建筑工程中应用广泛，是一种集保温、隔热、吸声功能为一体的多用建筑材料，主要用于低层建筑的承重墙、多层建筑的间隔墙和高层框架结构的填充墙。但由于其收缩大、弹性模量低且怕冻害，故不得用在建筑物的以下部位：建筑物标高±0.000m以下（地下室的非承重内隔墙除外）；长期浸水或经常干湿交替的部位；受化学侵蚀的环境；砌块表面经常处于80℃以上高温环境和屋面女儿墙体。

6.3.3　粉煤灰砌块

粉煤灰砌块（FB）是以粉煤灰、石灰、石膏和炉渣、矿渣等为原料，经加水搅拌、振动成型、蒸汽养护而制成的实心砌块，其主要规格尺寸有880mm×380mm×240mm及880mm×430mm×240mm两种。按立方体抗压强度，可分为10级和13级两个等级；按外观质量、尺寸偏差等，分为一等品（B）和合格品（C）两个质量等级。其抗压强度、抗冻性要求等技术指标应符合表6-26的规定。粉煤灰砌块可用于一般工业和民用建筑的墙体和基础，但不宜用于有酸性介质侵蚀的建筑部位，也不宜用于经常处于高温影响下的建筑物。

表6-26　粉煤灰砌块的技术指标

项目	指标	
	10级	13级
抗压强度/MPa	3块试件平均值≥10.0 单块试件最小值≥8.0	3块试件平均值≥13.0 单块试件最小值≥10.5
人工碳化后强度/MPa	≥6.0	≥7.5
抗冻性/%	冻融循环结束后，外观无明显疏松、剥落或裂缝，强度损失≤20	
密度	不超过设计密度10%	

6.3.4　石膏空心砌块

石膏空心砌块是以建筑石膏为主要原料，经加水搅拌、浇筑成型和干燥而制成的，生产过程中可根据性能要求加入轻骨料、纤维增强材料、发泡剂等辅助材料。其规格为666mm×500mm×（60、80、90、

100、110、120)mm，如图 6.14 所示，其实物如图 6.15 所示。按 JC/T 698—2010《石膏砌块》的规定，石膏砌块的规格、尺寸偏差和外观质量应符合表 6-27 的要求。

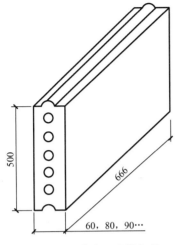

图 6.14　石膏空心砌块规格

图 6.15　石膏空心砌块实物图

表 6-27　石膏砌块的规格、尺寸偏差和外观质量要求

项　目		指　标
规格与尺寸偏差/mm	长度 666	±3
	宽度 500	±2
	厚度 60、80、90、100、110、120	±1.5
平整度/mm		≤1.0
断裂荷载/kN		≥1.5
防潮砌块软化系数		≥0.6
外观质量	缺角	同一砌块不得多于一处；缺角尺寸应小于 30mm×30mm
	板面断裂	非贯穿裂纹不得多于一条；裂纹长度应小于 30mm，宽度小于 1mm
	油污	不允许
	气孔	直径 5~10mm，不多于两处；大于 10mm 则不允许

　　石膏空心砌块自重轻，吸声和隔热性好，有一定耐火性，并可钉可锯，适用于高层建筑、框架轻板结构及室内分隔等。

6.4　墙用板材

 想一想

　　墙体材料除砖与砌块外，还有墙用板材，那么与砖和砌块相比，墙用板材有哪些优势呢？
　　与前面提到的砖和砌块相比，墙用板材最明显的优势是能适应工业化生产，便于安装，能较好地提高建筑物的抗震性能，还能灵活布置开间，增加建筑物的使用面积，并能降低使用能耗。目前，墙用板材是一种很有发展前景的新型墙体材料。

6.4.1　水泥类墙用板材

目前，水泥类墙用板材生产技术成熟、产品质量可靠，具有较好的力学性能与耐久性能，其主要缺点是表观密度大、抗拉强度低，大板起吊时易受损。生产中可以制作预应力空心板材，减轻自重，同时改善其隔声隔热的性能；还可用纤维等增强薄板的抗拉性能。此类板材比较常见的有纤维增强低碱度水泥建筑平板、GRC 轻质多孔墙板、预应力混凝土空心墙板等。

【纤维增强低碱度
水泥平板】

1. 纤维增强低碱度水泥建筑平板

纤维增强低碱度水泥建筑平板是以温石棉、短切中碱玻璃纤维或抗碱玻璃纤维等为增强材料，以低碱度水泥为胶结材料，加水制浆，按抄取或流浆法成坯、压制和蒸养而成。掺石棉纤维的增强薄板称为 TK 板，不掺石棉纤维的增强薄板称为 NTK 板。

JC/T 626—2008《纤维增强低碱度水泥建筑平板》规定，该平板规格尺寸为长度1200～2800mm，宽度 800～1200mm，厚度分 4mm、5mm、6mm 三种；按尺寸偏差和物理力学性能，该平板分为优等品（A）、一等品（B）及合格品（C）三个质量等级。

纤维增强低碱度水泥建筑平板自重轻、强度高，防潮、防火性好，不易变形，可加工性好（能锯、钻、钉及表面装饰等），适用于各类建筑物的复合外墙和非承重内隔墙。

2. 预应力混凝土空心墙板

预应力混凝土空心墙板如图 6.16 所示，使用时可按要求配以保温层、外饰面层及防水层等。其规格尺寸为长度 1000～1900mm，宽度 600～1200mm，总厚度 200～480mm。其生产和使用应符合 GB/T 14040—2007《预应力混凝土空心板》等相关标准的要求。

预应力混凝土空心墙板不仅可做外墙板、内墙板，还可用于楼板、屋面和阳台等。

图 6.16　预应力混凝土空心墙板

3. GRC 轻质多孔墙板

【轻质多孔墙板】

GRC 轻质多孔墙板是以低碱水泥为胶结材料、以抗碱玻璃纤维网格布为增强材料、以膨胀珍珠岩（也可用炉渣、粉煤灰等）为骨料，配以起泡剂和防水剂等，经配料、搅拌、浇筑、成型及养护而成。其规格尺寸为长度 2500～3500mm，宽度 600mm，厚度分90mm、120mm 两种。此类墙板按板型，分为普通板（PB）、门框板（MB）、窗框板（CB）及过梁板（LB）；按外观质量、尺寸偏差及物理力学性能，分为一等品（B）及合格品（C）两个质量等级。相应的外观质量、尺寸偏差及物理力学性能均应符合 GB/T 19631—2005 的要求。

GRC 轻质多孔墙板自重轻、强度高，隔热性和隔声性好，不燃烧且加工方便，适合作为一般工业与民用建筑的内隔墙及复合墙体的外面。

水泥类墙用板材的种类，还有水泥聚苯板、水泥木丝板、水泥刨花板等，因篇幅所限，在此不具体介绍。

6.4.2 石膏类墙用板材

因石膏制品有许多优点，石膏类墙用板材在轻质墙体材料中所占比例很大，常见的有纸面石膏板、纤维石膏板、石膏空心板、石膏刨花板等，如图 6.17 所示。

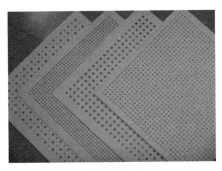
(a) 纸面石膏板之一

(b) 纸面石膏板之二

(c) 纤维石膏板

(d) 石膏空心板

图 6.17 石膏类墙用板材

1. 纸面石膏板

普通的纸面石膏板是以建筑石膏为主要原料，加入适量纤维类增强材料以及少量外加剂，经加水搅拌成浆，浇筑在行进的纸面上，成型后再覆以上层面纸，再经固化、切割、烘干、切边而成。若在板芯配料中加入防水、防潮外加剂，并用耐水护面纸，则可制成耐水纸面石膏板；若在板芯配料中加入适量轻骨料、无机耐火纤维增强材料，则可制成耐火纸面石膏板。其规格尺寸如下：长度 1800mm、2100mm、2400mm、2700mm、3000mm、3300mm、3600mm，宽度 900mm、1200mm，厚度 9.5mm、12mm、15mm、18mm、21mm、25mm。纸面石膏板的性能指标见表 6-28。

纸面石膏板自重轻、表面平整，易加工装配、施工简便，隔声隔热性能良好。普通纸面石膏板可作室内隔墙板、复合外墙板的内壁板、天花板等；耐水纸面石膏板可用于相对湿度较大的环境，如卫生间、盥洗室等；耐火纸面石膏板用于对防火要求较高的房屋建筑中。

表 6-28　纸面石膏板的性能指标

板材厚度 /mm	单位面积 质量/(kg/m²)	断裂荷载/N		吸水率	表面吸水量	遇火稳定性
		纵向	横向			
9.5	9.5	≥360	≥140	≤10% （仅适用于 耐水纸面 石膏板）	≤160g/m² （仅适用于 耐水纸面 石膏板）	≥20min （仅适用于 耐火纸面 石膏板）
12.0	12.0	≥500	≥180			
15.0	15.0	≥650	≥220			
18.0	18.0	≥800	≥270			
21.0	21.0	≥950	≥320			
25.0	25.0	≥1100	≥370			

2. 石膏空心板

石膏空心板是以熟石膏为胶凝材料，适量添加各种轻质骨料（膨胀珍珠岩、膨胀蛭石等）和改性材料（矿渣、石灰、粉煤灰、外加剂等）后，经搅拌、振动成型、抽芯模和干燥而成。其规格尺寸为长度 2500～3000mm，宽度 500～600mm，厚度 60～90mm。一般有 7 孔或 9 孔的条形板材。

石膏空心板自重轻、强度高，隔热隔声性能、防火性能及可加工性能好，易于安装。适用于高层建筑、框架轻板建筑及其他各类建筑的非承重内隔墙，其墙面可以做各种饰面或根据使用环境做耐水处理等。

3. 石膏刨花板

石膏刨花板是以熟石膏为胶凝材料，以木质刨花碎料和非木质植物纤维为增强材料，加入适量的水和化学缓凝助剂，经搅拌形成半干混合料，在成型压机内以 2.0～3.5MPa 的压力固结所形成的板材。其规格尺寸为 3050mm×1220mm×(8～28)mm。常见的有素板和表面装饰板两种，一般有优等品、一等品及合格品三个质量等级。

石膏刨花板兼有纸面石膏板和普通刨花板的优点，具有强度较高、易加工、阻燃、防火、隔热、隔声、环保、施工破损率低等优点，目前广泛用于非承重的内隔墙板、装饰板材的基材板，不宜用于建筑中经常受水浸泡及潮湿的部位。

6.4.3　复合墙板

复合墙板是一种工业化生产的新一代高性能建筑内隔板，是由不同建筑材料复合形成的多功能新型墙板。它的出现克服了传统的单一材料制成的板材因材料局限性所引起的应用局限性，如石膏类墙用板材往往耐水性差、强度不高，而水泥类墙用板材往往自重大、隔声保温性能差。而这种墙板是我国大力推广和有待发展的产品。

复合墙板通常由结构层、保温层和面层组合而成。结构层主要由普通混凝土或金属板充当，实现其承受或传递外力的功能；保温层主要利用矿棉、泡沫塑料、加气混凝土等充当，实现其保温功能；面层主要利用各类装饰性的轻质薄板充当，实现装饰功能。

1. 钢丝网架水泥夹芯板

钢丝网架水泥夹芯板是由立体钢丝网架和内填泡沫塑料板或半硬质岩棉板构成网架芯板，在施工现场喷抹水泥砂浆后形成的轻质板材。根据使用芯材的不同,可分为钢丝网架泡沫塑料夹芯板和钢丝网架岩棉夹芯板(GY板)。目前,泡沫塑料夹芯板中用得最普遍的是聚苯乙烯泡沫塑料,钢丝网架水泥夹芯板则主要包括钢丝网架聚苯乙烯夹芯板(GJ板)和钢丝网架水泥聚苯乙烯夹芯板(GSJ板)。这类墙板自重轻、强度高、隔热、隔声、防潮、防震、耐久性好,易于加工,施工方便,适用于建筑的内隔墙、非承重外墙及保温复合外墙。

2. 混凝土夹芯板

混凝土夹芯板是以20～30mm厚的钢筋混凝土作为墙体的内外表层,中间填充矿渣毡或岩棉毡、泡沫混凝土等保温材料,夹层的厚度视热工计算而定,内外层面板以钢筋件连接。这类墙板多用于内外墙。混凝土夹芯复合墙板构造如图6.18所示。

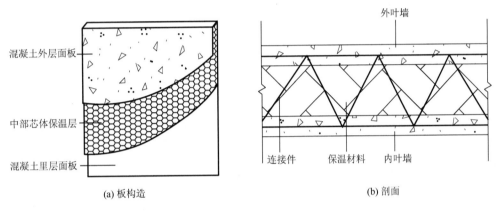

图 6.18　混凝土夹芯复合墙板构造

3. 轻型夹芯板

轻型夹芯板是用轻质高强的薄板作为内外表层,中间以轻质的保温隔热材料填充而组成的复合板。外墙面的外层薄板可选用不锈钢板、彩色镀锌钢板、铝合金板、纤维增强水泥薄板等,夹层填充材料通常有岩棉毡、玻璃棉毡、阻燃型发泡聚苯乙烯等,内墙面的外层薄板可选用石膏类板、塑料类板材等。

轻型夹芯板的自重轻、强度较高,隔热性与防潮性好,易于灵活拆装,广泛用于厂房、仓库、办公楼、商场等的墙体。

复合墙板种类很多,如ZNF-Ⅱ粉刷石膏聚苯板、ZWD-Ⅲ大模内置聚苯乙烯板也可作为各类外墙的内保温层,与外墙组合形成复合墙体。

6.5　屋面材料

屋面材料是建筑物最上层的防护结构,起着防风雨、隔热和保温的作用,随着现代建筑的发展和对建筑功能要求的提高,已由过去较单一的烧结瓦向着多品质的大型水泥类瓦材和高分子复合瓦材发展。从历史上看,屋面材料经历了一个从单一到多样、从简单到复杂、从低级到高级的发展过程,这也是屋面建筑材料内涵(防水、环保、隔热、保温、耐腐等)顺应建筑节能的潮流而不断提升的过程。

屋面瓦材

1. 烧结瓦

烧结瓦是以杂质少、塑性好的黏土为主要原料，经模压（或挤出）成型、干燥、焙烧而形成的制品。烧结瓦的分类方法有多种，按颜色，分为青瓦、红瓦两类；按表面状态，分为有釉和无釉两类；按瓦材的形状，分为平瓦、脊瓦、板瓦、筒瓦、沟头瓦、滴水瓦、三曲瓦、双筒瓦、鱼鳞瓦、牛舌瓦、J形瓦及S形瓦等。其部分实物图片如图6.19所示。

(a) 平瓦   (b) 筒瓦

图 6.19 烧结瓦实物图片

GB/T 21149—2007《烧结瓦》对瓦材的尺寸和性能做出了详细的规定，其中瓦材表面质量应符合表6-29的要求。

表 6-29 瓦材表面质量要求

缺 陷 种 类		优等品	合格品
有釉类瓦	无釉类瓦		
缺釉、斑点、落脏、棕眼、熔洞、图案缺陷、烟熏、釉缕、釉泡、釉裂	斑点、起包、熔洞、麻面、图案缺陷、烟熏	距1m目测不明显	距2m目测不明显
色差、光泽差	色差	距2m目测不明显	

2. 水泥类瓦材

1）混凝土瓦

混凝土瓦因使用的原材料是水泥，故也常称为水泥瓦。高端水泥瓦通过辊压成型方式生产，中低端普及型产品则通过高压经优质模具压滤而成。水泥瓦按外观，分为S形瓦、波形水泥瓦［图6.20(a)］和平板瓦系列三大种类；按生产工艺，分为辊压瓦和模压瓦两大类。其规格尺寸有400mm×240mm和385mm×235mm两种，其尺寸偏差、承载力标准值、抗冻性、抗渗性等均应符合JC/T 746—2007《混凝土瓦》的规定。

混凝土瓦的密度大、强度高、防雨抗冻性能好，表面平整，尺寸准确。

2）纤维增强水泥瓦

纤维增强水泥瓦是以增强纤维（耐碱玻璃纤维、有机纤维和石棉纤维）和水泥为主要原料，经配料、打浆、成型、养护而成。若增强纤维为温石棉，按上述工艺即制成石棉水泥瓦，分为大波瓦、中波瓦、小波瓦和脊瓦四种。石棉瓦具有防火、防水、防潮、防腐等特性，但石棉纤维对人身体健康有害，这个缺点制约了石棉水泥瓦［图6.20(b)］的应用，一般适用于简易工棚、仓库及做临时设施等建筑物的屋面。

(a) 波形水泥瓦　　　　　　　　(b) 石棉水泥瓦

图6.20　水泥类瓦材

3）钢丝网水泥大波瓦

钢丝网水泥大波瓦是以水泥和砂子为原料，加水拌和后浇模，中间放置一层冷拔低碳钢丝网，成型后经养护而成。其规格尺寸为1700mm×830mm×14mm，波高为80mm。钢丝网水泥大波瓦一般用作工厂散热车间、仓库及临时性建筑的屋面（或围护结构）。

3. 高分子复合瓦材

1）聚氯乙烯波纹瓦（塑料瓦楞板）

聚氯乙烯波纹瓦是以聚氯乙烯为主要原料，掺入其他配合剂，经塑化、压延、压波而制成的波形瓦。其规格尺寸为2100mm×(1100～1300)mm×(1.5～2)mm。

聚氯乙烯波纹瓦自重轻、有光泽，防水、耐腐、透光，一般常用作车棚、凉棚等的屋面，也可用作建筑的遮阳板。

2）玻璃钢波形瓦

玻璃钢波形瓦是以不饱和聚酯及玻璃纤维为原料，经手工糊制而成的波形瓦。其规格尺寸为长1800～3000mm，宽700～800mm，厚0.5～1.5mm。

玻璃钢波形瓦自重轻、强度大，耐冲击、耐高温，透光、有色泽，一般常用作车站月台、凉棚等的屋面，也可用作建筑的遮阳板。

3）玻璃纤维沥青瓦（沥青瓦）

玻璃纤维沥青瓦是以玻璃纤维为胎料，以改性沥青为涂覆材料而制成的一种片状的屋面材料。其规格尺寸为1000mm×333mm。对其有多种分类方法，按瓦的形式，分为平瓦和叠瓦；按上表面的保护材料不同，分为矿物粒（片）料和金属箔。

玻璃纤维沥青瓦自重轻、易施工、抗风性好，一般用于民用建筑屋面。若在其表面洒以不同色彩的矿物粒料，形成彩色沥青瓦，就可用于装饰类屋面工程。

6.5.2　屋面板材

在大跨度结构中，建筑屋面长期使用的预应力钢筋混凝土大板自重很大，而且不保温，必须另设防水层。随着大跨度建筑的快速发展，屋面板材已经由传统的预应力钢筋混凝土大型屋面板材向当今的三合一（承重、保温、防水）板发展，金属波形板、EPS隔热加芯板、硬质聚氨酯夹心板等材料相继出现，使得轻型保温大跨度屋面板材得以迅速发展。

1. 金属波形板

金属波形板是以铝材、铝合金或薄钢板轧制而成，又称金属瓦楞板。如果在轧制形成的金属瓦楞板上涂以搪瓷釉，经高温烧制，即成为搪瓷瓦楞板。金属波形板质量轻、强度高、耐腐蚀、光反射好，安装方便，适用于大部分建筑的屋面和墙面。

2. EPS隔热加芯板

EPS隔热加芯板是以0.5～0.75mm厚的彩色涂层钢板为表面板，以自熄聚苯乙烯为芯材，用热固化胶在连续成型机内加热加压复合制成的超轻型建筑板材。其质量为混凝土屋面的1/20～1/30，保温隔热性好，施工方便，是集承重、保温、防水、装修为一体的新型围护结构材料，可制成平面形或曲面形板材，适用于大跨度屋面结构如体育馆、展览馆、冷库以及其他多种建筑的屋面形式。

3. 硬质聚氨酯夹心板

硬质聚氨酯夹心板由镀锌彩色压型钢板面层与硬质聚氨酯泡沫塑料芯材复合而成，压型钢板厚度为0.5mm、0.75mm、1.0mm，其彩色涂层具有较强的耐候性。该板材具有质量轻、强度高、保温隔热好、隔声效果好等优点，且色彩丰富，施工方便，是集承重、保温、防水、装饰为一体的屋面板材，可用于大型工业厂房、仓库、公共建筑等大跨度建筑和高层建筑的屋面结构。

【应用案例6-1】 2010年，德惠市第六小学的教学楼房顶彩钢板吹翻掉落，造成14名学生受伤（当天德惠市西南风，风力3～4级）。经调查，因墙内漏雨，基建处维修时拆掉了女儿墙，彩钢板下面有较大缝隙，事发时西南风吹进缝隙掀翻房盖，导致了事故的发生。那么这次事故暴露了彩钢板屋面在使用过程中哪些不足的地方？应如何预防彩钢屋面渗漏呢？

解析：彩钢屋面板是一种集承重、保温、防水功能为一体的新型屋面材料，具有自重轻、色彩丰富、施工方便等许多优点，但也有许多缺点，如后期维护成本高，时间长了易锈蚀，防火能力不强，抗风雪、抗压能力弱，在某些特殊部位极易发生渗漏。

由于本例轻钢结构在设计时可能并未考虑地区气候差异，未能选用适合东北积雪融化时的有效防水措施，导致女儿墙与钢板围制的循沟连接处渗漏，而修缮时施工方也未能充分考虑到其抗风雪能力弱的缺陷，贸然拆除女儿墙，使得檐口处西南风吹进缝隙、掀翻屋盖，从而引发事故。

造成屋面渗漏水的主要原因，有材料自身的特性、房屋结构设计或板型的缺陷，具体来说，首先是金属彩钢板自身导热系数大，当外界温度发生较大变化时，由于环境温差变化大，因温度变化造成彩钢板收缩变形，而在接口处产生较大位移，因而在彩钢板接口部位极易产生漏水隐患。特别在钢结构体系中，由于结构本身在温度变化或受风载、雪载等外力作用下容易发生弹性变形，在连接部位产生位移，从而产生漏水隐患；而且在结构设计时为节省原料、减小房屋坡度（甚至有的低于1/20），选用的压型钢板大多数为波高较低的板型（有效面积大），而且搭接宽度小，当房屋积水时，容易漫过板型搭接部位而产生漏水。此外，目前我国在轻钢结构设计时并未考虑地区气候差异而采用不同的防水措施，如在南方梅雨环境下的防水措施、沿海地区季台风环境下的防水措施及东北积雪融化时的防水措施均有各自的结构特点，应该选用适合本地区的防水材料。

鉴于上述分析，预防渗漏时不妨从以下方面着手：合理进行结构设计，综合考虑造价、屋面坡度、板型等多种因素求得最佳方案；充分考虑建筑物所在区域气候特征，采用适合该地区的防水措施及材料；根据金属屋面板的材料特性，同时借鉴国外先进经验，选用适合金属板屋面的防水材料，如选用具有较高的黏结强度、好的追随性及耐候性极佳的丁基橡胶防水密封黏结带作为彩钢板屋面的配套防水材料。

模块小结

砌体材料是对用于砌体结构的各种石、砖、砌块等的统称。本模块按照砌体材料的发展，分别阐述了石材、砖、墙用砌块及墙用板材的分类、主要技术性能及应用。

随着现代建筑物功能要求的提高和材料技术的发展，墙用板材是一种很有发展前景的新型墙体材料。砌筑材料和屋面材料正经历一个从单一到多样、从简单到复杂、从低级到高级的发展过程。

复习思考题

一、选择题

1. 大理石岩、石英岩、片麻岩属于（　　）。

A. 岩浆岩　　　　　　B. 沉积岩　　　　　　C. 变质岩

2. 矿物的莫氏硬度在实际工程中采用（　　）测定。

A. 刻画法　　　　　　B. 压入法　　　　　　C. 回弹法

3. 天然大理石板一般不宜用于室外，主要原因是由于（　　）。

A. 强度不够　　　　　B. 硬度不够　　　　　C. 抗风性能差

4. 砌筑用石材的抗压强度是以边长为（　　）的立方体抗压强度值表示。

A. 50mm　　　　　　B. 70mm　　　　　　C. 100mm

5. 大理石贴面板宜使用在（　　）。

A. 室内墙和地面　　　B. 室外墙和地面　　　C. 屋面　　　　　　D. 各建筑部位皆可

6. 烧结普通砖的产品质量等级是根据（　　）确定的。

A. 尺寸偏差和外观质量

B. 尺寸偏差、外观质量和强度等级

C. 尺寸偏差、外观质量、强度等级和抗风化性能

D. 尺寸偏差、外观质量、泛霜和石灰爆裂

7. 烧结普通砖强度等级划分的依据是（　　）。

A. 抗压强度　　　　　　　　　　　　B. 抗压强度与抗折强度

C. 抗压强度与抗折荷载　　　　　　　D. 抗压强度平均值和标准值或最小值

8. 砌筑有保温要求的非承重墙时，宜选用（　　）。

A. 烧结普通砖　　　　　　　　　　　B. 烧结多孔砖

C. 烧结空心砖　　　　　　　　　　　D. 普通混凝土空心砌块

9. 砌筑有保温要求的六层以下建筑物的承重墙，宜选用（　　）。

A. 烧结普通砖　　　　　　　　　　　B. 烧结多孔砖

C. 烧结空心砖　　　　　　　　　　　D. 普通混凝土空心砌块

10. 蒸压灰砂砖和蒸压粉煤灰砖的性能与（　　）比较相近，基本上可以相互替代使用。

A. 烧结普通砖

B. 烧结多孔砖

C. 烧结空心砖

D. 加气混凝土砌块

二、简答题

1. 岩石按地质成因是如何分类的？各有什么特性？

2. 为什么天然大理石一般不宜作为城市建筑物外部饰面材料？

3. 在土木工程设计和施工中选择天然石材时，应考虑哪些原则？

4. 何谓烧结普通砖的泛霜和石灰爆裂？它们对建筑物有何影响？

5. 目前所用的墙体材料有哪几类？墙体材料改革的方向是什么？

【模块6课后
习题自测】

模块 7
金属材料

 **教学目标**

知识模块	知识目标	权重
钢材的基本知识	熟悉钢材的分类，了解化学成分和晶体组织对钢材性能的影响，掌握钢材的强化方法	10%
钢材的主要技术性能	掌握钢材的力学性能、工艺性能	35%
钢材的技术标准及选用	熟悉国家标准对钢材的性能及技术要求，钢结构和钢筋混凝土结构采用的主要钢种的品种及特点；能正确合理地选用建筑钢材	40%
铝及铝合金材料	了解常用铝合金制品	5%
钢材的腐蚀与防护	熟悉钢材的腐蚀机理及对腐蚀的防护措施	10%

技能目标

要求清楚了解钢材的分类以及化学成分和晶体组织对钢材性能的影响；掌握钢材的主要力学性能和工艺性能，钢材的技术标准及选用原则；了解常用铝合金制品；熟悉钢材的腐蚀机理及防护措施。

引例

随着科学技术的发展，我国钢结构建筑得到迅猛发展，生产的钢材品种、规格越来越齐全，钢材质量有了很大提高，而且钢结构形式越来越新颖，钢结构设计与施工技术也越来越发达。诸如"鸟巢""水立方"、CCTV 新址大楼、广州新电视塔、上海环球金融中心、杭州湾跨海大桥等具有代表性的钢结构建造水平在世界上达到领先水平，表现为高、大、奇、新等特点。

当今世界的各个工程领域中，钢铁的应用都十分广泛，其中建筑作为最大的钢铁消费行业，仅中国

2006 年消耗钢材就达到 1.8 亿吨，相当于日本及美国钢铁的产量总和。可以毫不夸张地说，钢铁的发展和进步直接推动了现代建筑的发展。

另外，铝合金近年来在建筑装修领域中，广泛用作门窗和室内外装饰装修，有优良的建筑功能及独特的装饰效果。铜、铝及其合金由于具有质量轻、可装配化生产等优点，在现代土木工程中应用也很广泛。

7.1 钢材的基本知识

 想一想

钢材是如何分类的？化学成分、晶体结构对钢材的性能有哪些影响？

7.1.1 钢材的冶炼及其对钢材质量的影响

钢和铁的主要成分都是铁和碳，用含碳量的多少加以区分，含碳量大于 2% 的为生铁，小于 2% 的为钢。

钢是由生铁冶炼而成。铁矿石、焦炭和少量石灰石等在高温下进行还原反应和其他化学反应，铁矿石中的氧化铁形成金属铁，然后再吸收碳而成为生铁。生铁的主要成分是铁，但含有较多的碳以及硫、磷、硅、锰等杂质，使得生铁的性质硬而脆，塑性很差，抗拉强度很低，使用受到很大限制。炼钢的目的就是通过冶炼将生铁中的含碳量降至 2% 以下，其他杂质含量也降至一定的范围内，以显著改善其技术性能，提高质量和用途。

钢的冶炼方法主要有氧气转炉法、电炉法和平炉法三种，不同的冶炼方法对钢材的质量有着不同的影响，见表 7-1 所列。目前氧气转炉法为现代炼钢的主要方法，而平炉法则已基本被淘汰。在铸锭冷却过程中，由于钢内某些元素在铁的液相中的溶解度大于固相，这些元素便向凝固较迟的钢锭中心集中，导致化学成分在钢锭中分布不均匀，这种现象称为化学偏析，其中以硫、磷偏析最为严重。偏析会严重降低钢材质量。

表 7-1 炼钢方法的特点和应用

炉　种	原　料	特　点	生产钢种
氧气转炉	铁水、废钢	冶炼速度快，生产效率高，钢质较好	碳素钢、低合金钢
电炉	废钢	容积小，耗电大，控制严格，钢质好但成本高	合金钢、优质碳素钢
平炉	生铁、废钢	容量大，冶炼时间长，钢质较好且稳定，成本较高	碳素钢、低合金钢

在冶炼钢的过程中，由于氧化作用，部分铁被氧化成 FeO，使钢的质量降低，因而在炼钢后期精炼时，需在炉内或钢包中加入锰铁、硅铁或铝锭等脱氧剂进行脱氧。脱氧剂与 FeO 反应生成 MnO_2、SiO_2 或 Al_2O_3 等氧化物，作为钢渣而被除去。若脱氧不完全，钢水浇入锭模时，会有大量的 CO 气体从钢水中逸出，使钢水呈沸腾状，形成沸腾钢。沸腾钢组织不够致密，成分不太均匀，硫、磷等杂质偏析较严重，故钢材的质量差。

7.1.2 钢材的分类

钢的分类方法很多，目前的分类方法主要有下面几种。

1. 按化学成分分类

GB/T 13304.1—2008《钢分类 第1部分：按化学成分分类》，规定钢材按化学成分分为非合金钢、低合金钢和合金钢。

2. 按主要质量等级和主要性能或使用特性分类

GB/T 13304.2—2008《钢分类 第2部分：按主要质量等级和主要性能或使用特性的分类》按主要质量等级和主要性能或使用特性，对非合金钢、低合金钢和合金钢进行了进一步分类。

（1）非合金钢。按主要质量等级，非合金钢可分为普通质量非合金钢、优质非合金钢和特殊质量非合金钢三类。

（2）低合金钢。按主要质量等级，低合金钢可分为普通质量低合金钢、优质低合金钢和特殊质量低合金钢三类。

（3）合金钢。按主要质量等级，合金钢可分为优质合金钢和特殊质量合金钢两类。

3. 按冶炼时脱氧程度分类

在炼钢过程中，为了除去碳和杂质必须供给足够的氧气，这也使钢液中一部分金属铁被氧化，使钢的质量降低。为使氧化铁重新还原成金属铁，通常在冶炼后期，加入硅铁、锰铁或铝锭等脱氧剂进行精炼。按脱氧程度不同，可将钢分为以下几种。

【钢材冶炼的脱氧程度与性能】

（1）沸腾钢。沸腾钢是脱氧不完全的钢。浇铸后，在冷却凝固过程中，钢液中残留的氧化亚铁与碳化合后，生成的一氧化碳气体大量外逸，造成钢液激烈"沸腾"，故称沸腾钢。这种钢的成分分布不均，密实度较差，因而影响钢的质量，但其成本较低，可广泛用于一般建筑结构中。

（2）镇静钢。镇静钢是脱氧完全的钢。注入锭模冷却凝固时，钢液比较纯净，液面平静。镇静钢的质量优于沸腾钢，但成本较高，故只用于承受冲击荷载的或其他重要的结构中。

（3）半镇静钢。半镇静钢是脱氧程度和性能介于沸腾钢和镇静钢之间的钢材，代号为"b"。

（4）特殊镇静钢。特殊镇静钢是比镇静钢脱氧程度更充分彻底的钢，代号为"TZ"。特殊镇静钢的质量最好，适用于特别重要的结构工程。

7.1.3 钢的基本晶体组织及其对钢材性能的影响

钢是铁和碳的合金晶体，其中铁元素是最基本的成分，在钢中起着决定作用。因此，认识钢的本质应先从纯铁开始，再研究铁和碳的相互作用。晶格是晶体结构中的最小单元，纯铁的晶格有两种类型，即体心立方晶格和面心立方晶格。前者是铁原子排列在正六面体的中心及各个顶点而构成的空间格子，后者是铁原子排列在正六面体的八个顶点及六个面的中心构成的空间格子，如图7.1所示。

随着温度变化，纯铁内部的原子排列也会发生变

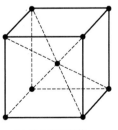
(a) 体心立方晶格

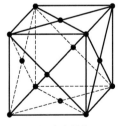
(b) 面心立方晶格

图 7.1 晶格模型

化，其晶体结构随温度变化的态势如下。

$$液态铁 \xleftrightarrow{1535℃} \delta\text{-}Fe \xleftrightarrow{1394℃} \gamma\text{-}Fe \xleftrightarrow{912℃} \alpha\text{-}Fe$$
$$\qquad\qquad\qquad 体心立方晶体 \qquad\quad 面心立方晶体 \qquad\quad 体心立方晶体$$

铁原子和碳原子之间的结合有以下三种基本形式。

(1) 固溶体——铁（Fe）中固溶着微量的碳（C）；

(2) 化合物——铁和碳结合成化合物 Fe_3C；

(3) 机械混合物——固溶体和化合物的混合物。

以上三种形式的 Fe-C 合金，于一定条件下能形成具有一定形态的聚合体，称为钢的晶体组织，主要有铁素体、奥氏体、渗碳体和珠光体四种，见表 7-2。

建筑工程中所用的钢材含碳量均在 0.8% 以下，所以建筑钢材的基本组织是由铁素体和珠光体组成，由此决定了建筑钢材既有较高的强度，同时塑性、韧性也较好，从而能很好地满足工程所需的技术性能。

表 7-2　钢的基本晶体组织及其性能

组织名称	含碳量/%	结构特征	性能
铁素体	≤0.02	C 溶于 $\alpha\text{-}Fe$ 中的固溶体	强度、硬度很低，塑性好，冲击韧性很好
奥氏体	0.8	C 溶于 $\gamma\text{-}Fe$ 中的固溶体	强度、硬度不高，塑性大
渗碳体	6.67	化合物 Fe_3C	抗拉强度很低、硬脆，很耐磨，塑性几乎为零
珠光体	0.8	铁素体与渗碳体的机械混合物	强度较高，塑性和韧性介于铁素体和渗碳体之间

7.1.4　钢的化学成分及其对钢材性能的影响

除铁、碳外，钢材在冶炼过程中会从原料、燃料中引入一些其他元素，这些元素存在于钢材的组织结构中，对钢材的结构和性能有重要影响，可分为两类：一类能劣化钢材的性能，属于钢材的杂质，主要有氧、硫、氮、磷等；另一类能改善、优化钢材的性能，称为合金元素，主要有硅、锰、钛、钒、铌等。几种化学元素对钢材性能的影响分述如下。

(1) 碳。碳是钢中的主要成分。含碳量在 0.8% 以下时，随含碳量增加，钢的强度和硬度提高，塑性和韧性降低；但当含碳量大于 1.0% 时，随含碳量增加，钢的强度反而下降。含碳量增加后，钢的焊接性能变差，尤其当含碳量大于 0.3% 时，钢的可焊性显著降低。

(2) 氧。氧是钢中有害杂质，主要存在于非金属夹杂物内，少量溶于铁素体中。非金属夹杂物能使钢的机械性能特别是韧性下降，氧化物所造成的低熔点使钢的可焊性变差。

(3) 硫。硫是很有害的杂质，从炼铁原料中带入，能使钢的热脆性显著提高，热加工性和可焊性明显降低。

(4) 氮。氮主要嵌溶于铁素体中，也可呈化合物形式存在。氮对钢材性能的影响与碳、磷相似，能使钢的强度提高，塑性及韧性显著下降。氮还可加剧钢的时效敏感性和冷脆性，降低可焊性。

(5) 磷。磷是钢中有害杂质，从炼铁原料中带入。其最大危害是使钢的冷脆性显著增加，低温下的冲击韧性下降，可焊性降低。

(6) 硅。硅是在炼钢时为脱氧而加入的。当钢中含硅量小于 1.0% 时，能显著提高钢的强度，而对塑性及韧性没有明显影响。硅是我国钢筋用钢的主加合金元素。

(7) 锰。锰是炼钢时为脱氧去硫而加入的。能消除钢的热脆性，改善热加工性。当含锰量为 0.8%～1.0% 时，可显著提高钢的强度和硬度，而几乎不降低钢的塑性和韧性。锰为我国低合金钢的主加合金元素。

（8）钛。钛是强脱氧剂。能细化晶粒，显著提高强度和改善韧性，还能减少钢的时效倾向，改善可焊性。

（9）钒。钒是弱脱氧剂。钒加入钢中可减弱碳和氮的不利影响，能细化晶粒，有效提高强度，减小时效敏感性，但增加焊接时的淬硬倾向。

7.1.5 钢材的热处理

热处理是将钢在固态下加热到预定的温度，并在该温度下保持一段时间，然后以一定的速度冷却到室温的一种加工工艺。其目的是改变钢的内部组织结构，改善其性能。通过适当的热处理，可以显著提高钢的力学性能，延长工件的使用寿命。土木工程所用钢材一般在生产厂家进行热处理并以热处理状态供应。在施工现场，有时需对焊接件进行热处理。

钢材热处理的方法有以下几种。

1）退火

是将钢材加热到一定温度，保温后缓慢冷却（随炉冷却）的一种热处理工艺，有低温退火和完全退火之分。低温退火的加热温度在基本组织转变温度以下，完全退火的加热温度在 $800\sim850℃$。退火目的是细化晶粒，改善组织，减少加工中产生的缺陷、减轻晶格畸变，降低硬度、提高塑性，消除内应力和加工硬化，防止变形、开裂。

2）正火

是退火的一种特例，正火是在空气中冷却，两者仅冷却速度不同。与退火相比，正火后钢材的硬度、强度较高，而塑性减小。处理目的是消除组织缺陷等。

3）淬火

是将钢材加热到基本组织转变温度以上（一般为 $900℃$ 以上），保温使组织完全转变，随即放入水或油等冷却介质中快速冷却，使之转变为不稳定组织的一种热处理操作，目的是得到高强度、高硬度的组织。但淬火会使钢材的塑性和韧性显著降低。

4）回火

是将钢材加热到基本组织转变温度以下（$150\sim650℃$ 选定），保温后在空气中冷却的一种热处理工艺，通常和淬火是两道相连的热处理过程。其目的是减少或消除淬火应力，保证相应的组织转变，提高钢的韧性和塑性，获得硬度、强度、塑性和韧性的适当配合，以满足各种用途工件的性能要求。

7.1.6 钢材的冷加工及时效处理

1. 冷加工

将钢材于常温下进行冷拉、冷拔或冷轧使其产生塑性变形，从而提高屈服强度，降低塑性韧性，这个过程称为冷加工强化处理。

冷加工强化的原理是钢材在塑性变形中晶格缺陷增多，发生畸变，对进一步变形起到阻碍作用，因此钢材的屈服点提高，塑性、韧性和弹性模量下降。在土木工程中或构件厂常对钢筋和低碳钢盘条按一定规定进行冷加工，以达到提高强度、节约钢材的目的。

2. 时效处理

经过冷加工的钢材在常温下放置一段时间后，其强度和硬度会自发地提高，塑性和韧性会逐渐降低。钢材的这种随时间的延长，强度和硬度增长、塑性和韧性下降的现象称为时效。在土木工程中，常将经过冷拉的钢筋于常温下存放15~20d，或加热到100~200℃并保持2~3h，钢筋强度将进一步提高，这个过程即称为时效处理，其中前者称为自然时效，后者称为人工时效。通常对强度较低的钢筋采用自然时效，强度较高的钢筋采用人工时效。冷拉与时效处理后的钢筋，在冷拉同时还被调直和清除锈皮，简化了施工工序。在冷加工时，对一般钢筋严格控制冷拉率，称为单控；而对用作预应力的钢筋，既要控制冷拉率，又要控制冷拉应力，称为双控。在土木工程中大量使用的钢筋，同时采用冷拉与时效处理可取得明显的经济效益，可使钢筋的屈服强度提高20%~50%，节约钢材20%~30%。

7.2 建筑钢材的主要技术性能

 想一想

评价钢材的主要技术指标是什么？

钢材的主要性能，包括力学性能和工艺性能，其中力学性能是钢材最重要的使用性能，包括强度、弹性、塑性、冲击韧性和耐疲劳性等；工艺性能表示钢材在各种加工过程中的行为表现，包括冷弯性能和可焊性等。

7.2.1 力学性能

1. 抗拉性能

抗拉性能是建筑钢材最重要的力学性能。钢材受拉时，在产生应力 σ 的同时，也相应地产生应变 ε，应力和应变的关系反映出钢材的主要力学特征。通过拉伸试验，可以测得屈服强度、抗拉强度和伸长率，这些是钢材的重要技术性能指标。建筑钢材的抗拉性能可用低碳钢受拉时的应力-应变曲线来阐明，如图7.2所示。由图可见，低碳钢从受拉至拉断经历了四个阶段：弹性阶段（OA）、屈服阶段（AB）、强化阶段（BC）和颈缩阶段（CD）。

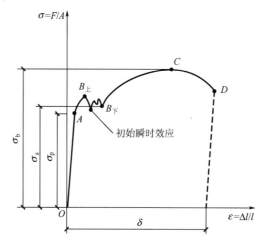

【拉伸试验】

图7.2 低碳钢受拉时的应力-应变曲线

1）弹性阶段

在图7.2中OA段应力较低，应力与应变成正比关系，卸去外力后，试件恢复原状，无残余形变，故这一阶段称为弹性阶段。弹性阶段的最高点（A点）所对应的应力称为弹性极限，用 σ_p 表示。在弹性阶段，应力和应变的比值为常数，称为弹性模量，用 E 表示，即 $E=\sigma/\varepsilon$。弹性模量反映了钢材的刚度，是计算结构受力变形的重要指标。土木工程中常用钢材的弹性模量为 $(2.0\sim2.1)\times10^5\mathrm{MPa}$。

2）屈服阶段

当应力超过弹性极限后，应变的增长比应力快，此时除产生弹性变形外，还产生塑性变形。当应力达到 $B_\text{上}$ 后，塑性变形急剧增加，应力-应变曲线出现一个小平台，这种现象称为屈服，故这一阶段称为屈服阶段。在屈服阶段，外力不增大，而变形仍继续增加，这时相应的应力称为屈服极限（σ_s）或屈服强度。如果应力在屈服阶段出现波动，则应区分上屈服点 $B_\text{上}$ 和下屈服点 $B_\text{下}$，上屈服点是指试样发生屈服而应力首次下降前的最大应力，下屈服点是指不计初始瞬时效应时屈服阶段中的最小应力。由于下屈服点比较稳定且容易测定，因此采用下屈服点作为钢材的屈服强度。钢材受力达到屈服强度后，变形迅速增长，尽管尚未断裂，但已不能满足使用要求，故结构设计中以屈服强度作为许用应力取值的依据。

3）强化阶段

在钢材屈服到一定程度后，由于内部晶格扭曲、晶粒破碎等原因，阻止了塑性变形的进一步发展，钢材抵抗外力的能力重新提高，在应力-应变图上，曲线从 $B_\text{下}$ 点开始上升，直至最高点 C，这一过程称为强化阶段；对应于最高点 C 的应力称为抗拉强度（σ_b），它是钢材所能承受的最大拉应力。常用低碳钢的抗拉强度为 $375\sim500\mathrm{MPa}$。

抗拉强度在设计中虽然不能利用，但是抗拉强度与屈服强度之比（即强屈比）$\sigma_\text{b}/\sigma_\text{s}$ 却是评价钢材使用可靠性的一个参数。强屈比越大，钢材受力超过屈服点工作时的可靠性越大，安全性越高，但强屈比太大，将使钢材强度的利用率偏低，浪费材料。钢材的强屈比一般不低于 1.2，用于抗震结构的普通钢筋实测的强屈比应不低于 1.25。

4）颈缩阶段

在钢材达到 C 点后，试件薄弱处的断面将显著减小，塑性变形急剧增加，产生"颈缩"现象而断裂，如图 7.3 所示。

塑性是钢材的一个重要性能指标，通常用拉伸试验时的伸长率或断面收缩率来表示。如图 7.3 所示，将拉断后试件拼合起来，测量出标距长度 l_1，l_1 与试件受力前的原标距 l_0 之差为塑性变形值，它与原标距 l_0 之比即为伸长率 δ，计算公式为

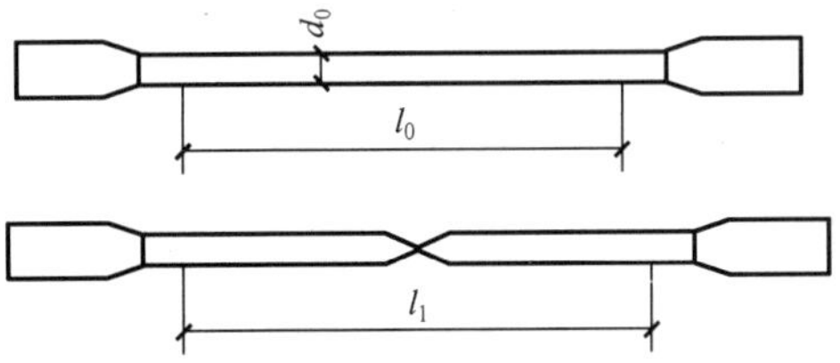

$$\delta=(l_1-l_0)/l_0\times100\%$$

图 7.3　试件拉伸前和断裂后标距的长度

式中　δ——伸长率；

l_0——试件原始标距长度，mm；

l_1——断裂试件拼合后的标距长度，mm。

伸长率 δ 是衡量钢材塑性的基本指标，它的数值越大，表示钢材塑性越好。良好的塑性可将结构上的应力（超过屈服点的应力）重新分布，从而避免结构过早破坏。

通常钢材拉伸试件取 $l_0=5d_0$ 或 $l_0=10d_0$，其伸长率分别以 δ_5 和 δ_{10} 表示。对于同一种钢材，δ_5 大于 δ_{10}，这是因为钢材中各段在拉伸的过程中伸长量是不均匀的，颈缩处的伸长率较大，因此原始标距 l_0 与直径 d_0 之比越大，则颈缩处伸长值在整个伸长值中的比重越小，因而计算得到的伸长率就越小。某些钢材的伸长率是采用定标距试件测定的，如取标距 l_0 为 100mm 或 200mm，则伸长率用 δ_{100} 或 δ_{200} 表示。塑性变形还可用断面收缩率 Ψ 表示，计算公式为

$$\Psi=(A_0-A_1)/A_0$$

式中　A_0——试件原始截面面积；

A_1——试件拉断后颈缩处的截面面积。

伸长率和断面收缩率都表示钢材断裂前经受塑性变形的能力。伸长率越大或断面收缩率越高，表示钢材塑性越好。尽管结构是在钢的弹性范围内使用，但在应力集中处，其应力可能超过屈服点，此时产生一定的塑性变形，可使结构中的应力产生重分布，从而使结构免遭破坏。另外，钢材塑性大，则在塑性破坏前有很明显的塑性变形和较长的变形持续时间，便于人们发现问题和补救，从而保证钢材在建筑上的安全使用，且有利于钢材加工成各种形式。

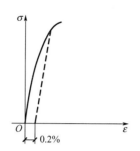

图 7.4　中碳钢与高碳钢拉伸时的应力-应变曲线

中碳钢与高碳钢（硬钢）拉伸时的应力-应变曲线与低碳钢不同，无明显屈服现象，伸长率小，断裂时呈脆性破坏，其应力-应变曲线如图 7.4 所示。这类钢材由于不能测定屈服点，规范规定以产生 0.2% 残余变形时的应力值作为名义屈服点，也称条件屈服点，用 $\sigma_{0.2}$ 表示。

【应用案例 7-1】 请观察图 7.5 中 Ⅰ、Ⅱ 两种低碳钢的应力-应变曲线的差异，并讨论下述问题。

（1）对于变形要求严格的构件，Ⅰ、Ⅱ 两种低碳钢选用何种更为合适？

（2）使用 Ⅰ、Ⅱ 两种钢材，哪一个安全性较高？

解析：（1）从 Ⅰ、Ⅱ 两条曲线比较可知，低碳钢 Ⅱ 的弹性模量 E 小于低碳钢 Ⅰ 的，也就是说低碳钢 Ⅱ 的抗变形能力不如低碳钢 Ⅰ。因此对于变形要求严格的构件，选用低碳钢 Ⅰ 更为合适。

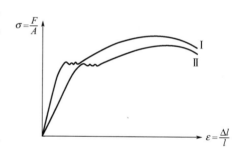

（2）Ⅰ、Ⅱ 两种低碳钢的屈服强度 σ_s 相近，但低碳钢 Ⅰ 的抗拉强度 σ_b 高于低碳钢 Ⅱ 的。屈服强度与抗拉强度之比为屈强比，即 σ_s/σ_b，该值越小，反映钢材超过屈服点工作时可靠性越大，结构的安全性越高。因此使用低碳钢 Ⅰ 安全性较高。

图 7.5　两种低碳钢的应力-应变曲线

2. 冲击韧性

冲击韧性是钢材抵抗冲击荷载的能力，用处在简支梁状态的金属试样在冲击负荷作用下折断时的冲击吸收功来表示。钢材的冲击韧性试验是将标准弯曲试样置于冲击机的支架上，并使切槽位于受拉的一侧，如图 7.6 所示。当试验机的重摆从一定高度自由落下时，在试样中间撞开 V 形缺口，试样吸收的能量等于重摆所做的功 W。若试件在缺口处的最小横截面面积为 A，则冲击韧性 α_k 为

$$\alpha_k = W/A$$

式中　α_k 的单位为 J/cm²。

【冲击韧性试验】

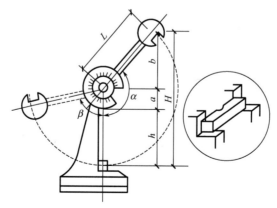

图 7.6　冲击韧性试验示意

【两种钢材的选用】

α_k 值越大，冲击韧性越好，即其抵抗冲击作用的能力越强，脆性破坏的危险性越小。影响钢材冲击韧性的因素很多，当钢材内硫、磷的含量高，脱氧不完全，存在化学偏析，含有非金属夹杂物及焊接形成微裂纹，都会使钢材的冲击韧性显著下降。同时环境温度对钢材的冲击韧性影响也很大。

试验表明，冲击韧性受温度的影响较大，随温度的降低而下降，开始时下降缓慢，当达到一定温度范围时，α_k 值急剧下降，从而可使钢材出现脆性断裂，这种性质称为钢材的冷脆性，相应的温度称为脆性转变温度。脆性转变温度越低，钢材的低温冲击韧性越好。因此在负温下使用的结构，应当选用脆性转变温度低于使用温度的钢材。脆性临界温度的测定较复杂，规范中通常是根据气温条件规定 -20℃或 -40℃的负温冲击值指标。

冷加工时效处理也会使钢材的冲击韧性下降。钢材的时效是指钢材随时间的延长，钢材强度逐渐提高，而塑性、韧性下降的现象。完成时效的过程可达数十年，但钢材如经过冷加工或使用中受振动和反复荷载作用，时效可迅速发展。因时效导致钢材性能改变的程度称为时效敏感性。时效敏感性大的钢材，经过时效处理后，冲击韧性显著降低。

3. 耐疲劳性

受交变荷载反复作用时，钢材在应力低于其屈服强度的情况下突然发生脆性断裂破坏的现象，称为疲劳破坏。交变荷载反复作用时，钢材首先在局部开始形成细小断裂，随后由于微裂纹尖端的应力集中而使其逐渐扩大，直至突然发生瞬时疲劳断裂。疲劳破坏是在低应力状态下突然发生的，所以危害极大，往往造成灾难性的事故。在一定条件下，钢材疲劳破坏的应力值随应力循环次数的增加而降低。钢材在无穷次交变荷载作用下不会引起断裂的最大循环应力值，称为疲劳强度极限，实际测量时常以 2×10^6 次应力循环为基准。钢材的疲劳强度与很多因素有关，如组织结构、表面状态、合金成分、夹杂物和应力集中等情况。一般来说，钢材的抗拉强度高，其疲劳极限也较高。

知识链接

为什么金属疲劳时会产生破坏作用呢？这是因为金属内部结构并不均匀，从而造成应力传递的不平衡，有的地方会成为应力集中区。另外，金属内部的缺陷处还存在许多微小的裂纹。在力的持续作用下，裂纹会越来越大，材料中能够传递应力的部分越来越少，直至剩余部分不能继续传递负载时，金属构件就会全部毁坏。

4. 硬度

钢材的硬度是指其表面抵抗硬物压入产生局部变形的能力。测定钢材硬度的方法有布氏法、洛氏法和维氏法等，建筑钢材常用布氏硬度表示，其代号为 HB。布氏法的测定原理是利用直径为 D（mm）的淬火钢球，以荷载 P（N）将其压入试件表面，经规定的持续时间后卸去荷载，得到直径为 d（mm）的压痕，以压痕表面面积 A（mm²）除以荷载 P 即得到布氏硬度值（HB），此值无量纲。图 7.7 所示为布氏硬度测定示意。

在测定前，应根据试件厚度和估计的硬度范围，按试验方法的规定选定钢球直径、所加荷载及荷载持续时间。布氏法适用于 HB$\leqslant$450 的钢材，测定时所得压痕直径应在 $0.25D<d<$

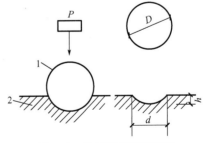

图 7.7　布氏硬度测定示意
1—钢球；2—钢材试件

$0.6D$ 范围内，否则测定结果不准确。当被测材料硬度 HB>450 时，钢球本身将发生较大变形甚至破坏，应采用洛氏法测定其硬度。布氏法比较准确，但压痕较大，不宜用于成品检验，而洛氏法压痕小，后者是以压头压入试件的深度来表示硬度值的，常用于判断工件的热处理效果。

材料的硬度是材料弹性、塑性、强度等性能的综合反映。试验证明，碳素钢的 HB 值与其抗拉强度 σ_b 之间存在较好的相关性，当 HB<175 时，$\sigma_b \approx 3.6HB$；当 HB≥175 时，$\sigma_b \approx 3.5HB$。根据这些关系，可以在钢结构原位上测出钢材的 HB 值，来估算钢材的抗拉强度。

7.2.2 工艺性能

钢材应具有良好的工艺性能，以满足施工工艺的要求。冷弯及焊接性能等是建筑钢材的重要工艺性能。

1. 冷弯性能

冷弯性能是指钢材在常温下承受弯曲变形的能力，是建筑钢材的重要工艺性能。钢材的冷弯性能是以试验时的弯曲角度 α 和弯心直径 d 为指标表示。钢材冷弯试验时，用直径（或厚度）为 a 的试件，选用弯心直径 $d=na$ 的弯头（n 为整数，其大小由试验标准来规定），弯曲到规定的角度（90°或180°）后，弯曲处若无裂纹、断裂及起层等现象，即认为冷弯试验合格。试验时采用弯曲的角度越大，弯心直径越小，表示对冷弯性能的要求越高，如图 7.8 所示。钢材的冷弯性能与伸长率一样，也是反映钢材在静荷作用下的塑性，但冷弯试验条件更苛刻，更有助于暴露钢材的内部组织是否均匀，是否存在内应力、微裂纹、表面未熔合及夹杂物等缺陷。

【冷弯试验】

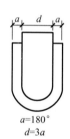

$\alpha=180°$
$d=3a$

$\alpha=180°$
$d=2a$

$\alpha=180°$
$d=a$

图 7.8 钢材冷弯参数

2. 焊接性能

焊接是把两块金属局部加热，并使其接缝部分迅速呈熔融或半熔融状态，再牢固连接起来。它是钢结构的主要连接形式。建筑工程的钢结构中，焊接结构要占 90% 以上，因此要求钢材应有良好的焊接性能。在焊接中，由于高温作用和焊接后急剧冷却作用，焊缝及其附近的过热区将发生晶体组织及结构变化，产生局部变形及内应力，使焊缝周围的钢材产生硬脆倾向，降低了焊接的质量。可焊性良好的钢材，其焊缝处性质基本与母材相同，焊接才牢固可靠。

钢材的化学成分、冶炼质量、冷加工、焊接工艺及焊条材料等都会影响焊接性能。含碳量小于 0.25% 的碳素钢具有良好的可焊性，含碳量大于 0.3% 时可焊性变差；硫、磷及气体杂质会使可焊性降低；加入过多的合金元素，也会降低可焊性。对于高碳钢和合金钢，为改善焊接质量，一般需要采用预热和焊后处理。

7.3　钢材的技术标准及选用

 想一想

我国每年有 500 多万吨废旧钢铁浪费。究其原因，是重生产轻回收，主管部门扶持力度不足、从业人员素质较低、存在体制和机制性障碍、市场监管与行业自律较薄弱。不合理地开发利用钢铁原材料会破坏生态环境，甚至诱发次生地质灾害。人与自然是生命共同体，无止境地向自然索取甚至破坏自然必然会遭到大自然的报复。[1] 因此，要想实现钢铁行业的可持续发展，就必须保护环境，解决产能过剩问题。从事研发活动时，不能一味地追求利润和效率，而忽略了对公众安全和福祉的关注。如何正确合理地选用建筑钢材呢？

建筑钢材可分为钢结构用钢和钢筋混凝土结构用钢两类，前者主要是型钢和钢板，后者主要是钢筋、钢丝、钢绞线等。各种型钢和钢筋的性能主要取决于所用钢种及其加工方式。建筑钢材的原料钢多为碳素钢和低合金钢。

7.3.1　建筑钢材的主要钢种

1. 碳素结构钢

按 GB/T 700—2006《碳素结构钢》的规定，碳素结构钢的牌号由代表屈服点的字母、屈服点数值、质量等级符号、脱氧方法等四部分按顺序组成。其中以"Q"代表屈服点；屈服点数值共分 195MPa、215MPa、235MPa 和 275MPa 四种；质量等级按硫、磷等杂质含量由多到少，分别用符号 A、B、C、D 表示；脱氧程度以 F 表示沸腾钢，Z 表示镇静钢，TZ 表示特殊镇静钢（Z、TZ 符号可省略）。例如 Q235 - BF，即表示屈服点为 235MPa 的 B 级沸腾钢。

随着牌号的增大，其含碳量增加、强度提高，塑性和韧性降低，冷弯性能和可焊性逐渐变差。同一钢号内质量等级越高，钢材的质量越好，如 Q235C 级优于 Q235A 和 Q235B 级。碳素结构钢的化学成分和力学性能应符合表 7-3 和表 7-4 的规定。

表 7-3　碳素结构钢的化学成分　　　　　　单位：%

牌号	等级	化学成分不大于					脱氧方法
		C	Mn	Si	S	P	
Q195	—	0.12	0.50	0.30	0.040	0.035	F、Z
Q215	A	0.15	1.20	0.35	0.050	0.045	F、Z
	B				0.045		
Q235	A	0.22	1.40	0.35	0.050	0.045	F、Z
	B	0.20			0.045		Z
	C	0.17			0.040	0.040	Z
	D	0.17			0.035	0.035	TZ
Q275	A	0.24	1.50	0.35	0.050	0.045	F、Z
	B	0.21			0.045		Z
	C	0.22			0.040	0.040	Z
	D	0.20			0.035	0.035	TZ

---

[1] 党的二十大报告第三条：新时代新征程中国共产党的使命任务。"人与自然是生命共同体，无止境地向自然索取甚至破坏自然必然会遭到大自然的报复。"

表 7-4 碳素结构钢的力学性能

牌号	等级	拉伸试验												冲击试验	
		屈服强度不小于/MPa						抗拉强度/MPa	断后伸长率不小于/%					温度/℃	V形冲击功纵向/J
		钢材厚度（直径）							钢材厚度（直径）						
		≤16mm	16~40mm	40~60mm	60~100mm	100~150mm	150~200mm		≤40mm	40~60mm	60~100mm	100~150mm	150~200mm		
Q195	—	195	185	—	—	—	—	315~430	33	—	—	—	—	—	—
Q215	A	215	205	195	185	175	165	335~450	31	30	29	27	26	—	—
	B													20	27
Q235	A	235	225	215	215	195	185	370~500	26	25	24	22	21	—	27
	B													20	
	C													0	
	D													−20	
Q275	A	275	265	255	245	225	215	410~540	22	21	20	18	17	—	27
	B													20	
	C													0	
	D													−20	

不同牌号的碳素钢在土木工程中有不同的应用，分述如下。

（1）Q195——强度不高，塑性、韧性、加工性能与焊接性能较好，主要用于轧制薄板和盘条等。

（2）Q215——与 Q195 钢基本相同，其强度稍高，大量用作管坯、螺栓等。

（3）Q235——强度适中，有良好的承载性，又具有较好的塑性和韧性，可焊性和可加工性也较好，是钢结构常用的牌号，大量制作成钢筋、型钢和钢板，用于建造房屋和桥梁等。Q235 是建筑工程中最常用的碳素结构钢牌号，其良好的塑性可保证钢结构在超载、冲击、焊接、温度应力等不利因素作用下的安全性，因而能满足一般钢结构用钢的要求。其中 Q235A 一般用于只承受静荷载作用的钢结构，Q235B 适用于承受动荷载焊接的普通钢结构，Q235C 适用于承受动荷载焊接的重要钢结构，Q235D 适用于低温环境下使用的承受动荷载焊接的重要钢结构。

工程结构的荷载类型（动载或静载）、焊接情况及环境温度等条件对钢材的性能有不同的要求。一般情况下，钢材在动荷载、焊接结构或严重低温条件下工作时，往往限制沸腾钢的使用。沸腾钢不得用于直接承受重级动荷载的焊接结构，不得用于计算温度等于和低于−20℃的承受中级或轻级动荷载的焊接结构和承受重级动荷载的非焊接结构，也不得用于计算温度等于和低于−30℃的承受静荷载或间接承受动荷载的焊接结构。

【应用案例 7-2】东北某厂需焊接一支承室外排风机的钢架。请对下列代号钢材做出选择，并简述理由：Ⅰ 为 Q235-AF，价格较便宜；Ⅱ 为 Q235-C，价格高于 Ⅰ。

解析：选用 Ⅱ。因 Ⅰ 为沸腾钢，其抗冲击韧性较差，尤其是在低温条件下，且排风机动荷载不宜选用沸腾钢，再者沸腾钢焊接性能也是较差的。根据使用条件，应选用质量较好的镇静钢。

2. 优质碳素结构钢

优质碳素结构钢大部分为镇静钢，对硫、磷等有害杂质含量控制严格，质量稳定，综合性能好，但成本较高。优质碳素结构钢分为普通含锰量（0.35%~0.80%）和较高含锰量（0.70%~1.20%）两大组。

优质碳素结构钢的钢号用两位数字表示，表示平均含碳量的万分数。数字后若有"锰"或"Mn"字，表示属于较高锰含量钢，否则为普通锰含量钢。若是沸腾钢，还应该在牌号后面加上"沸"或"F"。如牌号为"30"的，表示平均含碳量为 0.30%、普通含锰量的镇静钢；牌号为"45Mn"的，表示平均含碳量为 0.45%、有较高含锰量的镇静钢；牌号为"10F"的，表示平均含碳量为 0.10%的沸腾钢。优质碳素结构钢的性能主要取决于含碳量，含碳量高，则强度较高，但塑性和韧性降低。在建筑工程中，30～45 号钢主要用于重要结构的钢铸件及高强度螺栓等，45 号钢还常用作预应力混凝土锚具，65～80 号钢用于生产预应力混凝土用钢丝、刻痕钢丝和钢绞丝。

3. 低合金高强度结构钢

低合金高强度结构钢是一种在碳素钢的基础上添加总量小于 5%的一种或多种合金元素的钢材。合金元素有硅（Si）、锰（Mn）、钒（V）、铌（Nb）、铬（Cr）、镍（Ni）及稀土元素等，以提高其强度、耐腐蚀性、耐磨性或耐低温冲击韧性，并便于大量生产和应用。

按 GB/T 1591—2008《低合金高强度结构钢》的规定，低合金高强度结构钢按含碳量和合金元素种类含量不同来划分牌号，共有八个牌号，即 Q345、Q390、Q420、Q460、Q500、Q550、Q620、Q690。牌号由屈服点的汉语拼音字母 Q、屈服点的 MPa 数值及质量等级（A、B、C、D、E 五级）三个部分组成。如 Q345B，表示屈服强度不小于 345MPa、质量等级为 B 级的低合金高强度结构钢。

由于合金元素的作用，低合金高强结构钢不但具有较高的强度，而且也具有较好的塑性、韧性和可焊性，是土木工程中较为理想的钢材。与碳素结构钢相比，低合金高强结构钢的强度高，可以减轻自重，节约钢材；综合性能好，如抗冲击性强、耐低温和腐蚀，有利于延长使用年限；塑性、韧性和可焊性好，有利于加工和施工。低合金高强结构钢主要用于轧制型钢、钢板、钢管及钢筋，广泛用于钢筋混凝土结构和钢结构中，特别是重型、大跨度、高层的结构和桥梁等工程项目。

7.3.2 钢结构用钢材

钢结构用钢一般可直接选用各种规格与型号的型钢，构件之间可直接连接或附以钢板进行连接。连接方式可采用铆接、螺栓连接或焊接。因此，钢结构所用钢材主要是型钢和钢板，型钢和钢板的成形有热轧和冷轧两种。

1. 热轧型钢

热轧型钢主要采用碳素结构钢 Q235A、低合金高强度结构钢的 Q345 和 Q395 热轧成形，常用的有角钢、工字钢、槽钢、T 形钢、H 形钢、Z 形钢等。碳素结构钢 Q235A 制成的热轧型钢强度适中，塑性和可焊性较好，冶炼容易，成本低，适用于土木工程中的各种钢结构；低合金高强度结构钢 Q345 和 Q390 制成的热轧型钢，性能较前者好，适用于大跨度、承受动荷载的钢结构。

2. 钢板和压型钢板

钢板是用碳素结构钢和低合金高强度钢轧制而成的扁平钢材，以平板状态供货的称钢板，以卷状供货的称钢带，厚度大于 4mm 以上的为厚板，厚度小于或等于 4mm 的为薄板，可热轧或冷轧生产。

热轧碳素结构钢厚板，是钢结构的主要钢材；薄板用于屋面、墙面或作压型板的原料等。低合金高强度结构钢厚板，用于重型结构、大跨度桥梁和高压容器等。

压型钢板用薄板经冷压或冷轧成波形、双曲形、V 形等形状，有涂层、镀锌、防腐等类型薄板。其具有单位质量轻、强度高、抗震性能好、施工快、外形美观等特点，主要用于围护结构、楼板、屋面等。

3. 冷弯薄壁型钢

冷弯薄壁型钢是用 2～6mm 的钢板经冷弯或模压而制成，有角钢、槽钢等开口薄壁型钢及方形、矩形等空心薄壁型钢，用于轻型钢结构。

7.3.3　钢筋混凝土用钢材

混凝土具有较高的抗压强度，但抗拉强度很低。用钢筋增强混凝土，可大大扩展混凝土的应用范围，而混凝土又对钢筋起保护作用。钢筋混凝土结构的钢筋主要由碳素结构钢和优质碳素钢制成，包括以下类型。

1. 热轧钢筋

热轧钢筋由碳素结构钢和低合金高强度结构钢轧制而成，是建筑工程中用量最大的钢材品种之一，主要用于钢筋混凝土结构和预应力钢筋混凝土结构的配筋。

热轧钢筋根据表面形状，分为光圆钢筋和带肋钢筋。其中光圆钢筋需符合 GB 1499.1—2017《钢筋混凝土用钢第 1 部分：热轧光圆钢筋》的规定，带肋钢筋需符合 GB 1499.2—2018《钢筋混凝土用钢第 2 部分：热轧带肋钢筋》的规定。热轧钢筋的力学性能和工艺性能要求见表 7-5。

表 7-5　热轧钢筋的力学性能和工艺性能

表面形状	牌号	公称直径 /mm	屈服强度 /MPa	抗拉强度 /MPa	断后伸长率 /%	弯曲试验弯心直径 d （弯曲角度 180°）
			不小于			
光圆	HPB300	6～22	300	420	25	$d=a$
带肋	HRB400 HRBF400 HRB400E HRBF400E	6～25 28～40 >40～50	400	540	16 —	4d 5d 6d
	HRB500 HRBF500 HRB500E HRBF500E	6～25 28～40 >40～50	500	630	15 —	6d 7d 8d
	HRB600	6～25 28～40 >40～50	600	730	14	6d 7d 8d

注：HRB 为普通热轧带肋钢筋，HRBF 为细晶粒热轧带肋钢筋。

从表 7-5 中数据可以看出，热轧光圆钢筋的强度较低，但具有塑性好，伸长率高，便于弯折成形及容易焊接等特点，可用作中、小型钢筋混凝土结构的主要受力钢筋构件的箍筋、木结构的拉杆等，也可作为冷轧带肋钢筋的原材料，盘条还可作为冷拔低碳钢丝的原材料。

热轧带肋钢筋的牌号由 HRB 和屈服强度值构成，有 HRB400、HRB500、HRB600 三个牌号，其中数字表示相应的屈服强度要求值（单位 MPa）。细晶粒热轧带肋钢筋的牌号由 HRBF 和屈服强度值构成。

热轧带肋钢筋强度较高，塑性和可焊性均较好。钢筋表面轧有纵肋和横肋，从而加强了钢筋与混凝土之间的黏结力，可用作大、中型钢筋混凝土结构的受力筋和预应力筋。

2. 冷轧扭钢筋

冷轧扭钢筋是采用低碳钢热轧盘条经专用钢筋冷轧扭机调直、冷轧并冷扭转一次成形，具有规定截面形状和节距的连续螺旋状钢筋。该种钢筋刚度大，不易变形，与混凝土的握裹力大，无须加工（预应力或弯钩），可直接用于混凝土工程，能节约钢材30％。使用冷轧扭钢筋可减小板的设计厚度、减轻自重，施工时可按需要将成品钢筋直接供应现场铺设，免除现场加工钢筋，改变了传统加工钢筋占用场地、不利于机械化生产的弊端。

3. 冷轧带肋钢筋

【冷轧带肋钢筋】

冷轧带肋钢筋是由热轧圆盘条经冷轧后，在其表面带有沿长度方向均匀分布的三面或两面横肋的钢筋。根据 GB/T 13788—2017《冷轧带肋钢筋》的规定，冷轧带肋钢筋的牌号由 CRB 和钢筋抗拉强度最小值构成，分为 CRB550、CRB650、CRB800、CRB970 四个牌号。CRB550 为普通钢筋混凝土钢筋，其他牌号为预应力混凝土钢筋。CRB550 钢筋的公称直径范围为 4～12mm，CRB650 及以上牌号钢筋的公称直径为 4mm、5mm、6mm。

4. 预应力混凝土用钢丝

预应力混凝土用钢丝是以优质碳素结构钢盘条为原料，经冷加工及时效处理或热处理制成的用作预应力混凝土骨架的钢丝，其技术要求应符合 GB/T 5223—2014《预应力混凝土用钢丝》。

预应力混凝土用钢丝直径为 3～12mm，钢丝的抗拉强度比钢筋混凝土用热轧光圆钢、热轧带肋钢筋高许多。在构件中采用预应力钢丝可节省钢材、减少构件截面和节省混凝土，主要用于桥梁、吊车梁、大跨度屋架、管桩等预应力钢筋混凝土构件中。

5. 钢绞线

根据 GB/T 5224—2014《预应力混凝土用钢绞线》规定，预应力混凝土用钢绞线是采用 2 根、3 根、7 根或 19 根优质碳素结构钢钢丝经绞捻、热处理消除应力而制成，主要用于预应力混凝土配筋。与钢筋混凝土中的其他配筋相比，预应力钢绞线具有强度高、柔性好、质量稳定、成盘供应无须接头等优点，适用于大型屋架、薄腹梁、大跨度桥梁等负荷大、跨度大的预应力结构。

7.3.4　钢材的选用原则

（1）荷载性质。对经常承受动力或振动荷载的结构，易产生应力集中，引起疲劳破坏，需选用材质高的钢材。

（2）使用温度。经常处于低温状态的结构，钢材容易发生冷脆断裂，特别是焊接结构，冷脆倾向更加显著，故要求钢材具有良好的塑性和低温冲击韧性。

（3）连接方式。焊接结构当温度变化和受力性质改变时，容易导致焊缝附近的母体金属出现冷、热裂纹，促使结构早期破坏。因此，焊接结构对钢材化学成分和机械性能要求较高。

（4）钢材厚度。钢材力学性能一般随厚度增大而降低。钢材经过多次轧制后，内部晶体组织更为紧密，强度更高，质量更好，故一般结构用钢材厚度不宜超过 40mm。

（5）结构重要性。选择钢材要考虑结构使用的重要性，如大跨度结构、重要的建筑物结构，需选用质量更好的钢材。

7.4 铝及铝合金材料

 想一想

在土木工程中有哪些常用的铝合金制品？

7.4.1 铝及铝合金

生产铝的原料主要为铝矾土，另外还有高岭土、矾土岩石、明矾石等。首先从原料中提取 Al_2O_3，然后从 Al_2O_3 中电解得到金属铝。金属铝为有色金属中的轻金属，纯铝为银白色，密度 2.7g/cm³，熔点低（660℃），热反射性能良好，易加工，可焊接好，但强度和硬度很低，塑性很大，故不适用于土木工程。常加入合金元素锰、镁、硅、铜、锌等制成铝合金，既保持原有的特点，又具有更优良的物理性质，提高了使用价值。铝合金按加工方式分为铸造铝合金和变形铝合金。土木工程中主要使用四种变形铝合金。

（1）防锈铝合金（LF）。防锈铝合金简称防锈铝，是 Al-Mn 系或 Al-Mg 系合金。主要用于受力不大、要求耐腐蚀、表面光洁的构件和管道等。

（2）硬铝合金（LY）。硬铝合金简称硬铝，是 Al-Mg-Si 合金及 Al-Cu-Mg 合金。主要用作门窗、货架、柜台等的型材。

（3）超硬铝合金（LC）。超硬铝合金简称超硬铝，是 Al-Zn-Mg-Cu 合金。可用于承重构件和高荷载零件。

（4）锻铝合金（LD）。锻铝合金简称锻铝，是 Al-Mg-Si-Cu 合金。可用于中等荷载的构件。

变形铝合金可进行热轧、冷轧、冲压、挤压、弯曲、卷边等加工，制成不同形状和不同尺寸的型材、线材、管材、板材等。

7.4.2 铝合金制品

1. 铝合金型材

用于加工门窗、幕墙等建筑的铝合金型材主要采用变形铝合金6063，其次是6061。根据 GB/T 5237.1～5237.6《铝合金建筑型材》，铝合金型材分为基材、阳极氧化型材、电泳涂漆型材、粉末喷涂型材、氟碳漆喷涂型材和隔热型材，其中基材不能直接用于建筑物。铝合金型材的尺寸规格及偏差、力学性能和化学反应需符合有关规定，除基材外的其他型材，还应同时满足涂层的质量要求。

2. 铝合金门窗

铝合金门窗用已表面处理过的型材和配件组合装配而成，主要有推拉窗（门）、平开窗（门）、悬挂窗、回转窗（门）、纱窗等。铝合金门窗和普通门窗相比，具有质量轻，气密性、水密性和隔声性能好，不腐蚀不褪色，经久耐用，有利于工业化生产等优点。

3. 铝合金装饰板及吊顶

铝合金装饰板是现代较为流行的建筑装饰板材，具有质量轻、不燃烧、耐久性好、施工方便、装饰效果好等特点。在装饰工程中用得较多的铝合金板材有以下几种。

（1）铝合金花纹板及浅纹板。它是采用防锈铝合金材料，用特殊的花纹机辊轧而成的。花纹美观大方，筋高适中，不易磨损，防滑性好，防腐蚀性能强。广泛用于现代建筑墙面装饰及楼梯、踏板等处。

（2）铝合金压型板。具有质量轻、外形美观、耐腐蚀、经久耐用、安装容易和施工快速等特点，是现代广泛应用的一种新型建筑材料。主要用作墙面和屋面。

（3）铝合金穿孔平板。它是用各种铝合金平板经机械穿孔而成的，是近年来开发的一种吸声并兼有装饰效果的新产品，广泛用于宾馆、饭店、剧场、影院、播音室等公共建筑和中高级民用建筑中。

（4）铝合金波纹板。这种板材有银白色等多种颜色，主要用于墙面装饰，也可用作屋面，有很强的反射阳光能力，且十分经久耐用。

（5）铝合金吊顶。具有质量轻、不燃烧、耐腐蚀、施工方便和装饰华丽等特点。

7.5 钢材的腐蚀与保护

 想一想

钢材的腐蚀是如何产生的？有哪些防护措施？

7.5.1 钢材的腐蚀机理

钢材表面与周围介质发生作用而引起破坏的现象称为腐蚀（锈蚀）。钢材腐蚀的现象普遍存在，如在大气中生锈，特别是当环境中有各种侵蚀性介质或湿度较大时，情况就更为严重。腐蚀不仅使钢材有效截面面积减小、浪费钢材，而且会形成程度不等的锈坑、锈斑，造成应力集中，加速结构破坏，并显著降低钢的强度、塑性、韧性等力学性能。影响钢材腐蚀的主要因素是环境湿度、侵蚀性介质种类和数量、钢材的材质及表面状况等。

根据钢材与环境介质的作用原理，腐蚀可分为化学腐蚀和电化学腐蚀。

1. 化学腐蚀

钢材直接与周围介质发生化学反应而产生的腐蚀，称为化学腐蚀。这种腐蚀多数是氧化作用，使钢材表面形成疏松的氧化物。在常温下钢材表面形成一薄层钝化能力很弱的氧化保护膜 Fe_2O_3，可以起一定的防治钢材腐蚀的作用，故在干燥环境下腐蚀进展缓慢。但在温度或湿度较高的环境条件下，这种腐蚀速度加快。

2. 电化学腐蚀

电化学腐蚀是指钢材与电解质溶液接触，形成微电池而产生的腐蚀。在潮湿环境中钢材表面将覆盖一层薄的电解质水膜，而钢材本身含有铁、碳等多种成分，由于这些成分的电极电位不同，因而形成许多微电池。在阳极区，铁被氧化成 Fe^{2+} 离子进入水膜；由于在水中溶有来自空气中的氧，故在阴极区溶于水膜中的氧被还原为 OH^- 离子，与铁离子结合成为不溶于水的 $Fe(OH)_2$，并进一步氧化为疏松而易剥落的红棕色铁锈 $Fe(OH)_3$。

电化学腐蚀是钢材腐蚀最主要的形式。钢材表面污染、粗糙、凹凸不平、应力分布不均，元素或合金组织之间的电极电位差别较大以及提高温度或湿度等，均会加速电化学腐蚀。

7.5.2 腐蚀的防护

1. 钢结构用钢材腐蚀的防护措施

（1）涂覆保护层。在钢材表面施加保护层，使其与周围介质隔离，从而防止腐蚀。保护层可分为两类：金属保护层和非金属保护层。

金属保护层是用耐蚀性较强的金属以电镀或喷镀的方法覆盖在钢材表面，如镀锌、镀锡、镀铬等。

非金属保护层是用有机或无机物质作为保护层。常用的是在钢材表面涂刷各种防锈涂料，此法简单易行但不耐久。此外还可采用塑料保护层、沥青保护层及搪瓷保护层等。

（2）制成合金钢。钢材的化学成分对耐腐蚀性有很大的影响。如在钢中加入合金元素铬、镍、钛、铜等制成不锈钢，可以提高耐腐蚀的能力。

（3）电化学保护法。电化学防腐包括阳极保护和阴极保护，适用于不易或不能涂覆保护层的钢结构，如蒸汽锅炉、地下管道、港口工程结构等。

阳极保护是在钢结构附近安放一些废钢铁或其他难熔金属，如高硅铁、铝、银合金等，外加直流电源，将负极接在被保护的钢结构上，正极接在难熔的金属上。通电后难熔金属成为阳极而被腐蚀，钢结构成为阴极而得到保护。阳极保护也称外加电流保护法。

阴极保护是在被保护的钢结构上接一块较钢铁更为活泼（电极电位更低）的金属，如锌、镁等，使锌、镁成为腐蚀电池的阳极被腐蚀，钢结构成为阴极而得到保护。

2. 钢筋混凝土用钢材腐蚀的防护措施

由于水泥水化后产生大量的氢氧化钙，正常的混凝土 pH 值大于 12。在这种高碱环境中，钢筋表面迅速形成一层氧化铁钝化膜，水和氧气不能渗透过去，内部无法形成腐蚀电池；即使阴极区有足够的水和氧，也会因为该钝化膜抵制了铁离子的释放，阻止了阳极反应，而避免了电化学反应的发生。显然混凝土的正常碱度能阻止钢筋锈蚀，并且碱度越高，钝化膜的稳定性越好，对钢筋的保护性就越好。但随着混凝土碳化的进行，混凝土碱度降低（中性化），逐渐失去对钢筋的保护作用，此时与腐蚀介质接触的钢筋便将受到腐蚀。此外混凝土中氯离子达到一定浓度，会严重破坏钢筋表面的钝化膜。

为防止钢筋腐蚀，通常采用以下措施：①提高混凝土的密实性；②减少混凝土的裂缝和增大钢筋的保护层厚度；③给钢筋混凝土结构喷刷防腐涂层；④减少混凝土中氯盐含量；⑤添加阻锈剂。

模块小结

本模块在金属材料概述的基础上，讲解了建筑常用金属材料——钢材和铝合金。钢材是土木工程中使用最多最广的金属材料，本模块介绍了钢材的定义及分类、钢材的主要技术性能、钢材的组成结构及其对性能的影响以及钢材的处理工艺，并详细介绍了土木工程中常用钢材的性质及应用。合理选用钢材，可以在保障工程安全性的同时很好地控制工程成本。铝合金近年来发展非常迅速，本模块简要讲述了其基本性质以及在土木工程中的应用。腐蚀是引起钢材破坏的一个重要因素，本模块详细讲述了钢材的腐蚀机理以及进行防护的主要措施。

复习思考题

一、选择题

1. 根据受拉伸时的破坏特点，判断低碳钢属于（　　　）。

A. 弹性材料　　　　B. 韧性材料　　　　C. 冷脆性材料　　　　D. 脆性材料

2. 钢材的冷弯性反映的是（　　　）。

A. 抗弯强度　　　　B. 塑性　　　　C. 抗冲击性　　　　D. 耐疲劳性

3. 对钢筋进行冷拉或冷拔的主要目的是（　　　）。

A. 提高塑性

B. 降低塑性，节约钢材

C. 提高塑性和韧性

D. 提高屈服强度，节约钢材

4. 碳素结构钢中，主要使用钢号为（　　　）。

A. Q195　　　　　B. Q215　　　　　C. Q235　　　　　D. Q275

5. 寒冷地区承受重级动荷载的焊接钢结构，应选用（　　　）。

A. Q235 - AF　　　B. Q235 - A　　　C. Q275　　　　　D. Q235 - D

6. 钢材随含碳量提高，其（　　　）降低。

A. 塑性、韧性　　　B. 硬度、塑性　　　C. 强度、硬度　　　D. 硬度、韧性

二、简答题

1. 为何说屈服点（σ_s）、抗拉强度（σ_b）和伸长率（δ）是建筑用钢材的重要技术性能指标？

2. 何谓钢的冷加工强化及时效处理？冷拉并时效处理后的钢筋性能有何变化？

3. 碳素结构钢是如何划分牌号的？Q235 - AF 和 Q235 - D 号钢在性能上有何区别？

【模块7课后
习题自测】

模块 8
沥青及防水卷材

 教学目标

知识模块	知识目标	权重
沥青及沥青混合料	重点掌握石油沥青、煤沥青、改性沥青的基本组成、技术性质、技术标准及选用原则	40%
防水卷材	掌握沥青卷材、改性沥青防水卷材的品种、性质及应用范围	40%
沥青混合料	熟悉沥青混合料技术性质及施工要求	20%

技能目标

要求能够辨识石油沥青、煤沥青、改性沥青，并了解其主要技术性质及选用原则；掌握不同品种防水卷材的主要性质，并能举例说明其选用原则；熟悉沥青混合料组成结构，熟知其现场施工要求。

引例

建筑防水材料与我们的生活息息相关，在安全良好的住宅下生活，是人们最基本的生活需求，建筑防水材料就是为了保证建筑物或构筑物的某些部位不受雨水、地下水、生活用水及空气中湿气的侵蚀而采取的一项专门的措施所用材料，在整个建筑工程中占有重要的地位。随着社会的进步、科技的发展，为了满足人们日益增长的对更好居住场所的品质追求，建筑防水材料也得到了发展。

建筑防水工程的优劣，直接影响到建筑物和构筑物的正常使用和寿命。首先建筑防水是一项涉及建筑安全的产品和技术，它将为建筑结构的安全提供重要保证，如可使钢筋混凝土结构得到保护，保证建筑及工程主体在设计年限内的强度，从而保障结构安全；其次建筑防水也是一项涉及百姓民生的产品和技术，遮风避雨是人们对房屋建筑最原始的功能要求，而建筑防水是实现和保障这些功能的关键技术之一。在住宅进入商品化时代后，对住宅工程质量的投诉中防水已成为热点之一，因而建筑防水材料的研究也越来越受到重视。

当前我国正处于发展阶段，在国外新技术、新材料的推动下，我国也正在遵循生态环保的原则，努力探寻更适合的建筑防水材料。随着国民经济的快速发展，防水领域不断扩大，诸如机场、桥道、隧道、地铁、水利工程、垃圾填埋场等也越来越多地应用防水材料。

建筑工程中的防水材料，有刚性防水材料和柔性防水材料两大类，而柔性防水材料（本模块主要介绍的防水材料）防水性能可靠，能适应各种不同用途和各种外形的防水工程，在国内外得到广泛应用。

沥青是一种憎水性有机胶凝材料，属于柔性防水材料，在建筑、公路、桥梁、地下工程中得到普遍应用。20 世纪 80 年代以来，高分子防水材料的使用越来越多，且生产技术不断改进，新品种新材料层出不穷，目前 SBS（苯乙烯-丁二烯-苯乙烯）、APP（无规聚丙烯）两大类卷材已得到广泛的应用。下面让我们来学习各种类型的防水材料的特点、性能和使用范围等。

8.1　沥　青

想一想

沥青是建筑物及道路工程中常用到的材料，那么你见过沥青吗？沥青有哪些种类？各种沥青分别有哪些性质呢？根据沥青的技术标准，如何选用合适的沥青材料？

沥青是一种有机胶凝材料，是一种复杂的高分子碳氢化合物及其非金属（O、S、N 等）衍生物的混合物。在常温下，沥青呈固态、半固态或液态，颜色由黑色至黑褐色，是一种憎水性材料，几乎不溶于水，且构造密实，是建筑工程中应用最广的一种防水材料。沥青还具有耐酸、耐碱、耐蚀、不吸水、不导电等性质，可以抵抗一般酸、碱、盐等侵蚀性液体和气体的侵蚀，故广泛应用于有防腐蚀要求的地坪、沟、池以及钢材的防锈、防腐处理。沥青能溶于 CS_2、苯、CCl_4 等多种有机溶剂中，与矿物质材料有较强的黏结力。

沥青材料按其在自然界中的获得方式，可分为两大类。

（1）地沥青。

① 天然沥青，由沥青湖或含有沥青的砂岩、砂等提炼而得；

② 石油沥青，由石油原油蒸馏后的残留物经加工而得。

（2）焦油沥青。

① 煤沥青，由煤焦油蒸馏后的残留物经加工而得；

② 页岩沥青，为油页岩炼油工业的副产品。

【沥青的分类】

在工程中采用的沥青绝大多数是石油沥青，原因是石油沥青无毒性，且具有良好的技术性能，产量较高且价格较低。另外还使用少量的煤沥青。

8.1.1　石油沥青

石油沥青是石油原油经蒸馏等提炼出各种轻质油（如汽油、柴油等）及润滑油以后的残留物或再经加工而得的产品。

【石油沥青】

1. 石油沥青的基本组成

石油沥青是由石油经蒸馏、吹氧、调和等工艺加工得到的残留物。JTG E20—2011《公路工程沥青及沥青混合料试验规程》规定对其有三组分和四组分两种分析法。化学组分分析是将沥青分离为几个化学性质相近而且与路用性质有一定联系的组，这些组就称为"组分"。

1）三组分分析法

三组分分析法将石油沥青分离为油分、树脂和沥青质等三组分，其状态、色泽、密度等特性见表8-1。

表8-1 石油沥青三组分特性

组 分	状 态	染 色	相 对 密 度	分子量	含量/%
油分	油状液体	淡黄-红褐色	<1	300～500	40～60
树脂	黏稠状物体	黄-黑色	略大于1	600～1000	15～30
沥青质	无定形固体粉末	深褐-黑色	>1	>1000	10～30

（1）油分能溶于石油醚、二硫化碳、三氯甲烷、苯、四氯化碳和丙酮等有机溶剂中，但不溶于酒精。油分赋予沥青以流动性，其含量越高，则沥青的软化点越低，从而直接影响沥青的柔软性、抗裂性及施工难度。

（2）树脂中绝大部分属于中性树脂，中性树脂能溶于三氯甲烷、汽油和苯等有机溶剂，但在酒精和丙酮中难溶解或溶解度很低，它赋予沥青良好的黏结性、塑性和可流动性。中性沥青含量增加，石油沥青的延度和黏结力等品质变得更好。

（3）沥青质不溶于酒精、正戊烷，但溶于三氯甲烷和二硫化碳，染色力强，对光的敏感性强，感光后就不能溶解。沥青质决定着沥青的黏结力、黏度和温度稳定性，其含量越多，软化点越高黏性越大，但越硬脆。

以上三组分之间的比例关系，往往决定着石油沥青的性质。如液体沥青中油分、树脂多时，沥青的流动性好；固体沥青中树脂、沥青质多时，沥青的黏结力和温度稳定性好。

2）四组分分析法

四组分分析法是将沥青分离为饱和分、芳香分、胶质和沥青质等四组分。沥青质和胶质的含量较高，则其针入度值较小（稠度较高），软化点较高；饱和分含量较高，则其针入度值较大（稠度较低），软化点较低；芳香分含量对针入度、软化点无影响，但极性芳香分含量高，对其黏附性有利；胶质对沥青延度贡献较大。

另外在石油沥青中还含有2%～3%的沥青碳和似碳物，为无定形的黑色固体粉末，是在高温裂化、过度加热或深度氧化过程中脱氢而生成的，是石油沥青中分子量最大的，它能降低石油沥青的黏结力。石油沥青中还含有蜡，是石油沥青的有害成分，它会降低石油沥青的黏结性和塑性，使温度稳定性较差。蜡存在于石油沥青的油分中，可采用氯盐处理法、高温吹氧法、减压蒸提法和溶剂脱蜡法等处理多蜡石油沥青，使蜡被氧化和蒸发，从而提高了石油沥青的软化点、降低了针入度，改善了石油沥青的性质。

2. 石油沥青的胶体结构

如图8.1所示，石油沥青的结构是以沥青质为核心，周围吸附部分树脂和油分的互溶物而构成胶团，无数胶团分散在油分中而形成胶体结构。

根据沥青中各组分的相对比例不同，胶体结构可分为溶胶型、凝胶型和溶-凝胶型三种类型。

（1）溶胶型结构。沥青质含量较少，胶团间完全没有引力或引力很小，在外力作用下随时间发展的变形特性与黏性液体一样。直馏沥青的结构多为溶胶结构（直馏沥青是石油原油提炼出汽油、煤油、中油、重油等产品剩余的残渣）。

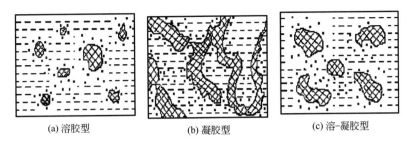

图 8.1　石油沥青的胶体结构类型

（2）凝胶型结构。沥青质含量很多，胶团间有引力形成立体网状，沥青质分散在网格之间，在外力作用下弹性效应明显。氧化沥青多属于凝胶结构（氧化沥青是直馏沥青在氧化釜内加温注氧后形成的，氧化沥青和直馏沥青除含氧量不同外，在常温下氧化沥青无挥发性物质逸出，但黏滞性提高）。

（3）溶–凝胶型结构。介于溶胶与凝胶之间，并有较多的树脂，胶团间有一定吸引力，在常温下受力变形的最初阶段呈现出明显的弹性效应，当变形增加到一定数值后，则变为有阻尼的黏性流动。大部分优质道路沥青均配成溶–凝胶型结构，具有黏弹性和触变性，故亦称弹性溶胶。

3. 石油沥青的技术性质

1）防水性

石油沥青是憎水性材料，几乎完全不溶于水，而且本身构造致密，加之它与矿物材料表面有很好的黏结力，能紧密黏附于矿物质表面，同时具有一定的塑性，能适应材料或构件的变形，所以石油沥青具有良好的防水性，广泛用作建筑工程的防潮、防水材料。

2）黏滞性

石油沥青的黏滞性又称黏性。黏滞性本应以绝对黏度表示，但因其测定方法较复杂，故工程中常用相对黏度（条件黏度）来表示，对黏稠（半固体或固体）的石油沥青用针入度（penetration）表示黏滞性，对液体石油沥青则用黏滞度表示黏滞性，相应测定方法如图8.2所示。黏滞性反映了沥青材料在外力作用下沥青粒子产生相互位移以抵抗变形的能力，是沥青材料最为重要的性质。工程上，对于半固体或固体的石油沥青，针入度是划分沥青强度等级的重要依据，针入度越大，表示沥青越软、黏度越小。黏稠石油沥青的针入度是指在规定温度（25℃）条件下，以规定质量（100g）的标准针、在规定时间（5s）内贯入试样中的深度，单位以 1/10mm 计。针入度反映了石油沥青抵抗剪切变形的能力。

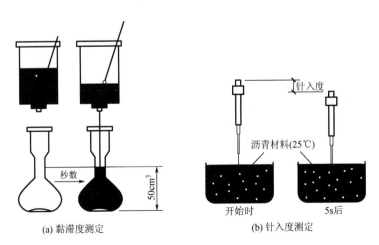

图 8.2　黏滞度及针入度测定示意

3）塑性

塑性是指石油沥青在外力作用时产生变形而不破坏，除去外力后仍保持变形后的形状不变的性质。沥青的塑性对冲击振动荷载有一定吸收能力，并能减少摩擦时的噪声，故沥青是一种优良的道路路面材料。石油沥青的塑性用延度指标表示，延度越大，塑性越好。沥青延度是把沥青试样制成"∞"字形标准试模（中间最小截面面积为 $1cm^2$），在规定的拉伸速度（5cm/min）和规定温度（25℃）下拉断时的伸长长度，以 cm 为单位，如图 8.3 所示。一般来说，沥青中油分和沥青质适量时，树脂含量越多，延度越大，塑性越好。温度升高，沥青的塑性也随之增大。

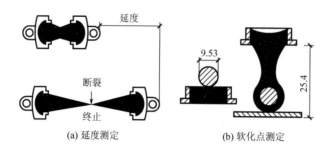

图 8.3　延度及软化点测定示意

4）温度敏感性

温度敏感性是指石油沥青的黏滞性和塑性随温度升降而变化的性能，是沥青的重要指标之一。在沥青的常规试验方法中，软化点试验可作为反映沥青温度敏感性的方法。温度敏感性以软化点（softening point）指标表示，相关测量方法如图 8.3(b) 所示。由于沥青材料从固态至液态有一定的变态间隔，故规定以其中某一状态作为从固态转变到黏流态的起点，相应的温度即称为沥青的软化点。沥青软化点一般采用图示的"环球法"（ring and ball method）测定：把沥青试样装入规定尺寸（直径 15.88mm，高 6mm）的铜环内，试样上放置一标准钢球（直径 9.53mm，质量 3.5g），浸入水或甘油中，以规定的速度升温（5℃/min），当沥青软化下垂至规定距离（25.4mm）时的温度即为其软化点，以℃计。

针入度、延度、软化点是评价黏稠石油沥青路用性能最常用的经验指标，所以统称"三大指标"。

5）大气稳定性

大气稳定性是指石油沥青在热、阳光、氧气和潮湿等因素长期综合作用下抵抗老化的性能，以沥青试样在加热蒸发前后的"蒸发损失百分率"和"蒸发后针入度比"来评定。蒸发损失百分率越小，蒸发后针入度比越大，表示沥青大气稳定性越好，亦即"老化"越慢。

石油沥青的大气稳定性测定方法是：先测定沥青试样的质量及其针入度，然后将试样置于烘箱中，在 160℃下加热蒸发 5h，待冷却后再测定其质量及针入度。计算出蒸发损失质量占原质量的百分数，称为蒸发损失百分率；计算出蒸发后针入度占原针入度的百分数，称为蒸发后针入度比。

6）溶解度

溶解度是指石油沥青在三氯乙烯、四氯化碳或苯中溶解的百分率，用以限制有害的不溶物（如沥青碳或似碳物）的含量。因为不溶物会降低沥青的黏结性。

7）闪点和燃点

闪点是指加热沥青至挥发出的可燃气体和空气的混合物在规定条件下与火焰接触，初次闪火（有蓝色闪光）时的沥青温度（单位℃）。

燃点是指加热沥青产生的气体和空气的混合物，与火焰接触能持续燃烧 5s 以上时，相应的沥青温度（单位℃）。

燃点温度比闪点温度约高 10℃。沥青质含量越多，闪点和燃点相差越大。液体沥青由于油分较多，闪点和燃点相差很小。

闪点和燃点的高低表明沥青引起火灾或爆炸的可能性大小，它关系到运输、储存和加热使用等方面的安全，所以必须进行测定。闪点和燃点是保证沥青加热质量和施工安全的一项重要指标。

4. 石油沥青的技术标准与选用

石油沥青按用途，分为建筑石油沥青、道路石油沥青和防水防潮石油沥青三种。

1) 技术标准

建筑石油沥青、道路石油沥青和防水防潮石油沥青都是按针入度指标来划分牌号的。在同一品种石油沥青材料中，牌号越小，沥青越硬；牌号越大，沥青越软。另外，随着牌号增加，沥青的黏性减小（针入度增加），塑性增加（延度增大），且温度敏感性增大（软化点降低）。

2) 石油沥青的选用

在选用沥青材料时，应根据工程性质（房屋、道路、防腐）及当地气候条件、所处工程部位（屋面、地下）来选用不同品种和牌号的沥青。

(1) 道路石油沥青牌号较多，主要用于道路路面或车间地面等工程，一般拌制成沥青混凝土、沥青拌合料或沥青砂浆等使用。道路石油沥青还可作密封材料、黏结剂及沥青涂料等，此时宜选用黏性较大和软化点较高的道路石油沥青，如 60 号。

(2) 建筑石油沥青黏性较大，耐热性较好，但塑性较小，主要用于制造油毡、油纸、防水涂料和沥青胶。它们绝大部分用于屋面及地下防水、沟槽防水、防腐蚀及管道防腐等工程中。

(3) 防水防潮石油沥青的温度稳定性较好，特别适合做油毡的涂覆材料及建筑屋面和地下防水的黏结材料。其中 3 号沥青温度敏感性一般，质地较软，用于一般温度下的室内及地下结构部分的防水；4 号沥青温度敏感性较小，用于一般地区可行走的缓坡屋面防水；5 号沥青温度敏感性小，用于一般地区暴露屋顶或气温较高地区的屋面防水；6 号沥青温度敏感性最小，并且质地较软，除一般地区外，主要用于寒冷地区的屋面及其他防水防潮工程。

(4) 普通石油沥青含蜡较多，一般含量大于 5%，有的高达 20% 以上（称多蜡石油沥青），因而温度敏感性大，在工程中不宜单独使用，只能与其他种类石油沥青掺配使用。

5. 沥青的保管与掺配

1) 沥青的保管要领

(1) 沥青在储运过程中，应防止混入杂物，若已经混入杂物，应设法清除，或在加热时进行过滤；

(2) 沥青在施工现场临时存放时，应选择平整、干燥、干净的场地，且应有防日晒、雨淋的棚盖；

(3) 筒装沥青应站立存放，包装缝口一定要封严，防止流失和进水；

(4) 沥青存放地点应远离火源，且周围不要有易燃物；

(5) 不同品种、不同牌号的沥青应分别存放，并做好标记，切忌混杂。

2) 沥青的掺配

在工程中，往往一种牌号的沥青不能满足工程要求，因此常常需要用不同牌号的沥青进行掺配。在进行掺配时，为了不使掺配后的沥青胶体结构破坏，应选用表面张力相近和化学性质相似的沥青。试验证明同产源的沥青，即同属石油沥青或同属煤沥青，容易保证掺配后的沥青胶体结构的均匀性，所以当单独用一种沥青不能满足实际工程的耐热性要求时，可采用同产源的两种或三种沥青进行掺配来达到需要的软化点。

当采用两种沥青时，每种沥青的配合量宜按下列公式计算。

$$Q_1 = \frac{T_2 - T}{T_2 - T_1} \times 100\%$$

$$Q_2 = 100\% - Q_1$$

式中　　Q_1——较软沥青用量，%；

　　　　Q_2——较硬沥青用量，%；

　　　　T——掺配后的沥青软化点，℃；

　　　　T_1——较软沥青软化点，℃；

　　　　T_2——较硬沥青软化点，℃。

根据估算的掺配比例和其邻近的比例（±5%）进行试配，测定各自掺配后沥青的软化点，然后绘制掺配比-软化点曲线，即可从曲线上确定所要求的比例。同样可采用针入度指标进行估算及试配。

【应用案例8-1】某工程需要用软化点为85℃的石油沥青。现有10号和60号石油沥青两种，已知10号石油沥青软化点为95℃，60号石油沥青软化点为45℃，应如何掺配以满足施工要求？

解析：按计算公式，60号及10号石油沥青用量分别为

$$Q_1 = \frac{95-85}{95-45} \times 100\% = 20\%$$

$$Q_2 = 100\% - 20\% = 80\%$$

根据估算的掺配比例和其邻近的比例（5%～10%）进行试配（混合熬制均匀），然后测定各自掺配后沥青的软化点，从中选择达到工程要求的那个比例。

建筑上使用的石油沥青必须具有较好的物理性质，如在低温条件下具有较好的弹性和塑性，在高温条件下具有足够的强度和稳定性，在加工和使用过程中具有优异的抗老化能力；还应该与各种矿物掺合料的结构表面有较强的黏附力，以及对构件变形的适应性和耐疲劳性。一般的沥青材料很难全面满足工程上的多项使用要求，因此必须对沥青材料进行有效的改性，常用的改性材料有橡胶、树脂和矿物填料等。

橡胶是一类重要的石油改性材料，它与沥青具有较好的混溶性，并能使沥青具有橡胶的很多优点，如高温变形小、低温柔性好等。沥青中掺入一定量的橡胶后，可改善其耐热性、耐候性等。

常用于沥青改性的橡胶有氯丁橡胶、丁基橡胶、再生橡胶等。

8.1.2　煤沥青

【煤沥青】

煤沥青是煤焦油加工过程中的副产品，即焦油蒸馏后残留在蒸馏釜内的黑色物质。烟煤在密闭设备中加热干馏，此时烟煤中挥发物质气化逸出，冷却后仍为气体的可作煤气，冷凝下来的液体除去氨及苯后，即为煤焦油，因为干馏温度不同，生产出来的煤焦油品质也不同。炼焦及制煤气时干馏温度为800～1300℃，这样得到的为高温煤焦油；当低温（600℃以下）干馏时，所得到的为低温煤焦油。高温煤焦油含碳较多，密度较大，含有大量的芳香族碳氢化合物，工程性质较好；低温煤焦油含碳较多，密度较小，含有少量的芳香族碳氢化合物，主要含蜡族和环烷族及不饱和碳氢化合物以及较多的酚类，工程性质较差。故多用高温煤焦油制作焦油类建筑防水材料或煤沥青。煤沥青是将煤焦油再进行蒸馏，蒸去水分和所有的轻油及部分中油、重油和蒽油后所得的残渣。

温度的变化对煤沥青的影响很大，冬季容易脆裂，夏季容易软化。加热时有特殊气味，加热到260℃且在5h以后，其所含的蒽、菲、芘等成分就会挥发出来。它大部分用于化工，小部分用于制作建筑防水材料和铺筑道路路面。

与石油沥青相比，煤沥青具有以下特点。

（1）由固态或黏稠态转变为黏流态（或液态）的温度间隔较小，夏天易软化流淌，而冬天易脆裂，即温度敏感性较大，温度稳定性差。

（2）含挥发性成分和化学稳定性差的成分较多，在热、阳光、氧气等长期综合作用下，煤沥青的组成变化较大，易硬脆，即大气稳定性较差。

（3）含有较多的游离碳，塑性较差，用于工程上常因微量变形导致破裂而失去防水功能。

（4）因含蒽、酚等，故有毒性和臭味，防腐能力较好，适用于木材的防腐，且因含表面活性物质较多，与矿料表面的黏附力较好。

需要注意的是，煤沥青与石油沥青的性质差别很大，因此工程上不准将两种沥青简单混合使用，否则容易出现分层、成团、沉淀变质等现象而影响工程质量。

由于煤沥青和石油沥青相似，使用时必须加以区别，鉴别方法见表 8-2。

表 8-2　煤沥青与石油沥青性能比较

鉴别方法	煤　沥　青	石　油　沥　青
相对密度	大于1.1（约为1.25）	接近1.0
锤击	音清脆，韧性差	音哑，富有弹性，韧性好
燃烧	烟呈黄色，有刺激味	烟无色，无刺激性臭味
溶液颜色	用30～50倍的汽油或煤油溶解后，将溶液滴于滤纸上，斑点分为内外两圈，呈内黑外棕或黄色	用30～50倍的汽油或煤油溶解后，将溶液滴于滤纸上，斑点完全均匀散开，呈棕色

8.1.3　改性沥青

改性沥青是在沥青中掺加橡胶、树脂、高分子聚合物、磨细的橡胶粉或其他填料等外掺剂（改性剂），或采取对沥青轻度氧化加工等措施，使沥青或沥青混合料的性能得以改善而制成的沥青混合料。

1. 橡胶改性沥青

橡胶是沥青的重要改性材料，同沥青有较好的混溶性，并能使沥青具有橡胶的很多优点，如高温变形性小、低温柔性好。由于橡胶的品种不同，掺入的方法也有所不同，而各种橡胶沥青的性能也有差异，现将常用的几种分述如下。

（1）氯丁橡胶改性沥青。沥青中掺入氯丁橡胶后，可使其气密性、低温柔性、耐化学腐蚀性、耐气候性等得到大大改善，可用于路面的稀浆封层及制作密封材料和涂料等。

（2）丁基橡胶改性沥青。丁基橡胶改性沥青具有优异的耐分解性，并有较好的低温抗裂性能和耐热性能，多用于道路路面工程及制作密封材料和涂料。

（3）热塑性弹性体（SBS）改性沥青。SBS是苯乙烯-丁二烯-苯乙烯（styrene-butadiene-styrene）嵌段共聚物，兼有橡胶和树脂的特性，常温下具有橡胶的弹性，高温下又能像树脂那样熔融流动，成为可塑的材料。SBS改性沥青具有良好的耐高温性、优异的低温柔性和耐疲劳性，是目前应用最成功和用量最大的一种改性沥青，主要用于制作防水卷材和铺筑高等级公路路面等。

SBS是三元嵌段聚合物，是一种受世界推崇的热塑弹性体，在常温下为强韧的高弹性体，在高温下呈接近线性聚合物的流体状态。

SBS改性沥青防水卷材具有一般纸胎沥青油毡不可比拟的优点：高温不流淌、低温柔度好、抗老化、韧性强、弹性好、防水性优异、施工操作简便、环境适应广、造价低、荷重轻、维修量小且方便，有效防水年限达15年以上，因此受到广大用户的青睐。

2. 树脂改性沥青

用树脂改性石油沥青，可以改进沥青的耐寒性、耐热性、黏结性和不透气性。由于石油沥青中含芳

193

香化合物很少，故树脂和石油沥青的相容性较差，而且可用的树脂品种也较少，常用的树脂有古马隆树脂、聚乙烯、乙烯-乙酸乙烯共聚物（EVA）、无规聚丙烯（APP）等。

3. 橡胶和树脂（混合）改性沥青

橡胶和树脂同时用于改善沥青的性质，可使沥青兼有橡胶和树脂的特性，且树脂比橡胶便宜，橡胶和树脂又有较好的混溶性，故效果较好。

4. 矿物填充料改性沥青

为了提高沥青的黏结力和耐热性，可使用矿物填充料。

1）矿物填充料的品种

常用的矿物填充料，大多是粉状和纤维状的硅藻土和石棉等，如滑石粉、石灰石粉；此外白云石粉、磨细砂、粉煤灰、水泥、高岭土粉、白垩粉等均可作沥青的矿物填充料。

2）矿物填充料的作用机理

沥青中掺入矿物填充料后，要求与沥青包裹形成稳定的混合物。这一是需要沥青能润湿矿物填充料；二是需要沥青与矿物填充料之间具有较强的吸附力，并不为水所剥离。沥青与矿粉的相互作用如图 8.4 所示。

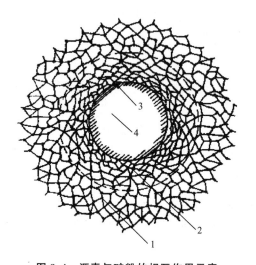

图 8.4 沥青与矿粉的相互作用示意
1—自由沥青；2—结构沥青；3—钙质薄膜；4—矿粉颗粒

一般具有共价键或分子键结合的矿物为憎水性即亲油性的，如滑石粉等，对沥青的亲和力大于对水的亲和力，故滑石粉颗粒表面所包裹的沥青即使在水中也不会被水所剥离。而具有离子键结合的矿物盐、硅酸盐等属亲水性矿物，即有憎油性。但沥青中含有酸性树脂，它是一种表面活性物质，能够与矿物颗粒表面产生较强的物理吸附作用，如吸附石灰石粉颗粒表面上的钙离子和碳酸根离子，且对树脂的活性基团有较大的吸附力，还能与沥青酸或环烷酸发生化学反应形成不溶于水的沥青酸钙或环烷酸钙，产生化学吸附力，故石灰石粉与沥青也可形成稳定的混合物。

8.2 防水卷材

 ？想一想

防水卷材有哪些分类？各种卷材分别有哪些特点？根据这些特点，其各自的适用范围是什么？如何选用合适的防水卷材呢？

8.2.1 沥青卷材

1. 石油沥青纸胎油毡及石油沥青纸胎油纸

沥青防水卷材中最具代表性的是石油沥青纸胎油毡，这亦是防水卷材中历史最早的品种。它是用低软化点的石油沥青浸渍原纸（原纸是一种生产油毡的专用纸，主要成分为棉纤维，外加入20%～30%的废纸制成），再用高软化点的石油沥青涂盖油纸的两面，并涂撒隔离材料而制成的一种防水卷材，其中表面撒石粉作为隔离材料的称为粉毡，撒云母片作为隔离材料的称为片毡。石油沥青纸胎油毡的物理性能要求见表8-3。

【沥青卷材】

【勒脚防水卷材的应用】

表8-3　石油沥青纸胎油毡的物理性能要求

指标名称		200号			350号			500号		
		合格	一等	优等	合格	一等	优等	合格	一等	优等
每卷质量/kg	粉毡	≥17.5			≥28.5			≥39.5		
	片毡	≥20.5			≥31.5			≥42.5		
单位面积浸涂材料总量/(g/cm²)		≥600	≥700	≥800	≥1000	≥1050	≥1100	≥1400	≥1450	≥1500
不透水性	压力/MPa	≥0.05			≥0.10			≥0.15		
	保持时间/min	≥15	≥20	≥30	≥30		≥45	≥30		
吸水率（真空法）/%	粉毡	≤1.0			≤1.0			≤1.5		
	片毡	≤3.0			≤3.0			≤3.0		
耐热度	温度/℃	85±2		90±2	85±2		90±2	85±2		90±2
	要求	受热2h涂盖层应无滑动和集中性气泡								
纵向拉力（25℃±2℃时）/N		≥240		≥270	≥340		≥370	≥440		≥470
柔度	温度/℃	18±2			18±2	16±2	14±2	18±2		14±2
	要求	绕φ20mm圆棒或弯板无裂纹						绕φ25mm圆棒或弯板无裂纹		

油毡幅宽有915mm和1000mm两种规格，每卷面积为20m²±0.3m²。油毡按其原纸纸胎1m²的质量克数分为200、350和500号三个强度等级。石油沥青纸胎油毡的防水性能较差，耐久年限低，一般只能用作多层防水。其中500号粉毡用于"三毡四油"的面层；350号粉毡用于里层和下层，也可用"二毡三油"的简易做法来做非永久性建筑的防水层；350号和500号片毡仅适用于单层防水；200号油毡因原纸胎较薄、抗拉强度较低，一般只适用于简易防水、临时性建筑防水，以及建筑防潮及包装等。

石油沥青纸胎油纸是用低软化点石油沥青浸渍原纸所制成的一种无涂盖层的纯纸胎防水卷材，简称油纸。油纸按原纸1m²的质量克数分为200和350两个强度等级，主要适用于建筑防潮和包装，也可用于多层防水的下层或刚性防水层的隔离层。在施工时，石油沥青油纸或油毡只能用石油沥青粘贴，储运时应竖直堆放，最高不超过两层，要避免雨淋、日晒、受潮和高温（粉毡储运温度不高于45℃，片毡储运温度不高于50℃）。

2. 石油沥青玻璃布油毡

石油沥青玻璃布油毡是采用石油沥青涂盖材料浸涂玻璃纤维织布的两面，再涂以隔离材料所制成的一种以无机材料为胎体的沥青防水卷材。该类卷材的抗拉强度高于 500 号石油沥青纸胎油毡，柔韧性较好，耐磨、耐腐蚀性较强，吸水率低，耐热性也要比石油沥青纸胎油毡提高一倍以上，适应于地下防水层、防腐层、屋面防水层及金属管道（热管道除外）的防腐保护等。

8.2.2 改性沥青防水卷材

1. 高聚物改性沥青防水卷材

【SBS改性卷材的应用】

1) SBS 改性沥青防水卷材

SBS 改性沥青油毡是以玻纤毡、聚酯毡等增强材料为胎体，以 SBS 改性石油沥青为浸渍涂盖层（面层），以塑料薄膜为防粘隔离层，经过加工制成的一种柔性防水卷材。

SBS 改性沥青油毡的弹性好，延伸率高达 150%，大大优于普通纸胎油毡，对结构变形有很高的适应性；耐高温、低温，有效温度使用范围广，为 -38～+119℃；耐疲劳性能优异，疲劳循环一万次以上仍无异常；价格低，施工方便，可以冷法粘贴，也可以热熔铺贴，具有较好的温度适应性和耐老化性能，是一种技术经济效果较好的中档新型防水材料。SBS 改性沥青油毡通常采用冷贴法施工，除用于一般工业与民用建筑防水外，尤其适用于高级、高层建筑物的屋面、地下室、卫生间等的防水防潮，以及桥梁、停车场、屋顶花园、游泳池、蓄水池、隧道等建筑的防水。由于此种卷材具有良好的低温柔韧性和极高的弹性延伸性，更适用于北方寒冷地区及结构易变形的建筑物防水。

2) APP 改性沥青防水卷材

【SBS改性屋面防水卷材应用】

APP 改性沥青油毡是以玻纤毡或聚酯毡为胎体，以 APP 改性沥青为预浸涂盖层，然后上层撒上隔离材料、下层覆盖聚乙烯薄膜或撒布细砂而成的沥青防水卷材。该类卷材的特点是良好的弹塑性、耐热性和耐紫外线老化性能，其软化点在 150℃以上，温度适应范围为 -15～+130℃，耐腐蚀性好，自燃点较高（265℃）。与 SBS 改性沥青油毡相比，APP 改性沥青防水卷材由于耐热度更好，且有着良好的耐紫外线老化性能，除在一般的屋面、地下防水工程及水池、隧道、水利工程中使用外，更适用于高温或太阳辐照地区的建筑物的防水，使用寿命在 15 年以上。

3) 常见高聚物改性沥青防水卷材的特点和使用

常见高聚物改性沥青防水卷材的特点及使用见表 8-4。

表 8-4　常见高聚物改性沥青防水卷材的特点及使用

卷材种类	特　　点	使 用 范 围	施 工 工 艺
SBS 改性沥青防水卷材	耐高、低温性能有明显提高，卷材的弹性和耐疲劳性能明显改善	单层铺设的屋面防水工程或复合使用	适用于寒冷地区和结构变形较大的结构，冷施工铺贴或热熔铺贴
APP 改性沥青防水卷材	具有良好的强度、延伸性、耐热性、耐紫外线及耐老化性能	单层铺设，适用于紫外线辐射强烈及炎热的地区	热熔法或冷粘铺设

卷材种类	特点	使用范围	施工工艺
PVC改性焦油防水卷材	有良好的耐热及耐低温性能，最低开卷温度为−18℃	有利于在冬季负温度下施工	可热作业，也可冷施工
再生橡胶改性沥青防水卷材	有一定的延伸性和防腐蚀能力，且低温柔性较好，价格低廉	变形较大或档次较低的防水工程	热沥青粘贴
废橡胶粉改性沥青防水卷材	比普通石油沥青纸胎油毡的抗拉强度、低温柔性均有明显改善	叠层用于一般屋面防水工程，宜在寒冷地区使用	

2. 合成高分子防水卷材

1) 三元乙丙橡胶防水卷材

三元乙丙橡胶防水卷材是以乙烯、丙烯和少量双环戊二烯共聚合成的三元乙丙橡胶为主要原料，掺入适量的丁基橡胶、硫化剂、促进剂、补强剂和软化剂等，经过密炼、拉片、过滤、挤出（或压延）成型、硫化等工序制成的弹性体防水卷材。该类卷材是目前耐老化性能最好的一种防水卷材，使用寿命达30年以上，最高可达50年。它具有防水性好、质量轻、耐候性好、耐臭氧性好、弹性和抗拉强度大、抗裂性强、耐酸碱腐蚀等特点，而且其使用的温度范围广，并可以冷施工，属高档防水材料。三元乙丙橡胶防水卷材的物理性能见表8−5。

表8−5 三元乙丙橡胶防水卷材的物理性能

项目名称		一等品	合格品
抗拉强度/MPa		≥8.0	≥7.0
断裂伸长率/%		≥450	≥450
直角撕裂强度/(N/cm²)		≥280	≥245
脆性温度/℃		≥−45	≥−40
耐碱性，10%Ca(OH)₂，168h/%		抗拉强度变化（−20～+20），断裂伸长率变化<20	—
加热伸缩量		延伸<2mm，收缩<4mm	—
30min，不透水性/MPa		0.3MPa，合格	0.1MPa，合格
臭氧老化，40℃，168h，预拉伸40%		500pphm，无裂纹	100pphm，无裂纹
热空气老化，80℃，168h	抗拉强度变化率/%	−20～+40	−20～+50
	断裂伸长率变化率/%	≥−30	≥−30
	撕裂强度变化率/%	−40～+40	−50～+50

注：1pphm=10⁻⁸。

三元乙丙橡胶防水卷材的适用范围非常广，可用于屋面、厨房、卫生间等防水工程，也可用于桥梁、隧道、地下室、蓄水池、电站水库、排灌渠道、污水处理等需要防水的部位。三元乙丙橡胶防水卷材性能虽然很好，但工程造价较高，是二毡三油防水做法造价的2～4倍；但从综合经济分析，应用它经济效益还是十分显著的。目前在美、日等国，其用量已占合成高分子防水卷材总量的60%～70%。

2) 聚氯乙烯防水卷材

聚氯乙烯防水卷材根据基料的组成与特性可分为S型和P型，S型防水卷材的基料是煤焦油与聚氯乙烯树脂的混合料，P型防水卷材的基料是增塑的聚氯乙烯树脂。S型防水卷材的厚度为1.80mm、2.00mm和2.50mm，P型防水卷材的厚度为1.20mm、1.50mm和2.00mm，卷材宽度为1m、1.2m和1.5m。

聚氯乙烯防水卷材的特点是价格便宜、抗拉强度和断裂伸长率较高，对基层伸缩、开裂、变形的适应性强，低温柔韧性好，可在较低的温度下施工和应用；卷材的搭接除可用黏结剂外，还可用热空气焊接的方法，接缝处严密。与三元乙丙橡胶防水卷材相比，聚氯乙烯防水卷材除在一般工程中使用外，更适用于刚性层下的防水层及旧建筑混凝土构件屋面的修缮工程，以及有一定耐腐蚀要求的室内地面工程的防水、防渗作业等。

8.3 沥青混合料

？想一想

你见过道路施工吗？见过道路施工时常用的沥青混合料吗？那么沥青混合料有哪些性质呢？

1. 沥青混合料的定义与分类

沥青混合料是对由矿料（粗骨料、细骨料、矿粉）与沥青拌和而成的混合料的总称。沥青混合料经摊铺、压实成型后成为沥青路面，是高等公路最主要的路面材料之一。作为路面材料，沥青混合料具有许多其他材料无法比拟的优越性。

（1）沥青混合料是一种弹塑性黏性材料，具有一定的高温稳定性。

（2）有低温抗裂性，不需设施工缝和伸缩缝，施工后路面平整有弹性。

【沥青混合料】

（3）以其施工的路面有一定的粗糙度，具有良好的抗滑性。

（4）施工方便，速度快，养护期短。

（5）可分期改造和再生利用。

工程上最常用的沥青混合料如下两类。

（1）沥青混凝土混合料，是由适当比例的粗骨料、细骨料及填料组成的符合规定级配的矿料，与沥青结合料拌和而制成的符合技术标准的沥青混合料。

（2）沥青碎石混合料，是由矿料和沥青组成的具有一定级配要求的混合料，按空隙率、骨料最大粒径、添加矿粉数量的多少，分为密级配沥青稳定碎石、开级配沥青碎石、半开级配沥青碎石。

2. 沥青混合料的组成结构

沥青混合料根据其粗、细骨料的比例不同，其结构组成有三种形式：悬浮密实结构、骨架空隙结构和骨架密实结构。沥青混合料的典型组成结构如图8.5所示。

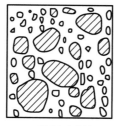 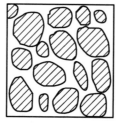 

(a)悬浮密实结构　　　(b)骨架空隙结构　　　(c)骨架密实结构

图8.5　沥青混合料的典型组成结构

1）悬浮密实结构

连续密级配的沥青混合料，由于细骨料的数量较多，粗骨料被细骨料挤开，因此粗骨料以悬浮状态位于细骨料之间。这种结构的沥青混合料的密实度较高,但稳定性较差。对双层或三层结构的沥青路面,其中必须至少有一层Ⅰ型密级配沥青配合料。对干燥地区的高等级公路,也可采用这种结构的沥青混合料做表层。

2)骨架空隙结构

连续开级配的沥青混合料,由于细骨料的数量较少,粗骨料之间不仅紧密相连,而且有较多的空隙。这种结构的沥青混合料的内摩阻力起重要作用,因此沥青混合料受沥青材料的变化影响较小,稳定性较好,但沥青与矿料的黏结力较小,空隙率大,耐久性差。当沥青路面采用这种形式的沥青混合料时,沥青面层下必须做下封层。

3)骨架密实结构

间断密级配的沥青混合料,是上面两种结构形式的有机组合。它既有一定数量的粗骨料形成骨架结构,又有足够的细骨料填充到粗骨料之间的空隙中去,因此沥青混合料的密实度、强度和稳定性都比较好。目前,这种结构形式的沥青混合料路面还用得较少,处于研究阶段。

3.沥青混合料的技术性质

1)高温稳定性

沥青混合料的高温稳定性,是指沥青混合料在夏季高温(通常为60℃)条件下,经车辆荷载长期重复作用后,不产生车辙和波浪等病害的性能。我国现行国标采用马歇尔稳定度试验来评价沥青混合料的高温稳定性;对高速公路、一级公路、城市快速路、主干路用沥青混合料,还应通过车辙试验检验其抗车辙能力。

马歇尔试验通常测定的是马歇尔稳定度和流值。马歇尔稳定度是将选定级配组成的矿质混合料加入适量的沥青,在规定条件下拌制成均匀混合料,击实成直径101.6mm、高63.5mm的圆柱形试件,按规定条件保温,然后把试件迅速卧放在弧形加荷头内,以50.5mm/min的速度加压,当试件达到破坏时的最大荷载即为稳定度(kN);流值是指达到最大破坏荷载时试件的垂直变形(0.1mm)。

车辙试验测定的是动稳定度。沥青混合料的动稳定度是指标准试件在规定温度下,一定荷载的试验车轮在同一轨迹上,在一定时间内反复行走(形成一定的车辙深度)产生1mm变形所需的行走次数(次/mm)。

2)低温抗裂性

沥青混合料不仅应具备高温的稳定性,还要具有低温的抗裂性,以保证路面在冬季低温时不产生裂缝。

沥青混合料是黏-弹-塑性材料,其物理性质随温度变化会有很大变化。当温度较低时,沥青混合料表现为弹性性质,变形能力大大降低。在外部荷载产生的应力和温度下降引起的材料的收缩应力联合作用下,沥青路面可能发生断裂,产生低温裂缝。

3)耐久性

沥青混合料在路面中,长期受自然因素(阳光、热、水分等)的作用,为使路面具有较长的使用年限,必须要求其具有较好的耐久性。

沥青混合料的耐久性与组成材料的性质和配合比有密切关系。首先,沥青在大气因素作用下组分会产生转化,油分减少,沥青质增加,使沥青的塑性逐渐减小、脆性增加,路面的使用品质下降;其次,以耐久性考虑,沥青混合料应有较高的密实度和较小的空隙率,但空隙率过小,将影响沥青混合料的高温稳定性。因此,在有关规范中,对空隙率和饱和度均提出了要求。

4)抗滑性

随着现代交通车速不断提高,对沥青路面的抗滑性也提出了更高的要求。沥青路面的抗滑性能与骨料的表面结构(粗糙度)、级配组成、沥青用量等因素有关。为保证抗滑性能,面层骨料应选用质地坚硬具有棱角的碎石,通常采用玄武岩。采取适当增大骨料粒径、减少沥青用量及控制沥青的含蜡量等措施,均可提高路面的抗滑性。

5）施工和易性

沥青混合料应具备良好的施工和易性，使混合料易于拌和、摊铺和碾压施工。影响施工和易性的因素很多，如气温、施工机械条件及混合料性质等。从混合料的材料性质看，影响施工和易性的是混合料的级配和沥青用量。

模块小结

本模块首先讲述了石油沥青、煤沥青、改性沥青的基本组成、技术性质、技术标准及选用原则，对石油沥青因三组分比例不同而导致石油沥青性质改变进行了比较分析，还详细介绍了评价黏稠石油沥青路用性能最常用的三大经验指标，即针入度、延度、软化点；并详细讲述了沥青卷材、改性沥青防水卷材的品种、性质及应用范围，简单介绍了沥青混合料技术性质及施工要求。

复习思考题

一、选择题

1. 以下（ ）不属于石油沥青三组分分析法的组成成分。

A. 油分　　　　　B. 树脂　　　　　C. 沥青质　　　　　D. 胶质

2. 根据石油沥青中各组分的相对比例不同而分为不同的胶体结构，其中沥青质含量较少，胶团间完全没有引力或引力很小的称为（ ）。

A. 溶胶型　　　　B. 凝胶型　　　　C. 溶-凝胶型　　　　D. 树脂型

3. （ ）是指石油沥青在外力作用时产生变形而不破坏，除去外力后仍保持变形后的形状不变的性质。

A. 黏滞性　　　　B. 塑性　　　　C. 防水性　　　　D. 弹性

4. （ ）防水卷材具有良好的耐高温性、优异的低温柔性和耐疲劳性，是目前应用最成功和用量最大的一种改性沥青。

A. APP 改性沥青　　　　　　　　B. 再生橡胶改性

C. SBS 改性沥青　　　　　　　　D. PVC 改性焦油

5. 我国现行国标采用（ ）来评价沥青混合料高温稳定性。

A. 车辙试验　　　B. 黏滞度试验　　　C. 针入度试验　　　D. 马歇尔稳定度试验

6. 沥青混合料路面在冬季低温时保证不产生裂缝的性质，称为（ ）。

A. 耐久性　　　　B. 高温稳定性　　　C. 低温抗裂性　　　D. 施工和易性

7. 针入度、延度、（ ）是评价黏稠石油沥青路用性能最常用的经验指标，所以通称"三大指标"。

A. 软化点　　　　B. 高温稳定性　　　C. 溶解度　　　　D. 施工和易性

二、简答题

1. 石油沥青的三组分分析法将石油沥青分为哪三组分？它们各自在石油沥青中所起的作用是什么？

2. 什么是石油沥青的黏滞性？用什么指标表示？

3. 什么是石油沥青的塑性？用什么指标表示？

4. 什么是石油沥青的闪点和燃点？为什么说它们是保证沥青加热质量和施工安全的一项重要指标？

5. 沥青混合料有哪些特点？

【模块8课后习题自测】

模块9
高分子材料

 教学目标

知识模块	知识目标	权重
木材的分类、构造	了解木材的宏观、显微和超微构造	10%
木材的性质	掌握木材密度与表观密度、含水率、湿胀干缩、力学性质等	20%
木材的防护	掌握木材的干燥、防火、防腐、防虫等防护方法	10%
合成高分子材料的概念、种类	了解高分子材料的种类	10%
塑料的组成、特性	了解塑料的特性	10%
常用的建筑塑料	了解聚乙烯塑料（PE）、聚氯乙烯塑料（PVC）、聚苯乙烯塑料（PS）、聚丙烯塑料（PP）、酚醛树脂（PF）、有机玻璃等常用的建筑塑料	10%
建筑塑料制品的应用	了解塑料门窗、塑料管材、塑料壁纸、塑料地板及其他塑料制品在建筑工程中的应用	15%
合成橡胶常用品种	了解丁苯橡胶（SBR）、丁腈橡胶（NBR）、氯丁橡胶（CR）、丁基橡胶（也称异丁橡胶）、三元乙丙橡胶（EPDM）、氟橡胶、硅橡胶、聚氨酯橡胶、再生橡胶等常用的合成橡胶	10%
合成纤维常用品种等	了解聚酯纤维、聚酰胺纤维、聚丙烯腈纤维、聚乙烯醇、聚丙烯、聚氯乙烯等常用的合成纤维	5%

技能目标

　　要求掌握木材的性质及防护，熟悉木材的性质及影响因素，能在实践中根据实际情况选择合适的木材材料；了解各类常用的建筑塑料、合成橡胶、合成纤维，能够根据实际情况选用不同的建筑塑料制品；了解高分子胶黏剂的使用。

引例

高分子材料包括塑料、橡胶、纤维和胶黏剂等，其中，被称为现代高分子三大合成材料的塑料、合成纤维和合成橡胶已经成为国民经济建设与人民日常生活所必不可少的重要材料。尽管高分子材料因普遍具有许多金属和无机材料所无法取代的优点而获得迅速发展，但目前已大规模生产的还是只能在寻常条件下使用的高分子物质，即所谓的通用高分子，它们存在机械强度和刚性差、耐热性低等缺点。而现代工程技术的发展向高分子材料提出了更高的要求，推动着高分子材料向高性能化、功能化和生物化方向发展，这样就出现了许多产量低、价格高、性能优异的新型高分子材料。

9.1 天然高分子材料——木材

想一想

在日常生活中，我们见过哪些建筑装饰木材？

9.1.1 **木材的分类和构造**

【世界上著名的木结构建筑】

1. 木材的分类

木材是使用历史悠久的土木工程材料之一，土木工程中使用的木材是由树木加工而成的。木材树种很多，性质及应用也不尽相同，因此必须了解木材的种类和构造，才能合理地选用木材。

木材按树种，通常分为针叶树材和阔叶树材两大类，如图9.1所示，具体区别见表9-1。

(a) 针叶树材——冷杉

(b) 阔叶树材——水曲柳

图 9.1 木材的分类

表 9-1 木材的分类

分类	基 本 特 征	性能特点与主要用途	主 要 树 种
针叶树材	树叶细长，树干通直高大，纹理顺直、材质均匀，木质较软	强度较高，表观密度和胀缩变形较小，耐腐蚀性强，易于加工，主要用于制作门窗等承重构件	松、杉、柏等
阔叶树材	树叶宽大，多数树种的树干通直部分较短，材质坚硬	表观密度较大，胀缩变形也大，易开裂，难加工，主要用于室内装饰和制作家具	水曲柳、榆木、杨木等

【应用案例 9-1】 提到木结构建筑，我们想到的大多是那些历史保护建筑，这一传统的材质在如今的城市生活中早已被大量的钢筋水泥所替代。然而在加拿大，木材却是人们建房的标配，从住宅到酒店、从图书馆到教学楼、从速滑馆到奥运村，木结构遍及各种建筑形式中。目前在温哥华地区，6 层及以下的新建建筑基本都用木材来建造。那么加拿大为什么用木材来建造房屋呢？木材作为建筑材料具有哪些优势是其他建筑材料所无法比拟的呢？

解析： 首先，节能是木结构建筑一个显著的性能优势，因为木材是一种天然的隔热材料，在同样厚度的条件下，木材的隔热值比标准的混凝土高 16 倍，比钢材高 400 倍，比铝材高 1600 倍。其次，抗震安全也是木结构建筑的另一个性能优势。

其次，木结构其实是个高度预制化的装配式建筑体系。木构件可以在全年的任何气候条件下生产，并在施工现场快速完成预制构件的装配，从而减少了施工所需的劳动力、降低了操作强度，节省了劳动成本，提高了施工质量。

最后，对于使用者而言，扩大了居住空间也是木结构建筑值得关注的一大优势，因为木结构的墙体是中空的，所以其中可以排布各种管线；又因为其具有保温性能，所以也不需要额外做外保温、内保温及夹层，从而可节约住户的使用面积。

2. 木材的构造

由于树种及生长环境存在差异，因此各种木材构造差别较大，而木材的构造正是决定木材性质的关键因素。

木材的构造分为宏观构造、微观构造和超微构造。

1）木材的宏观构造

木材的宏观构造是指用肉眼或低倍放大镜（通常为 10 倍）所看到的木材构造。木材由许多不同形态、不同大小、不同排列方式的细胞所组成，为了全面地了解木材构造，一般从树干的三个切面进行剖析，如图 9.2 所示。

（1）横切面。横切面指与树干主轴或木纹相垂直的切面。

（2）径切面。径切面指顺着树干轴线、通过髓心与木射线平行的切面，是通过树轴的纵切面。

（3）弦切面。弦切面是顺着木材纹理、不通过髓心而与年轮相切的切面，是与树轴平行的纵切面。

从木材的三个切面，可以看到木材是由树皮、木质部和髓心等部分组成，其中木质部是木材的主要使用部位。

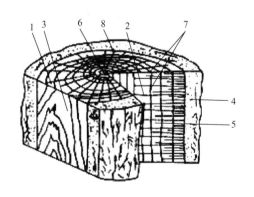

图 9.2 木材的宏观构造

1—横切面；2—径切面；3—弦切面；
4—树皮；5—木质部；6—髓心；7—髓线；8—年轮

2）木材的微观构造

木材的微观构造是指在显微镜下所看到的木材组织。借助显微镜观察到的木材组织是由无数管状细胞紧密结合而成的，它们绝大部分沿树干的纵向排列，少数沿横向排列（如髓线）。

3）木材的超微构造

木材的超微构造是针对木材细胞壁构造而言的。木材细胞壁的组织结构，是以纤维素作为骨架，它的基本组成单位是一些长短不等的链状纤维素分子，这些纤维素分子链平行排列，有规则地聚集在一起，称为基本纤丝。在电子显微镜下观察时，可认为组成细胞壁的最小单位是基本纤丝。

9.1.2 木材的物理力学性质

一般来说，与木材使用密切相关的物理和力学性质主要包括密度与表观密度、含水率、湿胀干缩等，其中对木材物理力学性质影响最大的是含水率。

1. 密度与表观密度

木材的密度是指构成木材细胞壁物质的密度。各种木材的表观密度，则因所含厚壁细胞的比率及含水率不同而有很大差异，通常以含水率为 15％（标准含水率）时的表观密度为准，木材的表观密度平均值为 $500kg/m^3$。

2. 含水率

木材中的水分按其与木材结合形式和存在的位置，可分为三种，即自由水、吸附水和化合水。自由水呈游离状态，存在于细胞腔、细胞间隙中；吸附水呈吸附状态，存在于细胞壁的纤维丝间；化合水是构成细胞化学成分的水分，其含量极少。自由水影响木材的表观密度、传导性、抗腐蚀性、燃烧性、干燥性、渗透性及保水性，而吸附水是影响木材强度和胀缩的主要因素，化合水则是组成细胞化合物成分的水分，对木材的性能没有影响。

木材的含水率是指木材所含水的质量占干燥木材质量的百分数。木材含水率随环境的湿度变化而有所不同，通常新伐木材的含水率在 35％以上，风干木材的含水率为 15％～25％，室内干燥木材含水率为 8％～15％。含水率的大小，对木材的强度和湿胀干缩变形有很大的影响。

干燥的木材能从周围潮湿的空气中吸收水分，而潮湿的木材也能在较干燥的空气中失去水分，因此含水率会随着环境的温度和湿度变化而发生改变，如图 9.3 所示。当木材长时间处于一定的温度和湿度环境中时，木材中的含水量最后会达到与周围空气湿度相平衡的状态，此时的木材含水率即称为平衡含水率。

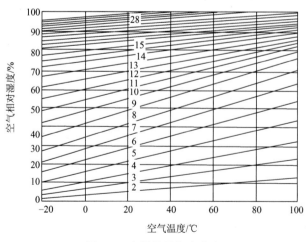

图 9.3　木材的平衡含水率

3. 湿胀干缩

木材的湿胀干缩是指木材在含水率增加时体积膨胀，含水率减少时体积收缩的现象。

木材从潮湿环境干燥至纤维饱和点时，木材中的自由水蒸发，但并没有影响细胞形状，因此木材体积基本不变；如果木材继续干燥，当含水率降至纤维饱和点以下时，细胞壁中纤维素长链分子之间的距离缩小，细胞壁厚度减小，因此木材的体积出现收缩变小。反之，当干燥的木材吸湿后，由于吸附水增加，将发生体积膨胀，直到含水率达到纤维饱和点时，其体积膨胀至最大，此后即使含水率继续增加，体积也不再膨胀，如图 9.4 所示。

湿胀干缩性对木材的下料有较大影响，为了避免木材在使用过程中含水率变化太大而引起翘曲变形或开裂，防止木构件结合松弛或凸起，最好在木材加工使用之前，将其干燥至使用环境常年平均的平衡含水率。

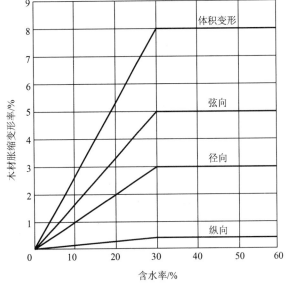

图 9.4　含水率对木材膨胀变形的影响

4. 力学性质

1）强度

木材按受力状态分为抗拉、抗压、抗弯和抗剪四种强度，而抗拉、抗压和抗剪强度又有顺纹和横纹之分。若作用力方向与纤维方向平行，称为顺纹；作用力方向与纤维方向垂直，则称为横纹。木材的顺纹和横纹强度有很大差别。木材各项强度之间的比例关系见表 9－2。

表 9－2　木材各项强度之间的比例关系

抗压强度		抗拉强度		抗弯强度	抗剪强度	
顺纹	横纹	顺纹	横纹		顺纹	横纹
1	1/10～1/3	2～3	1/20～1/3	1.5～2	1/7～1/3	1/2～1

木材的顺纹抗拉强度最高，但在实际应用中木材很少用于受拉构件，原因是木材天然疵病对顺纹抗拉强度影响较大，使其实际强度值下降。另外，受拉构件在连接处受力较复杂，构件连接处往往因横纹受压或顺纹受剪而破坏，这也是木材很少用于受拉构件的另一原因。

2）影响强度的因素

木材的强度除了与木材种类、强度类别等有关以外，木材的含水率、环境温度、负荷时间及疵病等因素，都在一定程度上影响木材的强度。

木材的含水率变化对各种强度的影响程度是不同的，其中对木材抗弯强度和顺纹抗压强度影响较大，对顺纹抗剪强度影响较小，对顺纹抗拉强度几乎没有影响。

环境温度对木材的强度有直接影响。木材受热后，木纤维中的胶质处于老化状态，使得强度降低，木材含水率越大，其强度受温度的影响也越大。环境温度可能长期处在 50℃ 以上的部位，不宜采用木质结构。

外力作用时间长短对木材强度的影响表现出不同的特征值。木材抵抗短时间荷载的能力，用极限强度表示。而木材在长期荷载作用下所能承受的最大应力称为持久强度，持久强度比起极限强度小得多，一般为极限强度的 50%～60%，所以在设计木结构时，应以持久强度作为限值。

木材在生长、采伐、保存过程中所产生的内部和外部的缺陷，统称为疵病。疵病使木材的性能有不同程度的降低，甚至导致木材完全不能使用。木材的疵病主要有木节、斜纹、裂纹和腐朽、虫害等，如图9.5所示。

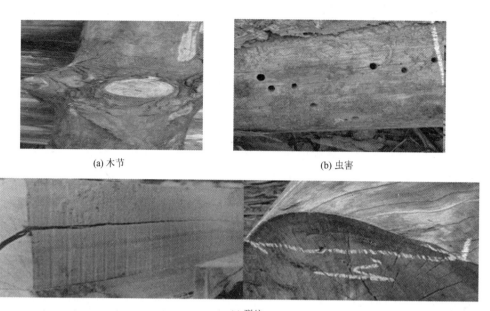

(a) 木节　　　　　　　　　　　　　　(b) 虫害

(c) 裂纹

图 9.5　木材的疵病

9.1.3　木材的防护

木材作为建筑工程材料，其最大缺点是容易腐朽和燃烧，这大大缩短了木材的使用寿命，并限制了它的应用范围。为了提高木材强度、保持其原有尺寸和形状、延长其使用年限，有必要在木材加工使用前采取措施来提高木材的耐久性，这对木材的合理使用具有十分重要的意义。

【应用案例 9-2】 天安门城楼始建于明永乐十五年（1417年），清顺治八年（1651年）重修，迄今已有350多年的历史，其间历经数次战乱，屡遭炮火袭击，但天安门的顶梁柱依然巍然屹立。中华人民共和国成立后重修时，购买坚硬优良的柚抄木、克龙木更换顶梁柱，以此来加强结构的坚固性。但一年后发现柱根糟朽，不得不再次大修。为什么古代建筑结构的柱子历经数百年甚至千年不朽，现在用了这么好的木材，一年就得修补呢？

解析： 重修时城楼的柱子从非洲运来，为了防止携带白蚁，便把原木拖于船后运回，经过几个月、数万里的行程，原木"喝"足了水，到岸时含水率已超过50%。上岸后加工构件，因工期很紧，就在潮湿的木材上涂漆，为了保证质量一涂再涂，水分在里边不易挥发。木柱含水过多，水分又不易挥发，长期处于合适的温度下，木材便腐蚀成粉末，从而失去强度。

1. 木材的干燥

木材含水程度的大小，对木材性能有很大影响。为使木材在使用过程中保持其原有的尺寸和形状，避免发生收缩变形、翘曲和开裂，并防止腐朽、虫蛀，保证正常使用，木材在加工使用前必须进行干燥处理。

木材的干燥方法，有自然干燥和人工干燥两种，可根据树种、木材规格、用途和设备条件进行选择。

自然干燥法是将木材按一定的方式堆积放置在通风良好的棚舍中，利用太阳辐射热和空气对流作用蒸发掉木材中的水分进行干燥。自然干燥法操作简单、节能，不需要特殊设备，干燥后木材质量较好，但干燥时间长，均需一两年以上，干燥程度较低，只能到风干状态，且占用场地大，受环境条件影响较大。

人工干燥法是利用人工的方法排除木材中的水分，常用的有蒸汽干燥法、烟熏干燥法、热风干燥法、红外线干燥法、高频电流干燥法等几种。采用人工干燥法，所需时间短，干燥程度较高，但若干燥不当，会因收缩不匀而引起开裂。值得注意的是，木材的最后锯解、加工，都应在干燥之后进行。

2. 木材的防腐

木材属于天然有机材料，在条件合适的情况下，易受真菌的侵害而腐朽变质，如图9.6所示。

木材防腐措施通常采取两种形式：一种是创造条件，使木材不适于真菌寄生和繁殖，即物理保管法；另一种是将水溶性防腐剂、油质防腐剂和膏状防腐剂等化学防腐剂注入木材中，使其不能作为真菌的养料，即化学保管法。

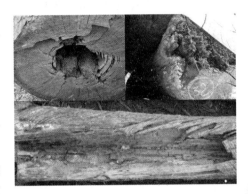

3. 木材的防虫

木材除了受到真菌侵蚀而腐朽外，在储运和使用中还经常会受到昆虫的危害。对木材虫蛀的防护方法有如下几种。

（1）生态防治，即根据蚀虫的生活特性，把需要保护的木材及其制品尽量避开害虫密集区，避开其生存活动的最佳区域，从建筑上改善透光、通风和防潮条件，以创造出不利于白蚁生存的环境条件。

图9.6 木材的腐朽

（2）生物防治，即保护害虫的天敌。

（3）物理防治，即用灯光诱捕纷飞的虫蛾。

（4）化学防治，即用化学药物灭杀害虫，这是木材防虫的主要方法。

4. 木材的防火

木材是由纤维素、半纤维素和木质素组成的高分子材料，属易燃材料，达到某一温度时木材会着火燃烧。由于木材作为一种理想装饰材料被广泛用于各种建筑之中，因此其防火问题就显得尤为重要。

木材防火主要是对木材及其制品进行表面覆盖、涂抹、深层浸渍阻燃剂或防火涂料，使之成为难燃材料，以达到遇小火能自熄、遇大火能延缓或阻滞燃烧而赢得灭火时间，从而实现防火的目的。

9.1.4 木材在建筑工程中的应用

木材的装饰性在于其特有的质感、光泽、色彩、纹理。木材天然生长具有的自然纹理使木材的装饰效果温和自然，能创造出良好的室内氛围。因此，木材在建筑工程特别是装饰装修工程中应用广泛，可以作为地面、墙面、顶棚等装饰材料使用。木材在建筑工程中的应用主要包括木地板、人造板材、木质线材等。

【现代木结构建筑让城市多一点自然呼吸】

【应用案例9-3】 众所周知，高层建筑的建筑材料必须很坚固才能承受自身的重量，而木材在修建过程中承重能力有一个临界点，到了一定的高度，木材就难以再承受更多的重量。所以在我国，根据《建筑消防设计规范》并结合木结构的特点，通常认为木结构房屋一般不应超过三层。但在加拿大，不列颠哥伦比亚大学有一座木结构大楼高18层，总高度达到53m，为全球之最，该大楼外观及内部如图9.7及图9.8所示，那么这么高的木结构大楼又是怎么建造的呢？

【木材在建筑工程中的应用】

图 9.7 最高木结构大楼外观   图 9.8 最高木结构大楼内部

　　解析：该建筑的首层是混凝土结构，外加两个混凝土核心筒，核心筒在建筑结构中主要起到抗震的作用。其余 17 层由 CLT（正交胶合木）楼板和胶合木梁组合而成，外立面挂板的制作材料 70% 是木基纤维板。CLT 是一种至少由三层实木锯材或结构复合板材正交组坯，采用结构胶黏剂压制而成的矩形、直线、平面板材形式的工厂预制工程木产品，适用于重型木结构建筑，还能将工程木材与钢铁构件结合使用，可以做出各种复杂的形状。此外，CLT 的自重只有相同体积混凝土的 1/7 左右。

　　该项目木结构部分采用高度预制化的 CLT 和胶合木建筑构件作为建筑构成材料。从 2016 年 7 月初第一片 CLT 楼板安装开始计算，整个木结构部分只用了不到一个半月的时间就全部完成建造，充分体现了装配式木结构建筑快速施工的特点。我国未来城市中高层木结构建筑，也可以借鉴及使用该技术体系。

9.2 合成高分子材料

 想一想

你知道哪些材料属于合成高分子材料？

9.2.1 合成高分子材料基础知识

1. 概述

　　合成高分子材料是对以人工合成的高分子化合物为基础所组成的材料的总称，其大多是由一种或几种低分子化合物通过加聚或缩聚反应聚合而成的，因此又被称为高分子聚合物，简称高聚物。

　　与常用建筑材料相比，合成高分子材料作为土木工程材料，能够减轻构筑物自重，改善性能、提高工效等，已成为继水泥混凝土、木材、钢材之后的又一非常重要的建筑材料。

2. 种类

　　目前高分子材料主要按高分子化合物的合成材料，分为塑料、合成橡胶和合成纤维，此外还有胶黏剂、涂料等。

　　塑料按其热熔性能，又可分为热塑性塑料（如聚乙烯、聚氯乙烯）和热固性塑料（如酚醛树脂、环氧树脂）两大类。前者可以反复多次塑化成型，次品和废品可以回收利用，再加工成产品；后者固化成型后不能再加热软化，不能反复加工成型。合成纤维是以合成高分子为原料抽丝成型而形成的。

3. 高分子材料的老化与防老化

　　高分子材料主要弱点就是老化。由于高聚物受到空气中的阳光、热、水以及高能辐射等作用，使聚合物的大分子链发生断裂或裂解，变成小分子链甚至单体，从而失去了原有弹性，变硬变脆，熔点、黏度、强度均下降，如塑料的变脆和破裂，橡胶的发黏变硬和龟裂，涂料的龟裂和脱落等现象。

目前防老化一般采用如下三种方法。

（1）高聚物结构的改性，如聚氯乙烯氯化可以改善其热稳定性。

（2）添加助剂。针对性地添加防老化剂、防紫外光吸收剂、光屏蔽剂等。

（3）表面处理。在高分子材料表面喷涂金属或涂料，形成牢固的保护层，从而隔绝空气中的氧、光、热、水等，以防止老化。

9.2.2　工程塑料

塑料是以天然树脂或人工树脂有机化合为主要原料，加入适量的填料和添加剂、颜料等辅助成分，在一定温度和压力下，通过不同的工艺塑化成型，并在常温下保持制品形状不变的材料。

一般习惯将用于建筑工程中的塑料及制品称为建筑塑料或工程塑料。目前塑料已经成为继混凝土、钢材、木材之后的第四种主要建筑材料，广泛应用于建筑与装饰装修工程中。

【塑料马路】

与传统的水泥、混凝土、钢材、木材等相比，高分子建筑塑料具有节能、自重轻、费用低、耐水、耐化学腐蚀、外观美丽以及安装方便等优点。近年来，我国塑料工业发展较快，产量迅速增长，成本逐年下降，在建筑中的应用范围不断扩大。塑料可制成塑料门窗、塑料装饰板、塑料地板等，也可制成塑料管道、卫生设备以及绝热、隔声材料（如聚苯乙烯泡沫塑料）。

1. 工程塑料的组成

（1）合成树脂。合成树脂是塑料的主要成分，在塑料中主要起胶结作用，含量一般在30％～60％，由于含量大，树脂的性质常常决定了塑料的性质。

（2）填料。填料又叫填充剂，是建筑塑料制品中不可缺少的原材料，占塑料组成材料的40％～60％。它可以提高塑料的强度和耐热性能，并降低成本，如酚醛树脂中加入木粉后可大大降低成本，使酚醛塑料成为最廉价的塑料之一，同时还能显著提高其机械强度。填料可分为有机填料和无机填料两类，前者如木粉、碎布、纸张和各种织物纤维等，后者如玻璃纤维、硅藻土、石棉、炭黑等。

（3）增塑剂。增塑剂掺加量不多，但却是不可缺少的助剂之一，能增加塑料的可塑性和柔软性，降低脆性，使塑料易于加工成型。增塑剂一般能与树脂混溶，无毒、无臭，对光、热稳定，属高沸点有机化合物，最常用的是邻苯二甲酸酯类。例如，生产聚氯乙烯塑料时，若加入较多的增塑剂，便可得到软质聚氯乙烯塑料，若不加或少加增塑剂，则得到硬质聚氯乙烯塑料。

（4）稳定剂。稳定剂是为了防止合成树脂在加工和使用过程中受光和热的作用而分解和破坏，延长使用寿命。常用的有硬脂酸盐、环氧树脂等。

（5）着色剂。着色剂可使塑料具有各种鲜艳、美观的颜色。常用的为有机染料和无机颜料。

（6）润滑剂。润滑剂作用是防止塑料在成型时粘在金属模具上，同时可使塑料的表面光滑美观。常用的有硬脂酸及其钙镁盐等。

除了上述添加剂外，常用的还有发泡剂、抗静电剂、阻燃剂等。根据塑料的品质和使用要求，并非每一种塑料都要加入全部添加剂。

2. 工程塑料的特性

与传统建筑材料相比，建筑塑料具有以下一些优良的特性。

（1）密度低，比强度高。塑料的密度为0.9～2.2g/cm³，是钢材的1/5、混凝土的1/3，与木材差不多。塑料的强度较高，比强度接近或超过钢材，为混凝土的 $5\sim15$ 倍，是一种优良的轻质高强材料。在建筑中用塑料代替传统材料，可以减轻建筑物的自重，而且能够给施工带来方便。

（2）优良的加工特性。塑料可以采用多种方法制成各种形状的产品，如薄板、薄膜、管材、异形材料等。同金属材料的加工相比，塑料的加工能耗低，加工方便且效率高。

（3）绝热性和保温性好。塑料的热导率小，为金属的 $1/600\sim1/500$、混凝土的 $1/40$、砖的 $1/20$，是良好的绝热保温材料。但应注意到塑料一般都具有受热变形的问题，有时甚至产生分解。

（4）耐腐蚀性好。大多数塑料对于酸、碱、盐具有较高的稳定性，比金属材料要好，特别适合作化工厂的门窗、地面、墙壁等。

（5）吸水率小。塑料属于憎水性材料，一般吸水率和透气性很低，可用于防水、防潮工程。

（6）良好的装饰性。塑料具有良好的装饰性能，可以任意着色，且花色鲜艳持久，图案清晰。种类繁多、花式多样的塑料制品，可适应不同的装饰要求。

作为一种建筑材料，在实际应用中，建筑塑料也存在以下一些缺点。

（1）易燃烧。塑料属于可燃性材料，有的塑料遇火即燃，蔓延迅速，这种情况会导致火灾并难以控制；有的塑料会在燃烧时产生大量烟雾甚至有毒气体致人死亡。在设计和施工过程中，应特别注意选择阻燃性好的塑料，或采取必要的防范措施。

（2）刚度小，易变形。塑料是一种弹性材料，弹性模量低，只有钢材的 $1/20\sim1/10$，且在荷载的长期作用下易产生蠕变。

（3）易老化。塑料在日光、大气、热等外界因素作用下，容易产生老化。为了避免老化，可在塑料中加入抗老化剂，延长塑料的使用寿命。

【常用的建筑塑料】

3. 常用的建筑塑料

塑料因其所使用的树脂种类、聚合方式不同而有很多品种。常用的建筑塑料有聚乙烯塑料（PE）、聚氯乙烯塑料（PVC）、聚苯乙烯塑料（PS）、聚丙烯塑料（PP）、酚醛树脂（PF）和有机玻璃。

4. 建筑塑料制品的应用

1）塑料门窗

塑料门窗为聚氯乙烯树脂加入适量添加剂，按适当的配比混合，经挤压形成各种型材，型材经过加工组装成建筑物的门窗，如图9.9所示。塑料门窗分为全塑门窗及复合塑料门窗两类，全塑门窗多用改性聚氯乙烯树脂制造，复合塑料门窗主要为塑钢门窗，是在塑料门窗框内部嵌入金属型材制成。

(a) 塑料门窗

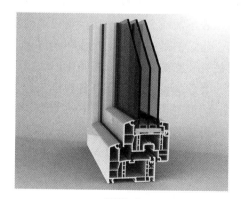
(b) 塑钢门窗

图9.9　塑料门窗

与其他门窗相比，塑料门窗具有以下优点。

（1）密封性能好。气密性、水密性、隔声性均好。

（2）保温隔热性能好。由于塑料型材为多腔式结构，因此它的传热系数很小，仅为钢材的1/357、铝材的1/1250，并且因为有可靠的嵌缝材料密封，因此它的保温隔热性能要远远比其他类型的窗户好得多。

（3）耐候性能、耐腐性能好。由于采用特殊配方，塑料门窗可长期在温差较大的环境下使用，长期日晒雨淋也不会使塑料门窗出现老化、脆化、变质等现象，使用寿命可达30年以上。

（4）防火性能好。塑料门窗不自燃、不助燃，能自熄且安全可靠，这一性能更扩大了塑料门窗的使用范围。

（5）轻度高、刚性好。由于塑料门窗在型材空腔内添加了钢衬，因此，型材的强度和刚性大大增强，所以塑料门窗能承受较大荷载而不变形，尺寸稳定，坚固耐用。

（6）装饰性好。塑料门窗尺寸工整，色彩艳丽丰富，有白色、深棕色、双色、仿木纹等品种，同时经久不褪色且耐污染，因而具有较好的装饰效果。

由于塑料门窗具备以上优点，而且不需粉刷油漆，维修保养方便，还能显著节能，因此在现代建筑中应用越来越广泛。

2）塑料管材

塑料管材作为化学建筑材料的重要组成部分，具有水流损失小、节能、节材、保护生态、竣工便捷等优点，广泛应用于建筑给排水、城镇给排水及燃气管道等领域，主要品种有硬质聚氯乙烯管、氯化聚氯乙烯管、铝塑复合管、聚乙烯给水管材等。随着塑料管材应用领域的不断扩大，其品种也在不断增加，近些年出现了PVC芯材发泡管材、PVC、PE、双壁波纹管材、铝塑复合管材、交联PE管材、塑钢复合管材等。图9.10所示为PVC落水管。

3）塑料壁纸

塑料壁纸是装饰室内墙壁的优质饰面材料，如图9.11所示。其具有一定的透气性、难燃性和耐污染性，色泽丰富，图案多样，用印花、压花、发泡等工艺可仿制成木纹、石纹、锦缎、织物、瓷砖、普通砖等，为室内装饰提供了便利。

图9.10　PVC落水管

图9.11　塑料壁纸

4）塑料地板

一般将用于地面装饰的各种塑料块板和铺地卷材统称为塑料地板。与传统的地面材料相比，塑料地板具有轻质、耐磨、弹性好、易清洁、施工简便、耐腐蚀、防水防潮、吸声隔热、色彩丰富、装饰效果好、价格低等优点，因此被应用于各类建筑的地面装饰。

塑料地板按形状，可分为块材（或地板砖）和卷材（或地板革）两种，其中块材占的比例较大。块材塑料地板可拼成不同的图案和颜色，装饰效果好，也便于局部修补，如图9.12(a)所示；卷材塑料地板铺设速度快，施工效率高，如图9.12(b)所示。

(a) 块材塑料地板

(b) 卷材塑料地板

图 9.12　塑料地板

　　塑料地板在施工时，要求基层干燥平整，铺设地板时，必须先清除地面上的残留物。塑料地板要求本身平整、尺寸准确，若有卷曲、翘角等情况，应先处理压平，对缺角要另做处理。

【塑木复合材料在建筑中的应用】

　　5）其他塑料制品

　　（1）塑料饰面板。塑料饰面板可分为硬质、半硬质与软质，如图 9.13（a）所示。其表面可印制木纹、石纹和各种图案，可以粘贴装饰纸、塑料薄膜、玻璃纤维布和铝箔，也可以制成凹凸图案和不同的立体造型，还可以在原料中掺入荧光颜料制成荧光塑料板。此类板材具有质轻、绝热、吸声、耐水、装饰性好等特点，适用于内墙或吊顶的装饰材料。

　　（2）玻璃纤维增强塑料。玻璃纤维增强塑料俗称玻璃钢，具有质量轻、耐水、强度高、耐腐蚀、装饰性好等特点，可作为采光或装饰性板材，如图 9.13（b）所示。

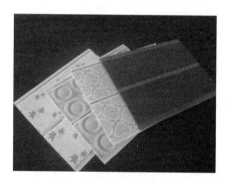

(a) 塑料饰面板

(b) 玻璃纤维增强塑料

(c) 混凝土养护用塑料薄膜

图 9.13　其他塑料制品

（3）塑料薄膜。主要特点是耐水、耐腐蚀，伸长率大，可以印花，并能与胶合板、纤维板、石膏板、纸张、玻璃纤维布等黏结、复合使用。塑料薄膜除用作室内装饰材料外，还可以用作防水材料或在混凝土养护时用，如图9.13(c)所示。

9.2.3 合成橡胶

合成橡胶主要是二烯烃的聚合物，虽然它的某些性能不如天然橡胶，但由于来源丰富，也成为目前广泛使用的橡胶品种。合成橡胶主要有以下种类。

【丁苯橡胶物理性能测试】

1）丁苯橡胶（SBR）

丁苯橡胶是丁二烯和苯乙烯经共聚化合制得的橡胶，是目前产量最大、应用最广的合成橡胶。丁苯橡胶为浅黄褐色的弹性体，密度为 $0.91 \sim 0.97 \text{g/cm}^3$，密度随苯乙烯含量的增加而变大，电绝缘性、弹性、气密性、耐磨性和抗老化都比较好，溶解性与天然橡胶类似，但耐热性、耐寒性、耐挠曲性和可塑性不如天然橡胶。与天然橡胶混合使用，可制造硬质橡胶制品，主要用于轮胎工业、汽车部件、胶管、胶带、胶鞋、电线电缆以及其他橡胶制品。

2）丁腈橡胶（NBR）

丁腈橡胶是丁二烯和丙烯腈的共聚物，为淡黄色的弹性体，密度随着丙烯腈含量的增加而增大。其耐热性、耐油性、抗臭氧性好，黏结力强，但耐寒性不如天然橡胶和丁苯橡胶。丁腈橡胶是一种耐油橡胶，可用来制造输油胶管、油料容器的衬里和密封胶垫，也可用于制造输送温度高达140℃的各种物料的输送带和减振零件等。

3）氯丁橡胶（CR）

氯丁橡胶是氯丁二烯的均聚物，为黑色或琥珀色的弹性体，密度为 1.23g/cm^3。其耐老化、耐臭氧、耐候性、耐油性、耐化学腐蚀性、耐燃性好，缺点是电绝缘性较差，耐寒性不好，密度大，储存稳定性差，在储存过程中容易硬化变质。由于其具有较好的综合性能和耐燃、耐油等优异特性，广泛用于制造各种模型、胶布、电缆、电线和胶黏剂等。

4）丁基橡胶（也称异丁橡胶）

丁基橡胶是以异丁烯和少量异戊二烯为单体的共聚物，为白色或暗灰色透明弹性体，密度约为 0.92g/cm^3。丁基橡胶透气率低，是气密性最好的橡胶，其透气率为天然橡胶的1/20，耐化学腐蚀、耐老化、电绝缘性最好，同时耐热性、耐寒性、耐水性、电绝缘性、抗撕裂性能也好，但其硫化速度很慢，需要高温或长时间硫化，自粘性和互粘性较差，与其他橡胶相容性差，难以并用，耐油性不好。主要用于制造电气绝缘制品和建筑防水材料。

5）三元乙丙橡胶（EPDM）

三元乙丙橡胶是以乙烯、丙烯为主要单体共聚形成的非晶态聚合物，密度为 0.85g/cm^3，是最轻的橡胶。其耐老化、电绝缘性能和耐臭氧性能突出，冲击弹性好，尤其是在低温下弹性保持较好。在建筑上，三元乙丙橡胶用于制造屋顶胶板、窗户密封条和防水卷材等。

6）氟橡胶

氟橡胶是含有氟原子的合成橡胶，具有优异的耐热性、耐氧化性、耐油性和耐药品性，主要用于航空、化工、石油、汽车等工业部门，作为密封材料、耐介质材料及绝缘材料。

7）硅橡胶

硅橡胶是由硅、氧原子形成主链，侧链为含碳基团，用量最大的是侧链为乙烯基的硅橡胶。硅橡胶既耐热，又耐寒，使用温度在-100～+300℃，具有优异的耐气候性和耐臭氧性及良好的绝缘性。缺点是强度低、抗撕裂性能差，耐磨性能也差。主要用于航空工业、电气工业、食品工业及医疗工业等方面。

8）聚氨酯橡胶

聚氨酯橡胶是由聚酯（或聚醚）与二异氰酸酯类化合物聚合而成的。其耐磨性能好，且弹性好、硬度高、耐油、耐溶剂，缺点是耐热老化性能差。聚氨酯橡胶在汽车、制鞋、机械工业中的应用最多。

9）再生橡胶

再生橡胶是以废旧橡胶制品和橡胶工业生产的边角废料为原料，经再生处理而得到的具有一定橡胶性能的弹性体高分子材料。再生处理主要是脱硫。脱硫并不是从橡胶中把硫黄分离出来，而是通过高温处理，使大体型网状橡胶分子结构适度地氧化解聚，变成大量小体型网状结构的相对分子质量较小的链状物，这样虽破坏了原橡胶的部分弹性，却获得了部分的黏性和可塑性。

再生橡胶价格低廉，建筑工程中经常与沥青混合，制成沥青再生橡胶防水卷材和防水涂料等。

常用合成橡胶的性能与用途见表 9-3。

表 9-3　常用合成橡胶的性能与用途

品　　种	耐热温度/℃	耐寒温度/℃	弹性	特点与用途
丁苯橡胶	120	−50	良	耐磨：地板
丁腈橡胶	150	−20	良	耐油：密封圈
氯丁橡胶	130	−45	良	不燃、耐老化：胶黏剂
丁基橡胶	150	−45	中	气密性好、耐老化：密封胶
氟橡胶	220	−100	良	耐寒、耐热、耐油：高级密封材料
硅橡胶	230	−80	中	耐寒、耐热：高级绝缘材料、密封材料

 知识链接

基础墙顶部的橡胶垫块

现代日本"一户建"独立小住宅，结构形式一般为住宅的下部采用现浇混凝土，即钢筋混凝土板式基础结构，住宅的上部采用工厂生产的集成木材构件，如图 9.14 所示。在建造施工现场，借助机械设备进行梁、柱构件的吊装，通过事先安装的钢制连接件，连接、搭建这些集成木材构件，从而形成住宅的承重框架结构体系。

图 9.14　"一户建"独立小住宅结构形式

在钢筋混凝土基础墙的顶面，木结构土台的下面，经常会看到使用一种专门的黑色橡胶垫块，即日本所谓的"基础填料"，如图9.15所示。

图9.15　基础填料

基础填料是指钢筋混凝土基础墙顶面和木结构土台之间夹着的由橡胶材料制造的特殊构造材料。日本把使用基础填料的施工做法称为基础垫片施工法。由于基础填料材料本身设计上留有构造空洞，住宅的下部基础和住宅的上部木结构之间并不是直接密闭地接触，而是在基础墙顶面和土台之间留有空隙，这样可以保证地板下面的空气的流通，防止潮湿空气对木材构件的侵蚀。作为埋在土壤中的住宅下部的基础材料，混凝土本身也容易结露，再加上来自地基土壤中的潮湿水气，容易造成土台等木材构件受潮而腐朽。通过采取设置由橡胶材料制造的具有防水性能的基础填料，能够提高木材构件的耐久性，从而延长住宅的使用寿命。

9.2.4　合成纤维

合成纤维主要由合成树脂加工制成，是从一些本身并不含有纤维素或蛋白质的物质（如石油、天然气等）加工提炼出来的有机物质，再用化学合成与机械加工的方法制成的纤维。相对于各种天然纤维和人造纤维，合成纤维具有强度高、耐磨、耐腐蚀、不缩水、弹性好等优点，广泛用于工农业生产、国防工业和日常衣料产业中。但合成纤维的透气性和吸湿性差，常见合成纤维的性能和用途见表9-4。

表9-4　常见合成纤维的性能和用途

化学名称	商品名称	性　能	用　途
聚酯纤维	涤纶（的确良）	弹性、耐磨性好，抗褶皱性强，不易变形，强度高，但染色性、透气性差	用于制作衣服、滤布、绳索、渔网、轮胎帘子线等
聚酰胺纤维	锦纶（尼龙）	质轻、强度高、弹性、耐磨性好，但耐热、耐光性较差	用于制作衣服、毛线、毛毯、工业用布等
聚丙烯腈纤维	腈纶（人造毛）	质柔软、保暖性好，耐光性、弹性好，不发霉，不虫蛀，但耐磨性较差	用于制作衣服、毛线、毛毯、工业用布等
聚乙烯醇	维纶、维尼纶	吸湿性好，强度较好，不霉蛀，弹性差	用于制作外衣、棉毛衫裤、运动衫、帆布、渔网、外科手术缝线、自行车轮胎帘子线等
聚丙烯	丙纶	质量轻、强度大，相对密度小，耐磨性优良	用于生产聚丙烯编织袋、打包袋、注塑制品等
聚氯乙烯	氯纶	化学稳定性好，耐磨性好，可作纤维增强材料	用于制作各种针织内衣、毛线、毯子和家庭用装饰物

9.2.5 高分子胶黏剂

胶黏剂又称胶黏剂、黏合剂或黏结剂，是一种具有黏结性能、可以将两种材料紧密结合在一起的物质。目前，黏结剂已成为建筑工程中不可缺少的重要配套材料，广泛地应用于建筑构件、材料等的连接，这种连接具有工艺简单、节省材料、接缝处应力分布均匀、密封性强和耐腐等优点。

1. 胶黏剂的基本要求

为了使材料牢固地黏结在一起，胶黏剂必须具备以下条件。
（1）具有足够的流动性，且能保证被黏结表面充分浸润；
（2）易于调节黏结性和硬化速度；
（3）不易老化；
（4）膨胀或收缩变形小；
（5）具有足够的黏结强度。

2. 胶黏剂的组成

（1）基料。基料是胶黏剂的基本成分，又称黏料或胶料。它对胶黏剂的黏结性能起着决定性的作用，并赋予胶黏剂耐久性、黏结强度及其他物理力学性能。常见的基料类型有热固性树脂、热塑性树脂、合成橡胶及混合型基料，热固性树脂组成的胶黏剂用于胶结结构受力部位，热塑性树脂或橡胶组成的胶黏剂用于非受力部位和变形较大的部位。

（2）溶剂。可以溶解基料，调节胶黏剂的黏度，以便施工；可降低胶黏剂分子的内聚力，以利于胶黏剂对被黏结物表面的渗透或浸润，提高黏结强度。常用的溶剂有二甲苯、丙酮、酒精等。

（3）固化剂及催化剂。固化剂又称硬化剂，它的加入是为了使基料中的分子链交联成网状体型结构，以增加胶黏剂分子间的作用力和内聚强度，以及胶黏剂与被黏结物间的黏结力。固化剂的品种应根据黏料的品种、特性以及对固化后胶膜硬度、韧性、耐热性等要求来选择。

有些情况下，胶黏剂中加入催化剂（有时为促进剂、硫化剂）可以加速高分子化合物的硬化过程。

（4）填料。填料可降低胶黏剂的成本并改善胶黏剂的性能，使其黏度增大，减少收缩性，并可提高强度及耐热性。一般填料为粉末，常用的有石英粉、滑石粉、石棉粉和金属粉末等。

（5）其他附加剂。为了提高固化后胶黏剂层的柔韧性，可加入增塑剂或增韧剂，如邻苯二甲酸二辛酯、低相对分子质量聚酰胺树脂等。为了提高胶黏剂的耐老化性能，可加入防老化剂。另外，按胶黏剂特殊要求，还可掺加防霉剂、防腐剂、稳定剂等。

3. 常用胶黏剂

1）热固性树脂胶黏剂

（1）环氧树脂胶黏剂。俗称"万能胶"，是以环氧树脂为主要原料，掺加适量硬化剂、增塑剂、填料和稀释剂等配制而成。环氧树脂是含有两个或两个以上环氧基团的线型高分子化合物，它与不同的硬化剂作用后，能形成体型结构，并对各种材料具有优良的黏附力和黏结强度。环氧树脂胶黏剂具有黏结强度高、韧性好、耐酸碱、耐水及化学稳定性好等特点，对金属、木材、玻璃、硬塑料、陶瓷、皮革、纤维材料和混凝土都有很高的黏结力。在建筑上，环氧树脂胶黏剂主要用作结构胶黏剂，如黏结金属、混凝土，用于混凝土结构物的补强加固、裂缝修补，粘贴天然石材、玻璃、陶瓷等。

（2）聚甲基丙烯酸酯胶。聚甲基丙烯酸酯胶是将聚甲基丙烯酸酯（有机玻璃）溶于二氯乙烯、甲酸等有机溶剂中制得，溶剂不同，其黏度也不同。主要用于黏结塑料、有机玻璃。

2）热塑性树脂胶黏剂

（1）聚醋酸乙烯乳胶。俗称乳白胶，是由醋酸与乙烯合成醋酸乙烯，再经乳液聚合而成的一种乳白色、具有酯类芳香的乳状液体。它可在常温下固化，配制使用方便，具有良好的黏结强度。黏结层有较好的韧性和耐久性，而且无毒、无味、快干、耐老化、耐油，施工安全、简易，但聚醋酸乙烯乳胶价格较贵，有耐水与耐热性不佳、易蠕变等缺点。其广泛用于粘贴各种墙纸、木质或塑料地板及陶瓷饰面材料，还可用作水泥增强剂等。

（2）聚乙烯醇胶黏剂。聚乙烯醇胶黏剂将聚乙烯树脂溶解在水中制得，是一种水溶液聚合物，因此其耐水性较差。这种胶黏剂在建筑上广泛用于粘贴壁纸，也可掺入水泥砂浆中来改善砂浆的黏附力，用于粘贴陶瓷片。

（3）聚乙烯缩醛胶黏剂。为了改善聚乙烯醇的耐水性，可将聚乙烯醇与甲醛或丁醛在酸性条件下缩合，得到聚乙烯醇缩醛胶黏剂。建筑上普遍使用的107胶就是这种胶黏剂，它具有较高的黏结强度和较好的耐水性和耐老化性，可用于粘贴塑料壁纸、墙布、玻纤壁纸等，也可配制内墙和地面涂料及腻子等，但含有一定量的游离醛，因而有一定的刺激性气味和毒性。

3）合成橡胶胶黏剂

（1）氯丁橡胶胶黏剂。氯丁橡胶胶黏剂是以氯丁橡胶、氧化锌、氧化镁、填料及辅助剂等混炼后溶于溶剂而成。它对于水、油、弱酸、弱碱和醇类等均有良好抵抗力，可在－50～＋80℃下使用，但易徐变及老化，经改性后可用于金属与非金属结构黏结。建筑工程中常用于水泥砂浆地面或墙面粘贴橡胶和塑料制品。

（2）丁腈橡胶胶黏剂。主要用于橡胶制品及橡胶与金属、植物、木材的黏结。它的突出特点是耐油性能好、抗剥离强度高、具有高弹性，特别适用于柔软的或热膨胀系数相差悬殊的材料之间的黏结，如黏合聚氯乙烯板材、聚氯乙烯泡沫塑料等。

模块小结

本模块首先讲解了木材的构造，由于木材构造存在各向异性特性，因此涉及抗压、抗拉、抗弯和抗剪强度，还有顺纹和横纹之分；影响木材强度的主要因素有含水率、环境温度、负荷时间及疵病。其次在介绍塑料的组成及常用建筑塑料的基础上，详细介绍了塑料在建筑工程中的应用。最后简单介绍了合成橡胶与合成纤维及其在建筑工程中的应用。

复习思考题

一、选择题

1. 木材中（　　）含量的变化，是影响木材强度和胀缩变形的主要原因。

A. 自由水　　　　B. 吸附水　　　　C. 化学结合水　　　　D. 蒸发水

2. 当木材长时间处于一定的温度和湿度环境中时，木材中的含水量最后会达到与周围空气湿度相平衡的状态，此时的木材含水率称为（　　）。

A. 纤维饱和含水率　　　　　　　　B. 平衡含水率

C. 标准含水率　　　　　　　　　　D. 饱和含水率

3. 木材在进行加工使用之前，应预先将其干燥至使用环境常年平均的（　　　）。

A. 纤维饱和点　　B. 饱和含水率　　C. 标准含水率　　　D. 平衡含水率

4. 用标准试件测木材的各种强度以（　　　）强度最大。

A. 顺纹抗拉　　　B. 顺纹抗压　　　C. 顺纹抗剪　　　　D. 抗弯

5. 在木结构设计使用中，木材不能长期处于（　　　）的环境中使用。

A. 30℃以上　　　B. 40℃以上　　　C. 50℃以上　　　D. 60℃以上

6. 塑料制品受外界条件影响，性能逐渐变坏，质量下降的过程称为（　　　）。

A. 老化　　　　　B. 磨损　　　　　C. 降解　　　　　D. 腐蚀

二、简答题

1. 什么是木材的纤维饱和点和平衡含水率？

2. 影响木材强度的主要因素有哪些？

3. 与传统建筑材料相比，建筑塑料具有哪些优良的特性？

【模块9课后
习题自测】

模块10
节能保温及绿色建筑材料

 **教学目标**

知识模块	知识目标	权重
建筑节能综述	建筑节能的内涵，节能的范围及重点，我国建筑节能的必要性及节能的技术	10%
保温隔热材料的应用	保温隔热材料的概念、结构及传热原理，保温隔热材料的选用原则及分类，保温隔热材料及其制品	40%
吸声和隔声材料	吸声系数的确定，吸声材料的类型及结构形式，隔声材料的原理	30%
绿色建筑材料	绿色建筑材料的概念，绿色建筑材料的类型，绿色建筑材料的应用与展望	20%

技能目标

重点学习各种保温隔热材料的性能及应用，并能在建筑物各围护结构中对其正确地选用；了解各类吸声、隔声材料的性能，在不同的场所能根据需求合理使用吸声、隔声材料；了解各类绿色建筑材料的知识，争取开发更多性能优良的绿色建筑材料。

引例

几千年来，人类因生产力低下，靠天吃饭，一直在与饥饿斗争。工业革命使人类社会发生巨变，汽车、飞机、摩天大楼递次出现，物质生活变得极大丰富。然而，人类也为这巨变付出了沉重的代价：过去100年（1906—2005），地球平均温度上升了0.74℃，地震、海啸、冰冻、热浪、飓风频发，海洋变酸，灰霾天常现；非洲乞力马扎罗的冰峰快速消融，北极冰帽的缩减使得北极熊、海豹、海象濒临灭绝；由于生态恶化，诸如肿瘤、心脑血管、呼吸道疾病等日益猖獗，严重威胁着人类的生命……

一个重大的威胁来自"温室效应"。人类正在给我们赖以生存的地球包裹上一层越来越厚的外套，使得短波太阳光可以照得进来，而地表的反射长波却无法穿越出去，地球由此变得越来越热。

英国著名作家赖纳斯在其《6度：一个愈来愈热的星球》一书中预言：如果地球再升高1℃，马尔代夫将成为海底城市；如果升高3℃，会有几十亿难民被迫迁移；如果升高6℃，地球上95%的物种将消亡，人类会面临大灭绝……

温室效应源于人类的能源消耗，其中建筑耗能是一大部分，占全社会总耗能的40%，已成为与工业、交通能耗并列的三大能耗之一。而在建筑中使用各种绿色节能保温建筑材料，一方面可提高建筑物的隔热保温效果，降低采暖空调的能源损耗；另一方面还可以极大改善建筑使用者的生活、工作环境。

中国是世界上最大的建筑材料生产国和消费国，其绿色节能保温材料产业起步于2005年，目前已形成以膨胀珍珠岩、矿物棉、玻璃棉、泡沫塑料、耐火纤维、硅酸钙绝热制品等为主的品种比较齐全的产业。但由于研发起步晚、水平低，依然存在产品质量不够稳定、应用技术有待完善等问题，影响了绿色节能保温材料的推广应用，同时也制约了绿色节能保温材料工业的健康发展。因此，大力推行工业化生产、专业化施工，开发与建筑同寿命的高效保温材料并不断创新，持续研发生产出适合中国国情并代表绿色、安全、节能、适用等方向的主导性产品，是节约能源、降低能耗、保护生态环境的迫切要求，同时对实现我国21世纪经济和社会的可持续性发展有着现实和深远的意义。

10.1　建筑节能综述

 想一想

能源是社会经济发展的原动力，是现代文明的物质基础，而建筑用能在其中占很大一部分比重，建筑节能问题引起了越来越多国家的重视。那么关于建筑节能需要了解哪些基本知识呢？你能想到一些节能方法吗？

10.1.1　建筑节能的内涵

节能是指加强用能管理，采取技术上可行、经济上合理以及环境和社会可以承受的措施，减少从能源生产到消费各个环节中的损失和浪费，更加有效、合理地利用能源。节能不能简单地认为只是少用能，节能的核心是提高能源的使用效率。因此探讨建筑物的节能问题，就是探讨如何提高建筑物使用过程中的能源效率问题。

一栋建筑物从最初的设想设计，到原材料的采集、生产、运输，再到构部件的组合、加工、建造和使用，最后复原、回收或废物管理等一系列过程，可称为这个建筑物的寿命周期。在整个寿命周期中，都存在能源消耗与能源效率的问题，因此建筑节能的概念也就有广义和狭义之分。

广义的建筑节能，要求考虑建筑物整个寿命周期内的能源流动情况，考虑如何在全寿命周期内尽可能地提高能源的利用效率。与广义建筑节能相对应的建筑节能技术即是绿色建筑。所谓绿色建筑是综合运用当代建筑学、生态学及其他科学技术的成果，把住宅建筑造成一个小的生态系统，为居住者提供生机盎然、自然气息浓厚、方便舒适并节约能源、没有污染的居住环境。"绿色"并非指一般意义上的立体绿化、屋顶花园，而是对环境无害的一种标志，是指这种建筑能够在不损害生态环境的前提下，提高人们的生活质量及当代与后代的环境质量，其本质是物质系统的首尾相接、无废无污、高效和谐、开放式闭合性的良性循环。

狭义的建筑节能，通常对构部件的组合、加工、建造及建筑在使用过程中的能耗关注较多，尤其是建筑运行过程中的能耗是其研究的重点。与狭义建筑节能相对应的建筑节能技术即是通常所称的建筑节能，包括以下方面：一是建筑本体的节能，包括建筑规划与设计、围护结构的设计等的节能；二是建筑系统的节能，包括采暖与制冷系统等设备的节能；三是优化能源管理、规范管理的方式，做到合理用能。现在国内外习惯上把建筑节能从狭义的观点出发理解为使用能耗，即建筑物在使用过程中用于供暖、通风、空调、照明、家用电器、输送、动力、烹饪、给排水和热水供应等的能耗。

10.1.2　我国建筑节能的必要性

我国《节约能源法》规定，节约资源是我国的基本国策，其中建筑节能是节能工作的重要组成部分，深入持久地开展建筑节能工作意义十分重大。

（1）建筑节能有利于缓解能源供给的紧缺局面。我国人均能源资源较少，且资源分布不均，优质能源少，是世界上少数几个以煤炭为主的国家。同时我国又是一个能源消费大国，全年能源消耗仅次于美国，总量居世界第二位。1999 年，我国一次能源总消费量为 13.03 亿吨标准煤，其中建筑能耗为 3.62 亿吨，占能源总消费量的 27.8%。随着经济的发展和人民生活水平的提高，采暖范围日益扩大，空调建筑迅速增加（2000 年广东、上海、北京百户居民空调平均拥有量分别为 98.04 台、96.4 台、69.6 台），某些城市夏季空调用电甚至占总用电量的 25%～40%。建筑能耗的增长远高于能源生产增长的速度，尤其是对电力、燃气、热力等优质能源的需求急剧增加。随着我国现代化建设的发展，建筑能耗比例将日益向国际水平（30%～40%）接近，能源供应将更加紧张。

我国城乡建设发展十分迅速，房屋建筑规模日益扩大，建筑用能增长速度较快。20 世纪 80 年代初期，全国每年建成建筑面积达 7 亿～8 亿平方米。而现有建筑面积已超过 360 亿平方米，到 2020 年预计将达到 500 亿平方米。由于城市建设正处在快速增长时期，建筑用能缺口很大，仅靠单方面加强能源方面的投入和基础设施建设，无法满足快速增长的社会发展需求和减缓能源供给的紧缺局面。

（2）建筑节能有利于改善大气环境，实现可持续发展。我国能源结构是以煤为主，煤炭的大量直接燃烧，导致城市大气污染日益严重。我国每年采暖燃煤排放二氧化硫约 60 万吨，烟尘约 25 万吨，采暖期城市大气污染指数普遍超标。例如，北京地区采暖期与非采暖期相比，空气中总悬浮物高 1.2 倍，氮氧化物和一氧化碳高 1.7 倍，二氧化硫高 1.6 倍。烟尘颗粒物和二氧化硫、氮氧化物不仅损害人体健康，还会形成对土壤、水体、森林、建筑物等危害严重的酸雨。更为严重的是煤炭燃烧还直接造成温室气体——二氧化碳的大量排放。我国每年采暖燃煤排放的二氧化碳约 2.6 亿吨，居世界第二位，约占世界总排放量的 13%。

全球变暖的现实正不断地向世界各国敲响警钟。统计数据表明 1981—1990 年全球平均气温比一百年前的 1861—1880 年上升了 0.48℃。预测到 21 世纪末全球平均气温比现在还要提高 1.4～5.8℃。全球变暖将使世界生态环境发生重大变化，如极地融缩、冰川消失、海面升高、洪水泛滥、干旱频发、风沙肆虐、物种灭绝、疾病流行等，这对人类的生存构成了严重威胁，是人类在 21 世纪所面临的最大挑战之一。这迫切要求我们通过节能来减少温室气体的排放。

（3）建筑节能有利于保护耕地资源。我国人口居世界第一位，以世界上 7%的耕地养活了世界上 22%以上的人口，耕地资源紧张。我国传统建筑的墙体材料以实心黏土砖为主，但实心黏土砖不仅保温性能达不到国家对建筑的节能要求，而且严重毁占耕地，消耗大量能源。我国约有 12 万个砖瓦企业，占地 600 多万亩，每年烧制 6000 多亿块黏土砖，取土约 14.3 亿立方米，相当于毁坏耕地 20 万亩。此外我国每年烧砖要烧掉 6000 多万吨标准煤，占建筑材料生产总能耗的 55%。全面禁止使用实心黏土砖、推行节能节地和利用废物的新型墙体材料是我国目前建筑材料行业的首要任务。建筑节能极大地推动了我国建筑材料领域的墙材革新，对保护耕地和生态环境起到了积极的作用。

（4）建筑节能有利于提高人民生活水平。我国地域广阔，冬季南北温差极大，气候条件比较严酷。东北地区气温不仅低，而且持续时间长。华北地区虽然不如东北地区冬季那样寒冷，但冷热时间都很长，夏季经常出现炎热天气。过去我国对建筑物的保温、隔热、气密性重视不够，大多数住宅的建筑品质和节能水平仅相当于欧洲 20 世纪 50 年代的水平，冬季普遍居室温度低于 16℃，夏季超过 30℃，居住环境很差，影响广大人民群众的身体健康。建筑节能开展后，上述情况得到改观，新建节能建筑除了采用高效、节能的供暖、空调设备之外，还特别加强围护结构（外墙、屋顶、门窗和地面）的保温和隔热性能以及门窗的气密性，这样不仅能降低建筑能耗，而且显著改善了室内环境的热舒适性，实现冬暖夏凉，提高人民群众的生活质量和健康水平。

综上所述，建筑节能是一个世界性潮流，我国起步时间晚且相对落后，因此建筑节能研究是我国目前亟待深入的前沿应用型课题，这对保证能源安全、减少温室气体排放、保护生态环境、节约土地资源、提高人民群众的生活水平等都具有重要意义。

10.1.3 建筑节能的技术介绍

1. 建筑节能的范围

建筑节能的内容非常广泛，主要涉及范围如下。

（1）墙体、屋面、地面的隔热保温技术及产品；

（2）具有建筑节能效果的门、窗、幕墙、遮阳或其他附属部件；

（3）太阳能、地热（冷）和生物质能等在建筑节能工程中的应用技术及产品；

（4）提高采暖通风效能的节能体系与产品；

（5）采暖、通风与空气调节，空调与采暖系统的冷热源处理；

（6）利用工业废物生产的节能建筑材料或部件；

（7）配电与照明、监测与控制节能技术及产品；

（8）其他建筑节能技术和产品等。

2. 外墙保温技术介绍

建筑节能技术的范围和应用领域非常广泛，下面以外墙保温技术为例进行简单介绍。

建筑外墙节能保温技术主要分为外墙内保温、外墙夹心保温、外墙外保温三大类，其各自特点如下。

（1）外墙内保温。外墙内保温的做法是将保温材料复合在外墙内侧。较为常用的内保温材料，有增强石膏复合聚苯保温板、聚合物砂浆复合聚苯保温板、增强水泥复合聚苯保温板、胶粉聚苯颗粒保温料浆等。内保温施工一般为干作业，可加快施工进度，提高生产效率，其优点表现在以下方面。

① 对饰面和保温材料的防水性、耐候性等技术指标的要求不高，且取材方便；

② 施工方便，不需搭设脚手架。

但在多年的工程实践中，内保温系统也逐渐暴露出如下弊端。

① 由于材料、构造、施工等原因，墙体饰面层容易出现开裂；

② 不便于用户二次装修和吊挂饰物，且占用室内空间；

③ 由于圈梁、楼板、构造柱等会形成热桥，热损失较大；

④ 对既有建筑进行节能改造时，对居民的日常生活干扰较大。

（2）外墙夹心保温。外墙夹心保温是将保温材料置于同一外墙的内外侧墙片之间，内外侧墙片均可采用传统的黏土砖、混凝土空心砌块等。它的特点在于：这些防水材料的防水、耐候性能良好，对内墙片和保温材料可形成有效的保护；对保温材料选材要求不高，聚苯乙烯、玻璃棉、岩棉等各种材料均可使用；对施工季节和施工条件的要求不高，不影响冬期施工。

（3）外墙外保温技术。外墙外保温技术是将保温层安装在外墙外表面，由保温层、保护层和固定材料构成。与内保温及夹心保温相比，外墙外保温技术具有以下优点。

【外墙外保温节能施工工艺】

① 热工性能高，保温效果好，综合投资低；

② 保温层包在主体结构的外侧，能够保护主体结构，延长建筑物的寿命；

③ 可基本消除热（冷）桥的影响，同时消除结露和霉变现象，提高了居住的舒适度；

④ 不仅适用于新建工程，也适用于旧楼改造，适用范围广；

⑤ 避免了装修对保温层的破坏；

⑥ 增加了建筑物的使用面积。

外墙外保温的优越性，使其成为目前大力推广的一种建筑保温节能技术，已成为墙体保温的主要形式。

10.2　保温隔热材料及制品

想一想

随着经济的发展，建筑节能问题引起了越来越多国家的重视，而建筑节能最直接有效的方法是使用节能保温材料。日本的节能实践证明，每使用 1t 节能保温材料，每年可节约标准煤 3t，其节能效益是材料生产成本的 10 倍；根据欧美发达国家的经验，在住宅保温上每用 1t 岩（矿）棉制品，每年可以节约的能源相当于 1t 石油或 2.5～3.7t 标准煤。因此，采用节能保温新型材料，具有显著的社会效益、经济效益和环境效益。那么，目前我国主要节能保温材料的分类及性能如何呢？

10.2.1　保温隔热材料的概念

保温隔热材料是节能材料之一，是用于减少结构物与环境热交换的一种功能材料。按 GB/T 4272—2008《设备及管道绝热技术通则》的规定，保温隔热材料在平均温度为 298K（25℃）时，其热导率值不应大于 0.08W/（m·K）。通俗的说法是，保温隔热材料是一种对热的传导、对流、辐射具有显著阻抗性的材料或材料复合体，保温隔热制品是指被加工成至少有一面与被覆盖表面形状一致的各种保温隔热材料的成品。保温隔热材料的特点是轻质、疏松、多孔，有些为纤维状，保温、隔热效果良好。保温隔热材料的主要优点如下。

（1）从经济效益角度看，使用保温材料不仅可以大量节约能源花费，而且减小了机械设备（空调、暖气）规模，节约了设备投资。

（2）从环境效益角度看，使用保温材料不仅节约了能源，而且由于减少机械设备，使得设备排放的污染气体量也相应减少。

（3）从舒适度角度看，保温材料可以减小室内温度的波动，尤其是在季节交替时，更可以保持室温的平稳，并且保温材料普遍具有隔声性，受外界噪声干扰减小。

（4）从保护建筑物的角度看，剧烈的温度变化将破坏建筑物的结构，使用保温材料可以保持温度平稳变化，延长建筑物的使用寿命，保持建筑物结构的完整性，同时有助于隔热和阻燃，减少人员伤亡和财物损失。

10.2.2 保温隔热材料的选用原则

在设计和建造节能建筑时都要选用保温隔热材料，一般情况下可依据下述要点进行比较和选择。

（1）保温隔热材料的使用温度范围。选用的保温隔热材料在设计的使用工况条件下，不会发生较大的变形，而且要保证材料不受损坏，达到设计的使用寿命。

（2）保温隔热材料要求具有较小的导热系数、较大的蓄热系数。在相同保温效果的前提下，导热系数小的材料保温层厚度可以更小，保温结构所占的空间就更小。

（3）保温隔热材料要有良好的化学稳定性。

（4）保温隔热材料的机械强度要与使用环境匹配，保温隔热材料与墙体复合后要承受一定的荷载（风、雪、施工人员），或承受设备压力、外力撞击，所以在这种情况下要求保温隔热材料具有一定的机械强度，以承受或缓解外力的作用。

（5）保温隔热材料的使用年限要与被保温隔热主体的正常维修期基本适应。

（6）首选无机不燃或难燃的保温隔热材料。

（7）选用吸水率小的保温隔热材料。

（8）保温隔热材料要有良好的施工性，使施工安装方便易行，又易于保证工程质量。

10.2.3 保温隔热材料的分类

保温隔热材料的分类方法很多，目前我国还没有统一的分类标准。一般可按材料成分、材料形状及材料结构等分类。

1. 按材料成分分类

（1）有机保温隔热材料。例如，稻草、稻壳、甘蔗纤维、软木木棉、木屑、刨花、木纤维及其制品。此类材料容重小，来源广，多数价格低廉，但吸湿性大，受潮后易腐烂，高温下易分解或燃烧。

（2）无机保温隔热材料。矿物类有矿棉、膨胀珍珠岩、膨胀蛭石、硅藻土石膏、炉渣、玻璃纤维、岩棉、加气混凝土、泡沫混凝土、浮石混凝土等及其制品，化学合成聚酯及合成橡胶类有聚苯乙烯、聚氯乙烯、聚氨酯、聚乙烯、脲醛塑料和泡沫硬性酸酯等及其制品。此类材料不腐烂，耐高温性能好，部分吸湿性大，易燃烧，价格较贵。

（3）金属类保温隔热材料。主要是铝及其制品，如铝板、铝箔、铝箔复合轻板等。它是利用材料表面的辐射特性来获得绝热保温效能。具有这类表面特性的材料，几乎不吸收入射到它上面的热量，而且本身向外辐射热量的能力也很小，但这类材料货源较少，价格较贵。

2. 按材料形状分类

（1）松散隔热保温材料。例如，炉渣、水渣、膨胀蛭石、矿物棉、岩棉、膨胀珍珠岩、木屑和稻壳等。它不宜用于受振动场所和围护结构上。

（2）板状隔热保温材料。一般是松散隔热保温材料的制品或化学合成聚酯与合成橡胶类材料，如矿物棉板、蛭石板、泡沫塑料板、软木板以及有机纤维板（木丝板、刨花板、稻草板和甘蔗板等），另外还有泡沫混凝土板。它具有原松散材料的一些性能，加工简单，施工方便。

（3）整体保温隔热材料。一般是用松散隔热保温材料作骨料，浇筑或喷涂而成，如蛭石混凝土、膨胀珍珠岩混凝土、粉煤灰陶粒混凝土、黏土陶粒混凝土、浮石混凝土、炉渣混凝土等。此类材料仍具有原松散材料的一些性能，整体性好，施工方便。

3. 按材料结构分类

按材料结构，保温隔热材料可分为纤维状、微孔状、气泡状和层状等，见表 10-1。

表 10-1　主要保温隔热材料的结构类型

结构形态	属性	来源	常用材料
纤维状	无机	天然	石棉、海泡石
		人造	矿棉（矿渣棉、岩棉）、玻璃棉、硅酸铝纤维、碳纤维
	有机	天然	木纤维、草纤维
微孔状	无机	天然	硅藻土
		人造	硅酸钙、硅酸盐复合涂料
气泡状	无机	人造	膨胀珍珠岩、膨胀蛭石、泡沫玻璃、泡沫石棉、泡沫混凝土
	有机	天然	软木
		人造	泡沫塑料（聚苯乙烯、聚氨酯、酚醛泡沫）、泡沫橡胶
层状	金属	人造	金属箔（铝箔、不锈钢、铜、锡箔）

10.2.4　保温隔热材料及其制品

1. 岩棉及其制品

岩棉是以天然玄武岩为主要原料，经高温熔融后由高速离心设备（或喷吹设备）加工制成的人造无机纤维。纤维直径为 $4\sim 7\mu m$，具有质轻、不燃、导热系数小、吸声性能好、化学稳定性好等特点。另外，岩棉耐久性好，能够做到与结构寿命同步，而且在耐火性能方面表现尤为优异，是一种难燃材料。岩棉材料的优点是化学稳定性好，氯离子含量极低，对保温体无腐蚀作用；缺点是密度低的产品抗压强度不高，耐长期潮湿性较差。

用专用设备在无机纤维中加入特制的黏结剂和防尘油，再经加温固化，可制成各种规格、不同要求的岩棉保温制品，如岩棉板材、毡材、管材、带材等。这些制品除具备上述特点外，还有以下特点。

【各种形式的岩棉材料】

（1）绝热性能。绝热性能好是岩棉制品的基本特性，在常温条件下（25℃左右），岩棉的热导率通常在 $0.03\sim 0.047 W/(m\cdot K)$。

（2）燃烧性能。岩棉制品的燃烧性能取决于其中可燃性黏结剂的多少。岩棉本身属无机矿物纤维，不可燃，在加工成制品的过程中，有时要加入有机黏结剂或添加物，这些对制品的燃烧性能会产生一定的影响。

（3）隔声性能。岩棉制品具有优良的隔声和吸声性能，其吸声机理是这种制品具有多孔性结构，当声波通过时，由于流阻的作用产生摩擦，使声能的一部分为纤维所吸收，阻碍了声波的传递。

因此这些岩棉保温制品广泛应用于建筑、石油、化工、电力、冶金、国防和交通运输等行业，是各种建筑物、管道、储罐、蒸馏塔、锅炉、烟道、热交换器、风机和车船等工业设备的保温、隔热、隔冷、吸声材料。岩棉制品的最高使用温度为 600℃。图 10.1 所示为岩棉制品图片。岩棉制品的产品规格和物理性能指标见表 10-2 及表 10-3。

(a) 岩棉保温板

(b) 岩棉管壳

图 10.1 岩棉制品

表 10 - 2 岩棉制品的产品规格

单位：mm

制品名称	长	宽	厚	内　径
板	900、1000	500、600、700、800	30、40、50、60、70	—
带	2400	910	30、40、50、60	—
毡	910	630、910	50、60、70	—
管壳	600、910、1000	—	30、40、50、60、70	22、38、45、57、89、108、133、159、194、219、245、273、325

表 10 - 3 岩棉制品的物理性能指标

密度/(kg/m³)	密度极限偏差/%	导热系数/[W/(m·K)]	有机物含量/%	最高使用温度/℃	燃烧性能级别
61~200	±15	≤0.044	≤4.0	≥600	不燃

2. 玻璃棉及其制品

玻璃棉是采用天然矿石如石英砂、白云石、蜡石等为主要原料，配以其他如纯碱、硼酸等化工原料熔制成玻璃，在熔融状态下借助外力拉制、吹制或甩制形成的极细的纤维状材料。按其化学成分，可分为无碱、中碱和高碱玻璃棉。按其生产方法，可分为三种：一是将熔融玻璃制成玻璃球、棒或块状物，再使其二次熔化，然后拉丝并经火焰喷吹成棉，即所谓火焰法玻璃棉；二是对粉状玻璃原料进行熔化，然后借助离心力及火焰喷吹的双重作用，使熔融玻璃直接制成玻璃棉，即所谓离心喷吹法玻璃棉；三是将熔融玻璃借助蒸汽或压缩空气对其进行喷吹而制成玻璃棉，即所谓离心蒸汽（或压缩空气）立吹法玻璃棉，但目前这种生产方法已逐渐被淘汰。世界各国生产玻璃棉的厂家，绝大多数采用离心喷吹法，其次是火焰法。

【玻璃棉制品】

玻璃棉制品品种较多，基本品种有玻璃棉板、玻璃棉管和玻璃棉毡等。玻璃棉制品的产品规格见表 10 - 4。

表 10 - 4 玻璃棉制品的产品规格

制品名称	容重/(kg/m³)	规格/mm	厚度/mm
玻璃棉板	10~100	2000×1200；1200×600	15~150
玻璃棉管	48~80	φ15~φ1200	30~100
玻璃棉毡	10~50	12000（宽），11000（长）	10~150

玻璃棉具有优越的保温、隔热、吸声性能，有防水、防腐、不发霉、不生虫的特征，能有效地阻止冷凝，防止管道冻结，并且质量轻、吸声系数大、导热系数小、不燃且阻燃，化学稳定性好；其成本较低，憎水性能好，富弹性，柔软度佳，既是常用的保温材料，又是常用的保冷材料。玻璃棉应用范围广泛，常用于钢结构厂房、设备保温及消声，空调风管、火车、汽车、轮船、住宅保温和消声，以及各种管道保温等。

3. 膨胀珍珠岩及其制品

膨胀珍珠岩是由酸性火山玻璃熔岩（即珍珠岩、松脂岩等）经破碎，筛分至一定粒度，再经预热，瞬间高温煅烧、膨胀、冷却而制成的一种成蜂窝泡沫状的白色或浅色颗粒状优质绝热材料。

膨胀珍珠岩制品如图 10.2 所示，具有轻质、绝热、吸声、不燃烧、使用温度广、化学稳定性强、无毒、无味等优点，基本性能如下（表 10-5）：①容重与导热系数：容重大小是衡量多孔绝热材料质量的重要指标之一，产品容重越小，其导热系数一般也越小；膨胀珍珠岩的容重一般在 50～200kg/m³ 范围，导热系数为 0.04～0.07W/(m·K)。②耐火度和安全使用温度：膨胀珍珠岩的耐火度为 1280～1360℃，这个温度不能作为产品的安全使用温度。膨胀珍珠岩作为保温材料使用，主要是因为它的颗粒呈多孔结构，如果这种空隙受到破坏，绝热性能也将随之失去，所以把膨胀珍珠岩在高温下颗粒开始变形，收缩率达 10% 的温度点定为安全使用温度。膨胀珍珠岩的安全使用温度一般为 800℃。③吸水性：膨胀珍珠岩具有很大的吸水性，因而会引起许多不良后果，如强度下降、绝热性能降低等；膨胀珍珠岩的吸水量可达本身重量的 2～9 倍，容重越小，吸水性越强。

(a) 珍珠岩散料

(b) 水泥膨胀珍珠岩砌块

图 10.2　膨胀珍珠岩制品

表 10-5　水泥膨胀珍珠岩制品主要性能指标

表观密度 /(kg/m³)	抗压强度 /MPa	导热系数 /[W/(m·K)]	抗折强度 /MPa	使用温度 /℃	24h 吸湿率 /%	24h 吸水率 /%	抗冻 15 次干冻循环强度损失 /%	软化系数
300～400	0.5～1.0	0.058～0.087（常温）	＞0.3	≤600	0.87～1.55	110～130	10～24	0.7～0.74

膨胀珍珠岩在建筑工程中的主要用途如下：①做墙体、屋面、吊顶等围护结构的散填保温隔热材料；②配制轻骨料混凝土，预制各种轻质混凝土构件；③以膨胀珍珠岩为骨料，用各种有机和无机胶黏剂制成绝热吸声的膨胀珍珠岩制品。

以上做法在工程建筑中已普及应用到各种建筑体系，并产生了显著的效益，如在砌块墙体的预留空腔中，填充膨胀珍珠岩散料，可使墙体的热阻值增加一倍以上。

采用水泥、石灰、石膏和水玻璃等为胶结剂的各种膨胀珍珠岩制品，可以用作复合式墙板或屋面板的保温层、底层建筑的保温地坪、楼梯间内墙的保温贴面层及采暖管道的保温层等。这种厚 3~4cm 的保温层可以增加热阻 40% 以上，令热损失减少 10%~30%，从而节约能源。

由于膨胀珍珠岩具有轻质、绝热、隔声、耐火等一系列优良品质，因而在建筑业中得到了广泛应用，且与其他保温材料相比更为廉价、成本更低，是一种经济实用的保温材料。

4. 泡沫塑料及制品

泡沫塑料（又称多孔塑料）是以树脂为主体，内部有许多微小泡孔的塑料制品。由于泡沫塑料由大量的泡孔构成，泡孔内又充满气体，故又称以气体为填料的复合塑料。泡沫塑料自问世以来，由于具有诸多优异的性能，在化工生产、房屋建筑等众多领域得到广泛的应用。它的热传递主要是传导传递，辐射传递很小，其热导率主要取决于气泡内部气体的热导率，且在低温条件下热导率进一步降低，因此是一类隔热性能优异的低温材料。

目前应用较多的泡沫塑料保温材料，主要有聚氨酯泡沫塑料、聚苯乙烯泡沫塑料、酚醛泡沫塑料、聚氯乙烯泡沫塑料等。泡沫塑料的分类见表 10-6。

表 10-6 泡沫塑料的分类

分 类 方 法	常 用 材 料
按所用树脂分类	聚氯乙烯泡沫塑料、聚苯乙烯泡沫塑料、挤塑聚苯乙烯泡沫塑料、聚氨酯泡沫塑料、环氧树脂泡沫塑料、酚醛泡沫塑料、有机硅泡沫塑料等
按性质分类	硬质泡沫塑料、软质泡沫塑料、可发性泡沫塑料、自熄性泡沫塑料、乳液泡沫塑料等
按孔型结构分类	开孔型泡沫塑料、闭孔型泡沫塑料

1）聚氨酯泡沫塑料保温材料

聚氨酯泡沫塑料是一类高分子化合物，含有重复的氨基甲酸酯链段。建筑行业主要使用的是聚氨酯泡沫，如图 10.3 所示。而保温、隔热主要使用硬泡聚氨酯，其性能指标见表 10-7。在建筑保温的应用中，主要有喷涂型硬泡和浇筑型硬泡这两种硬泡形式，其中硬泡喷涂聚氨酯是一种优良的保温材料，导热系数极低，是目前已知的有机和无机保温材料中导热系数最低的材料。在达到同等保温效果的条件下，它所使用的材料厚度最薄，厚度为 50mm 的聚氨酯硬泡能达到的保温效果，相当于 80mm 厚的聚苯乙烯板材、

【硬泡聚氨酯保温材料】

(a) 聚氨酯泡沫塑料板

(b) 聚氨酯墙体喷涂

图 10.3 聚氨酯泡沫塑料制品

90mm 厚的石棉或 760mm 厚的混凝土结构。在聚氨酯硬泡的闭孔结构中,其闭孔率达到了 95％以上,这种高闭孔率使其具有极好的防水、隔热性能,受其保护的空间能处于良好的绝热环境下,而这恰恰是其他保温材料所不能比拟的。硬泡聚氨酯泡沫塑料还具有良好的韧性,不易开裂,表现出良好的抵抗冲击和外力的能力。但在生产过程中,硬泡聚氨酯泡沫塑料的环保、阻燃性能较难控制,一旦发生燃烧,会产生大量烟雾,国内已出现了数起与此有关的火灾,因此硬泡聚氨酯泡沫塑料保温材料的应用也受到了限制。

表 10 - 7 不同密度下的硬泡聚氨酯性能指标

密度/(kg/m³)	导热系数/[W/(m·K)]	抗压强度/MPa	抗拉强度/MPa	尺寸稳定性/%
35	0.0202	0.325	0.265	−0.5
45	0.0193	0.432	0.310	−0.3
55	0.0192	0.460	0.362	−0.3
65	0.0205	0.510	0.412	−0.2

2) 聚苯乙烯泡沫塑料保温材料

聚苯乙烯泡沫塑料 (EPS) 是以聚苯乙烯树脂为基料,加入一定剂量的含低沸点液体的发泡剂、催化剂、稳定剂等辅助材料,经加热使可发性聚苯乙烯珠粒预发泡,然后在模具中加压而制得的一种具有微细密闭孔结构的硬质聚苯乙烯泡沫塑料板。该板由 98％的空气和 2％的聚苯乙烯组成,有普通型和阻燃型两种,是目前使用最多的一种缓冲材料。它具有闭孔结构,吸水性小,有优良的抗水性;相对密度小,一般为 0.015～0.03;机械强度好,缓冲性能优异;加工性好,易于模塑成型;着色性好,温度适应性强,抗放射性优异,而且尺寸精度高,结构均匀,因此成为外墙绝热及饰面系统的首选绝热材料。但随着这种保温材料大面积应用,它的缺陷也逐步呈现出来,如聚苯乙烯材料在结构中存在空腔,外界空气容易通过这些空腔进行流动,与室内进行热量交换,从而影响保温效果;聚苯乙烯泡沫塑料在北方无法应用,因为在干燥环境中,其抗拉强度严重降低,所以聚苯乙烯泡沫塑料的应用具有很强的地域性,且不宜用于高层建筑物;聚苯乙烯材料在制造过程中一般使用氟利昂进行发泡,这种发泡剂会造成十分严重的大气污染;此外,当温度升高到一定程度后,聚苯乙烯板材容易发生燃烧,而且燃烧速度极快,燃烧时会放出污染环境的苯乙烯气体,所以在公共场所不能大面积应用这种保温材料,以免对公共安全造成威胁。

聚苯乙烯泡沫塑料的主要性能指标见表 10 - 8。

表 10 - 8 聚苯乙烯泡沫塑料的主要性能指标

表观密度/(kg/m³)	导热系数/[W/(m·K)]	垂直于板面方向的抗拉强度/MPa	尺寸稳定性/%
18～22	≤0.041	≥0.10	≤0.30

3) 挤塑聚苯乙烯泡沫塑料

挤塑聚苯乙烯泡沫塑料 (XPS) 是以聚苯乙烯树脂或其共聚物为主要成分,添加少量添加剂,通过加热挤塑而制得的具有闭孔结构的硬质泡沫塑料。它具有优异和持久的绝热功能、独特的抗蒸汽渗透性、极高的抗压强度,易于加工安装,所以得到了广泛的使用,其制品外观如图 10.4 所示。诸如道化学公司的蓝色挤塑聚苯乙烯泡沫塑料、欧文斯康宁公司的粉红色挤塑聚苯乙烯泡沫塑料、巴斯夫公司的绿色挤塑聚苯乙烯泡沫塑料等,除在本国拥有广大市场外,都在国外市场上取得了成功。挤塑聚苯乙烯泡沫塑料产品在建筑中作为绝热材料特别是屋面绝热材料,应用得十分广泛,如北京的中国银行大楼、东方广场,上海的可口可乐工厂,广州的雀巢冰激凌厂都使用了挤塑聚苯乙烯泡沫塑料作保温材料。

(a) 各种颜色的挤塑板

(b) 挤塑聚苯乙烯夹芯板

图 10.4 挤塑聚苯乙烯板制品

挤塑聚苯乙烯泡沫塑料的生产过程是将熔化了的聚苯乙烯树脂和添加剂、发泡剂在特定的挤出机中匀速挤出,经压辊延展并在真空成型区(也有的工艺不需要真空成型)中冷却。它与聚苯乙烯泡沫塑料不同,由于是连续挤出成型,所以成型后的产品结构呈一体性,而不是由聚苯乙烯粒子膨胀后加压成型,使其具有十分完整的闭孔式结构,没有粒子间的空隙存在,因此其性能十分优异。它不仅具有极低的热导率和吸水率、较高的抗压强度,更具有优越的抗湿、抗冲击和耐候等性能,在长期高湿或浸水环境下,仍能保持优良的保温性能。

5. 泡沫混凝土及其制品

【泡沫混凝土应用的三个阶段】

泡沫混凝土通常是用机械方法将泡沫剂水溶液制备成泡沫,再将泡沫加入含硅质材料、钙质材料、水及各种外加剂等组成的料浆中,经混合搅拌、浇筑成型、养护而制成的一种多孔材料,如图 10.5 所示。泡沫混凝土中没有普通混凝土中使用的粗骨料,同时含有大量气泡,因此与普通混凝土相比,无论是新拌泡沫混凝土浆体还是硬化后的泡沫混凝土,都表现出许多特殊性,可广泛应用于保温隔热工程、大体积回填工程和轻质制品制造中。两者的各项性能比较见表 10-9。

(a) 泡沫混凝土的制备

(b) 泡沫混凝土砌块

图 10.5 泡沫混凝土的制备和制品

表 10-9　泡沫混凝土与普通混凝土的性能比较

性 能 指 标	泡沫混凝土	普通混凝土
干密度/(kg/m³)	400～1600	2200～2400
抗压强度/MPa	0.5～10.0	30～80
抗弯强度/MPa	0.1～0.7	3.0～8.0
弹性模量/GPa	0.30～1.20	20～30
干燥收缩	1500～3500	600～900
导热系数/[W/(m·K)]	0.11～0.30	约2.0
抗冻融性/%	90～97	90～97
新拌流动性/mm	>200	约180

泡沫混凝土的优点如下。

1）轻质

泡沫混凝土的密度小，密度等级一般为 300～1800kg/m³，常用泡沫混凝土的密度等级为 300～1200kg/m³。近年来，密度为 160kg/m³ 的超轻泡沫混凝土也在建筑工程中获得了应用。由于泡沫混凝土的密度小，在建筑物的内外墙体、层面、楼面、立柱等结构中采用该种材料，可使建筑物自重降低 25% 左右，甚至可达结构物总重的 30%～40%。而且对结构构件而言，如采用泡沫混凝土代替普通混凝土，可提高构件的承载能力。因此，在建筑工程中采用泡沫混凝土具有显著的经济效益。

2）保温隔热性能好

由于泡沫混凝土中含有大量封闭的细小孔隙，因此具有良好的热工性能，即良好的保温隔热性能，这是普通混凝土所不具备的。通常密度等级在 300～1200kg/m³ 范围的泡沫混凝土，导热系数在 0.08～0.3W/(m·K)。采用泡沫混凝土作为建筑物墙体及屋面材料，具有良好的节能效果。

3）隔声耐火性能好

泡沫混凝土属多孔材料，因此也是一种良好的隔声材料，可用在建筑物的楼层和高速公路的隔声板、地下建筑物的顶层等作为隔声层。泡沫混凝土是无机材料，不会燃烧，因而具有良好的耐火性，在建筑物上使用，可提高防火性能。

4）其他性能

泡沫混凝土还具有施工过程中可泵性好、防水能力强、冲击能量吸收性能好、可大量利用工业废渣、价格低廉等优点。

目前，泡沫混凝土在建筑中应用量最大的形式是作为泡沫混凝土砌块。在我国北方地区，泡沫混凝土砌块主要用作墙体保温层；而在南方地区，泡沫混凝土砌块主要用于制作密度等级在 900～1200kg/m³ 范围内的泡沫混凝土砌块，这些砌块多被用来作为框架结构的填充墙。这些应用充分利用了泡沫混凝土砌块隔热性能好、超轻、高强度等性能特点。泡沫混凝土的制备和制品如图 10.5 所示。

6. 玻化微珠及其制品

玻化微珠是一种新型的无机轻质骨料及绝热材料，是利用含结晶水的酸性玻璃质火山岩（如黑耀岩、松脂岩等）经粉碎、脱水（结晶水）、汽化膨胀、熔融玻化等工艺制成的。其颗粒呈不规则球状，内部为多孔的空腔结构，外表面封闭、光滑，广泛用于建筑材料、化工、冶金、轻工等诸多领域中。玻化微珠及其制品如图 10.6 所示。

【玻化微珠的微观状态】

玻化微珠常作为轻质骨料应用于干混砂浆中，是建筑节能的常用保温材料。玻化微珠保温砂浆具有

(a) 玻化微珠

(b) 玻化微珠保温砌块

图 10.6　玻化微珠及其制品

【玻化微珠保温颗粒介绍】

优异的保温隔热性能，并且防火、耐老化，可以改善室内的热环境，达到建筑节能的目的，广泛应用于我国大部分地区新旧建筑的墙体保温工程中。玻化微珠保温砂浆还具有良好的施工性能，在现场施工时，加水搅拌即可使用，可直接涂抹在外墙上，强度高、不空鼓、不开裂，施工简便，易于操作，施工性能好。它在性能上弥补了传统的以普通膨胀珍珠岩和聚苯颗粒作为轻骨料的保温砂浆的诸多缺陷和不足。膨胀珍珠岩的吸水率较大，而且容易粉化，在具体的工程施工中体积收缩率也比较大，容易造成保温砂浆后期强度不高，出现空鼓、开裂的现象，使保温砂浆的保温性能有所降低。玻化微珠不但克服了膨胀珍珠岩的这些缺点，同时还弥补了有机材料聚苯颗粒易燃、防火性能差、不阻燃、不耐老化、耐候性能差以及和易性差、工作性能不好等缺陷，大大提高了干粉保温砂浆的施工性能和综合性能。

7. 加气混凝土及其制品

加气混凝土砌块是指以硅质材料和钙质材料为主要原材料，掺加发气剂，经加水搅拌发泡、浇筑成型、预养切割、蒸压养护等工艺制成的含泡沫状孔的砌块，如图 10.7 所示。其中，钙质材料主要有石灰、水泥，硅质材料可采用矿渣、粉煤灰、砂、煤矸石、炉渣等。

(a) 加气混凝土砌块

(b) 加气混凝土砌块用于建筑

图 10.7　加气混凝土砌块及应用

加气混凝土砌块按养护方法，可分为蒸压加气混凝土砌块和蒸养加气混凝土砌块两种；根据砌块的主要原料，可分为蒸压水泥-矿渣-砂加气混凝土砌块、蒸压水泥-石灰-尾矿加气混凝土砌块、蒸压水泥-石灰-砂加气混凝土砌块、蒸压水泥-石灰-粉煤灰加气混凝土砌块、蒸压水泥-石灰-沸腾炉渣加气混凝土砌块、蒸压水泥-石灰-煤矸石加气混凝土砌块、蒸压石灰-粉煤灰加气混凝土砌块，共七种类型。

加气混凝土表观密度小，孔隙率大（70%～80%），且孔隙多为非连通微孔，因而具有一定的隔声性能和良好的隔热性能；本身又属于不燃材料，因而具有良好的耐热、耐火性能；砌块易于加工，施工方便。因此，它是应用较多的轻质、隔热墙材之一，主要用于多高层建筑物的非承重墙、填充墙及内隔墙，也可用于低层建筑的承重墙，体积密度级别低的砌块还可用作屋面保温材料。但加气混凝土砌块和其他砌块一样干湿变形较大，为避免墙体出现裂缝，必须严格控制砌块上墙时的含水率，最好控制在20%以下。

在我国，发展加气混凝土砌块的前景十分广阔，加气混凝土砌块不但性能十分优良（保温、隔热），并且其生产可以大量利用工业废渣（如粉煤灰）。长期以来，电厂排放的粉煤灰大量侵占农田，污染环境，且要耗费大量人力、物力去倾倒，如果将粉煤灰用作生产加气混凝土等建筑材料制品，可将工业废渣转化为生产原料，一举多得。用粉煤灰生产建筑材料既解决了工业废渣的排放问题，改善了环境，又生产出了优质建筑材料，因此前景十分诱人。

10.3　吸声和隔声材料

想一想

当前噪声已成为一种严重的环境污染，建筑物的声环境问题越来越受到人们的关注和重视，选用适当的材料对建筑物进行吸声和隔声处理，是建筑物噪声控制过程中最常用、最基本的技术措施之一。特别在会议室、电影院、音乐厅等场所，若采用合适的吸声材料，能有效改善声波在室内的传播质量，减少噪声污染，并能保持良好的音响效果。那么，吸声和隔声材料的类型及特点如何呢？

10.3.1　吸声材料

【吸声材料的应用】

1. 吸声系数

声音的传播源于物质的振动，声源的振动使临近的空气随之振动而成为声波，并利用空气介质向四周传播，因其具有方向性，沿发射的方向最响。声波在传播过程中，若遇到材料表面时，一部分被反射，另一部分穿透材料传递到另一侧，其余部分则传递给材料并转化为其他能量（一般为热能）而消耗掉。这些被消耗的能量 E（包括部分穿透材料的声能）与原来传递给材料的全部声能 E_0 之比，称为吸声系数 α，是评定材料吸声性能优劣的主要指标。

吸声系数 α 的大小与声音的频率及入射方向等有关，因此吸声系数是以声音从各个方向入射的吸收平均值来表示的，而且需指出是对哪一频率的吸收。通常采用六个频率测定，即 125Hz、250Hz、500Hz、1000Hz、2000Hz、4000Hz。实际上，所有材料的吸声系数都介于0～1，即每种材料都有一定的吸声能力，但不可能吸收所有的声能。一般将上述六个频率的平均吸声系数大于0.20的材料列为吸声材料。

大部分吸声材料为疏松多孔的材料，如矿渣棉、毡子、玻璃棉等。多孔吸声材料有大量相互连通的开口孔及连续气泡，通气性好，当声波入射到材料表面时，声波能快速进入材料内部的孔隙，引起孔隙或气泡内的空气振动；由于摩擦作用，相当一部分声能转化为热能并被吸收。多孔材料吸声的首要条件是声波能快速进入孔隙，因此吸声材料的内部和表面都应当是多孔的。多孔性吸声材料的吸声系数，一般从低频到高频逐渐增大，故对高、中频声音的吸收效果较好。

2. 吸声材料的选用原则

（1）首先吸声性能应符合使用要求，如果要降低中高频噪声或降低中高频混响时间，应选用中高频吸声系数较高的材料；如果要降低低频噪声或降低低频混响时间，则应选用低频吸声系数较高的材料。

（2）吸声系数应不受环境和时间的影响，材料吸声性能应保持长期稳定可靠。

（3）材料应防水、防潮、防蛀、防腐、防菌，这对在潮湿环境条件下使用是非常重要的，如用于游泳馆、地下工程及潮湿地区。

（4）防火性能佳，具有阻燃、难燃或不燃性能。对影剧院和地铁工程等公共场所，应尽可能采用不燃材料。

（5）要有一定的力学强度，以便在搬运、安装和使用过程中不易损坏。应经久耐用，不易老化。

（6）材料可加工性能好，质量轻，便于加工安装及维修调换。对于大型轻薄屋顶结构如大跨度体育馆，其吸声吊顶的质量至关重要。

（7）吸声材料及其制品在施工安装和使用过程中不会散落粉尘、挥发有害气味、辐射有害物质，损害人体健康。

（8）吸声材料一般安装在室内表面，是室内设计的重要组成部分，特别是影剧院、多功能厅、会议室、广播室等的音质设计，因此吸声材料应具有装饰效果。

【应用案例10-1】 2014年APEC会议结束后，水立方于2014年11月22日重新开放。作为2008年北京奥运会标志性建筑物之一，"水立方"上共有内外两层气枕，是国际上建筑面积最大、功能要求最复杂的膜结构系统。以膜为顶的"水立方"，在下雨时雨点落到膜上，室内的雨噪声会不会很大？墙上的膜能否阻隔外部的声音，保持室内相对安静？膜的吸声能力是否足以保证将室内的混响时间控制在一定范围内，使广播的声音清晰可闻？"水立方"在建筑声学方面有什么独特的设计呢？

解析："水立方"的声学专家采用了"膜"加"板"提高隔声性能、"声学大厅"控制混响时间、增大吸声面积、安装吸声性能高的材料等方法解决"水立方"的膜结构在建筑声学方面带来的难题。"水立方"投入使用后，多次举办了各类音乐会、交响乐、演唱会、大型文艺活动等，受到了经营者和观众极高的评价。

3. 吸声材料的类型及结构形式

1）多孔性吸声材料

（1）概述。多孔性吸声材料是比较常用的一种吸声材料，具有良好的中、高频吸声性能。多孔性吸声材料具有大量内、外连通的微孔和连续的气泡，通气性良好。当声波入射到材料表面时，声波很快地顺着微孔进入材料内部，引起孔隙内的空气振动，由于摩擦、空气黏滞阻力和材料内部的热传导作用，使相当一部分声能转化为热能而被吸收。多孔性吸声材料必须具备以下条件：材料内部应有大量的微孔或间隙，而且孔隙应尽量细小且分布均匀；材料内部的微孔必须是向外敞开的，也就是说必须通到材料的表面，使得声波能够从材料表面很容易地进入材料内部；材料内部的微孔必须是相互连通的，而不能是封闭的。

多孔吸声材料品种很多，有呈松散状的超细玻璃棉、矿棉、海草、麻绒等，有的则加工成板状材料，如玻璃棉毡、穿孔吸声玻璃纤维板、软质木纤维板、木丝板等，另外还有微孔吸声砖、矿渣膨胀珍珠岩吸声砖、泡沫玻璃等，如图10.8所示。

图10.8　多孔性吸声材料

（2）吸声性能的影响因素。多孔性材料的吸声性能与材料本身的特征如流阻、孔隙率等有关。在实际应用中，多孔材料的厚度、密度、材料背后是否有空气层以及材料表面的装饰处理等，都对它的吸声性能有影响。

① 流阻。流阻的定义是空气质点通过材料空隙中的阻力。流阻低的材料，低频吸声性能较差，而高频吸声性能较好；流阻较高的材料，中、低频吸声性能有所提高，但

高频吸声性能将明显下降。一定厚度的多孔材料应有一个合理的流阻值，流阻过高或过低都不利于吸声性能的提高。

② 孔隙率。多孔吸声材料都具有很大的孔隙率，一般在70%以上，多数达到90%左右。密实材料孔隙率低，吸声性能较差。

吸声材料的表面孔洞和开口连通孔隙越多，吸声效果越好。当材料吸湿、表面喷涂油漆、空隙充水或堵塞，均会大大降低吸声材料的吸声效果。

③ 厚度。多孔材料的低频吸声系数一般随着厚度的增加而提高，但厚度对高频影响不显著。材料的厚度增加到一定程度后，吸声效果的变化就不明显了。所以，为提高材料吸声性而无限制地增加厚度是不适宜的。

④ 密度。在实际工程中，测定材料的流阻、孔隙率有困难，所以一般通过密度加以控制。同一纤维材料，当厚度不变时，密度增大，孔隙率减小，比流阻率增大，能使低频吸声效果有所提高，但高频吸声性能却可能下降。合理选择吸声材料的密度对求得最佳的吸声效果是十分重要的，密度过大或过小，都会对材料的吸声性能产生不利影响。

⑤ 背后空气层的影响。大部分吸声材料都是周边固定在龙骨上，安装在离墙面5~15mm处。材料背后空气层的厚度相当于增加了材料的厚度，吸声效能一般随空气层厚度增加而提高。当材料离墙面的安装距离（即空气层厚度）等于1/4波长的奇数倍时，可获得最大的吸声系数。根据这个原理，采用调整材料背后空气层厚度的办法，可达到提高吸声效果的目的。

⑥ 材料表面装饰处理的影响。大多数多孔材料由于本身的强度、维护、建筑装修以及为了改善材料吸声性能的要求，在使用时常常需要进行表面装饰处理。装饰方法大致有钻孔、开槽、粉刷、油漆等。钻孔、开槽的材料，增加了材料暴露在声波中的面积，即增加了有效吸声表面面积，同时声波也易进入材料深处，因此提高了材料的吸声性能。但在多孔材料表面粉刷或油漆，会堵塞材料里外空气的通路，因此导致多孔材料的吸声性能大大降低。

2) 空腔共振吸声结构

多孔吸声材料对中、高频声吸收较好，而对低频声吸收性能较差，若采用共振吸声结构如空腔共振吸声结构，则可以改善低频吸声性能。空腔共振吸声结构具有封闭的空腔和较小的开口，很像个瓶子，当瓶腔内的空气受到外力激荡时，会按一定的频率振动，这就是共振吸声器。其常见的类型如下。

(1) 穿孔板共振吸声结构。穿孔板共振吸声结构如图10.9(a)所示，主要用于吸收中低频率的噪声，其吸声系数在0.6左右。由于穿孔板自身的声阻很小，这种结构的吸声带宽较窄，只有几十赫兹到几百赫兹，为了提高穿孔板的吸声性能与吸声带宽，可以采用如下方法：①减小穿孔板孔径，可提高孔口的振动速度和摩擦阻尼；②在穿孔板背后紧贴吸声薄层，提供相当的声阻；③在空腔内填充多孔吸声材料；④组合不同孔径和穿孔率、不同板厚、不同腔体深度的穿孔板结构。

(2) 狭缝吸声结构。狭缝吸声结构如图10.9(b)所示，通常给多孔吸声材料起护面作用。如果狭缝部分面积与整体面积比在15%~20%及以下，就成为一种共振吸声结构。只要控制好狭缝部分面积与总面积的比例，就可以形成不同吸声特性的狭缝共振吸声结构。实际应用上，为了改善吸声特性，可在板后补衬玻璃布并在空腔中填玻璃棉或矿棉等多孔材料。

3) 薄板或薄膜共振吸声结构

(1) 结构形式。皮革、人造革、塑料薄膜、不透气帆布等具有不透气、柔软、受张拉时具有弹性等特征，将其固定在框架上，背后留有一定的空气层，即形成薄膜共振吸声结构。建筑中常用胶合板、石膏板、纤维水泥板、金属板等把它们固定在墙或顶棚的龙骨上，并在背后留有空气层，构成薄板共振吸声结构，如图10.10(a)所示。

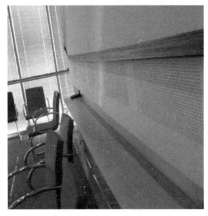 

(a) 穿孔板共振吸声结构　　　　　　　　(b) 狭缝吸声结构

图 10.9　空腔共振吸声结构的类型

(a) 薄板共振吸声结构　　　　　　　　(b) 悬挂空间吸声体结构

图 10.10　吸声结构类型

（2）吸声原理。声波入射到薄膜或薄板结构，当声波的频率与薄膜、薄板的固有频率接近时，薄膜、薄板在声波交变压力激发下产生剧烈的振动，由于板、膜边缘被固定，使板、膜发生弯曲变形，产生内部摩擦损耗而使声能转变为机械振动，最后转变为热能而起到吸声作用。

（3）特点。由于低频声波比高频声波容易使薄膜、薄板产生振动，所以薄膜、薄板吸声结构有一定的低频吸声能力，而对中高频吸声差，因此在中高频时就具有较强的反射能力，能增加室内声波的扩散。因为室内空间和多孔材料对中频和高频吸收都较大，如果选择适当，薄膜、薄板吸声结构可起平衡作用。因此，薄膜、薄板等可大量应用于影剧院、会议厅、报告厅等声学建筑内的低频混响方面。

建筑物装修设计时，通常会在薄板、薄膜的空气层中填放多孔材料，以达到更好的吸声效果。一般来说，影响薄板吸声效果的主要因素有薄板的质量、背后空气层、板后龙骨构造及板的安装方式，影响薄膜吸声效果的主要因素有薄膜的种类及薄膜的装置方法等。

4）悬挂空间吸声体结构

指一种分散悬挂于建筑空间上部，用以降低室内噪声或改善室内音质的吸声构件。空间吸声体具有用料少、质量轻、投资省、吸声效率高、布置灵活、施工方便等特点。许多国家从 20 世纪 50 年代起已开始使用空间吸声体，70 年代应用逐渐广泛。中国从 70 年代起开始应用，80 年代应用日趋增多。空间吸声体根据建筑物的使用性质、面积、层高、结构形式、装饰要求和声源特性，可有板状、方块状、柱体状、圆锥状和球体状等多种形状。其中板状的结构最简单，应用最普遍，如图 10.10（b）所示。

（1）吸声原理。空间吸声体并不是新的吸声结构，它可以说是共振吸声结构和多孔吸声材料的组合，因此其对声波的吸收同时包括这两个方面。

（2）特点。与室内表面上的其他吸声材料相比，在同样投影面积下，空间吸声体具有较高的吸声效率。这是由于空间吸声体具有更大的有效吸声面积（包括空间吸声体的上顶面、下底面和侧面）；另外，由于声波在吸声体的上顶面和建筑物顶面之间多次反射，被多次吸收，使吸声量增加，从而提高了吸声效率。

空间吸声体吸声降噪（或降低混响时间）的效果，主要取决于空间吸声体的数量、悬挂间距以及材料和结构，还与建筑空间内的声场条件有关。如原室内表面吸声量很少，反射声较多，混响时间很长，则悬挂空间吸声体后的降噪效果常为 5～8dB，最高时可达 10～12dB；如原室内表面吸声量较大，混响过程不明显，则不必悬挂空间吸声体。

5）帘幕吸声体结构

纺织品中除了帆布一类因流阻很大、透气性差而具有膜状材料的性质以外，大多具有多孔材料的吸声性能，只是由于厚度一般很薄，仅靠纺织品本身作为吸声材料使用是得不到明显吸声效果的。如果帘幕、窗帘等离开墙面和窗玻璃有一定距离，恰如多孔材料背后设置了空气层，尽管没有完全封闭，对中高频甚至低频的声波就具有一定的吸声作用。帘幕的吸声效果还与所用材料种类有关。帘幕吸声体安装拆卸方便，兼具装饰作用，应用价值高。

6）柔性吸声结构

具有密闭气孔和一定弹性的材料，如聚氯乙烯泡沫塑料，表面仍为多孔材料，但因其有密闭气孔，声波引起的空气振动不是直接传递至材料内部，只能相应地产生振动，在振动过程中由于克服材料内部的摩擦而消耗声能，引起声波衰减。这种材料的吸声特性是在一定的频段内出现一个或多个吸收频率。

【应用案例 10-2】近年来，随着人们生活水平的不断提高和交通运输业的发展，汽车的数量迅速增加，已成为人们生活中不可缺少的重要部分。但随之而来的负面影响如道路拥挤、噪声大等日益突出，尤其交通噪声已成为社会的一大公害，极大地影响了人们的生活。那么，怎样降低交通噪声呢？

解析： 多孔、透水性好的混凝土路面可适当降低车辆行驶所产生的噪声。吸声混凝土具有连续多孔结构，入射声波通过连通孔被吸收到混凝土内部，小部分声波由于混凝土内部摩擦作用转换为热能，大部分声波通过多孔混凝土层到达多孔混凝土背后的空气层和密实混凝土板表面再被反射，此反射声波从反方向再次通过多孔混凝土向外发散，与入射声波有一定的相位差，因干涉作用部分声波互相抵消而降低了噪声。

10.3.2　隔声材料

噪声污染与空气污染和水污染一起被列为环境污染的内容，其中噪声污染被列为 21 世纪环境污染控制的主要问题。目前，我国城市噪声污染日趋严重，多数城市处于噪声污染的中等水平，许多城市生活区噪声已高于 60dB，而噪声超过 120dB 将危害人体健康，噪声已是影响社会安定的一个因素。所以，采用隔声材料降低噪声至关重要。

材料的隔声和吸声是有区别的。吸声材料的主要功能是减少声波的反射部分，而增加材料内部的消耗吸收部分；隔声材料的功能则是减少声波的穿透部分，而增加材料内部的消耗吸收部分，它的效果要比吸声降噪明显，所以隔声是获得安静环境的有效措施。

根据声波传播方式的不同，通常将隔声分为空气声隔绝和固体声隔绝两种措施。

1. 空气声隔绝

空气声的隔绝主要分为墙体和门窗的空气声隔绝，墙体的空气声隔绝又分为单层墙、双层墙和轻型墙的空气声隔绝。

（1）单层墙空气声隔绝。单层墙（单层匀质密实的材料）的隔声性能，主要由控制其振动的三个物理量来决定，即墙板的面密度、墙板的劲度和材料的内阻尼。建筑声学中存在"质量定律"，这个定律说明材料或结构的单位面积质量越大，隔声效果越好，因为墙的质量越大则惯性越大，越不易振动，所以隔声效果越好。因此应选用密实、沉重的材料（如黏土砖、钢筋混凝土等）作为隔声材料。此外，单层墙在隔声时，能产生一种"吻合效应"，即外来入射的波长与墙面等的固有弯曲波长相吻合时将产生共振，使隔声量大大降低。另外，单层墙隔声除了要避免吻合效应外，还要特别注意孔洞和缝隙的存在对隔声量的影响。孔洞对隔声的影响主要是在高频，而且受到孔洞空气管柱共振频率的影响，呈现起伏的周期现象；缝隙对隔声的影响比孔洞严重得多，在中低频的影响就有较大降低。因此控制空气声隔绝时，一定要避免墙与墙接头处存在缝隙。

（2）双层墙空气声隔绝。在双层墙板之间有一空气层，起着弹性层的作用，因此双层墙既保留了两层墙板各自的隔声特性，又由于空气层的作用而产生附加隔声量，隔声曲线有一个比每倍频程 6dB 更大的斜率。双层构件的隔声性能要比单层构件优越，其隔声量一般为 30～60dB，甚至达到 70dB。因此广播电台、电影录音棚和隔声要求高的围护结构，常采用双层墙来隔离外部的噪声。附加隔声量随空气层的厚度增加而增加，厚度大于 5cm 时才有较显著的隔声效果；但大于 10cm 后，增加的趋势又逐渐减缓。设计双层构件时应注意：①避免使两层墙板与空气层的共振频率出现在人的听觉敏感的低频范围内；②避免每层墙板在人的听觉敏感的声频范围内出现临界频率，特别是两层墙板的临界频率不应在同一位置上，以避免吻合效应叠加，产生深陷的隔声低谷；③双层结构之间，应避免刚性连接，以免空气层的作用遭到破坏。多层结构是双层结构的进一步发展，使多层墙板之间有较多的隔离空气层，可以获得更高的隔声量，其隔声机理与双层结构基本相同。

（3）轻型墙空气声隔绝。现代土木工程材料的发展方向是"轻质高强"，传统的黏土砖墙渐渐被纸面和石膏板、加气混凝土板、石膏-珍珠岩墙板等新型轻质墙体材料所取代，按照双层或多层构件的机理，采用这些轻质薄板的面层，并在空气层中填放轻质柔软的多孔吸声材料，可消除空气层中的驻波共振及吸收在双层墙板中反复传播的声能；或在面层墙板上加阻尼层或约束阻尼层，可以提高轻质墙板的隔声能力。各种构造形式的轻质复合墙板，一般能达到较高的隔声效果，质量可减轻到重墙的 1/10 或更小。因此，这种构件在制造各种交通工具的壳体以及在建筑噪声控制中得到广泛的应用。

（4）门窗空气声隔绝。门窗的隔声也很重要，一般门窗结构轻薄，而且存在较多缝隙，因此门窗的隔声能力往往比墙体低得多，形成隔声的"薄弱环节"。为提高门的隔声能力，应增加门的质量，采用实心重型结构；做好门缝的密封处理，在门缝处加橡胶、垫圈等弹性物质。为提高窗的隔声能力，可以采用较厚的玻璃或双层、多层玻璃，玻璃安装在弹性材料上，双层玻璃之间沿周边填放吸声材料，并注意玻璃与窗框、窗框与墙壁之间的密封。

2. 固体声隔绝

固体声隔绝是指使用隔声材料或隔振装置，隔离或减弱建筑结构或管道系统噪声的措施。在固体物质中，声波传播的阻尼较小，固体声在建筑结构和管道中可传播很远。因此，必须在产生固体声的噪声源（或振源）附近采取措施，才能有效地隔离或减弱固体声。固体声噪声源包括楼板的撞击声和建筑设备振动产生的声音。

为改善楼板隔绝撞击声的性能，最有效的措施是断绝其声波继续传递的途径，为此可以采取如下措施：①建立浮筑地面。在地面板与承重楼板之间配置弹性垫层材料，如矿渣棉、玻璃棉毡和锯末等材料，使振源与承重楼板隔离开，从而降低固体声。这类构造适用于一般住宅、公寓和中小学校建筑。②设置弹簧吊顶。在承重楼板下用金属弹簧或橡胶制品悬挂吊顶板，使地面板与吊顶板隔离。这种方法造价高、施工较复杂，只适用于录音室（棚）、播音室和音乐厅等对隔声要求高的建筑。③铺设弹性地面层。在楼板表面粘贴沥青地面或铺设各种地毯，是隔绝楼板撞击声的简便有效措施，同时也符合机械化施工的要求，是今后解决楼板撞击声的方向。尼龙和羊毛短纤维黏结地毯价格低廉，隔声效果良好，一般可降低噪声30～50dB。

建筑中的给水排水管道和暖气管道在穿过墙体和楼板时，用刚性连接也会传播固体声。隔声的方法是预埋套管并在管道和套管间填入沥青、麻丝类的隔振材料。卫生设备在与地面和墙面搭接处，可用油毡或橡胶条隔离，以减弱噪声。

10.4　绿色建筑材料

 想一想

材料产业支撑着人类社会的发展，为人类带来了便利和舒适。但同时在材料的生产、处理、循环、消耗、使用、回收和废弃的过程中也带来了沉重的环境负担。这促使各国材料研究者重新审视材料的环境负荷性，研究材料与环境的相互作用，定量评价材料生命周期对环境的影响，研究开发具有环境协调性的新型材料。建筑材料工业是主要的原材料基础工业，同时也是造成资源过度消耗、能源短缺和环境污染的主要工业之一。

绿色建筑材料是生态环境材料在建筑材料领域的延伸，代表了21世纪建筑材料的发展方向，符合世界发展趋势和人类发展的需要。那么绿色建筑材料的基本理论及国内外发展情况如何呢？

10.4.1　绿色建筑材料概念的提出

绿色材料的概念是在1988年第一届国际材料科学研究会上首次提出的。1992年国际学术界给绿色材料定义为：在原料采集、产品制造、应用过程和使用以后的再生循环利用等环节中对地球环境负荷最小和对人类身体健康无害的材料。

20世纪70年代末一些工业发达国家的科技工作者就已着手研究建筑材料对室内空气质量的影响及对人体健康的危害性，并进行了全面系统的基础研究。到了90年代，对绿色建筑材料的发展、研究和应用更加重视，思路逐渐明确，制定出一些有机挥发物散发量的试验方法，并推行低散发量标志认证，同时积极鼓励开发生产绿色建筑材料新产品和建造健康住宅。我国环境污染程度处在世界前列，首都北京的污染程度又处在世界十大严重污染城市之列。我国在1992年发布的"中国21世纪议程"中把保护环境、发展绿色产品作为可持续发展战略的重要内容。环境保护部正在抓环境标志产品的认证工作。目前，住宅室内装修热方兴未艾，人们除了讲究装修格局、色调、材质、做工和价格外，更关注所用装修材料对人体健康有无危害。近期，一些报刊、电视等新闻媒体时有报道入住新装修的房主发生人身伤害事故。对某些装修材料的危害性也有说法，如花岗石衰变会产生氡气，人长期处在高浓度的氡气环境中会有致癌的危险；木材类复合板的生产，多用脲醛树脂、酚醛树脂或三聚氰胺甲醛树脂为胶黏剂，使用过程中会释放出游离甲醛，它可以使蛋白质发生硬化，人长时间接触高浓度甲醛气体会致癌；涂料所用成膜助剂主要是毒性较大的乙二醇单乙醚、乙二醇丁醚、二乙二醇和苯甲醇等，油性涂料中的氯化物溶液或芳香类碳氢化合物以及塑料制品中使用的铅类热稳定剂，对人体都有很大的危害性。这些说法一方面提高了人们选材的环保意识，提醒厂家生产中少用有害物质，另一方面也使百姓在选用装修材料时往往不知所措，因此，已经到了为绿色建筑材料建立正确概念的时候。

然而，对人体健康的直接影响仅是绿色建筑材料内涵的一个方面，而作为绿色建筑材料的发展战略，应从原料采集、产品的制造、应用过程和使用后的再生循环利用等四个方面进行全面系统的考察，方能界定是否称得上绿色建筑材料。众所周知，环境问题已成为人类发展必须面对的严峻课题。人类不断开采地球上的资源后，地球上的资源必然越来越少，为了人类文明的延续，也为了地球上其他生物的生存，人类必须改变观念，改变对待自然的态度，由一味向自然索取转变为珍惜资源、爱护环境，与自然和谐相处。大自然是人类赖以生存发展的基本条件。[1]人类在积极地寻找新资源的同时，目前最紧迫的应是考虑合理配置地球上的现有资源和再生循环利用问题，走既能满足当代社会发展的需求又不致危害未来社会发展的道路，做到发展与环境的统一、眼前与长远的结合。

我国在 1999 年召开的首届全国绿色建筑材料发展与应用研讨会上明确提出了绿色建筑材料的定义：采用清洁生产技术，不用或少用天然资源和能源，大量使用工农业或城市固态废弃物生产的无毒害、无污染、无放射性，达到使用周期后可回收利用，有利于环境保护和人体健康的建筑材料。这里所说的"绿色"，主要指对环境无污染危害的一种标志，是指这种建筑材料能在不损害生态环境的前提下，提高人们的生活质量以及当代人与后代子孙的生活环境质量。因此绿色建筑材料有时不单是指单独的建筑材料产品，它更多地意味着对建筑材料的"健康、环保、安全"品性的评价，代表建筑材料工业的一种改革方向。

10.4.2　绿色建筑材料与传统建筑材料的区别

绿色建筑材料与传统建筑材料的区别，主要表现在如下方面。

（1）生产技术。绿色建筑材料生产采用低能耗制造工艺和不污染环境的生产技术。

（2）生产过程。绿色建筑材料在生产配制和生产过程中，不使用甲醛、卤化物溶剂或芳香烃，不使用含铅、镉、铬及其化合物的颜料和添加剂，尽量减少废渣、废气以及废水的排放量，或使之得到有效的净化处理。

（3）资源和能源的选用。绿色建筑材料生产所用原料尽可能少用天然资源，而应大量使用尾矿、废渣、垃圾、废液等废弃物。

（4）使用过程。绿色建筑材料产品是以改善人类生活环境、提高生活质量为宗旨，有利于人体健康，其产品具有多功能的特征，如抗菌、灭菌、防毒、除臭、隔热、阻燃、防火、调湿、调温、消声、消磁、防辐射和抗静电等。

（5）废弃过程。绿色建筑材料可循环使用或回收再利用，不产生污染环境的废弃物。

【应用案例 10-3】悉尼奥运会体育场对建筑材料的选用，非常好地诠释了绿色建筑材料的概念。该馆在建造过程中，对建筑材料的使用有以下特点。

（1）建筑材料主要以传统建筑材料为主，"绿色建筑材料不等同于新型建筑材料"。悉尼奥运场馆的建筑材料主要以水泥、玻璃、钢结构、木材等传统材料为主，主体结构基本上采用混凝土与钢结构相结合的方式。

（2）材料简洁、耐久，不追求高档。大多数场馆设计非常简洁，很少采用高档石材等装饰材料，内外墙面基本是混凝土素面。永久性建筑及构件大多考虑具有较高的耐久性，临时性建筑则在满足使用需求的基础上尽可能地保证回收利用。

（3）材料的选用充分考虑环保要求。非常注意更好地使用现有材料，尽量减少材料用量，"少用材料即是环保"，在设计、建造与建筑材料选用等方面的较高水平使其在场馆设计上节约了大量材料。建造方大量采用钢材、玻璃石膏板、刨花板、塑料、人工速生林制造的木制品等可回收利用材料。

（4）以高科技为依托。悉尼奥运会采用的太阳能光电和光热转换技术、污水处理技术等绿色环保高新技术的发展都是以单晶硅、多晶硅、微米级吸附材料和低铁玻璃等高新技术材料的发展为基础的。

---

[1]党的二十大报告第十条：推动绿色发展，促进人与自然和谐共存。"大自然是人类赖以生存发展的基本条件。"

10.4.3 绿色建筑材料的主要类型

【绿化混凝土的实际应用】

1. 生态水泥

参见 3.4.6 节二维码生态水泥介绍。

2. 绿化混凝土

绿化混凝土是指能够适应绿色植物生长，种植绿色植被的混凝土及其制品，其构造如图 10.11(a) 所示。人们渴望回归自然，增加绿色空间，绿化混凝土正是在这种社会背景下开发出来的一种新型材料。如图 10.11(b) 所示绿化混凝土用于城市的道路两侧或中央隔离带以及河流护坡、楼顶、停车场等部位，可以增加城市的绿色空间、绿化护坡、美化环境、保持水土、调节人们的生活情趣，同时能够吸收噪声和粉尘，对城市气候的生态平衡也起到积极作用，符合可持续发展的原则，与自然协调，是具有环保意义的混凝土材料。绿化混凝土最主要的功能是能够为植物的生长提供可能。为了实现植物生长功能，必须使混凝土内部具有一定空间，填充适合植物生长的材料。为此绿化混凝土应该具有 20%～30% 的空隙率，且孔径越大，越有利于植物的生长。由于其具有较大的空隙率，所以抗压强度较低。为了利于植物的生长，应该尽量选用掺矿物的水泥，或者在种养植被之前自然放置一段时间，使之自然碳化，降低混凝土的碱度。为了使植物种子最初具有栖息之地，表层土的厚度一般为 3～6cm，不宜太少。

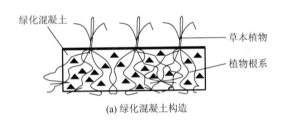

绿化混凝土 —— 草本植物

植物根系

(a) 绿化混凝土构造

(b) 绿化混凝土护坡实例

图 10.11 绿化混凝土的应用

【应用案例 10-4】 英国建筑研究院集团（BRE Group）的智能绿色住宅示范建筑，其基础、地下室和墙板均为预制混凝土构件，外墙为装配式预制大板，外覆面为木板，中间用纸纤维保温；装配式木框架上部结构和整体浴室设备都在工厂制成，现场拼装。国外用木材作为建筑用料，是来自有计划种植和采伐的可再生资源。该建筑使用的纸纤维保温板也是由可循环使用的旧新闻纸制成，大量的废旧报纸和纸张在国外是可回收利用的免费材料，经工厂加工，将废纸打碎成棉絮状物质，加入阻燃剂、机械压实，再切割成 190mm 厚的板材。纸纤维保温板无毒、无害，是理想的节能环保型保温隔热材料。

屋面种植草皮是该建筑的另一特色，建筑屋面种植了适合当地气候的低矮植物。这种植物耐旱、抗寒，不必人工专门种养，种植在建筑物屋面，既保温隔热，又经济实用。

3. 绿色建筑涂料

由于传统涂料对环境与人体健康有影响，所以现在人们都在想办法开发绿色涂料。绿色建筑涂料有着无毒、无害、隔热阻燃、防紫外线、防辐射、防虫、防霉等突出功能，其硬度、光洁度、防潮、透气、抗冻、耐擦、抗湿、耐腐蚀以及附着力等性能十分明显，使用寿命比传统涂料多出 5 年以上，尤其对人体无害，特别适用于建筑物对气候、湿度、日照较为挑剔的环境。

绿色建筑涂料作为绿色建筑材料的一种，具有"健康、环保、安全"的属性，其基本功能除作为建筑涂料使用外，还在于维护人体健康、保护环境。因此，与传统涂料相比，绿色建筑涂料应该具有以下五个特征。

（1）少用或不用天然资源，大量使用尾矿、废渣、垃圾、废液等废弃物作为再生资源。

（2）采用低能耗制造工艺，选用清洁的生产技术，尽量减少废气、废渣和废水的排放量，或使之经有效的净化处理。

（3）在产品配制或生产过程中，不得使用甲醛、卤化物、溶剂或芳香族碳氢化合物；产品不得含有汞、铅、镉、铬及其化合物或添加剂。

（4）严格控制涂料 VOC 的释放量，禁止使用有毒有害的溶剂，使产品不仅不损害人体健康，且应有益于人体健康。产品应具有多功能，如抗菌、防霉、隔热、阻燃、防火、调温、消声、消磁、防射线、抗静电等。

（5）产品可循环或回收再利用，无污染环境的废弃物。

10.4.4 绿色建筑材料的应用与展望

绿色建筑材料在一些发达国家早已得到研制开发，近 20 年来，国际上主要工业发达国家和地区对绿色建筑材料发展非常重视，如美国、加拿大、日本、西欧、北欧等已就建筑材料对室内空气的影响进行了全面、系统的基础研究，并制定了严格的法规。国际标准化机构（ISO）也讨论制定了环境协调和制品的标准，大大推动了绿色建筑材料的发展。

美国是较早提出环境标志的国家，如美国环保局（EPA）设置了室内空气部，开展了应用于室内的空气质量控制的研究计划。加州大学设置了室内空气系统，研究并制订了评价建筑材料释放挥发性有机化合物（VOC）的理论基础，确定了测试建筑材料释放挥发性有机化合物的体系和方法，提出了预测建筑材料影响室内空气质量的数学模型。

丹麦、挪威为了促进绿色建筑材料的发展，推出了"健康建筑材料"标准，国家法律规定对于出售的涂料等建筑材料产品在使用说明书上除了标出产品质量标准外，还必须标出健康指标。瑞典已正式实施新的建筑法规，规定用于室内的建筑材料必须实行安全标签制，制定了有机化合物室内空气浓度指标限值。德国是世界上最早推行环境标志的国家，发布了第一个环境标志——"蓝天使"后，至今实施"蓝天使"的产品已达 7500 多种，占全国商品的 30%。英国也是研究开发绿色建筑材料较早的欧洲国家之一。另外，芬兰、冰岛等国家于 1989 年实施了统一的北欧环境标志。日本对绿色建筑材料的发展也非常重视，于 1988 年开展环境标志工作，至今已经有 2500 多种环保产品。

近年来，绿色建筑材料在中国也得到了较大的发展，建筑装饰业对绿色建筑材料开始重视，特别是城市居民对绿色建筑材料给予了极大关注。住房和城乡建设部已明令禁止使用含较多游离甲醛的 107 胶等材料，北京市也已明令禁止在混凝土中使用尿素等可产生氨气的防冻剂，此外一系列相关的标准已经出台。我国成立了相应的环境标志产品认证委员会，水性涂料（乳胶漆）是建筑材料第一批首先实行环境标志的产品。乳胶漆的推广和应用是对过去使用的油漆等传统的内墙装饰材料的重要变革。

我国先后从美国、加拿大、澳大利亚等国家引进了一些绿色建筑材料，同时在引进的基础上开发出环保型、健康型的壁纸、涂料、地毯、复合地板、纤维增强石膏板等绿色装饰材料，一些防毒、消毒、灭菌等绿色材料也正在走进千家万户。

人类已经跨入 21 世纪，在过去的岁月中，传统建筑材料为人类的物质文明做出了巨大贡献，同时也给人类带来了生态危机和资源、能源短缺等严重问题。随着时代的进步，人类要寻求与自然和谐相处，走可持续发展之路。发展绿色建筑材料，净化环境、消除污染、开发资源、节约能源，为人类创造更加美好舒适的生存空间，既是时代的要求，也是 21 世纪可持续发展的必然选择，人们有理由相信 21 世纪将是绿色材料的世纪。

模块小结

　　本模块在建筑节能概述的基础上，讲解了保温隔热材料、吸声和隔声材料及绿色建筑材料的应用。保温隔热材料的使用对建筑物能源的消耗有重要的影响，本模块介绍了保温隔热材料概念、材料的传热原理及选用原则，详细介绍了各种保温隔热材料和制品的性能及应用；有效运用吸声和隔声材料，可减少噪声对人体和环境的危害，本模块简要讲述了各种吸声隔声材料的类型及结构形式，以便合理选用；大力开发利用高效高质的绿色建筑材料，对节能减耗、保护生态环境起到重要作用，本模块在介绍绿色建筑材料概念、主要类型的基础上，提出了绿色建筑材料的应用与展望。

复习思考题

一、选择题

1. 建筑节能的核心是（　　　）。

A. 使用吸声材料　　　　　　　　　　B. 提高能源的使用效率

C. 在建筑物的寿命期内使用节能材料　D. 绿色建筑材料的使用

2. 保温隔热材料要求有较（　　）的导热系数、较（　　）的蓄热系数、较（　　）的吸水率。

A. 小；大；小　　　　　　　　　　　B. 大；大；小

C. 大；小；小　　　　　　　　　　　D. 小；大；大

3. 各种保温隔热材料中，膨胀珍珠岩、泡沫塑料分属于（　　　）保温材料。

A. 无机、无机　　　　　　　　　　　B. 有机、无机

C. 有机、有机　　　　　　　　　　　D. 无机、有机

4. 工厂中生产玻璃棉所用的主要方法是（　　　）。

A. 离心喷吹法　　B. 离心蒸汽法　　C. 养护法　　D. 火焰法

5. 既是一种优良的保温材料，又具有极好的防水、隔热性能，但阻燃性能难以控制的无机保温材料是（　　）。

A. 可发性聚氨酯　B. 软质聚氨酯　　C. 硬泡聚氨酯　　D. 硬质聚氨酯

6. 下列不属于绿色建筑材料的是（　　　）。

A. 生态水泥　　　B. 泡沫混凝土　　C. 绿色涂料　　D. 绿化混凝土

二、简答题

1. 保温隔热材料的主要优点有什么？

2. 泡沫混凝土具有哪些优点？

3. 何为吸声系数？如何利用它来判别吸声材料？

4. 绿色建筑材料与传统建筑材料有何区别？

【模块10课后
习题自测】

模块11
建筑装饰材料

教学目标

知识模块	知识目标	权重
装饰材料的主要类型和功能	了解装饰材料的基本要求和常见装饰材料的品种	10%
装饰材料主要技术性能	熟悉装饰面砖、金属材料类装饰板材、有机材料类装饰板材、装饰涂料的主要性能及其影响因素	60%
常用装饰材料的选用	掌握装饰面砖、金属材料类装饰板材、有机材料类装饰板材及装饰玻璃等的选用原则及注意问题	30%

技能目标

了解当前主要的装饰材料品种、功能及基本性能，熟悉常用装饰材料的特点；能够根据环境条件及建筑工程的具体要求，正确选用建筑装饰材料。

引例

建筑装饰的目的是使建筑物的外表美观，具有一定的艺术风格，创造出有各种使用功能的优雅的室内环境，并有效提高建筑物的耐久性。这些目的通过装饰于表面的材料，运用不同的表现手法和施工方法来实现。建筑装饰材料是在建筑主体工程完成后，铺设或涂抹在室内外墙面、顶棚和地面，主要起装饰美化作用，并兼有保护和其他功能的材料。建筑装饰材料的选用对建筑功能、美观有着重要的影响，是建筑装饰工程的物质基础，集材料工艺、造型设计、美学艺术于一体，在选用时要注意经济性、实用性、美化性的统一，以满足不同建筑装饰工程的需求。装饰材料按其装饰部位不同，可分为外墙装饰材料、内墙装饰材料、地面装饰材料、顶棚装饰材料、其他装饰材料等几大类；按材料性质，可分为建筑装饰石材、陶瓷类装饰面砖、建筑装饰玻璃、建筑装饰涂料、建筑装饰塑料饰品等。建筑装饰材料对于完成装饰工程意图，降低建筑装饰工程的造价，达到经济性、实用性、美观性及健康性的和谐统一具有十分重要的意义。

11.1　概　　述

 ? 想一想

在城市和乡村有诸多不同风格的建筑，并都使用了大量的装饰材料，这些不同功能、不同色彩、不同质感的材料装饰着建筑的外部和内部，给人以不同的美感和遐想。想想看，你周围的建筑或结构物中使用了哪些建筑装饰材料？这些装饰材料有怎样的特性呢？

11.1.1　建筑装饰材料的分类

建筑装饰材料品种花色非常繁杂，通常是按化学成分及建筑物装饰部位分类，其中按建筑物不同的装饰部位，可分为以下几种。

（1）外墙装饰材料，包括外墙、阳台、台阶、雨篷等建筑物全部外露的结构装饰所用的材料。

（2）内墙装饰材料，包括内墙墙面、墙裙、踢脚线、隔断、花架等内部构造装饰所用的材料。

（3）地面装饰材料，包括地面、楼面、楼梯等结构的全部装饰材料。

（4）吊顶装饰材料，主要指室内顶棚装饰用材料。

（5）室内装饰用品及配套设备，包括卫生洁具、装饰灯具、家具、空调设备及厨房设备等。

（6）其他，如街心、庭院小品及雕塑等。

11.1.2　材料的装饰功能

装饰材料通常通过下述方面的功能达到美化建筑物的目的。

（1）色彩。色彩最能突出表现建筑物之美，古今中外的建筑物概莫如此。不同色彩能使人产生不同的感觉，如建筑外部的浅色块给人以庞大、肥胖感，深色块使人感觉瘦小和苗条，看到红、橙、黄等暖色使人感到热烈、兴奋、温暖，看到绿、蓝、紫罗兰等冷色使人感到宁静、幽雅、清凉。因此，建筑装饰材料均制成具有不同色彩的制品，且要求其颜色能经久不褪，耐久性高。

颜色是材料对光的反射效果，构成材料颜色的本质比较复杂，受微量组成物质的影响很大，又与光线的光谱组成和人眼对光谱的敏感性有关，不同人对同一种颜色可产生不同的色彩效果。

（2）光泽。光泽是指光线在材料表面有方向性的反射，是材料的表面特性之一，也是材料的重要装饰性能。高光泽的材料具有很高的观赏性，在灯光的配合下，能对空间环境的装饰效果起到强化、点缀和烘托的作用。镜面反射是材料产生光泽的主要原因，材料表面的光洁度越高，对光线的反射越强，光泽度也就越高。所以许多装饰材料的面层均加工成光滑的表面，如天然大理石和花岗石板材、镜面玻璃、不锈钢钢板等。

（3）透明性。材料的透明性是由于光线透射的结果。能透光又能透视的材料称为透明体，只能透光而不能透视的称为半透明体。透明材料具有良好的透光性，被广泛用于建筑采光和装饰。采用大量透明材料建造的玻璃幕墙建筑通透明亮，具有强烈的时代气息之感。

（4）表面质感。表面质感是指材料本身具有的材质特性或表面视感和触感，如表面粗细、软硬程度、手感冷暖、纹理构造、凹凸不平、图案花纹、明暗色差等，这些均会对人们的心理产生影响。设计时可根据建筑功能要求，恰当地选用不同质感的材料，充分发挥材料的质感特性。

（5）形状尺寸。材料的形状与尺寸是建筑构造细部之一，将材料加工成各种形状和不同尺寸的型材，用以配合建筑形体和线条，可构筑成风格各异的建筑造型，既满足使用功能要求，又创造出建筑独特的艺术美。

11.1.3 建筑装饰材料的选用原则

在建筑装饰工程中，为确保工程既美观又耐久，应当按照不同档次的装修要求，正确合理地选用装饰材料，基本原则如下。

（1）装饰性。材料是建筑装饰工程的物质基础，任何建筑艺术效果及功能的实现，都是通过运用装饰材料及其配套设备的形体、质感、图案、色彩、功能等体现出来的。要发挥每一种材料的长处，达到材料的合理配置和材料质感的和谐运用，使建筑物更加舒适和美观。

（2）耐久性。不同使用部位对材料耐久性的要求往往有所侧重，如室外装饰材料要经受日晒、雨淋、

霜雪、冰冻、风化、介质侵袭等作用，要更多考虑其耐候性、抗冻性、耐老化性等；而室内装饰材料要经受摩擦、潮湿、洗刷等作用，应更多考虑其抗渗性、耐磨性、耐擦洗性等。

【人民大会堂河北厅装饰】

（3）经济性。从经济角度进行材料的选择时，既要考虑到工程装饰的一次性投资，也要考虑日后的维修费用。

11.2 建筑装饰用面砖

?想一想

许多公共建筑及住宅中都大量使用不同类型和规格的面砖，对墙面和地面进行装饰和保护。那么在你自己的居住处或周边酒店使用了哪些装饰用面砖？这些面砖有怎样的特性呢？

11.2.1 陶瓷类装饰面砖

凡用黏土及其他天然矿物原料，经配料、制坯、干燥、焙烧制得的成品，统称为陶瓷制品。建筑陶瓷用于建筑物墙面、地面的装饰及作为卫生设备的材料及制品，具有强度高、性能稳定、耐腐蚀性好、耐磨、防水、防火、易清洗以及装饰性好等优点。

1. 外墙面砖

外墙面砖是以片状镶嵌于建筑物外墙面上的陶瓷制品，是采用品质均匀、耐火度较高的黏土经压制成型后焙烧而成，可分为表面不施釉的单色砖（又称墙面砖）、表面施釉的彩釉砖、表面既有彩釉又有凸起花纹图案的立体彩釉砖（又称线砖）及表面施釉并做成花岗岩花纹的仿花岗岩釉面砖等。为了与基层墙面能很好黏结，面砖的背面均有肋纹。

外墙面砖的主要规格尺寸较多，质感、颜色多样化，具有色调柔和、质地坚固、吸水率不大于8%、防潮、耐水抗冻、经久耐用、防火、不易污染和装饰效果好等特点。

2. 内墙面砖

内墙面砖也称釉面砖、瓷砖，是适用于建筑物室内装饰的薄型精陶制品，由多孔坯体和表面釉层两部分组成。表面釉层有结晶釉、花釉、有光釉等不同类别，按釉面颜色分为单色（含白色）、花色和图案砖等。常用的规格（长×宽）为 300mm×450mm、300mm×600mm，厚度为 5～10mm 不等。配件砖包括阳角条、阴角条、阳三角、阴三角等，用于铺贴一些特殊部位。

釉面砖色泽柔和典雅、朴实大方，热稳定性好，防潮、防火、表面光滑易清洗，主要用于厨房、卫生间、浴室、实验室、医院等室内墙面。其多孔坯体层和表面釉层的吸水率、膨胀率相差较大，在室外受到日晒雨淋及温度变化时，易开裂或剥落，因此不宜用于室外。

【内外墙釉面砖】

釉面砖的主要种类及特点见表 11-1。

表 11-1　釉面砖的主要种类及特点

种 类		代号	特 点
白色釉面砖		FJ	色纯白，釉面光亮，铺于墙面，清洁大方
彩色釉面砖	有光彩色釉面砖	YG	釉面光亮晶莹，色彩丰富雅致
	石光彩色釉面砖	SHG	釉面半无光，不晃眼，色泽一致，色调柔和
装饰釉面砖	花釉砖	HY	系在同一砖上施以多种彩釉，经高温烧成，色釉互相渗透，花纹千姿百态，有良好装饰效果
	结晶釉砖	JJ	晶花辉映，纹理多姿
	斑纹釉砖	BW	斑纹釉面，丰富多彩
	大理石釉砖	LSH	具有天然大理石花纹，颜色丰富，美观大方
图案砖	白地图案砖	BT	系在白色釉面砖上装饰各种彩色图案，经高温烧成，纹祥清晰，色彩明朗，清洁优美
	色地图案砖	YGT D-YGT SHGT	系在有光（YG）或石光（SHG）彩色釉面砖上装饰各种图案，经高温烧成，产生浮雕、缎光、绒毛、彩漆等效果，做内墙贴面别具风格
瓷砖画及色釉陶瓷字	瓷砖画	—	以各种釉面砖拼成各种瓷砖画，或根据已有画稿烧成釉面砖拼成各种瓷砖画，清洁优美，永不褪色
	色釉陶瓷字	—	以各种色釉、瓷土烧制而成，色彩丰富，光亮美观，永不褪色

内墙面砖的排列铺贴有多种排列方式，可根据室内设计的风格和装修标准按面砖花色、品种等确定，以达到美化的效果，如图 11.1 所示。

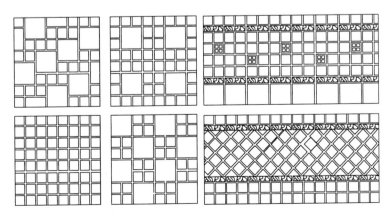

图 11.1　内墙面砖常用的排列铺贴方式

釉面内墙面砖表面缺陷允许范围应符合有关标准规定，见表 11 - 2。

表 11 - 2　釉面内墙面砖表面缺陷允许范围

缺　陷　名　称	优等品	一等品	合格品
开裂、夹层、釉裂	不允许		
背面磕碰	深度为砖厚的 1/2	不影响使用	
剥边、露脏、釉泡、斑点、坯粉釉缕、波纹、橘釉、缺釉、棕眼裂纹、图案缺陷、正面磕碰	距离砖面 1m 处目测无可见缺陷	距离砖面 2m 处目测缺陷不明显	距离砖面 3m 处目测缺陷不明显

3. 陶瓷锦砖

陶瓷锦砖俗称马赛克，是由各种颜色、多种几何形状的小块瓷片铺贴在牛皮纸上而成。产品出厂前已按各种图案粘贴好，每联制品面积约 0.093m²，质量约为 0.65kg。每 40 联为一箱，可铺贴面积约 3.7m²。

陶瓷锦砖分有釉和无釉两类，按砖联分为单色、拼花两种。陶瓷锦砖质地坚实，经久耐用，色泽图案多样，耐酸、耐碱、耐火、耐磨，吸水率小，不渗水，易清洗，热稳定性好。主要用于室内地面，如浴室、厨房、餐厅、化验室等地面装饰，也可用作内、外墙饰面，并可镶拼成风景名胜和花鸟动物图案的壁画。其装饰性和艺术性均较好，且可增强建筑物的耐久性。

【应用案例 11 - 1】某家居厨房内镶贴有内墙釉面砖，在使用了三年之后，发现在炉灶及墙面电源插座附近的釉面砖表面出现了一些裂纹，试分析原因。

解析：炉灶附近温差变化较大，釉面内墙砖中釉面的膨胀系数大于坯体，在烹饪过程中，炉灶开火时温度升高，火灭时温度逐渐降低，在长期热胀冷缩的过程中釉面的变形大于坯体，从而产生了内应力，当应力值过大，釉面就产生了裂纹。电源插座附近有裂纹也是如此，使用电器时，导线放热使此处的釉面内墙砖产生热胀冷缩，进而产生裂纹。因此这些部位宜选用质量较高的釉面内墙砖。

11.2.2　地面用装饰砖

铺贴地面的装饰砖，主要有铺地砖和地面砖。

地面砖用作铺筑地面的材料，又称防潮砖、地砖，是用塑性较大且难熔黏土经压制成型、焙烧而成，有多种颜色，具有质坚、耐磨、强度高、吸水率低、易清洗等特点，一般用于室外平台、阳台、浴室、厕所、厨房以及人流量大的通道、站台、商店等的地面装饰。

铺地陶瓷类产品已向大尺寸、多功能、豪华型发展，如已有边长达 800～1200mm 的大规格地板砖（接近铺地石材的常用规格），并有仿石型地砖、防滑型地砖、玻化地砖等不同装饰效果的陶瓷铺地砖。

11.3　建筑装饰用板材

11.3.1　金属材料类装饰板材

金属有特殊的装饰性和质感，又有优良的物理力学性能，其中铝材应用最多，如铝合金门、窗及装饰板等。近年来，不锈钢的应用大大增加。随着防锈蚀技术的发展，各种普通钢材的应用也逐渐增加。

【金属材料类装饰板材】

1. 铝合金装饰板材

铝合金装饰板材装饰效果别具一格，价格便宜，易于成型，表面经阳极氧化和喷漆处理，可以获得不同色彩的氧化膜。其具有质量轻、经久耐用、刚度好、耐大气腐蚀等特点，可连续使用20~60年，适用于饭店、商场、体育馆、办公楼、高级宾馆等建筑的墙面和屋面装饰。

（1）铝合金花纹板。铝合金花纹板是采用防锈铝合金坯料，用特殊的花纹轧辊轧制而成，花纹美观大方，筋高适中，不易磨损，防滑性好，防腐蚀性能强，便于冲洗，通过表面处理可以得到各种美丽的色彩。花纹板板材平整，裁剪尺寸精确，便于安装，广泛用于墙面装饰以及楼梯踏板等处。

铝合金浅花纹板花纹精巧别致，色泽美观大方，除具有普通铝合金的优点外，其刚度提高20%，抗污垢、抗划伤、抗擦伤能力均有所提高，对白光反射率达75%~90%，热反射率达85%~95%，且在氨、硫酸、磷酸、亚磷酸、浓硝酸、浓醋酸中耐腐蚀性良好。通过电解、电泳涂漆等表面处理，可得到不同色彩的浅花纹板。

（2）铝合金压型板。铝合金压型板质量轻、外形美、耐腐蚀、安装容易、施工快速，经表面处理可得各种优美的色彩，主要用作墙面和屋面，也可制成复合外墙板，用作工业与民用建筑的非承重外挂板。铝合金压型板的截面形状及外形尺寸如图11.2所示。

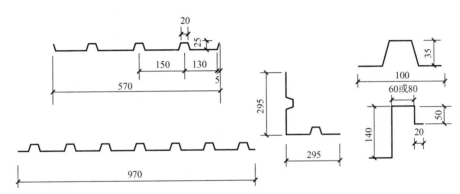

图11.2 铝合金压型板的截面形状及外形尺寸

（3）铝合金冲孔平板。铝合金冲孔平板是用各种铝合金平板经机械冲孔而成，孔形有圆孔、方孔、长圆孔、长方孔、三角孔、大小组合孔等。

铝合金冲孔板材质轻、耐高温、耐高压、耐腐蚀，防火、防潮、防震，化学稳定性好，造型美观、色泽幽雅、立体感强、装饰效果好，且组装简单。可用于宾馆、饭店、剧场、影院、播音室等公共建筑和中、高级民用建筑以改善音质条件，也可作为降噪声措施用于各类车间厂房、机房、人防地下室等。

2. 装饰用不锈钢板

装饰用不锈钢板主要是厚度小于4mm的薄板，用量最多的是厚度小于2mm的板材，有平面不锈钢板和凹凸不锈钢板两类。平面不锈钢板又分为镜面不锈钢板（板面反射率＞90%）、有光不锈钢板（反射率＞70%）及亚光不锈钢板（反射率＜50%）三类，凹凸不锈钢板也有浮雕花纹不锈钢板、强浮雕花纹不锈钢板和网纹不锈钢板三类。

1）镜面不锈钢板

镜面不锈钢板光亮如镜，其反射率、变形率均与高级镜面相似。板材耐火、耐潮、耐腐蚀，不会变形和破碎，安装施工方便，主要用于高级宾馆、饭店、舞厅、会议厅、展览馆、影剧院的墙面、柱面、造型面以及门面、门厅的装饰。

镜面不锈钢板有普通镜面和彩色镜面不锈钢板两种，彩色不锈钢板是在普通不锈钢板上进行技术和艺术加工，色彩绚丽，有蓝、灰、紫、红、青、绿、金黄、茶色等颜色。

2）亚光不锈钢板

不锈钢板表面反光率在50%以下者称为亚光不锈钢板，其光线柔和，不刺眼，在室内装饰中有一种很柔和的艺术效果。通常的反射率为24%～28%，最低的反射率为8%，反射率略高于墙面壁纸。

3）浮雕不锈钢板

浮雕不锈钢板表面不仅具有光泽，还有立体感的浮雕装饰效果，是经辊压、特研特磨、腐蚀或雕刻而成，一般腐蚀雕刻深度为0.015～0.5mm。钢板在腐蚀雕刻前，必须先经过正常研磨和抛光，价格较高。该种板材的高反射性及金属质地感，与周围环境中的色彩、景物交相辉映，对空间效应起到了强化、点缀和烘托的作用。

3. 铝塑板

铝塑板是由面板、核芯、底板三部分组成，面板是在0.2mm铝片上以聚酯作双重涂层经烤焗而成，核芯是2.6mm无毒低密度聚乙烯材料，底板同样是涂透明保护光漆的0.2mm铝片。通过对芯材进行特殊工艺处理的铝塑板，可达到B1级难燃材料等级。

常用的铝塑板分为外墙板和内墙板两种。内墙板是新型轻质防火装饰材料，色彩多样、质量轻、易加工、施工简便，耐污染、易清洗、耐腐蚀、耐粉化、耐衰变，色泽保持长久，保养容易；外墙板比内墙板在弯曲强度、耐温差性、导热系数、隔声等特性上有更高要求。

铝塑板面漆分为亚克力（AC）、聚酯（DC）和氟碳（FC）三类。氟碳面漆铝塑板产品厚度一般在3.0mm以下，有着极佳的耐候性和耐腐蚀性，能长期抵御紫外光、风、雨、工业废气、酸雨及化学药品的侵蚀，长期保持不变色、不褪色、不剥落、不爆裂、不粉化等特性，故用于室外。适用于高档室内及店面装修、大楼外墙的幕墙板、天花板及隔间、电梯、阳台、包柱、柜台、广告招牌等。

11.3.2 有机材料类装饰板材

1. 塑料装饰板材

1）聚氯乙烯（PVC）塑料装饰板

聚氯乙烯塑料装饰板产品有软、硬两种，是以聚氯乙烯树脂为基料，加入稳定剂、增塑剂、填料、着色剂及润滑剂等，经捏和、混炼、拉片、切粒、挤压或压铸而成。

软聚氯乙烯质地柔软，耐摩擦和挠曲，弹性好，吸水性低，易加工成型，耐寒性以及化学稳定性强。破裂时延伸率较高，其抗弯强度以及冲击韧性均较硬聚氯乙烯低，使用温度在−15～+55℃。

聚氯乙烯塑料装饰板具有表面光滑、色泽鲜艳、防水和耐腐蚀等优点，适用于各种建筑物的室内墙面、柱面、吊顶、家具台面的装饰和铺设，主要作用是装饰和防腐蚀。

2）塑料贴面装饰板

塑料贴面装饰板简称塑料贴面板，是以酚醛树脂的纸质压层为基胎，以三聚氰胺树脂浸渍过的花纹纸为面层，经热压制成的一种装饰贴面材料，有镜面型和柔光型两种，它们均可覆盖于各种基材上，厚度为0.8～1.0mm，幅面为（920～1230）mm×（1880～2450）mm。

塑料贴面板的图案、色调丰富多彩，耐磨、耐湿、耐烫、不易燃，平滑光亮、易清洗，装饰效果好，可代替装饰木材，适用于室内、车船、飞机及家具等的表面装饰。

3）卡普隆板

卡普隆板材又称阳光板、PC（聚碳酸酯）板，它的主要原料是高分子工程塑料——聚碳酸酯，主要产品有中空板、实心板及波纹板三大系列。它具有以下特点。

（1）质量轻。双层中空PC板的质量是同厚度亚力克板的1/3，同厚度玻璃的1/15～1/12。

（2）透光性强。单层透明 PC 板透光率在 85％以上，双层 PC 板为 70％～80％，是良好的采光材料。

（3）耐冲击。单层 PC 板材的耐冲击强度是玻璃的 200 倍，具有不碎的特点，经得起台风、暴风雨、冰雹、大雪等的冲击。

（4）隔热、保温性好。PC 中空板的中空结构是依据空气隔热效应设计的，具有良好的保温隔热性能，能阻止热量从室内散失或冷空气侵入室内。

（5）其他特性。PC 板具有防红外线和紫外线、不需加热即可弯曲、色彩多样、安装简便等特性，是普通玻璃、普通板材所不能替代的。

卡普隆板材是理想的建筑和装饰材料，适用于车站、机场等候厅及通道的透明顶棚，商业建筑中的顶棚，园林、游艺场所的奇异装饰及休息场所的廊亭、泳池、体育场馆顶棚，工业采光顶，温室、车库等各种高格调透光场合。

4）防火板

防火板是用三层三聚氰胺树脂浸渍纸和十层酚醛树脂浸渍纸，经高温热压而成的热固性层积塑料，是一种用于贴面的硬质薄板，具有耐磨、耐热、耐寒、耐溶剂、耐污染和耐腐蚀等优点。其质地牢固，使用寿命比油漆、蜡光等涂料长久得多，尤其是板面平整、光滑、洁净，有各种花纹图案，色调丰富多彩，表面硬度大并易于清洗，是一种较好的防尘材料。

防火板可粘贴于木质基层的表面，餐桌、茶几、酒吧柜和各种家具的表面，以及柱面、吊顶局部等部位的表面。一般用作装饰面板，粘贴在胶合板、刨花板、纤维板、细木工板等基层上，其饰面效果较为高雅，色彩均匀，属中高档饰面材料。

防火板常用规格有 2440mm×1220mm，厚度有 0.6mm、0.8mm、1.0mm、1.2mm。

2. 有机玻璃板

有机玻璃板是以甲基丙烯酸甲酯为主要基料，加入引发剂、增塑剂等聚合而成。其透光性极好，可透过光线的 99％，紫外线的 73.5％；机械强度较高，耐热性、抗寒性及耐候性都较好，且耐腐蚀性及绝缘性良好。缺点是质地较脆，易溶于有机溶剂，表面硬度不大，易撩毛等。

有机玻璃分为无色、有色透明有机玻璃和各色珠光有机玻璃等多种，在建筑上主要用作室内高级装饰材料及特殊的吸顶灯具，或室内隔断及透明防护材料等。

无色透明有机玻璃板除具有有机玻璃的一般特性外，透光度极高，可透过光线的 99％、紫外线的73.3％，主要用于建筑工程的门窗、玻璃指示灯罩及装饰灯罩、透明壁板和隔断。其物理机械性能见表 11-3。

表 11-3　无色透明有机玻璃板的物理机械性能

性　能	指　标	性　能	指　标	性　能		指　标
密度/(g/cm³)	1.18～1.20	抗压强度/MPa	84.0～126.0	热变性温度（1.86MPa）/℃		74～107
热膨胀系数/(10⁻⁵/℃)	5～9	抗弯强度/MPa	91.0～120.0	耐热性/℃	马丁	60～88
吸水率/％	0.3～0.4	冲击强度/MPa	0.8～1.0		连续	100～120
伸长率/％	2～10	布氏硬度	14～18	—		—
抗拉强度/MPa	49.0～77.0	熔点/℃	＞108	—		—

有色有机玻璃板分为透明有色、半透明有色和不透明有色三大类，主要用作装饰材料及宣传牌等。有色有机玻璃板的物理、化学性能与无色透明玻璃板相同。

珠光有机玻璃板是在甲基丙烯酸甲酯单体中加入合成鱼鳞粉，并配以各种颜料，经浇筑聚合而成，主要用作装饰板材及宣传牌。其物理、化学性能同无色透明有机玻璃板。

11.3.3 建筑用轻钢龙骨

龙骨是指固定装饰板材中的骨架材料，起着支撑、承重、固定面层的作用。

龙骨按用途分为隔墙龙骨及吊顶龙骨。隔墙龙骨（代号 Q）一般作为室内隔断墙骨架，两面覆以石膏板或塑料板、纤维板、金属板等为墙面，表面用塑料壁纸或贴墙布装饰，内墙用涂料等进行装饰，以组成完整的隔断墙；吊顶龙骨（代号 D）用作室内吊顶骨架，面层采用各种吸声材料，以形成新颖美观的室内吊顶。龙骨的材料有轻钢、铝合金、塑料等。

建筑用轻钢龙骨是以冷轧钢板、镀锌钢板、彩色喷塑钢板或铝合金板材作原料，采用冷加工工艺生产出薄壁型材，经组合装配而成的一种金属骨架。它具有自重轻、刚度大、防火、抗震性能好、加工安装简便等特点，适用于工业与民用建筑等室内隔墙和吊顶。

轻钢龙骨按断面形状，分为 U 形、C 形、T 形及 L 形龙骨，其厚度通常为 0.5～1.5mm。吊顶龙骨按承载类型，分为上人龙骨和不上人龙骨；按受力大小和规格，分为承载龙骨（主龙骨）、覆面龙骨（中龙骨或横撑龙骨）。墙体龙骨分为竖龙骨、横龙骨和通贯龙骨。轻钢龙骨的产品标记顺序为产品名称、代号、断面形状的宽度、高度、钢板厚度和标准号。如断面形状为 C 形，宽度为 50mm，高度为 15mm，钢板厚度为 1.5mm 的吊顶龙骨标记为：建筑用轻钢龙骨 DC50×15×1.5（GB/T 11981—2008）。

轻钢龙骨各厂家生产的规格尺寸不尽相同，所以 GB/T 11981—2008《建筑用轻钢龙骨》中只对龙骨断面的某些尺寸做了规定，按断面的宽度划分规格。墙体龙骨主要规格为 Q50、Q75 和 Q100，吊顶龙骨按承载龙骨的规格分为 D38、D45、D50 和 D60。

轻钢龙骨按外观质量、表面镀锌量、形状允许偏差等分为优等品、一等品与合格品。轻钢龙骨外形要求平整、棱角清晰，切口不允许有影响使用的毛刺和变形，镀锌层不许有起皮、起瘤、脱落等缺陷。优等品不允许有腐蚀、损伤、黑斑、麻点等缺陷；一等品和合格品要求无严重的腐蚀、损伤、麻点，且面积不大于 1cm² 的黑斑每米长度不多于 5 处。墙体及吊顶龙骨组件的力学性能应符合表 11 - 4 的要求。

表 11 - 4　轻钢龙骨外观质量要求

类　别	项　目		质 量 要 求
吊顶	静载试验	覆面龙骨	最大挠度不大于 10.0mm；残余变形量不大于 2.0mm
		承载龙骨	最大挠度不大于 5.0mm；残余变形量不大于 2.0mm
隔断	抗冲击试验		最大残余变形量不大于 10.0mm，龙骨不得有明显变形
	静载试验		最大残余变形量不大于 2.0mm

龙骨的断面形状如图 11.3 所示，其尺寸偏差应符合 GB/T 11981—2008 中有关规定。尺寸要求包括形状允许偏差（尺寸允许偏差、侧面和底面平直度、角度允许偏差）和弯曲内角半径。

轻钢龙骨防火性能好、刚度大、通用性强，可装配化施工，适应多种板材的安装，多用于防火要求高的室内装饰和隔断面积大的室内墙。

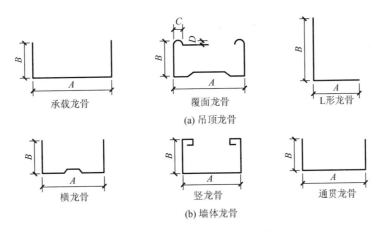

图 11.3　龙骨的断面形状示意

11.4　建筑装饰涂料

建筑涂料和其他装饰材料一样，对建筑物起着装饰和保护作用。那么你周围的建筑里都用了哪些建筑涂料？这些涂料有怎样的作用和特性呢？

建筑涂料的品种繁多，性能各异，按其使用部位，可分为外墙涂料、内墙涂料及地面涂料等。

11.4.1　外墙涂料

【建筑装饰涂料】

外墙涂料的主要功能是装饰和保护建筑物的外墙面，使建筑物外貌整洁美观，达到美化环境的目的，同时还起到保护建筑物外墙的作用，延长其使用时间。为获得良好的装饰与保护效果，外墙涂料应具有装饰性好、耐水性好、耐候性好、耐沾污性好的特点，还应施工及维修方便，价格合理。

1. 聚氨酯系外墙涂料

聚氨酯系外墙涂料是以聚氨酯树脂或聚氨酯与其他树脂复合物为主要成膜物质，加入填料、助剂组成的优质外墙涂料。这种外墙涂料具有以下特点。

（1）聚氨酯系外墙涂料具有近似橡胶弹性的性质，对基层的裂缝有很好的适应性。聚氨酯厚质涂层可耐 5000 次以上伸缩疲劳试验。

（2）具有极好的耐水、耐碱、耐酸等性能，表面光洁度极好，呈瓷状质感，耐候性、耐沾污性好。

（3）聚氨酯系外墙涂料一般为双组分或多组分涂料，施工时需按规定比例现场调配，施工较麻烦且要求严格。

该系列中较常用的为聚氨酯-丙烯酸酯涂料，是由聚氨酯-丙烯酸酯树脂为主要成膜物质，添加优质的颜料、填料及助剂，经研磨配制而成的双组分溶剂型涂料，适用于混凝土或水泥砂浆外墙的装饰，如高级住宅、商业楼群、宾馆建筑的外墙饰面，实际装饰效果可达 10 年以上。其主要技术性能指标见表 11-5。

表 11－5　聚氨酯-丙烯酸酯外墙涂料的主要技术性能指标

性　　能	指　　标
干燥时间（表干）	≤2h
耐水性（23℃±2℃，96h）	无变化
耐碱性（23℃±2℃，48h）	无变化
耐洗刷性（0.5％皂液，2000 次）	无变化
耐沾污性（白色及浅色），5 次循环反射系数下降率	≤10％
耐候性（人工加速，1000h）	不起泡、不剥离、无裂缝、无粉化

2. 丙烯酸系列外墙涂料

丙烯酸系列外墙涂料是以改性丙烯酸共聚物为成膜物质，掺入紫外光吸收剂、填料、有机溶剂、助剂等，经研磨而制成的一种溶剂型外墙涂料。该系列涂料价格低廉，不泛黄，装饰效果好，使用寿命长，估计可达 10 年以上，是目前外墙涂料中较为常用的品种之一。

丙烯酸外墙涂料适用于民用、工业、高层建筑及高级宾馆内外装饰，也适用于钢结构、木结构的装饰防护。

1）BSA 丙烯酸外墙涂料

BSA 丙烯酸外墙涂料，是以丙烯酸酯类共聚物为基料，掺入各种助剂及填料加工而成的水乳型外墙涂料。该涂料具有无气味、干燥快、不燃、施工方便等优点，用于民用住宅、商业楼群、工业厂房等建筑物的外墙饰面，具有较好的装饰效果。

2）苯-丙乳液涂料

苯-丙乳液涂料，是以苯乙烯-丙烯酸酯共聚乳液（简称苯-丙乳液）为主要成膜物质，加入颜料、填料及助剂等，经分散、混合配制而成的乳液型外墙涂料。

纯丙烯酸酯乳液配制的涂料，具有优良的耐候性和保光、保色性，适于外墙涂装。以一部分或全部苯乙烯代替纯丙乳液中的甲基丙烯酸甲酯制成的苯-丙乳液涂料，仍然具有良好的耐候性和保光保色性，而价格却有较大的降低。苯-丙涂料还具有优良的耐碱、耐水性，外观细腻，色彩艳丽，质感好，很适于外墙涂装。用苯-丙乳液配制的各种类型外墙乳液涂料，性能优于乙-丙乳液涂料，用于配制有光涂料，光泽度高于乙-丙涂料，而且由于苯-丙乳液的颜料结合力好，可以配制高体积浓度颜（填）料的内用涂料，性能较好，经济上也是有利的。

3）乙-丙乳液厚涂料

乙-丙乳液厚涂料，是以醋酸乙烯-丙烯酸共聚物乳液为主要成膜物质，掺入一定量的粗骨料组成的一种厚质外墙涂料。该涂料的装饰效果较好，使用年限为 8～10 年，具有涂膜厚实、质感强、耐候、耐水、冻融稳定性好、保色性好、附着力强以及施工速度快、操作简便等优点。

3. 硅溶胶无机外墙涂料

硅溶胶无机外墙涂料（简称无机外墙涂料），是以硅酸钾或硅溶胶为主要胶结剂，加入填料、颜料及其他助剂等，经混合、搅拌、研磨而制成的一种无机外墙涂料。

无机外墙涂料因为不含有机高分子合成树脂，因此耐老化、耐紫外线辐射，成膜温度低，色泽丰富，不用有机稀释剂，价格便宜，施工安全，并且无毒、不燃、可刷、可滚涂、喷涂、弹涂，工效高。适用于工业和民用建筑外墙和内墙饰面工程，也可用于水泥预制板、水泥石棉板、石膏板等。

涂料颜色可按要求配制，有多种颜色可供选择，可用作工业和民用建筑的外墙或内墙饰面。适用于水泥砂浆墙面、水泥石棉板、砖墙、石膏板等多种基层的装饰。

硅溶胶涂料性能优良，价格较低，广泛用于外墙涂装，也可作为耐擦洗内墙涂料。若加入粗填料，则可配制成薄质、厚质、黏砂等多种质感和各种花纹的建筑涂料，具有广阔的应用前景。其主要技术性能指标见表 11 - 6。

表 11 - 6　硅溶胶无机外墙涂料的主要技术性能指标

性　　能	指　　标
最低成膜温度	5℃
耐水性（500h）	无异常
耐碱性［饱和 Ca(OH)$_2$，500h］	无异常
冻融试验（30 次循环）	无异常
人工老化（1000h）	涂膜不开裂、不起泡，允许稍微粉化和变色
储存稳定性（6 个月）	不变质

4. 彩色砂壁状外墙涂料

彩色砂壁状外墙涂料又称彩砂涂料，是以合成树脂乳液和着色骨料为主体，外加增稠剂及各种助剂配制而成。由于采用高温烧结的彩色砂粒、彩色陶瓷或天然带色石屑作为骨料，使制成的涂层具有丰富的色彩及质感，其保色性及耐候性比其他类型的涂料有较大的提高，耐久性可达 10 年以上。

该涂料主要采用合成乳液作主要成膜物质，其品种有醋酸乙烯-丙烯酸酯共聚乳液、苯乙烯-丙烯酸酯共聚乳液、纯丙烯酸酯共聚乳液。

骨料有着色骨料及普通骨料两类。着色骨料在涂料中起着色、丰富质感的作用，可由颜料和石英砂在高温下烧结、陶土加颜料焙烧或天然带色石材粉碎三种方法制得；普通骨料如石英砂或白云石砂粒等，在涂料中起调色作用。单独使用着色骨料，颜色比较呆板，用普通骨料与着色骨料配合使用可调整颜色深浅，使涂层色调有层次，获得类似天然石材的质感，同时也可降低产品价格。骨料宜采用细砂为主、适当加入粗粒，这样可提高耐污染性及装饰性。

彩砂涂料中加入成膜助剂后，可以使乳液成膜温度降到 5℃左右，常用的成膜助剂有丙二醇和苯甲醇等。为了防止涂料发霉、发臭或黏度降低，常用五氯酚钠和苯甲酸钠作防霉剂及防腐剂。彩色砂壁状外墙涂料的主要技术性能指标见表 11 - 7。

表 11 - 7　彩色砂壁状外墙涂料的主要技术性能指标

性　　能	指　　标
骨料沉降率	＜10％
干燥时间	≤2h
低温安定性（-5℃）	不变稠
耐热性（60℃恒温，8h）	无异常
冻融循环（30 次）	无异常
常温储存稳定性（3 个月）	不变质
黏结力	≥0.69MPa
耐水性（500h）	无异常
耐碱性（300h）	无异常
耐酸性（300h）	无异常
耐老化（250h）	无异常

11.4.2　内墙涂料

内墙涂料的主要功能是装饰及保护内墙墙面及顶棚，使其美观，达到良好的装饰效果。内墙涂料应具有以下特点：色彩丰富、细腻、和谐、耐碱性、耐水性、耐粉化性良好，且透气性好，涂刷容易，价格合理。常用的内墙涂料有乳胶漆、溶剂型内墙涂料、多彩内墙涂料等。

1. 乳胶漆

乳胶漆是以合成树脂乳液为基料的薄型内墙涂料，又称合成树脂乳液内墙涂料，一般用于室内墙面装饰，但不宜用于厨房、卫生间、浴室等潮湿墙面。目前常用的品种有苯丙乳胶漆、乙丙乳胶漆、聚醋酸乙烯乳胶内墙涂料、氯-偏乳液涂料等。

（1）苯丙乳胶漆。苯丙乳胶漆是由苯乙烯、丙烯酸酯、甲基丙烯酸等三元共聚乳液为主要成膜物质，掺入适量的填料、少量的颜料和助剂，经研磨、分散后配制而成的各色无光内墙涂料。苯丙乳胶漆可用于住宅或公共建筑的内墙装饰，其耐碱、耐水，耐擦性及耐久性都优于其他内墙涂料，是一种高档内墙装饰涂料，同时也是外墙涂料中较好的一种。

（2）乙丙乳胶漆。乙丙乳胶漆是以聚醋酸乙烯与丙烯酸酯共聚乳液为主要成膜物质，掺入适量的填料及少量的颜料及助剂，经过研磨、分散后配制成的半光或有光的内墙涂料。用于建筑内墙装饰，其耐碱性、耐水性、耐久性都优于聚醋酸乙烯乳胶漆，并具有光泽，是一种中高档的内墙装饰涂料。乙丙乳胶漆具有外观细腻、耐水性好和保色性好的优点，适用于高级建筑的内墙装饰。

（3）聚醋酸乙烯乳胶内墙涂料。聚醋酸乙烯乳胶内墙涂料是以聚醋酸乙烯乳液为主要成膜物质，加入适量的填料、少量的颜料及其他助剂，经加工而成的水乳型涂料。具有无味、无毒、不燃、易于施工、干燥快、透气性好、附着力强、耐水性较好、颜色鲜艳、施工方便、装饰效果明快等优点，适用于装饰要求较高的内墙。

与聚乙烯醇水玻璃内墙涂料相比，这种乳液性涂料在生产工艺上除乳液聚合较为复杂外，其混合、搅拌、研磨、过滤工艺过程基本类同，只是在生产与配料时更讲究。乳液的固体含量较高，约为 50%，用量为涂料质量的 30%～60%，并以聚乙烯醇或甲基纤维素等为增稠剂，以乙二醇、甘油等为防冻剂。另外在增稠剂中使用了纤维素，其储存或涂膜在潮湿环境中易发霉，要求加入防霉剂。常用的防霉剂有醋酸苯汞、三丁基锡或五氯酸钠等，用量为涂料质量的 0.05%～0.2%，其他还加有防锈剂等。

（4）氯-偏乳液涂料。氯-偏乳液涂料属于水乳型涂料，是以氯乙烯-偏氯乙烯共聚乳液为主要成膜物质，添加少量其他合成树脂水溶液胶（如聚乙烯醇水溶液等）共聚液体为基料，掺入适量不同品种的颜料、填料及助剂等配制而成的涂料。氯-偏乳液涂料品种很多，除地面涂料外，还有内墙涂料、顶棚涂料、门窗涂料等。

氯-偏乳液涂料无味、无毒、不燃、快干、施工方便、黏结力强、涂层坚牢光洁、不脱粉，有良好的耐水、防潮、耐磨、耐酸、耐碱、耐一般化学药品侵蚀，涂层寿命较长等特点，且产量大，在乳液类中价格较低。一般适用于工业及民用住宅建筑物的内墙面装饰和养护，对于地下建筑工程和洞库的防潮效果更为显著。该涂料由两组配成，一组为色浆，另一组为氯偏清漆，使用时按色浆：氯偏清漆=120：30 的比例配制。

2. 溶剂型内墙涂料

溶剂型内墙涂料与溶剂型外墙涂料基本相同。由于其透气性较差，易结露，且施工时有大量有机溶剂逸出，因而室内施工更应重视通风与防火。但溶剂型内墙涂料涂层光洁度好，易于清洗，耐久性亦好，目前主要用于大型厅堂、室内走廊、门厅等部位，一般民用住宅内墙装饰很少应用。可用作内墙装饰的溶剂型建筑涂料主要品种有过氯乙烯墙面涂料、聚乙烯醇缩丁醛墙面涂料、氯化橡胶墙面涂料、丙烯酸酯墙面涂料、聚氨酯系墙面涂料以及聚氨酯-丙烯酸酯系墙面涂料。

3. 多彩内墙涂料

多彩内墙涂料是将带色的溶剂型树脂涂料慢慢地掺入甲基纤维素和水组成的溶液中，通过不断搅拌，使其分散成细小的溶剂型油漆涂料滴，形成不同颜色油滴的混合悬浊液，是一种较常用的墙面、顶棚装饰材料。

多彩内墙涂料按其介质，可分为水包油型、油包水型、油包油型和水包水型四种基本类型，见表11-8。其中以水包油型的储存稳定性最好，在国外应用亦很广泛，因此目前生产的多彩涂料主要是水包油型。

表 11 - 8　多彩内墙涂料的基本类型

类　　别	分　散　相	分　散　介　质
O/W 型（水包油）	溶剂型涂料	保护胶体水溶液
W/O 型（油包水）	水性涂料	溶剂或可溶于溶剂的成分
O/O 型（油包油）	溶剂型涂料	溶剂或可溶于溶剂的成分
W/W 型（水包水）	水性涂料	保护胶体水溶液

多彩内墙涂料具有色彩鲜艳、雅致、装饰效果好、耐久性好、涂膜有弹性、耐磨损、耐洗刷以及耐污染等特点，适用于建筑物内墙和顶棚水泥混凝土、砂浆、石膏板、木材、钢、铝等多种基面的装饰。

4. 幻彩涂料

幻彩涂料又称梦幻涂料、云彩涂料，是用特种树脂乳液和专门的有机、无机颜料制成的高档水性内墙涂料。幻彩涂料的种类较多，按组成的不同，主要有用特殊树脂与专门的有机、无机颜料复合而成的，用特殊树脂与专门制得的多彩金属化树脂颗粒复合而成的，以及用特殊树脂与专门制得的多彩纤维复合而成等。其中应用较广泛的为第一种，该类又按是否使用珠光颜料分为两种。特殊的珠光颜料能赋予涂膜以梦幻般的感觉，使涂膜呈现珍珠、贝壳、飞鸟、游鱼等所具有的优美珍珠光泽。

幻彩涂料以其变幻奇特的质感及艳丽多变的色彩为人们展现出一种全新感觉的装饰效果，并具有优良的耐水性、耐碱性和耐洗刷性，主要用于办公室、住宅、宾馆、商店、会议室等的内墙、顶棚装饰等。适用于混凝土、砂浆、石膏、木材、玻璃、金属等多种基层材料，要求基层材料清洁、干燥、平整、坚硬，可采用喷、涂、刷、辊、刮等多种方式施工。

5. 仿瓷涂料

仿瓷涂料又称瓷釉涂料，是一种质感和装饰效果类似陶瓷釉面的装饰涂料，可分为溶剂型仿瓷涂料和乳液型仿瓷涂料。

溶剂型仿瓷涂料是以常温下产生的交联固化的树脂（如聚氨酯树脂、聚氨酯-丙烯酸树脂、环氧-丙烯酸树脂、丙烯酸-氨基树脂和有机硅改性丙烯酸树脂等）为主要成膜物质，加入颜料、填料和助剂等配制而成的具有釉瓷光亮的涂料。其颜色丰富多彩，涂膜光亮、坚硬、丰满，具有优异的耐水性、耐酸性、耐磨性和耐老化性，附着能力强，可用于各种基层材料的表面饰面。

乳液型仿瓷涂料是以合成树脂（主要是丙烯酸树脂乳液）为主要成膜物质，加入颜料、填料和助剂等配制而成的具有瓷釉光亮的涂层。其特点是价格较低，毒性小，不燃，硬度高，涂层丰满，耐老化性、耐碱性、耐酸性、耐水性、耐沾污性及与基层的附着力等均较高，且保光性好。可用于各种基层材料的表面饰面。

11.4.3　地面涂料

地面涂料的主要功能是装饰与保护室内地面，使地面清洁美观，与其他装饰材料一同创造优雅的室内环境。为了获得良好的装饰效果，地面涂料应具有耐碱性好、黏结力强、耐水性好、耐磨性好、抗冲击力强、涂刷施工方便及价格合理等特点。地面涂料一般可分为木地板涂料和水泥砂浆地面涂料，其中水泥砂浆地面涂料又分为薄质涂料和厚质涂料。下面介绍几种有代表性的地面涂料。

1. 聚氨酯弹性地面涂料

聚氨酯弹性地面涂料是甲、乙两组分常温固化型的橡胶类涂料。甲组分是聚氨酯预聚体，乙组分是由固化剂、颜料、填料及助剂按一定比例混合、研磨均匀制成。施工时将两种组分按一定比例混合，涂刷后经过甲、乙两组分的聚合反应，可形成无缝、富有弹性、具有交联结构的彩色涂层。

这类涂料与水泥、木材、金属、陶瓷等地面的黏结力强，能与地面形成一体，不会因地基开裂、裂纹而导致涂层的开裂；固化后，具有一定的弹性，步感舒适，适用于高级住宅的地面；耐磨性很好，并且具有良好的耐油、耐水、耐酸、耐碱性能；色彩丰富、可涂成各种颜色，也可做成各种图案；且重涂性好，便于维修。这种涂料可用于高级别大厅、厂房及居室，还可作为地下室、卫生间的防水装饰或工业厂房车间要求耐磨性、耐酸性和耐腐蚀等的地面。

2. 环氧树脂地面厚质涂料

环氧树脂地面厚质涂料是以环氧树脂为主要成膜物质的双组分常温固化型涂料。涂料由甲、乙两组分组成，甲组分是以环氧树脂为主要成膜物质，添加颜料、填料、助剂等组成，乙组分由胺类为主体的固化剂组成。

该涂料的特点是涂层坚硬耐磨，且具有一定的韧性；涂层具有良好的耐化学腐蚀、耐油、耐水等性能，与水泥基层黏结力强，耐久性良好；可以涂刷成各种图案，装饰性良好。但由于是双组分固化型涂料，施工操作比较复杂。适用于各种建筑的地面装饰，特别适合于工业建筑中有耐磨、防尘、耐酸碱、耐有机溶剂及耐水要求的场地的地面。

3. 塑料涂布地面

塑料涂布地面是由树脂添加适量颜色、助剂和较多的填料，在现场配制一种聚合物腻子或砂浆，就地抹压或刮涂而成的一种整体无缝的塑料地面，其厚度一般为 2～4mm。塑料涂布地面的优点是施工简便，涂层耐磨、耐油、耐化学腐蚀，光洁、无缝，一般由罩面层、印花层和塑料涂布层组成。按塑料涂布地面所用的树脂不同，分为不饱和聚酯树脂涂布地面、环氧树脂涂布地面、聚合物水泥涂布地面。其适用于卫生标准要求较高的医院手术室、食品加工厂及奶制品车间的旧地面维修。

4. 聚醋酸乙烯水泥地面涂料

聚醋酸乙烯水泥地面涂料是由聚醋酸乙烯水乳液、普通硅酸盐水泥及颜料、填料配制而成的一种地面涂料。可用于新旧水泥地面的装饰，是一种新颖的水性地面涂布材料。

这种涂料是一种有机、无机相结合的水性涂料。特点是质地细腻，无毒、施工性能好，早期强度高，对水泥地面基层黏结牢固；形成的涂层具有优良的耐磨性、抗冲击性，色彩美观大方，表面有弹性，外观类似塑料地板；所用原材料资源丰富、价格便宜，涂料配制工艺简单，价格适中。

该涂料适用于民用住宅室内地面装饰，也可取代塑料地板或磨石地坪，用于某些实验室、仪器装配车间等地面，涂层耐久性可达 10 年左右。

11.5 建筑装饰用玻璃

 想一想

玻璃是一种重要的建筑装饰材料，用于建筑使人类的居住环境有了极大的改善。如人民大会堂广东厅进行装修时，经反复比较选用了微晶玻璃米黄色平板和白色圆弧板做主体装饰材料，装修后庄严漂亮、淡雅朴实、敞亮透明。那么建筑装饰玻璃的种类及性质如何呢？

随着现代科技水平的迅速提高和应用技术的日新月异，现代建筑中越来越多地采用玻璃门窗和玻璃制品、构件，以达到控光、控温、节能、防噪以及美化环境等多种目的。因此，建筑中使用的玻璃制品种类很多，其中最主要的有普通平板玻璃、压花玻璃、钢化玻璃、磨砂玻璃及彩色玻璃等。

11.5.1　平板玻璃

1. 普通平板玻璃

普通平板玻璃是未经加工的钠钙玻璃类平板，其透光率为85％～90％，也称单光玻璃、净片玻璃、窗玻璃，简称玻璃。它是平板玻璃中产量最大、使用量最多的一种，也是进一步加工成技术玻璃及玻璃制品的基础材料，主要用于门、窗，起透光、保温、隔声、挡风雨等作用。

1）平板玻璃的分类、规格与等级

普通平板玻璃的成型均采用机械拉制的方法，常用的有垂直引拉法和浮法两种。垂直引拉法是我国生产玻璃的传统方法，是将红热的玻璃液通过槽转向上引拉成玻璃带，再经急冷而成；此法的主要缺点是产品易产生波纹和波筋。浮法是现代玻璃生产最常用、最先进的一种方法，生产过程是在锡槽中完成的，高温玻璃液通过溢流口流到锡液表面上，在重力及表面张力的作用下，玻璃液摊成玻璃带，向锡槽尾部拉上，经抛光、拉薄、硬化和冷却后退火而成；此法特点是产量高、产品规格大、品种多、质量好，是目前世界上生产平板玻璃最先进的方法。根据 GB 11614—2009《平板玻璃》的规定，玻璃按厚度可分为以下规格：垂直引拉法玻璃分为 2mm、3mm、4mm、5mm、6mm 五种，浮法玻璃分为 3mm、4mm、5mm、6mm、8mm、10mm、12mm 七种。两种玻璃的透光率应符合表 11-9 的要求。

表 11-9　垂直引拉法玻璃及浮法玻璃的透光率要求

玻璃品种	垂直引拉法玻璃					浮法玻璃					
玻璃厚度/mm	2	3	4	5	3	4	5	6	8	10	12
透光率/%	≥88	≥87	≥86	≥84	≥87	≥86	≥84	≥83	≥80	≥78	≥75

平板玻璃按外观质量，划分为优等品、一等品及合格品三个等级，各等级应分别满足表 11-10 及表 11-11 的要求，且玻璃不允许有裂口存在。

表 11-10　普通平板玻璃的外观质量要求

缺　陷	说　明	优等品	一等品	合格品
波筋（包括波纹辊子花）	不产生变形的最大入射角	60°	45°；50mm 边部，30°	30°；100mm 边部，0°
气泡	长度大于1mm 以下的	集中的不许有		不限
	长度大于1mm 的每平方米允许个数	≤6mm，6个	≤8mm，8个；>8～10mm，2个	≤10mm，12个；>10～12mm，2个；>20～25mm，1个
划伤	宽≤0.1mm 的每平方米允许条数	长≤50mm，3条	长≤100mm，5条	不限
	宽>0.1mm 的每平方米允许条数	不许有	宽≤0.4mm，长<100mm 1条	宽≤0.5mm，长<100mm 3条

缺 陷	说 明	优等品	一等品	合格品
砂粒	非破坏性的，直径 0.5～2mm，每平方米允许个数	不许有	3个	8个
疙瘩	非破坏性的疙瘩波及范围，直径不大于 3mm，每平方米允许个数	不许有	1个	3个
线道	正面可以看到的每片玻璃允许个数	不许有	30mm 边数 宽≤0.5mm 1个	宽≤0.5mm 2个
麻点	表面呈现的集中麻点	不许有	不许有	每平方米不大于 3 处
	稀疏的麻点，每平方米允许个数	10个	15个	

注：① 集中气泡、麻点是指100mm 直径圆面积内超过 6 个；

　　② 砂粒的延续部分，入射角 0°能看出的当线道论。

表 11 - 11　浮法玻璃的外观质量要求

缺 陷	说 明	优等品	一等品	合格品
光学变形	光入射角	厚 3mm，55°；厚≥4mm，60°	厚 3mm，50°；厚≥4mm，55°	厚 3mm，40°；厚≥4mm，45°
气泡	长度 0.5～1mm，每平方米允许个数	3个	5个	10个
	长度>1mm，每平方米允许条数	长 1～1.5mm，2 条		长 1～1.5mm，4 条；长>1.5～5mm，2 条
夹杂物	长度 0.3～1mm，每平方米允许个数	1个	2个	3个
	长度>1mm，每平方米允许条数	长>1～1.5mm，50mm 边部，1 条	长>1～1.5mm，1 条	长>1～2mm，2 条
划伤	宽≤0.1mm，每平方米允许条数	长≤50mm，1 条	长≤50mm，2 条	长≤100mm，6 条
	宽>0.1mm，每平方米允许条数	不允许	宽 0.1～0.5mm，长≤50mm，1 条	宽 0.1～1mm，长≤100mm，3 条
线道	正面可以看到的，每片玻璃允许条数	不许有	50mm 边部，1 条	2 条
雾斑（沾锡、麻点与光畸变点）	表面擦不掉的点状或条纹斑点，每平方米允许条数	肉眼看不出		斑点状，直径≤2mm，4 个 条纹状，宽≤2mm，长≤50mm，2 条

平板玻璃产品为矩形体，按标准规定，垂直引拉法生产的玻璃其长宽比不得大于 2.5，其中厚 2mm、3mm 的玻璃尺寸不得小于 400mm×300mm，厚 4mm、5mm 的玻璃不得小于 600mm×400mm；浮法玻璃尺寸一般小于 1000mm×1200mm，但也不大于 2500mm×3000mm。

2）平板玻璃的基本性质与应用

（1）密度。玻璃的密度与其化学组成有关，常用的建筑玻璃密度为 2.5～3.6g/cm³。

（2）光学性质。玻璃具有优良的光学性能，是各种材料中唯一能利用透光性来控制和隔断空间的材料，所以广泛用于建筑采光和装饰部位。平板玻璃在透过光线时，玻璃表面要发生光的反射，玻璃内部对光线产生吸收，从而使透过光线的强度降低，平板玻璃的透光率可按下式计算。

$$透光率＝（光线透过玻璃后的光通量/光线透过玻璃前的光通量）×100\%$$

（3）热学性质。玻璃是热的不良导体，其热导率的高低与化学组成有关。普通玻璃的热导率为$0.75\sim0.92W/(m\cdot K)$，所以玻璃能够较好地承担保温隔热的作用。

此外，玻璃的弹性模量很高，一旦其表面经受温度骤变，就会在其内部与表面产生很高的温度应力，很容易导致玻璃损坏，因此玻璃的热稳定性很差。

（4）力学性质。玻璃的强度与其化学组成、表面处理、缺陷及形状有关。普通玻璃的抗压强度为$60\sim120MPa$，是石材的$10\sim20$倍。玻璃还具有较高的硬度、耐划性及耐磨性，可长期使用而不会失去透明性。

（5）化学稳定性。常见的硅酸盐类玻璃，可抵抗除氢氟酸、磷酸外其他酸类的侵蚀，但耐碱性较差，长期受碱液侵蚀时，玻璃中的二氧化硅会溶于碱液，使玻璃受到损伤。

（6）应用。普通平板玻璃大部分直接用于房屋建筑及装修，一部分加工成钢化、夹层和中空等玻璃，少量用作工艺玻璃。一般建筑采用的多为3mm厚的普通平板玻璃，玻璃幕墙、采光屋面及商店橱窗等一般采用5mm或6mm的钢化玻璃，公共建筑的大门常采用8mm以上的钢化玻璃。

3）储运和保管

平板玻璃属于易碎品，在运输和储存时，必须箱盖向上，垂直立放，入库或入棚保管，并注意防雨防潮。

2.装饰平板玻璃

装饰平板玻璃由于表面具有一定的颜色、图案和质感等，可以满足建筑装饰对玻璃的不同要求。装饰平板玻璃的品种有印刷玻璃、镜子玻璃、磨（喷）砂玻璃、花纹玻璃、彩色玻璃等。

1）印刷玻璃

印刷玻璃是在普通平板玻璃的表面用特殊的材料印刷成各种图案的玻璃品种。印刷玻璃的图案和色彩丰富，常见的图案有线条形、方格形、圆形和菱形等。这类玻璃的印刷处不透光，空露的部位透光，有特殊的装饰效果，主要用于商场、宾馆、酒店、酒吧、眼镜店和美容美发厅等装饰场所的门窗及隔断玻璃。

2）镜子玻璃

镜子玻璃即装饰玻璃镜，是指采用高质量的磨光平板玻璃、浮法平板玻璃或茶色平板玻璃为基材，在玻璃表面通过化学（银镜反应）或物理（真空镀铝）等方法形成反射率极强的镜面的玻璃制品。为提高装饰效果，在镀镜之前可对原片玻璃进行彩绘、磨刻、喷砂、化学蚀刻等加工，制成具有各种花纹图案或精美字画的镜面玻璃。

3）磨（喷）砂玻璃

磨砂玻璃也称毛玻璃，是指经研磨、喷砂或氢氟酸溶蚀等加工，使表面（单面或双面）成为均匀粗糙的平板玻璃。用硅砂、金刚砂、石榴石粉等作研磨材料，加水研磨制成的，称为磨砂玻璃；用压缩空气将细砂喷射到玻璃表面而制成的，称为喷砂玻璃；用酸溶蚀的，称为酸蚀玻璃。

毛玻璃表面粗糙，使透过的光线产生漫射，造成透光而不透视，使室内光线不炫目、不刺眼。一般用于建筑物的浴室、卫生间、办公室等的门窗及隔断，也可用作黑板及灯罩等。

4）花纹玻璃

花纹玻璃按加工方法，可分为压花玻璃和喷花玻璃两种。

压花玻璃又称滚花玻璃，是用带花纹图案的滚筒压制处于可塑状态的玻璃料坯而制成的。由于压花玻璃表面凹凸不平而形成不规则的折射光线，可将集中光线分散，使室内光线均匀、柔和，装饰效果较好。在压花玻璃有花纹的一面，用气溶胶对表面进行喷涂处理，玻璃可呈浅黄色、浅蓝色、橄榄色等。经过喷涂处理的压花玻璃立体感强，且强度可提高50%～70%。压花玻璃分为一般压花玻璃、真空镀膜压花玻璃、彩色膜压花玻璃等。

喷花玻璃又称胶花玻璃，是在平板玻璃表面贴上花纹图案，抹以保护层，再经喷砂处理制成的玻璃。花纹玻璃常用于办公室、会议室、浴室以及其他公共场所的门窗和各种室内隔断。

5）彩色玻璃

彩色玻璃又称有色玻璃，分为透明和不透明两种。透明的彩色玻璃是在玻璃原料中加入一定的金属氧化物，按平板玻璃的生产工艺进行加工而成；不透明的彩色玻璃是用4～6mm厚的平板玻璃按照要求的尺寸切割成型，然后经过清洗、喷釉、烘烤、退火而制成。

不透明的彩色玻璃又称釉面玻璃，彩色玻璃的彩面可用有机高分子涂料制得，这种彩面层为两层结构：底层由透明着色涂料组成，掺以很细的碎贝壳或铝箔粉；面层为不透明着色涂料。这种彩色釉面玻璃板从正面看，颜色如繁星闪闪发光，有着独特的外装饰效果。

彩色玻璃的颜色有红、黄、蓝、黑、绿、乳白等十余种，可拼成各种图案花纹，并有耐蚀、耐冲刷、易清洗等特点，主要用于建筑物的内外墙、门窗装饰及有特殊采光要求的部位。

11.5.2 安全玻璃

【各种安全玻璃】

玻璃是脆性材料，当外力超过一定数值时，会破裂成尖锐有棱角的碎片，破坏时几乎没有塑性变形。为了减少玻璃的脆性，提高强度及抗冲击性能，避免其碎块飞溅伤人，并使其兼有防火功能和装饰效果，可对普通玻璃进行增强处理，或采用特殊成分与其复合，经过增强改性后的玻璃称为安全玻璃。常用的安全玻璃品种，有钢化玻璃、夹丝玻璃、夹层玻璃。

1. 钢化玻璃

经物理（淬火）钢化或化学钢化处理后的平板玻璃称为钢化玻璃（又称强化玻璃）。钢化处理可使玻璃表面层产生70～180MPa残余压缩压力，因此其产品的强度、抗冲击性、热稳定性得到大幅度提高。

钢化玻璃的强度比普通玻璃大4倍以上，韧性提高约5倍，抗热冲击性能好，弹性好，在受到外力作用时能产生较大的变形而不破坏，受猛烈撞击破碎后为圆滑微粒状颗粒，不会造成对人体的伤害，安全性较好，所以适合作为高层建筑物的门窗、幕墙、隔墙、桌面玻璃及汽车的挡风玻璃、电视屏幕等。钢化玻璃还有较好的耐热性，可耐200℃的温差变化，故可用来制造炉门上的观测窗、辐射式气体加热器、干燥器和弧光灯等。

钢化玻璃不能切割、磨削，边角不能碰击扳压，使用时需按现成尺寸规格选用，或提出具体设计图纸进行加工定制。

2. 夹丝玻璃

夹丝玻璃也称防碎玻璃或钢丝玻璃，是将编织好的钢丝网压入已软化的红热玻璃中制成的。这种玻璃的抗折强度、抗冲击能力和耐温度剧变的性能都比普通玻璃好，破碎时玻璃碎片仍附着在钢丝上，因此安全性较好，适用于公共建筑的走廊、防火门、楼梯间、厂房门窗及各种采光屋顶等。

根据行业标准JC 433—1991（1996），我国生产的夹丝玻璃产品分为夹丝压花玻璃和夹丝磨光玻璃两类，颜色有无色透明的，还有彩色的。产品按厚度分为6mm、7mm、10mm三种，按等级分为优等品、一等品和合格品。产品尺寸一般不小于600mm×400mm，不大于2000mm×1200mm。

3. 夹层玻璃

夹层玻璃也称夹胶玻璃，是在两片或多片平板玻璃之间嵌夹透明塑料衬片，经加热、加压、黏结而成的平面或曲面的复合玻璃制品。生产夹层玻璃的原片可采用平板玻璃、钢化玻璃、热反射玻璃、吸热玻璃等，塑料膜片用聚乙烯醇缩丁醛较多。夹层玻璃的力学性能比普通玻璃高很多，这种玻璃被击碎后，由于中间有塑料衬片的黏结作用，所以仅产生辐射状的裂纹而不致伤人。

夹层玻璃厚度有 2mm、3mm、5mm、6mm、8mm，层数最多可达 9 层，这种玻璃一般子弹不易穿透，所以也称防弹玻璃。

夹层玻璃主要用作汽车和飞机的挡风玻璃、防弹玻璃，以及有特殊安全要求的建筑门窗、隔墙、工业厂房的天窗和某些水下工程等。

11.5.3　节能装饰玻璃

传统的玻璃主要作用是用于建筑的采光，但随着建筑物门窗尺寸的加大，对门窗的保温隔热要求也相应提高，既节能又有装饰性能的玻璃才能满足现在建筑的要求。节能装饰玻璃一般具有令人赏心悦目的外观色彩，而且还有特殊的对光和热的吸收、透视及反射的功能，用于建筑物外墙窗玻璃或制作玻璃幕墙，既美观，又能起到显著的节能效果，因而在现代一些高级建筑物上得到广泛应用。常用的节能装饰玻璃，有吸热玻璃、热反射玻璃、光致变色玻璃和中空玻璃等。

【各种节能装饰玻璃】

1. 吸热玻璃

吸热玻璃是一种可以控制阳光，能吸收全部或部分热射线（红外线），也能保持良好透光率的平板玻璃。

吸热玻璃又称本体着色玻璃，其生产方法有两种：一是在普通钠-钙硅酸盐玻璃中，加入有着色作用的氧化物，如氧化铁、氧化镍、氧化钴以及硒等，使玻璃带色并具有较高的吸热性能；二是在玻璃表面喷涂氧化锡、氧化锑、氧化钴等有色氧化物薄膜而制成。

吸热玻璃按颜色分，有灰色、茶色、蓝色、绿色、古铜色、粉红色、金色、棕色等；按成分分，有硅酸盐吸热玻璃、磷酸盐吸热玻璃、光致变色吸热玻璃与镀膜玻璃等。

吸热玻璃能吸收 20%～80% 的太阳辐射热，透光率为 40%～75%，除了能吸收红外线，还能减少紫外线的入射，可降低紫外线对人体、室内装饰及家具的损害。

目前，吸热玻璃在建筑工程中的门窗、外墙及车、窗挡风玻璃领域得到广泛应用，起到了采光、隔热、防眩等作用。另外，它还可按不同用途进行加工，制成磨光、夹层、镜面及中空玻璃，在外部围护结构中用于配制彩色玻璃窗，在室内装饰中用于镶嵌玻璃隔断、装饰家具以增加美感。

2. 热反射玻璃

热反射玻璃又称遮阳镀膜玻璃或镜面玻璃。这种玻璃具有较高的热反射性能，又保持了良好的透光性能。它是在玻璃表面用热解法、真空蒸镀法、阴极溅射等方法喷涂金、银、铝、铁等金属及金属氧化物或粘贴有机物的薄膜而制成的，有金色、茶色、灰色、紫色、褐色、青铜色及浅蓝色等。

热反射玻璃具有良好的隔热性能，对太阳辐射热的反射能力较强，反射率可达 30% 以上，最高可达 60%，而普通玻璃仅为 7%～8%。镀金属膜的热反射玻璃还有单向透像作用，使白天在室内能看到室外景物，而在室外却看不到室内，对建筑物内部起到遮蔽及帷幕的作用。

热反射玻璃主要用于有绝热要求的建筑物，适用于各种建筑物的门窗、汽车和轮船的玻璃窗、玻璃幕墙以及各种艺术装饰。目前，国内外还常用热反射玻璃来制成中空玻璃或夹层玻璃窗，以提高其绝热性能。

3. 光致变色玻璃

受太阳或其他光线照射时，其颜色随光的增强而逐渐变暗，停止照射后又能恢复原来颜色的玻璃称为光致变色玻璃。它能自动调节室内的光线和温度。这种玻璃是在玻璃中加入卤化银，或在玻璃与有机夹层中加入钼和钨的感光化合物而获得光致变色性，广泛用于车辆、建筑物的挡风玻璃、计算机图像显示装置、光学仪器透视材料等，最普通的是用作光致变色眼镜。

4. 中空玻璃

由两片或多片平板玻璃构成，中间用边框隔开，四周边部用胶接或熔接的办法密封，中间充入干燥空气或其他气体制成的玻璃称为中空玻璃。制作这种玻璃，可根据要求选用不同性能及规格的玻璃原片，间隔框常用铝质材料，也可用铜质材料，使用的密封胶和干燥剂均要满足该玻璃制造工艺和性能的要求。玻璃原片厚度有 3mm、4mm、5mm 和 6mm，中空玻璃总厚度为 12～42mm。国产中空玻璃面积已达 3m×2m，充气层厚度一般为 6mm、9mm、12mm。

中空玻璃产品可用于保温、防寒、隔声及防盗报警灯，且一种产品可以具备多种功能，仅就节能而言，采用双层中空玻璃，冬季采暖的能耗可降低 25%～30%。这种玻璃主要用于需要保温、隔热、防止噪声等的建筑上，如住宅、饭店、宾馆、办公楼、学校、医院、商店等，也可用于火车、轮船等。

模块小结

建筑装饰材料是建筑装饰工程的物质基础，建筑装饰既美化了建筑物，又保护了建筑物。建筑装饰材料的选用原则是装饰效果好、耐久、经济。

本模块主要介绍了装饰面砖、金属材料类装饰板材、有机材料类装饰板材、建筑玻璃装饰材料的主要品种、制作方法、装饰效果、特点、技术要求及应用范围。由于装饰材料发展快、品种繁多，产品质量良莠不齐，且价格较昂贵，所以在选择使用时，应进行市场调查，认真了解所用产品的质量、性能、规格，避免伪劣低质产品影响装饰质量。

复习思考题

一、选择题

1. 下列材料中不属于安全玻璃的是（　　　）。

A. 防火玻璃　　　　　　B. 钢化玻璃　　　　　　C. 镀膜玻璃　　　　　　D. 夹层玻璃

2. 下列材料中，常用于外墙的涂料是（　　　）。

A. 醋酸乙烯-丙烯酸酯乳液涂料　　　　　　B. 苯乙烯-丙烯酸酯乳液涂料

C. 聚醋酸乙烯乳液涂料　　　　　　D. 聚乙烯醇水玻璃涂料

3. 下列陶瓷制品中（　　　）不能用于室外墙面装饰。

A. 釉面砖　　　　　　B. 釉面内墙砖　　　　　　C. 无釉墙地砖　　　　　　D. 陶瓷马赛克

4. 环氧树脂耐磨地面是建筑工程中一种常用虹地面耐磨材料，下列（　　　）不是环氧树脂耐磨地面的特性？

A. 耐酸腐蚀　　　　B. 地面易清洁　　　　C. 耐汽油腐蚀　　　　D. 防产生静电

5. 轻钢龙骨的断面形状不包括（　　　）。

A. U 形　　　　B. E 形　　　　C. T 形　　　　D. L 形

6. 以下几种玻璃中，何者不具备透光不透视的特点？（　　　）

A. 压花玻璃　　　　B. 磨砂玻璃　　　　C. 喷花玻璃　　　　D. 镀膜玻璃

7. 下列材料中不属于仿瓷涂料的是（　　　）。

A. 溶剂型仿瓷涂料　　　　　　　　B. 以丙烯酸树脂乳液为主要成膜物质的涂料

C. 乳液型仿瓷涂料　　　　　　　　D. 幻彩涂料

8. 下列叙述错误的是（　　　）。

A. 石膏板按用途分为多层石膏基面板和表面装饰石膏板

B. 镜面不锈钢饰面板反射率、变形率均与高级镜面相似

C. 镜面不锈钢饰面板耐火、耐潮，安装方便

D. 镜面不锈钢饰面板耐磨、耐酸碱

9. （　　　）可分为溶剂型和乳液型。

A. 多彩涂料　　　　B. 油漆　　　　C. 仿瓷涂料　　　　D. 防霉涂料

二、简答题

1. 建筑装饰材料的选用原则是什么？

2. 建筑装饰材料在建筑中起什么作用？

3. 釉面内墙砖、墙地砖、陶瓷马赛克各适用于什么地方？

4. 有机材料类装饰板材各有哪些种类？

5. 外墙涂料有几类？各用于什么场合？

6. 内墙涂料有几类？各用于什么场合？

7. 丙烯酸系列外墙涂料有何特点？

【模块11课后习题自测】

模块12
土木工程材料试验

教学目标

知识模块	知识目标	权重
水泥试验	掌握水泥细度、凝结时间、体积安定性、胶砂强度试验操作方法，熟悉试验规程	20%
砂试验	掌握砂的表观密度、堆积密度和颗粒级配的计算和判定	20%
混凝土试验	掌握混凝土和易性、表观密度、稠度试验操作方法，熟悉混凝土试配和配合比调整方法	20%
钢材试验	掌握钢材拉伸、冷弯试验操作方法，熟悉其试验规程	10%
沥青试验	掌握石油沥青针入度、延度、软化点试验操作方法，熟悉试验规程	10%
沥青混合料试验	掌握沥青混合料表观密度、稳定度试验操作方法，熟悉试验规程	10%
墙体保温性能检测试验	熟悉墙体保温性能检测装置的试验原理和装置的使用方法，掌握对试验数据的整理和评价	10%

技能目标

掌握各种主要土木工程材料的技术性质，培养基本试验技能及综合设计试验的能力，提高分析和解决问题的能力。

引例

　　工程质量责任重于泰山。土木工程材料质量的优劣，直接影响建筑物的质量和安全。工程材料性能试验是从源头抓好建设工程质量管理工作，确保建设工程质量和安全的重要保证。本模块列出的各个单项试验，学生可以在指导老师的指导下进行。土木工程材料试验所得结果要准确、可靠，具有可比性，方法科学、实用和统一，这样得出的试验结果才能确切地反映材料的质量和性能。试验前须了解试验的目的、所用的试验仪器，在试验过程中严格按照试验方法和要求来获得准确、可靠的数据和结果，再通过对试验数据的处理，说明和分析试验结果。

12.1　水泥常规试验

　　本节试验依据 GB 175—2007《通用硅酸盐水泥》、GB/T 1345—2005《水泥细度检验方法　筛析法》、GB/T 1346—2011《水泥标准稠度用水量、凝结时间、安定性检验方法》、GB/T 17671—1999《水泥胶砂强度检验方法（ISO 法）》等规范进行。

12.1.1　试验目的、取样、准备和仪器

1. 目的

　　通过试验，进一步了解水泥的性质，熟悉水泥的基本性能，掌握水泥技术指标的测定，学会对水泥的评定。

2. 取样

　　（1）以同一厂家、同一品种、同一强度等级、同期到达的水泥进行取样和编号。袋装水泥以不超过200t、散装水泥不超过 500t 为一个取样批次，每批抽样不少于一次。

　　（2）取样应有代表性，可连续取，亦可从 20 个以上不同部位取等量样品，总量不少于12kg。

　　（3）取得的水泥试样应充分混合，并过 0.9mm 的方孔筛后均匀分成试验样和封存样。封存样应密封保存 3 个月。

3. 准备

　　（1）试验用水必须是洁净的饮用水，有争议时应以蒸馏水为准。

　　（2）实验室温度应为（20±2）℃，相对湿度应不低于 50％；养护箱温度为（20±1）℃，相对湿度应不低于 90％；养护池水温为（20±1）℃。

　　（3）水泥试样、标准砂、拌合水及仪器用具的温度应与实验室温度相同。

4. 仪器

　　所用仪器有天平、标准筛、标准法维卡仪（或代用法维卡仪）、水泥胶砂搅拌机、水泥成型振实台、雷氏夹膨胀测定仪、沸煮箱、水泥胶砂流动度测定仪、水泥标准养护箱、水泥电动抗折仪、水泥恒应力压力试验机。

12.1.2　水泥细度试验（筛析法）

水泥细度检验可分为水筛法、负压筛析法和手工筛析法三种。如对测定的结果发生争议时，以负压筛析法为准。试验筛分为 45μm 标准方孔筛和 80μm 标准方孔筛两种。试验筛在使用前要进行标定，且每使用 100 次后需重新标定。试验前所用的试验筛应保持清洁，筛孔通畅，使用 10 次要进行清洗，负压筛及手工筛还应保持干燥。试验时，80μm 筛析试验称取试样 25g，45μm 筛析试验称取试样 10g。

1. 负压筛析法

（1）将负压筛安放到筛座上，盖上筛盖，接通电源，检查控制系统，调节负压至 4000～6000Pa 范围内。

（2）称取试样精确至 0.01g，置于负压筛中，盖上筛盖，开动筛析仪连续筛析 2min，在此期间如有试样附着在筛盖上，可轻轻敲击筛盖使试样落下。

（3）用天平称量全部筛余物的质量，精确至 0.01g。

2. 水筛法

（1）筛析试验前，应检查水中无泥、砂，调整好水压 [(0.05±0.02)MPa] 及水筛架的位置，使其能正常运转，并控制喷头底面和筛网之间距离为 35～75mm。

（2）称取试样精确至 0.01g，置于洁净的水筛中，立即用淡水冲洗至大部分细粉通过后，放在水筛架上，用带压的喷头连续冲洗 3min。

（3）用少量的水将全部筛余物冲至蒸发皿中，沉淀后小心倒出清水，烘干并用天平称出全部筛余物的质量，精确至 0.01g。

3. 结果计算及处理

（1）水泥试样筛余百分数按下式进行计算（精确至 0.1%）。

$$F = (R_t/W) \times 100\%　　　　　　　　　　　　　(12-1)$$

式中　F——水泥试样筛余百分数，%；

R_t——水泥筛余物的质量，g；

W——水泥试样的质量，g。

每个样品应称取两个试样分别筛析，取筛余平均值为筛析结果。两次筛余结果绝对误差大于 0.5% 时（筛余值大于 5.0% 时可放至 1.0%）应再做一次试验，取两次相近结果的算术平均值作为最终结果。

（2）筛析结果应进行修正，修正方法是将水泥试样筛余百分数乘以试验筛有效修正系数 C。修正系数 C 按下式计算。

$$C = F_s/F_t　　　　　　　　　　　　　　　　(12-2)$$

式中　C——试验筛修正系数，精确到 0.01；

F_s——标准样品的筛余标准值，单位为质量百分数，%；

F_t——标准样品在试验筛上的筛余值，单位为质量百分数，%。

当 C 值在 0.80～1.20 内时，试验筛可继续使用，C 可作为结果修正系数；当 C 值超出 0.80～1.20 范围时，试验筛应予以淘汰。

4. 结果判定

矿渣硅酸盐水泥、火山灰质硅酸盐水泥、粉煤灰硅酸盐水泥和复合硅酸盐水泥细度以筛余来判定，要求 80μm 方孔筛筛余不大于 10% 或 45μm 方孔筛筛余不大于 30%。

12.1.3　水泥标准稠度用水量的测定

1. 标准法

试验前必须做到维卡仪的滑动杆能自由滑动，调整至试杆接触玻璃板时指针对准零点，搅拌机正常运行。试模和玻璃底板用湿布擦拭，将试模放在底板上。

1）水泥净浆的拌制

（1）用水泥净浆搅拌机搅拌，搅拌锅和叶片先用湿布润湿。

（2）将拌合水倒入搅拌锅内，5～10s内小心将称好的500g水泥加入水中，要防止水和水泥溅出。

（3）将锅安放到搅拌机锅底座上，升至搅拌位置，开启全自动搅拌机启动按钮，机器自动进行搅拌。先低速搅拌120s，静停15s，在静停的同时可用抹刀将锅壁和叶片上的水泥浆刮入锅中间，接着高速搅拌120s停机。

2）标准稠度用水量的测定

（1）拌和结束后，立即取适量水泥净浆一次性将其装入已置于玻璃板的试模中，浆体超过试模上端。

（2）用宽约25mm的直边刀轻轻拍打超出试模部分的浆体5次以排除浆体中的孔隙，然后在试模上表面约1/3处，略倾斜于试模分别向外轻轻锯掉多余净浆，再从试模边沿轻抹顶部一次，使净浆表面光滑。

（3）在锯掉多余净浆和抹平的操作中，注意不要压实净浆；抹平后迅速将试模和底板移到维卡仪上，并将其中心定在试杆下，降低试杆直至与水泥净浆表面接触，拧紧螺钉1～2s后，突然放松，使试杆垂直自由地沉入水泥净浆中。

（4）在试杆停止沉入或释放试杆30s时记录试杆距底板之间的距离，升起试杆后，立即擦净；整个操作应在搅拌后1.5min内完成。以试杆沉入净浆并距底板（6±1）mm的水泥净浆为标准稠度净浆。其拌合水用量为水泥的标准稠度用水量，按水泥质量的百分比计。

2. 代用法

试验时要求维卡仪的滑动杆能自由滑动，调整至试杆接触玻璃板时指针对准零点，搅拌机正常运行。水泥净浆拌制同标准法。

采用代用法测定水泥标准稠度用水量时，可选择调整水量或不变水量方法的任一种。采用前者时拌合水量按经验找水，采用后者时拌合水量用142.5mL。

拌和结束后，立即将拌制好的水泥净浆装入锥模中，用宽约25mm的直边刀在浆体表面轻轻插捣5次，再轻振5次，刮去多余的净浆；抹平后迅速放到试锥下面固定的位置上，将试锥降至净浆表面，拧紧螺钉1～2s后，突然放松，让试锥垂直自由地沉入水泥净浆中。到试锥停止下沉或释放试锥30s时记录试锥下沉深度。整个操作应在搅拌后1.5min以内完成。根据下式计算标准稠度用水量。

$$P = 33.4 - 0.185S \qquad (12-3)$$

式中　P——标准稠度用水量，%；

　　　S——试锥下沉深度，mm。

当试锥下沉深度小于13mm时，应改用调整水量法测定。当用调整水量法测定时，以试锥下沉深度达（30±1）mm时的净浆为标准稠度净浆，其拌合水量为该水泥的标准稠度用水量，按水泥质量的百分比计。如下沉深度超出范围，需另称试样、调整水量重新试验，直至达到（30±1）mm。

12.1.4　凝结时间测定

试验前调整凝结时间测定仪的试针，接触玻璃板时指针对准标尺零点。以标准稠度用水量制成标准稠度净浆，按上述标准稠度用水量的测定方法进行装模和刮平后，立即放入湿气养护箱中。记录水泥全部加入水中的时间作为凝结时间的起始时间。测定装置如图 12.1 所示。

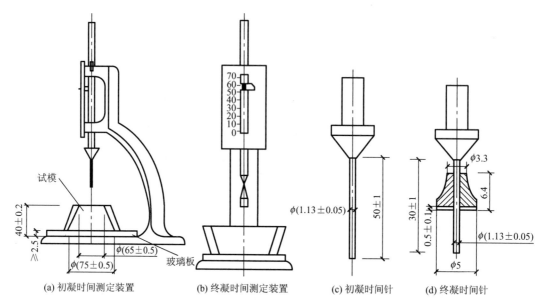

(a) 初凝时间测定装置　(b) 终凝时间测定装置　(c) 初凝时间针　(d) 终凝时间针

图 12.1　水泥凝结时间测定装置

1. 初凝时间的测定

（1）试件在水泥养护箱中养护至 30min 时进行第一次测定。最初测定时应轻轻扶持金属柱，使其徐徐下降，以防试针撞弯，但结果以自由下落为准；在整个测试过程中试针贯入的位置至少要距圆模内壁 10mm。

（2）测定时，从养护箱中取出圆模放到试针下，使试针与净浆表面接触，拧紧螺钉。1～2s 后突然放松，试针垂直自由沉入净浆，观察试针停止下沉或释放试针 30s 时指针读数。

（3）当试针沉至距底板（4±1）mm 时水泥达到初凝状态；水泥的初凝时间，以 min 为单位表示。

（4）临近初凝时，每隔 5min（或更短时间）测一次。到达初凝时应立即重复测一次，当两次结论相同时才能确定到达初凝状态。

2. 终凝时间的测定

（1）为了准确观测试针沉入的状况，在终凝针上安装一个环形附件。在完成初凝时间后，立即将试模连同浆体以平移的方式从玻璃板上取下，翻转 180°，直径大端向上，向下放在玻璃板上，再放入养护箱中继续养护。

（2）临近终凝时间时每隔 15min（或更短时间）测定一次，当试针沉入试体 0.5mm 时，即环形附件开始不能在试体上留下痕迹时，水泥达到终凝状态。由水泥全部加入水中至其达到终凝状态的时间为水泥的终凝时间，以 min 为单位表示。

（3）每次测定不能让试针落入原针孔内，每次测试完毕须将针擦净并将试模放回湿气养护箱内。整个测试过程中要防止试模受振。

（4）到达终凝时，需在试体的另外两个不同点测试，当结论相同时才能确定是终凝状态。

3. 结果判定

普通硅酸盐水泥、矿渣硅酸盐水泥、火山灰质硅酸盐水泥、粉煤灰硅酸盐水泥和复合硅酸盐水泥要求初凝时间不小于 45min，终凝时间不大于 600min。

12.1.5 安定性测定

1. 标准法

1）试件制备

（1）雷氏夹和雷氏夹膨胀值测量仪如图 12.2 及图 12.3 所示。将预先准备好的雷氏夹放在已稍擦油的玻璃板上，并立即将已制好的标准稠度净浆一次装满雷氏夹，装浆时一只手轻轻扶持雷氏夹，另一只手用宽约 25mm 的直边刀在浆体表面轻轻插捣 3 次，然后抹平，盖上稍涂油的玻璃板，接着立即将试件移至湿气养护箱内养护（24±2）h。

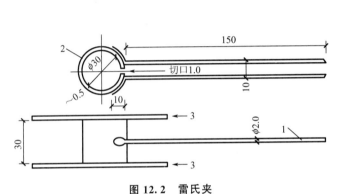

图 12.2 雷氏夹
1—指针；2—环模；3—玻璃板

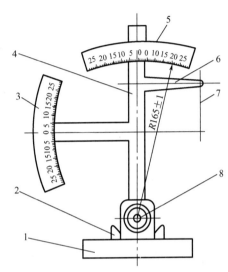

图 12.3 雷氏夹膨胀值测量仪
1—底座；2—模子座；3—测弹性标尺；4—立柱；
5—测膨胀值标尺；6—悬臂；7—悬丝；8—弹簧顶钮

（2）每个试样需成型两个试件，每个雷氏夹需配备两个边长或直径约 80mm、厚度 4～5mm 的玻璃板，凡与水泥净浆接触的玻璃板和雷氏夹内表面都要稍稍涂上一层油。

2）沸煮

（1）调整沸煮箱内的水位，使之满足整个沸煮过程中都超过试件，不需中途添补试验用水，同时又能保证在（30±5）min 内升温至沸腾。

（2）脱去玻璃板取下试件，先测量雷氏夹指针尖端间距离 A，精确到 0.5mm。然后将试件放入沸煮箱水中的试件架上，指针朝上，在（30±5）min 内加热至沸并恒沸（180±5）min。

（3）沸煮结束，立即放掉沸煮箱中的热水，待箱体冷却至室温，取出试件进行判别。

3）结果判定

再测量雷氏夹指针尖端的距离 C，精确至 0.5mm。当两个试件沸煮后增加距离（$C-A$）的平均值不大于 5.0mm 时，即认为该水泥安定性合格；当两个试件沸煮后增加距离（$C-A$）的平均值大于 5.0mm时，应用同一样品立即重做一次试验，以复检结果为准。

2. 代用法

1）试饼制备

（1）每个样品需准备两块边长约 100mm 的玻璃板，凡与水泥净浆接触的玻璃板都要稍稍涂上一层油。

（2）将制好的标准稠度净浆取出一部分分成两等份，使之呈球形，放在预先准备好的玻璃板上，轻轻振动玻璃板并用湿布擦过的小刀由边缘向中央抹，做成直径 70～80mm、中心厚约 10mm、边缘渐薄、表面光滑的试饼，接着将试饼放入湿气养护箱中养护（24±2）h。

2）沸煮

（1）脱去玻璃板取下试饼，在试饼无缺陷的情况下将其放在沸煮箱水中的篦板上，在（30±5）min 内加热至沸并恒沸（180±5）min，同标准法。

【水泥标准稠度用水量、凝结时间安定性检验方法试验】

（2）沸煮结束，立即放掉沸煮箱中的热水，待箱体冷却至室温，取出试件进行判别。

3）结果判定

目测试饼未发现裂缝，用钢直尺检查也没有弯曲（使钢直尺和试饼底部紧靠，以两者间不透光为不弯曲）的试饼为安定性合格，反之为不合格。当两个试饼判别结果有矛盾时，该水泥的安定性为不合格。

12.1.6　胶砂强度成型

1. 胶砂的制备

（1）胶砂的质量配合比按水泥：标准砂：水＝1：3：0.5 的比例进行。一锅胶砂成型三条试体，每锅材料需要量为水泥（450±2）g、标准砂（1350±5）g、水泥（225±1）mL。

（2）称量用的天平精度应为±1g。用自动滴管加 225mL 水时，滴管精度应达到±1mL。

（3）每锅胶砂用搅拌机进行机械搅拌。先使搅拌机处于待工作状态，然后按以下的程序进行操作。

（4）将标准砂倒入胶砂搅拌机上部的盛砂桶内，然后将水加入搅拌锅内，再加入水泥，同时将锅放在固定架上，上升至固定位置。

（5）开动启动按钮，机器自动搅拌。先低速搅拌 30s，在第二个 30s 开始时会自动均匀加入标准砂；进入第三个 30s 时高速搅拌；在静停 90s 的第一个 15s 内用一胶皮刮具将叶片和锅壁上的胶砂刮入锅中间，再高速搅拌 60s。各个搅拌阶段，时间误差应在±1s 以内。

2. 试件制备

（1）胶砂制备后应立即成型。将涂好油的空试模和模套固定在成型振实台上，用勺子将搅拌好的胶砂分两层装入试模中。装第一层胶砂时，每个槽里放约 300g，并用大播料器垂直架在模套顶部沿每个模槽来回一次将料层播平，启动振实台自动振 60 次；再装第二层，同样用小播料器播平并振实 60 次。移走模套，将试模取下，移至操作台上。

（2）用金属刮尺以近 90°的角度架在试模模顶的一端，沿试模长度方向以横向锯割动作慢慢向另一端移动，一次将超过试模部分的胶砂刮去，并用同一刮尺以近乎水平的动态下将试体表面抹平。

（3）在试模上做标记或加字条，标明试件编号和试件相对于振实台的位置。

3. 试件的养护与脱模

（1）去掉留在模子四周的胶砂。立即将做好标记的试模放入雾室或湿箱的水平架子上养护，湿空气应能与试模各边接触。

（2）采用标准养护箱养护。一直养护到规定的脱模时间取出脱模。养护时不应将试模放在其他试模上，脱模前用防水墨水或颜料笔对试体进行编号标记。对两个龄期以上的试体，在编号时应将同试模中的三条试体分在两个以上龄期内。

（3）脱模时应非常小心，可用塑料锤、橡皮榔头或专用的脱模器。对于 24h 龄期的，应在破型试验前 20min 内脱模；对于 24h 以上龄期的，应在成型后 20～24h 脱模。已确定作为 24h 龄期试验的已脱模的试体，应用湿布覆盖至做试验时为止。

（4）将做好标记的试件立即水平或竖直放在（20±1）℃水中养护，水平放置时刮平面应朝上。试件彼此间应保持一定间距，以让水与试件的六个面接触。养护期间试体之间间隔或试体上表面水深不得小于 5mm。

（5）每个养护池只养护同类型的水泥试件。最初用自来水装满养护池，随后随时加水保持适当的恒定水位，不允许在养护期间全部换水。

（6）除 24h 龄期或延迟至 48h 脱模的试体外，任何到龄期的试体应在试验（破型）前 15min 从水中取出。揩去试体表面沉积物，并用湿布覆盖至试验为止。

强度试验试体的龄期是从水泥加水搅拌开始试验时算起。不同龄期强度试验分别在下列时间里进行：24h±15min、48h±30min、72h±45min、7d±2h、>28d±8h。

12.1.7 强度测定

1. 抗折强度测定

（1）将准备好的试体一个侧面放在试验机支撑圆柱上，试体长轴垂直于支撑圆柱，使试体的两个光滑面接触夹具底上下的两个圆柱，并使指示器归零，旋紧转盘，开动启动按钮进行抗折试验。

（2）机器以（50±10）N/s 的恒定加荷速率加荷，直至试件折断。保持两个断成半截的棱柱体处于潮湿状态直至抗压试验。

（3）各试体的抗折强度可通过抗折仪的标尺直接读出，精确至 0.1MPa。

抗折强度测定结果评定：以一组三个棱柱体抗折强度实测的平均值作为试验结果，当三个强度值中有超出平均值±10%数值时，应剔除后再取平均值作为抗折强度试验结果。

2. 抗压强度测定

（1）抗压强度通过水泥恒应力压力试验机进行。将前述试验折后的六个半截棱柱试件放入抗压机具中，受压面是试体成型时的两个侧面，面积为 40mm×40mm。

（2）水泥恒应力压力试验机的恒定加荷速率为（5±0.5）kN/s。

（3）当试件破坏后，按下式计算抗压强度，精确至 0.1MPa。

$$R_c = F_c / A \tag{12-4}$$

式中　R_c——抗压强度，MPa。

　　F_c——破坏时的最大荷载，N。

　　A——受压部分的面积，mm^2，本例为 40mm×40mm＝$1600mm^2$。

抗压强度测定结果评定：以一组三个棱柱体上得到的六个抗压强度测定值的算术平均值作为试验结果。如六个测定值中有一个超出平均值的±10%，应剔除这个结果，而以剩下的五个平均值作为结果；如果这五个测定值中再有超过它们的平均值±10%的数值，则此组结果作废。

3. 结果判定

不同品种不同强度等级的通用硅酸盐水泥，其不同龄期的强度应符合表 12-1 的规定。

【公路水泥胶砂强度】

表 12-1　不同品种和强度等级的通用硅酸盐水泥的不同龄期强度值　　　　　　　单位：MPa

品　　种	硅酸盐水泥						普通硅酸盐水泥				矿渣硅酸盐水泥、火山灰质硅酸盐水泥、粉煤灰硅酸盐水泥、复合硅酸盐水泥					
强度等级	42.5	42.5R	52.5	52.5R	62.5	62.5R	42.5	42.5R	52.5	52.5R	32.5	32.5R	42.5	42.5R	52.5	52.5R
抗压强度　3d	≥17.0	≥22.0	≥23.0	≥27.0	≥28.0	≥32.0	≥17.0	≥22.0	≥23.0	≥27.0	≥10.0	≥15.0	≥15.0	≥19.0	≥21.0	≥23.0
抗压强度　28d	≥42.5		≥52.5		≥62.5		≥42.5		≥52.5		≥32.5		≥42.5		≥52.5	
抗折强度　3d	≥3.5	≥4.0	≥4.0	≥5.0	≥5.0	≥5.5	≥3.5	≥4.0	≥4.0	≥5.0	≥2.5	≥3.5	≥3.5	≥4.0	≥4.0	≥4.5
抗折强度　28d	≥6.5		≥7.0		≥8.0		≥6.5		≥7.0		≥5.5		≥6.5		≥7.0	

12.2　砂子材料试验

本节试验依据 GB/T 14684—2011《建设用砂》和 JGJ 52—2006《普通混凝土用砂、石质量及检验方法标准》进行。

12.2.1　试验目的、取样和仪器

1. 目的

检验砂的各项技术指标是否满足要求，也为混凝土配合比设计提供原材料参数。

2. 取样

（1）按砂的同产地同规格分批取样验收。采用大型工具运输的，以 400m³ 或 600t 为一个验收批；采用小型工具运输的，以 200m³ 或 300t 为一验收批。当砂质量比较稳定、进料量较大时，可以 1000t 为一验收批。不足上述数量时也按一个验收批进行取样验收。

（2）在料堆上取样时，取样部位应均匀分布，取样前先将砂子表层去除，然后从不同部位随机抽取大致等量的砂八份，组成一组样品；从运输带或运输机上取样时，应用与传送带等宽的接料器在机头出料处全断面定时随机抽取大致等量的砂四份，组成一组样品；从火车、汽车、货船上取样时，应从不同部位和深度随机抽取大致等量的砂八份组成一组样品。

（3）将抽取来的试样利用分料器法或采用人工四分法来缩取试样。人工四分法是将所取样品置于平板上，在潮湿状态下拌和均匀，并堆成厚度约为 20mm 的圆饼，沿互相垂直的两条直径把圆饼分成大致相等的四份，取其中对角线的两份重新拌匀，再堆成圆饼。然后重复上述过程，直至把样品缩分到试验所需数量。

（4）常规的砂单项试验取样数量见表 12-2。

表 12-2　单项试验取样数量

序　　号	试验项目	最少取样数量/kg
1	颗粒级配	4.4
2	含泥量	4.4
3	泥块含量	20.0
4	表观密度	2.6
5	堆积密度与空隙率	5.0

3. 仪器

包括鼓风干燥箱、天平、方孔筛、薄筛筒、容量瓶（500mL）、容量筒（1L）及标准漏斗。

12.2.2 表观密度

1. 试验操作

（1）按标准取样，并将试样缩分至约660g，放在（105±5）℃干燥箱中烘干至恒重，待冷却至室温后，分为大致相等的两份备用。

（2）称取干砂试样300g（标为G_0），精确至0.1g。将试样装入容量瓶，注入冷开水至接近500mL刻度处，用手旋转摇动容量瓶使砂样充分摇动，排除气泡，塞紧瓶盖静置24h。然后用滴管小心加水至容量瓶500mL刻度处，塞紧瓶盖，擦干瓶外水分，称出其质量G_1，精确至1g。

（3）倒出瓶内水和试样，洗净容量瓶。在15～25℃范围内，向容量瓶内注入与上一步水温相差不超过2℃的水，至500mL刻度处，塞紧瓶盖擦干瓶外水分，称出其质量G_2，精确至1g。

2. 结果计算

表观密度按下式计算，并精确至10kg/m³。

$$\rho_0 = \left(\frac{G_0}{G_0 + G_2 - G_1} - \alpha_t\right) \times \rho_w \tag{12-5}$$

式中　ρ_0——砂的表观密度，kg/m³；

ρ_w——水的密度，kg/m³；

α_t——水温对表观密度影响的修正系数，见表12-3。

表12-3　水温对砂的表观密度影响的修正系数

水温/℃	15	16	17	18	19	20	21	22	23	24	25
α_t	0.002	0.003	0.003	0.004	0.004	0.005	0.005	0.006	0.006	0.007	0.008

表观密度取两次试验的算术平均值，如两次结果之差大于20kg/m³，应重新取样。

3. 结果判定

砂的表观密度应符合不小于2500kg/m³的规定。

【砂的表观密度】

12.2.3 堆积密度

按标准规定取样，用搪瓷盘装取试样约3L，放在（105±5）℃干燥箱中烘干至恒重，待冷却至室温后，筛除大于4.75mm的颗粒，分为大致相等的两份备用。

1. 松散堆积密度的测定

取试样一份，用漏斗将试样从容量筒中心上方50mm处徐徐倒入，以自由落体形态落下。当容量筒上部试样呈锥体且容量筒四周溢满时，停止加料。然后用直尺沿筒口中心线向两边刮平（试验过程应防止触动容量筒），称出试样和容量筒总质量G_1，精确至1g。

2. 紧密堆积密度的测定

取试样一份分两次装入容量筒。装完第一层后（约计稍高于1/2），在筒底垫放一根直径10mm的圆钢，将筒按住，左右交替击地面各 25 下。然后装入第二层，装满后，用同样方法颠实（但筒底所垫圆钢的方向与第一层时的方向垂直）后，再加试样直至超过筒口，然后用直尺沿筒口中心线向两边刮平，称出试样和容量筒总质量 G_1，精确至 1g。

3. 结果计算

松散堆积密度或紧密堆积密度按下式计算，精确至 $10\mathrm{kg/m^3}$。

$$\rho_1 = \frac{G_1 - G_0}{V} \qquad (12-6)$$

式中　　ρ_1——砂堆积密度，$\mathrm{kg/m^3}$；

　　G_0——容量筒质量，g；

　　V——容量筒的容积，L。

取两次试验结果的算术平均值作为计算结果。

4. 结果判定

砂的松散堆积密度应符合不小于 $1400\mathrm{kg/m^3}$ 的规定。

5. 容量筒的校准方法

将温度为 $(20\pm2)℃$ 的饮用水装满容量筒，用一玻璃板沿筒口推移，使其紧贴水面。擦干筒外壁水分，然后称其质量 G_1，精确至 1g。容量筒容积 V 按下式计算，精确至 1mL。

$$V = G_1 - G_0 \qquad (12-7)$$

式中　　V——容量筒容积，mL；

　　G_1——带玻璃板的装满水的容量筒的质量，g；

　　G_0——容量筒和玻璃板的质量，g。

12.2.4　颗粒级配

实验室的温度应保持在 $(20\pm5)℃$。

1. 试验操作

（1）按规定取样，筛除大于 9.50mm 的颗粒，并将试样缩分至约 1100g，放在 $(105\pm5)℃$ 干燥箱中烘干至恒重，待冷却至室温后，分为大致相等的两份备用。

（2）称取试样 500g，精确至 1g。套筛按孔径大小从上到下组合，分别为 4.75mm、2.36mm、1.18mm、600μm、300μm、150μm 和筛底。将试样倒入套筛上，盖上筛盖，把套筛置于摇筛机上，摇 10min。

（3）取下套筛，按筛孔大小顺序再逐个用手筛，筛至每分钟通过量小于试样总量 0.1% 止。通过的试样并入下一号筛中，并和下一号筛中的试样一起过筛，按这样顺序逐个进行筛，直至各号筛全部筛完。

（4）称出各号筛和筛底上的筛余量，精确至 1g，试样在各号筛上的筛余量不得超过下式计算出的量。

$$G = \frac{A\sqrt{d}}{200} \qquad (12-8)$$

式中　　G——在某一个筛上的筛余量，g；

　　A——筛面面积，$\mathrm{mm^2}$；

　　d——筛孔尺寸，mm。

超过时应按下列方法之一处理。

① 将该粒级试样分成少于按式(12-8)计算出的量 G 若干份，分别筛分，并以筛余量之和作为该号筛的筛余量。

② 将该粒径及以下各粒级的筛余混合均匀，称其质量。再用四分法缩至大致相等的两份，取其中一份，称其质量，继续筛分。计算该粒级及以下各粒级的分计筛余量时，应根据缩分比例进行修正。

对砂试样筛分后，如每号筛的筛余量与筛底的剩余量之和同原试样质量之差超过 1%，应重新试验。

2. 结果计算

(1) 计算分计筛余百分率，即各号筛的筛余量与试样总量之比，精确至 0.1%。

(2) 计算累计筛余百分率，即该号筛的分计筛余百分率与该号筛以上各筛的分计筛余百分率之和，精确至 0.1%。

(3) 按下式计算细度模数 M_x，精确至 0.01。

$$M_x = \frac{(A_2 + A_3 + A_4 + A_5 + A_6) - 5A_1}{100 - A_1} \tag{12-9}$$

式中 $A_1 \sim A_6$ 的含义见表 4-6。

累计筛余百分率取两次试验结果的算术平均值，精确至 1%。细度模数取两次试验结果的算术平均值，精确至 0.1；当两次试验的细度模数之差超过 0.20 时，应重新试验。

3. 结果评定

砂的颗粒级配应符合表 12-4 的规定。对于砂浆用砂，4.75mm 筛孔累计筛余量应为 0。砂的实际颗粒级配除 4.75mm 和 600μm 筛档外，可以略有超出，但各级累计筛余超出值总和应不大于 5%。

表 12-4 级配类别

类别	I	II	III
级配区	2 区	1、2、3 区	

12.3 普通混凝土试验

本节试验依据 JGJ 55—2011《普通混凝土配合比设计规程》、GB/T 50080—2016《普通混凝土拌合物性能试验方法标准》、GB/T 50081—2002《普通混凝土力学性能试验方法标准》、GB/T 50107—2010《混凝土强度检验评定标准》等规范进行。

12.3.1 混凝土实验室拌和方法

1. 一般规定

(1) 拌制混凝土的原材料应符合技术要求，并与实际施工材料相同，拌和前材料的温度应与室温相同，宜保持（20±5）℃，水泥如有结块，应用 64 孔/cm² 筛过筛后方可使用。

(2) 配料时以质量计，称量精度要求：砂、石为 ±1%，水、水泥掺合料、外加剂为 ±0.5%。

(3) 砂、石骨料质量以干燥状态为基准。

(4) 从试样制备完毕到开始做各项性能试验，不宜超过 5min。

2. 主要仪器设备

混凝土搅拌机（容量 50～100L，转速 18～22r/min）、台秤（称量 50kg，感量 50g）、量筒（500mL、100mL）、天平、拌铲与拌板等。

3. 拌和步骤

1）人工拌和方法

（1）按所定配合比称取各材料用量。

（2）将拌板和拌铲用湿布润湿后，把称好的砂倒在铁拌板上，然后加水泥，用铲自拌板一端翻拌至另一端，如此重复，拌至颜色均匀，再加入石子翻拌混合均匀。

（3）将干混合料堆成堆，在中间作一凹槽，在凹槽中将已称量好的水倒一半左右，仔细翻拌，注意不要使水流出；然后再加入剩余的水，继续翻拌，其间每翻拌一次，用拌铲在拌合物上铲切一次，直至拌和均匀。

（4）拌和时力求动作敏捷，拌和时间自加水时算起，应符合标准规定：30L 时拌 4～5min，30～50L 时拌 5～9min，51～75L 时拌 9～12min。

2）机械搅拌

（1）按给定的配合比称取各材料用量。

（2）用按配合比称量的水泥、砂、水及少量石子在搅拌机中预拌一次，使水泥砂浆部分黏附搅拌机的内壁及叶片上，并刮去多余砂浆，以避免影响正式搅拌时的配合比。

（3）依次向搅拌机内加入石子、砂和水泥，开动搅拌机干拌均匀后，再将水徐徐加入，全部加料时间不超过 2min，加完水后再继续搅拌 2min。

（4）将拌合物自搅拌机卸出，倾倒在铁板上，再经人工拌和 2～3 次，即可做拌合物的各项性能试验或成型试件。从开始加水起，全部操作必须在 30min 内完成。

12.3.2 混凝土拌合物稠度试验

拌合物稠度试验分坍落度法和维勃稠度法两种，前者适用于坍落度值不小于 10mm 的塑性和流动性混凝土拌合物的稠度测定，后者适用于维勃稠度在 5～30s 的干硬性混凝土拌合物的稠度测定。要求骨料最大粒径均不得大于 40mm。

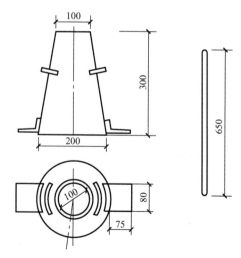

图 12.4 坍落度筒及捣棒

1. 坍落度测定

1）主要仪器设备

包括坍落度筒（截头圆锥形，由薄钢板或其他金属板制成，形状和尺寸见图 12.4）、捣棒（端部应磨圆）、装料漏斗、小铁铲、钢直尺及镘刀等。

2）试验步骤

（1）首先用湿布润湿坍落度筒及其他用具，将坍落度筒置于铁板上，漏斗置于坍落度筒顶部并用双脚踩紧踏板。

（2）用铁铲将拌好的混凝土拌合料分三层装入筒内，每层高度约为筒高的 1/3。每层用捣棒沿螺旋方向由边缘向中心插捣 25 次。插捣底层时应贯穿整个深度，插捣其他两层时捣棒应插至下一层的表面。

（3）插捣完毕后，除去漏斗，用镘刀括去多余拌合物并抹平，清除筒四周拌合物，在 5～10s 内垂直平稳地提起坍落度筒。随即量测筒高与坍落后的混凝土试体最高点之间的高度差，即为混凝土拌合物的坍落度值。

（4）从开始装料到坍落度筒提起整个过程应在 150s 内完成。当坍落度筒提起后，混凝土试体发生崩坍或一边剪坏现象，应重新取样测定坍落度，如第二次仍出现这种现象，则表示该拌合物和易性不好。

（5）在测定坍落度过程中，应注意观察混凝土黏聚性与保水性。

（6）当混凝土拌合物的坍落度大于 220mm 时，用钢尺测量混凝土扩展后最终的最大和最小直径，当其差值小于 50mm 时，取其平均值作为坍落扩展度值，否则此次试验无效。

3）试验结果

（1）稠度。稠度以坍落度和坍落扩展度表示，单位 mm，精确至 1mm，结果修约至 5mm。

（2）黏聚性。黏聚性以捣棒轻敲混凝土锥体侧面，如锥体逐渐下沉，表示黏聚性良好；如锥体倒坍、崩裂或石子离析，表示黏聚性不好。

（3）保水性。提起坍落度筒后，如底部有较多稀浆析出，锥体部分的拌合物也因失浆而骨料外露，即表明保水性不好。如无稀浆或少量稀浆析出，则表明保水性良好。

【混凝土坍落度试验】

2．维勃稠度测定

1）主要仪器设备

（1）维勃稠度仪，其结构如图 12.5 所示，其组成包括振动台、容器、坍落度筒、旋转架、测杆、喂料斗、透明圆盘、套筒等。测杆或喂料斗的轴线应与容器的轴线重合。

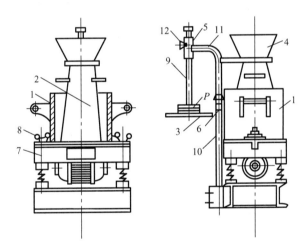

图 12.5　维勃稠度仪

1—容器；2—坍落度筒；3—透明圆盘；4—喂料斗；5—套筒；6—定位螺钉；7—振动台；

8—固定螺钉；9—测杆；10—支柱；11—旋转架；12—测杆螺钉

（2）秒表（精度 0.5s）、捣棒、水铲等。

2）试验步骤

（1）将维勃稠度仪放置在坚实水平的基面上。用湿布将容器、坍落度筒、喂料斗内壁及其他用具擦湿。就位后将测杆、喂料斗和容器调整在同一轴线上，后拧紧固定螺钉。

（2）将混凝土拌合料经喂料斗分三层装入坍落度筒，装料与捣实方法同坍落度试验。

（3）将喂料斗转离，垂直平稳地提起坍落度筒，应注意不使混凝土试体产生横向扭动。

（4）将圆盘转到混凝土试体上方，放松测杆螺钉，降下透明圆盘，使其轻轻接触到混凝土试体顶面，拧紧定位螺钉。

【混凝土维勃稠度试验】

（5）开启振动台，同时用秒表计时，在振至透明圆盘的底面被水泥浆布满的瞬间关闭振动台，并停表计时。

3）试验结果

由秒表读出的时间（s），即为该混凝土拌合物的维勃稠度值。

12.3.3 混凝土拌合物表观密度测定试验

1. 主要仪器设备

（1）容量筒。若骨料最大粒径不大于 40mm，容量筒为 5L；当粒径大于 40mm 时，容量筒内径与高均应大于骨料最大粒径 4 倍。

（2）台秤。称量 50kg，感量 50g。

（3）振动台。频率为（3000±200）次/min，空载振幅为（0.5±0.1）mm。

2. 试验步骤

（1）润湿容量筒，称其质量 m_1（kg），精确至 50g。

（2）将配制好的混凝土拌合料装入容量筒并使其密实。若拌合料坍落度不大于 70mm，可用振动台振实，大于 70mm 则用捣棒捣实。

（3）用振动台振实时，将拌合料一次装满，振动时随时准备添料，振至表面出现水泥浆，没有气泡向上冒为止；用捣棒捣实时，混凝土分两层装入，每层插捣 25 次（对 5L 容量筒），每一层插捣完后用橡皮锤轻轻沿容器外壁敲打 5～10 次，直到拌合物表面插捣孔均消失并不见大气泡。

（4）用刮刀将多余料浆刮去并抹平，擦净筒外壁，称出拌合料与筒的总质量 m_2（kg）。

3. 结果计算

按下式计算混凝土拌合物的表观密度 $\rho_{c0测}$，精确至 $10kg/m^3$。

$$\rho_{c0测} = \frac{m_2 - m_1}{V_0} \times 1000 \qquad (12-10)$$

式中　V_0——容量筒体积，L。

12.3.4 混凝土配合比的试配与确定

1. 混凝土配合比试配

（1）按混凝土计算配合比确定的各材料用量 C_0、S_0、G_0 及 W_0 等进行称量，然后进行拌和及稠度试验，以检验拌合物的性能。

（2）和易性调整。若配制的混凝土拌合物坍落度（或维勃稠度）不能满足要求，或黏聚性和保水性不好时，应进行和易性调整。

当坍落度过小时，须在水胶比 W/B 不变的前提下分次掺入备用的 5% 或 10% 的水泥浆，直至符合要求；当坍落度过大时，可保持砂率不变，酌情增加砂和石子；当黏聚性、保水性不好时，可适当改变砂率。调整中应尽快拌和均匀后重做稠度试验，直到符合要求，从而得出检验混凝土用的基准配合比。

（3）以混凝土基准配合比中的基准 W/B 和基准 $W/B±0.05$（高强混凝土基准为 $W/B±0.03$），配制三组不同的配合比，其用水量不变，砂率可增加或减少 1%。制备好拌合物，应先检验混凝土的稠度、黏聚性、保水性及拌合物的表观密度，然后每种配合比制作一组（三块）试件，标准养护 28d 试压。

2. 混凝土配合比设计值的确定

（1）根据试验所得到的不同 W/B 的混凝土强度，用作图法或计算方法求出与配制强度相对应的灰水比 B/W，并初步求出每立方米混凝土的材料用量。

用水量 W：取基准配合比中的用水量值，并根据制作强度试件时测得的坍落度（或维勃稠度）值，加以适当调整。

胶凝材料用量 B：取用水量乘以经试验定出的、为达到配制强度所必需的水胶比。

粗、细骨料用量 G 与 S：取基准配合比中粗、细骨料用量，并作适当调整。

（2）配合比表观密度校正。设混凝土计算表观密度为 $\rho_{c0计}$，表观密度为 $\rho_{c0测}$，则校正系数 δ 为

$$\delta = \rho_{c0测}/\rho_{c0计} \tag{12-11}$$

式中 $\rho_{c0计}=W+B+S+G$。

当表观密度的实测值与计算值之差不超过计算值的 2% 时，不必校正，上述确定的配合比即为配合比的设计值；当两者差值超过 2% 时，则须将配合比中每项材料用量均乘以校正系数 δ，即为最终定出的混凝土配合比设计值。

12.3.5 混凝土的成型与养护

1. 试件的制作

（1）成型前，应检查试模尺寸是否符合要求，并将试模擦净，在其内表面上涂一薄层矿物油或脱模剂。

（2）根据混凝土拌合物的稠度确定混凝土成型方法，坍落度不大于 70mm 的混凝土宜用振动台振实，大于 70mm 的混凝土宜用捣棒人工捣实。

（3）拌制好的混凝土拌合物应至少用铁锹再来回拌和三次。应按骨料选择试模，见表 12-5。

表 12-5 根据骨料尺寸选择试模

试件尺寸	每块试件体积/L	骨料最大粒径/mm	每次插捣次数/次	抗压强度换算系数
100mm×100mm×100mm	3.0	31.5	12	0.95
150mm×150mm×150mm	3.375	37.5	25	1.0
200mm×200mm×200mm	8.0	63.0	50	1.05
100mm×100mm×100mm	4.0	31.5	50	0.85
150mm×150mm×150mm	12.375	37.5	50	1.0

2. 试件的成型

试件的成型方式，有振动台成型、人工插捣成型和插入式振捣棒振实成型。在实验室中多采用振动台成型，操作方法是将混凝土拌合物一次装入试模，装料时应用抹刀沿各试模壁插捣，并使混凝土拌合物高出试模口；试模应附着或固定在振动台上，振动时试模不得有任何跳动，振动应持续到表面出浆为止，不得过振。

刮除试模上口多余的混凝土，待混凝土临近初凝时，用抹刀抹平。成型完毕后，在每个试块上面用墨笔标出班组、组数、强度等级和日期。

3. 试件的养护

（1）试件成型后，应立即用不透水的塑料薄膜覆盖表面。

（2）采用标准养护的试件，应在温度为（20±5）℃的环境中置1～2昼夜，然后编号、拆模。拆模后应立即放入温度为（20±2）℃、相对湿度为95%以上的标准养护室中养护，或在温度为（20±2）℃的不流动的 $Ca(OH)_2$ 饱和溶液中养护。标准养护室内的试件应放在支架上，彼此间隔10～20mm；试件表面应保持潮湿，并不得被水直接冲淋。

（3）同条件养护试件的拆模时间可与实际构件的拆模时间相同，拆模后，试件仍需保持同条件养护。

（4）标准养护至所需龄期（从搅拌加水开始计时）。

12.3.6　混凝土立方体抗压强度测定

1. 试验操作

（1）试件从养护地点取出后应及时进行试验，将试件表面与上下承压板面擦干净。

（2）将试件安放在压力试验机的下压板或垫板上，试件的承压面应与成型时的顶面垂直，试件的中心应与试验机下压板中心对准。开动试验机，当上压板与试件或钢垫板接近时，调整球座，使接触均衡。

（3）在试验过程中应连续均匀地加荷，混凝土强度等级＜C30时，加荷速度取0.3～0.5MPa/s；混凝土强度≥C30且＜C60，加荷速度取0.5～0.8MPa/s；混凝土强度≥C60时，加荷速度取0.8～1.0MPa/s。

（4）当试件接近破坏开始急剧变形时，应停止调整试验机油门，直至试件破坏，然后记录破坏荷载。

2. 强度计算

按下式进行混凝土立方体抗压强度计算，精确至0.1MPa。

$$f_{cc} = F/A \tag{12-12}$$

式中　f_{cc}——混凝土立方体试件抗压强度，MPa；

　　　F——试件破坏荷载，N；

　　　A——试件承压面面积，mm^2。

当混凝土强度等级＜C60时，用非标准试件测得的强度值均应乘以尺寸换算系数，其值对200mm×200mm×200mm试件为1.05，对100mm×100mm×100mm试件为0.95；当混凝土强度等级≥C60时，宜采用标准试件，使用非标准试件时，尺寸换算系数应由试验确定。

3. 结果判定

（1）以三个试件测量值的算术平均值作为该组试件的强度值，精确至0.1MPa。

（2）三个测量值的最大值或最小值中，如果有一个与中间值的差值超过中间值的15%，则把最大值及最小值一并舍除，取中间值作为该组试件的抗压强度值。

（3）如果最大值和最小值与中间值的差值均超过中间值的15%，则该组试件的强度不作为评定的依据。

【混凝土抗压强度试验】

4. 混凝土强度等级评定

根据 GB/T 50107—2010《混凝土强度检验评定标准》规定，混凝土强度应分批进行检验评定，一个验收批应由强度等级相同、配合比与生产工艺基本相同的混凝土组成。

混凝土强度等级评定，可采用统计方法或非统计方法进行，其强度质量合格性评定方法见表 12-6。

表 12-6　混凝土强度质量合格性评定方法

评定方法	合格判定条件	备　　注
统计方法一	① $\overline{f}_{cu} \geqslant f_{cu,k} + 0.7\sigma_0$ ② $f_{cu,min} \geqslant f_{cu,k} - 0.7\sigma_0$ 且当 $f_{cu,k} \leqslant 20\text{MPa}$ 时，$f_{cu,min} \geqslant 0.85 f_{cu,k}$； 当 $f_{cu,k} > 20\text{MPa}$ 时，$f_{cu,min} > 0.90 f_{cu,k}$ 式中　$\overline{f}_{cu}$——同批三组试件抗压强度平均值，MPa； 　　　$f_{cu,min}$——同批三组试件抗压强度中的最小值，MPa； 　　　$f_{cu,k}$——混凝土强度等级标准值，MPa； 　　　σ_0——检验批的混凝土强度标准差，当 σ_0 计算值 $<2.5\text{MPa}$ 时应取 2.5MPa	检验批混凝土强度标准差按下式确定： $$\sigma_0 = \sqrt{\dfrac{\sum\limits_{i=1}^{n} f_{cu,i}^2 - 3n\overline{f}_{cu}^2}{n-1}}$$ 式中　n——用以确定该验收批混凝土强度标准差 σ 的数据总批数（样本容量）。 　　　$f_{cu,i}$——前一检验期内同一品种、同一强度等级的 i 组混凝土试件的立方体抗压强度代表值，MPa；该检验期不少于 60d，也不得大于 90d
统计方法二	① $\overline{f}_{cu} \geqslant f_{cu,k} + \lambda_1 S_n$ ② $f_{cu,min} \geqslant \lambda_2 f_{cu,k}$ 式中　$\overline{f}_{cu}$——n 组混凝土试件抗压强度平均值，MPa； 　　　$f_{cu,min}$——同批三组试件抗压强度中的最小值，MPa； 　　　$f_{cu,k}$——混凝土强度等级标准值； 　　　λ_1、λ_2——合格判定系数，按右表选取； 　　　S_n——n 组混凝土试件抗压强度标准差，MPa，$S_n \geqslant 2.5\text{MPa}$	一个验收批混凝土试件组数 $n>10$ 时，n 组混凝土试件强度标准差 S_n 按下式计算： $$S_n = \sqrt{\dfrac{\sum\limits_{i=1}^{n} f_{cu,i}^2 - n\overline{f}_{cu}^2}{n-1}}$$ 式中　$f_{cu,i}$——第 i 组混凝土试件强度，MPa。 混凝土强度合格评定系数表 {{TABLE}}
非统计方法	① $\overline{f}_{cu} \geqslant \lambda_3 f_{cu,k}$ ② $f_{cu,min} \geqslant 0.95 f_{cu,k}$	一个验收批的试件组数若小于 10 组，当混凝土强度等级不超出 C60 时，$\lambda_3 = 1.15$；超出 C60 时，$\lambda_3 = 1.10$

混凝土强度合格评定系数表

试件组数	10~14	15~19	$\geqslant 20$
λ_1	1.15	1.05	0.95
λ_2	0.9	0.85	0.85

12.3.7　混凝土劈裂抗拉强度试验

1. 主要仪器设备

（1）压力机。量程 200~300kN。

（2）垫条。采用直径 150mm 的钢制弧形垫条，其长度不短于试件的边长。

（3）垫层。加放于试件与垫条之间，为木质三合板，宽 15~20mm，厚 3~4mm，长度不短于试件的边长。垫层不得重复使用。混凝土劈裂抗拉试验装置如图 4.18 所示。

（4）试件成型用试模及其他器具。与混凝土抗压强度试验相同。

2. 试验步骤

（1）按制作抗压强度试件的方法成型试件，每组三块。

（2）从养护室取出试件后，应及时进行试验。将表面擦干净，在试件成型面与底面中部画线定出劈裂面的位置，劈裂面应与试件的成型面垂直。

（3）测量劈裂面的边长并精确至1mm，计算出劈裂面面积 $A(mm^2)$。

（4）将试件放在试验机下压板的中心位置，降低上压板，分别在上、下压板与试件之间加垫条与垫层，使垫条的接触母线与试件上的荷载作用线准确对正。

（5）开动试验机，使试件与压板接触均衡后，连续均匀地加荷，加荷速度如下：混凝土强度等级低于C30时，取 $0.02 \sim 0.05 MPa/s$；在 C30～C60 时，取 $0.05 \sim 0.08 MPa/s$；高于C60时，取 $0.08 \sim 0.10 MPa/s$。加荷至破坏，记录破坏荷载 $P(N)$。

3. 结果计算

（1）按下式计算混凝土的劈裂抗拉强度 f_{st}。

$$f_{st} = \frac{2P}{\pi A} = 0.637 \frac{P}{A} \qquad (12-13)$$

（2）以三个试件测量值的算术平均值作为该组试件的劈裂抗拉强度值，精确到0.01MPa。其异常数据的取舍与混凝土抗压试验同。

（3）采用150mm×150mm×150mm立方体试件作为标准试件，如采用100mm×100mm×100mm立方体试件时，试验所得的劈裂抗拉强度值应乘以尺寸换算系数0.85。

12.3.8 混凝土抗折强度测定

抗折强度试件在长向中部1/3区段内不得有表面直径超过5mm、深度超过2mm的孔洞。试件的支座和加荷头应采用直径为20～40mm、长度不小于 $(b+10)mm$ 的硬钢圆柱，其中 b 为试件截面宽度，支座立脚点固定铰支，其他应为滚动支点。混凝土抗折试验装置如图4.19所示。

1. 试验操作

（1）试件从养护地取出后应及时进行试验，将试件表面擦干净。

（2）按图4.19所示安装试件，安装尺寸偏差不得大于1mm。试件的承压面应为试件成型时的侧面。支座及承压面与圆柱的接触面应平稳、均匀，否则应垫平。

（3）施加荷载应保持均匀、连续。当混凝土强度等级<C30时，加荷速度取 $0.02 \sim 0.05 MPa/s$；当混凝土强度等级为 C30～C60 时，加荷速度取 $0.05 \sim 0.08 MPa/s$；当混凝土强度≥C60 时，加荷速度取 $0.08 \sim 0.10 MPa/s$。至试件接近破坏时，应停止调整试验机油门，直至试件破坏。

2. 结果计算

若试件下边缘断裂位置处于两个集中荷载作用线之间时，抗折强度 f_f 按下式计算，精确到0.1MPa。

$$f_f = \frac{Fl}{bh^2} \qquad (12-14)$$

式中　f_f——混凝土抗折强度，MPa；

　　　F——试件破坏荷载，kN；

　　　l——支座间跨度，mm；

　　　h——试件截面高度，mm；

　　　b——试件截面宽度，mm。

当试件尺寸为 100mm×100mm×400mm 非标准试件时，应乘以尺寸换算系数 0.85；当混凝土强度等级≥C60 时，宜采用标准试件；使用非标准试件时，尺寸换算系数应由试验确定。

3. 结果判定

三个试件中若有一个折断面位于两个集中荷载之外，则混凝土抗折强度值按另两个试件的试验结果计算。若这两个测量值的差值不大于这两个测量值的较小值的 15%，则该组试件的抗折强度值按这两个测量值的平均值计算，否则该组试件的试验无效。若有两个试件的下边缘断裂位置位于两个集中荷载作用线之外，则该组试件试验无效。

12.4 钢 材 试 验

本节试验依据 GB 1499.1—2017《钢筋混凝土用钢 第 1 部分：热轧光圆钢筋》、GB 1499.2—2018《钢筋混凝土用钢 第 2 部分：热轧带肋钢筋》、GB/T 228.1—2010《金属材料 拉伸试验 第 1 部分：室温试验方法》、GB/T 228.2—2015《金属材料 拉伸试验 第 2 部分：高温试验方法》和 GB/T 232—2010《金属材料 弯曲试验方法》标准，对钢筋进行拉伸、冷弯等力学性能试验。

12.4.1 取样

(1) 同一牌号、同一炉罐号、同一规格的钢筋每 60t 为一批，超过 60t 的部分，每增加 40t 增加一个拉伸试验试样和一个弯曲试验试样。

(2) 允许同一牌号、同一冶炼方法、同一浇筑方法的不同炉罐号组成混合批，但各炉罐号含碳量之差不大于 0.02%，含锰量之差不大于 0.15%。组合批的质量不大于 60t。

(3) 拉伸、弯曲试验时，试样不允许进行车削加工；试验应在 10～35℃的温度下进行，否则应在报告中注明。

(4) 每批钢筋的检验项目，取样方法及试验方法应符合表 12-7 的规定。

表 12-7 钢筋取样方法及试验方法

序号	检验项目	取样数量	取样方法	试验方法标准
1	拉伸	2 根	任选 2 根钢筋切取，长度约 500mm	GB/T 228.1—2010
2	弯曲	2 根	任选 2 根钢筋切取，长度约 400mm	GB/T 232—2010
3	尺寸	逐根（盘）	—	GB/T 1499
4	表面	逐根（盘）	—	GB/T 1499
5	质量偏差	不少于 5 根	从不同钢筋上截取，每根长度不小于 500mm；测量试样总质量时，精确至不大于总质量的 1%	GB/T 1499

12.4.2 试验准备

(1) 试验前检查钢筋表面有无锈蚀、剥皮、砂眼等情况，若有这些情况应做好记录。

(2) 切取试件时，不可以采用热加工如烧割法。试验应在室内温度 10～30℃下进行。

(3) 用钢筋标距打点机标出两个拉伸试件的原始标距 L_0，并测量 L_0 的长度，精确至 0.1mm，

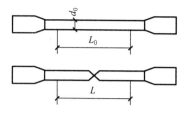

图 12.6　钢筋标距的测量

如图 12.6 所示。应用小标记、细划线或细墨线标记，但不得用引起过早断裂的缺口做标记。对于比例试样，如果原始标距的计算值与其标记值之差小于 $10\%L_0$，可将原始标距的计算值按 GB/T 8170—2008 修约至最接近 5mm 的倍数。原始标距的标记应准确到 $\pm1\%$。如夹持长度比原始标距长许多，可以标记一系列套叠的原始标距。有时，可以在试样表面划一条平行于试样纵轴的线，并在此线上标记原始标距。一般来说，原始标距 $L_0=5d_0$（或 $10d_0$），试件的夹持长度 $L_c=L_0+2d_0$。计算钢筋强度用横截面面积和理论质量时，可采用表 12-8 所列数据。

表 12-8　计算钢筋强度时采用横截面面积和理论质量数据

公称直径 /mm	公称横截面 面积/mm²	理论质量 /(kg/m³)	公称直径 /mm	公称横截面 面积/mm²	理论质量 /(kg/m³)
6	28.27	0.222	22	380.1	2.98
8	50.27	0.395	25	490.9	3.85
10	78.54	0.617	28	615.8	4.83
12	113.1	0.888	32	804.2	6.31
14	153.9	1.21	36	1018	7.99
16	201.1	1.58	40	1257	9.87
18	254.5	2.00	50	1964	15.42
20	314.2	2.47			

注：表中理论质量按密度 7850kg/m³ 计算。

（4）试验机的测力系统应按照 GB/T 16825.1—2008 进行校准，并且其准确度应为 1 级或优于 1 级。引伸计的准确度级别应符合 GB/T 12160—2002 的要求。

（5）在试验加载链装配完成后，试样两端被夹持之前，应设定力测量系统的零点。一旦设定了力值零点，在试验期间定力测量系统不能再发生变化。

12.4.3　钢筋室温拉伸试验

1. 主要仪器设备

（1）材料拉力试验机，其示值误差不大于 1%；试验时所用荷载应在最大荷载的 20%～80% 范围内。
（2）钢筋划线机、游标卡尺（精度为 0.1mm）、天平等。

2. 试验步骤

（1）钢筋试样不经车削加工，其长度要求如图 12.7 所示。
（2）在试样范围内，等分划线（或打点）、分格、定标距。测量标距长度 l_0，精确至 0.1mm。
（3）测量试件长度并称量。
（4）不经车削试件，按质量法计算截面面积 A_0（mm²），公式为

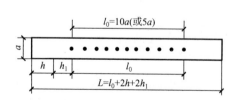

图 12.7　不经车削的试件

$$A_0 = \frac{m}{7.85L}$$
(12 - 15)

式中　m——试件质量，g；

　　　L——试件长度，cm；

　　7.85——钢材密度，g/cm^3。

根据 GB 1499.1—2007～GB 1499.2—2007 的规定，计算钢筋强度用截面面积采用公称横截面面积，故计算出钢筋受力面积后，应据此取靠近的公称受力面积 A（保留 4 位有效数字）。

（5）将试件上端固定在试验机上夹具内、调整试验机零点，展好描绘器、纸、笔等，再用下夹具固定试件下端。

（6）开动试验机进行拉伸，拉伸速度如下：屈服前应力增加速度是 6～60MPa/s；屈服后试验机活动夹头在荷载下移动，速度为所夹持试件应变速率 0.00025～0.0025/s 或不大于 0.008/s，直至试件拉断。

（7）拉伸中，描绘器或电脑自动绘出荷载-变形曲线，由刻度盘指针及荷载变形曲线读出屈服荷载 P_s（指针停止转动或第一次回转时的最小荷载）与最大极限荷载 P_b(N)。

（8）测量拉伸后的标距长度 l_1。将已拉断的试件在断裂处对齐，尽量使其轴线位于一条直线上。如断裂处到邻近标距端点的距离大于 $l_0/3$，可用卡尺直接量出 l_1。如断裂处到邻近标距端点的距离小于或等于 $l_0/3$，可按下述移位法确定 l_1：在长段上自断点起，取等于短段格数得 B 点，再取等于长段所余格数〔偶数见图 12.8(a)〕之半得 C 点；或者取所余格数〔奇数见图 12.8(b)〕减 1 与加 1 之半得 C 与 C_1 点。则移位后的 l_1 分别为 $|AB|+2|BC|$ 或 $|AB|+|BC|+|BC_1|$。如用直接量测所得的伸长率能达到标准值，则可不采用移位法。

3. 结果计算

（1）屈服强度 σ_s 按下式计算，精确至 1MPa。

$$\sigma_s = P_s/A$$
(12 - 16)

（2）极限抗拉强度 σ_b 按下式计算，精确至 1MPa。

$$\sigma_b = P_b/A$$

（3）断后伸长率 δ 按下式计算，精确至 0.5%。

$$\delta_5 \text{（或 } \delta_{10}) = \frac{l_1 - l_0}{l_0} \times 100\%$$
(12 - 17)

式中　δ_{10}、δ_5——分别表示 $l_0 = 10a$ 和 $l_0 = 5a$ 时的断后伸长率。

如拉断处位于标距之外，则断后伸长率无效，应重作试验。

（4）最大力下的伸长率 A_{gt} 计算。采用引伸计测得标距 l_0 在最大力作用下长度为 l_2 时。

$$A_{gt} = \frac{l_2 - l_0}{l_0} \times 100\%$$
(12 - 18)

无引伸计时，也可断裂后进行测定和计算。具体方法为：选择 Y 和 V 两个标记，标记之间的距离在拉伸试验前至少为 100mm，且离开夹具的距离都应不小于 20mm 或钢筋公称直径 d（取两者较大值），离开断裂点之间的距离都应不小于 50mm 或钢筋公称直径 $2d$（取两者较大值）。两个标记都应位于夹具离断裂最远的一侧，如图 12.9 所示。

在最大力作用下总伸长率 A_{gt} 可按下式计算。

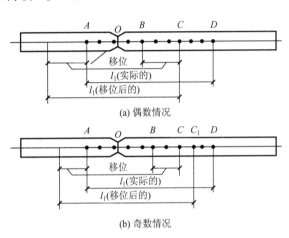

(a) 偶数情况

(b) 奇数情况

图 12.8　用位移法计算标距

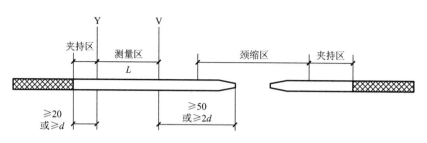

图 12.9　断裂后的测量

$$A_{\mathrm{gt}} = \left(\frac{L - L_0}{L} + \frac{R_{\mathrm{m}}^0}{E} \right) \times 100\% \tag{12-19}$$

式中　L——断裂后的距离，mm；

　　　L_0——原始标距，mm；

　　　R_{m}^0——抗拉强度实测值，MPa；

　　　E——弹性模量，可取 2×10^5 MPa。

测试值的修约方法按 GB/T 228.1—2010《金属材料拉伸试验　第 1 部分：室温试验方法》修约规定：强度 1MPa，屈服点延伸率 0.1%，其余变形为 0.5%。当修约精确至尾数 1 时，按四舍六入五单双方法修约；当修约精确至尾数为 5 时，按二五进位法修约（即精确至 5 时，≤2.5 时尾数取 0，>2.5 且 <7.5 时尾数取 5，≥7.5 时尾数取 0 并向左进 1）。

12.4.4　钢筋冷弯试验

1. 主要仪器设备

全能试验机及具有一定弯心直径的一组冷弯压头。

2. 试验步骤

（1）试件长 $L = 5a + 150$mm，其中 a 为试件直径。

（2）按图 12.10(a) 所示，调整两支辊间的距离为 x，使 $x = (d + 3a) \pm 0.5a$。

（3）选择弯心直径 d。对于 I 级热轧光圆钢筋，取 $d = a$。对于 HRB335、HRB400、HRB500 级的热轧带肋钢筋，$d = 6 \sim 25$mm 时，d 分别为 $3a$、$4a$ 和 $5a$；$d = 28 \sim 50$mm 时，d 分别为 $4a$、$5a$ 和 $7a$。

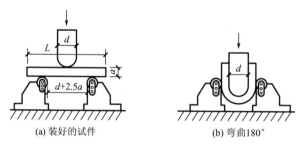

图 12.10　钢筋冷弯试验装置

【钢筋的拉伸、弯曲试验】

（4）将试件按图 12.10(a) 装置好后，平稳地加荷，在荷载作用下，钢筋绕着冷弯压头弯曲到 180°，如图 12.10(b) 所示。

（5）取下试件检查弯曲处的外缘及侧面，如无裂缝、断裂或起层，即判为冷弯试验合格。

12.5　沥　青　试　验

本节试验按 GB/T 4507—2014《沥青软化点测定法　环球法》、GB/T 4508—2010《沥青延度测定法》和 GB/T 4509—2010《沥青针入度测定法》等标准，测定石油沥青的软化点、延度及针入度等技术性质，以评定其牌号与类别。

12.5.1　取样方法

同一批出厂，并且类别、牌号相同的沥青，从桶（或袋、箱）中取样，应在样品表面以下及距容器内壁至少5cm处采取。当沥青为可敲碎的块体时，用干净的工具将其打碎后取样；当沥青为半固体时，则用干净的工具切割取样，取样数量为1～1.5kg。

12.5.2　针入度测定

针入度以标准针在一定的荷载、时间及温度条件下垂直穿入试样的深度表示，单位为1/10mm。

1. 主要仪器设备

（1）针入度计，其组成如图12.11所示。

（2）标准针，由经硬化回火的不锈钢制成，长50mm，洛氏硬度为54～60。针与箍的组件质量应为(2.5±0.05)g，连杆、针与砝码共重（100± 0.05)g。

（3）恒温水浴，容量不少于10L，温度控制在±0.1℃；试样皿；温度计，量程为−8～+50℃，精确至0.1℃；秒表，精确至0.1s。

2. 试验步骤

（1）试样制备。将石油沥青加热至120～180℃，且不超过软化点以上90℃温度下脱水，加热时间不超过30min；用筛过滤，注入试样皿内，注入深度应至少是预计针入深度的120%，如果试样皿的直径小于65mm，而预计其针入度大于200，则每个试验要制备三个样品。将制备好的样品置于15～30℃的空气中冷却1～2h，然后将试样皿移入规定温度的恒温水浴中，恒温1～2h，水浴中水面应高出试样表面10mm以上。

（2）调节针入度计使之水平，检查指针、连杆和轨道，确认无水和其他杂物，无明显摩擦，装好标准针、放好砝码。

（3）从恒温水浴中取出试样皿，放入水温为（25±0.1）℃的平底保温皿中，试样表面以上的水层高度应不小于10mm。将平底保温皿置于针入度计的平台上。

（4）慢慢放下针连杆，使针尖刚好与试样表面接触时固定。拉下活杆，使与针连杆顶端相接触，调节指针或刻度盘使指针指零。然后用手紧压按钮，同时启动秒表，使标准针自由下落穿入沥青试样，经5s后松开按钮，使指针停止下沉。

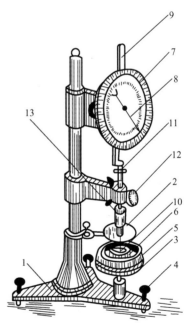

图 12.11　针入度计组成

1—底座；2—小镜；3—圆形平台；
4—调平螺钉；5—保温皿；6—试样；
7—刻度盘；8—指针；9—活杆；
10—标准针；11—连杆；
12—按钮；13—砝码

（5）再拉下活杆使之与标准针连杆顶端接触。这时刻度盘指针所指的读数或其与初始值之差即为试样的针入度；或以自动方式停止锥入，通过数显直接读出针入度值。单位用 1/10mm 表示。

（6）同一试样至少重复测定三次，每次测定前，应检查并调节保温皿内水温，使其保持在（25±0.1）℃，各测点之间及测点与试样皿内壁的距离不应小于 10mm，每次测定后都应将标准针取下，用浸有溶剂（甲苯或松节油等）的布或棉花擦净；当针入度超过 200mm 时，应至少用三根针试验，每次试验用的针留在试样中，直到三根针扎完时再将针从试样中取出。

【沥青针入度试验】

3. 结果评定

取三次针入度测定值的平均值作为该试样的针入度，结果取整数值，三次针入度测定值相差不应大于表 12－9 中的数值。

表 12－9　石油沥青针入度测定值的最大允许差值　　　　　单位：0.1mm

针入度	0～49	50～149	150～249	250～349	350～500
最大差值	2	4	6	8	20

12.5.3　延度测定

延度一般指沥青试样在（25±0.5）℃温度下，以（5±0.25）cm/min 速度拉伸至断裂时的长度，以 cm 计。

1. 主要仪器设备

（1）延度仪，由长方形水槽和传动装置组成，由丝杆带动滑板以（50±5）mm/min 的速度拉伸试样，滑板上的指针在标尺上显示移动距离，如图 12.12 所示。

（2）延度"8"字模，由两个端模和两个侧模组成，如图 12.13 所示。

（3）其他仪器同针入度试验。

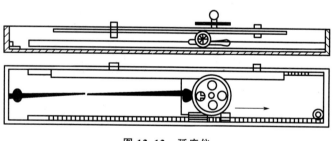

图 12.12　延度仪

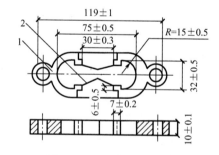

图 12.13　延度"8"字模
1—端模；2—侧模

2. 试验步骤

（1）制备试样。将隔离剂（甘油∶滑石粉＝2∶1）均匀地涂于金属（或玻璃）底板和两侧模的内侧面（端模勿涂），将模具组装在底板上。将加热熔化并脱水的沥青经过滤后，以细流状缓慢自试模一端至另一端注入，经往返几次而注满，并略高出试模。然后在 15～30℃ 环境中冷却 30～40min，放入（25±0.1）℃的水浴中，保持 30min 再取出，用热刀将高出模具的沥青刮去，试样表面应平整光滑，最后移入（25±0.1）℃水浴中恒温 85～95min。

（2）检查延度仪滑板移动速度是否符合要求，调节水槽中水温为（25±0.5）℃，水位高于试样表面不小于 25mm。

（3）从恒温水浴中取出试件，去掉底板与侧模，将其两端模孔分别套在水槽内滑板及横端板的金属小柱上，再检查水温，并保持在（25±0.5）℃。

（4）将滑板指针对零，开动延度仪，观察沥青拉伸情况。测定时，若发现沥青细丝浮于水面或沉入槽底，则应分别向水中加乙醇或食盐水，以调整水的密度与试样密度相近为止，然后再继续进行测定。

（5）当试件拉断时，立即读出指针所指标尺上的读数，即为试样的延度，以 cm 表示。

3. 试验结果

取平行测定的三个试件延度的平均值作为该试样的延度值。若三个测定值与其平均值之差不都在其平均值的 5% 以内，但其中两个较高值在平均值的 5% 以内，应弃去最低值，取两个较高值的算术平均值作为测定结果；否则应重新测定。

【沥青延度试验】

12.5.4 软化点测定

沥青软化点是试样在规定条件下，因受热而下坠达 25mm 时的温度，以℃为单位。

1. 主要仪器设备

（1）软化点测定仪（环与球法），包括 800mL 烧杯、测定架、试样环、套环、钢球、温度计（30～180℃，最小分度值为 0.5℃）等，如图 12.14 所示。

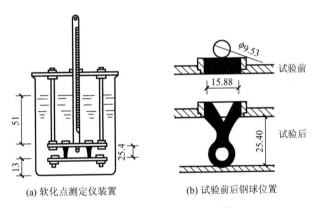

(a) 软化点测定仪装置　　　(b) 试验前后钢球位置

图 12.14　软化点测定仪结构

（2）电炉或其他可调温的加热器、金属板或玻璃板、筛等。

2. 试验步骤

（1）试样制备。将黄铜环置于涂有隔离剂的金属板或玻璃板上，将已加热熔化、脱水且过滤后的沥青试样注入黄铜环内至略高出环面为止。若估计软化点在 120℃ 以上时，应将黄铜环与金属板预热至 80～100℃。将试样在 10℃ 的空气中冷却 30min，用热刀刮去高出环面的沥青，使与环面齐平。

（2）烧杯内注入新煮沸并冷却至（5±1）℃的蒸馏水（估计软化点为 30～80℃ 的试样），或注入预热至（30±1）℃的甘油（估计软化点为 80～157℃ 的试样），液面略低于连接杆上的深度标记。

（3）将装有试样的铜环置于环架上层板的圆孔中，放上套环，把整个环架放入烧杯内，调整液面至深度标记，环架上任何部分均不得有气泡。将温度计由上层板中心孔垂直插入，使水银球与铜环下面齐平，恒温 15min。应使水温保持（5±1）℃或甘油温度保持（30±1）℃。

（4）将同时恒温钢球放在试样上（须使环的平面在全部加热时间内完全处于水平状态），立即加热，使烧杯内水或甘油温度在3min后保持每分钟上升（5±0.5)℃，否则重做。

（5）观察试样受热软化情况，当其软化下坠至与环架下层板面接触（即达25.4mm）时，记下此时的温度，即为试样的软化点，精确至0.5℃。

3. 试验结果

取平行测定的两个试样软化点的算术平均值作为测定结果。若两个软化点测定值相差超过1℃，则重新试验。

【沥青软化点试验】

12.5.5　试验结果评定

（1）石油沥青按针入度来划分其牌号，而每个牌号还应保证相应的延度和软化点。若后者某个指标不满足要求，应予以注明。

（2）石油沥青按其牌号，可分为道路石油沥青、建筑石油沥青、防水防潮石油沥青和普通石油沥青。由上述试验结果，按照标准规定的各技术要求的指标，可确定该石油沥青的牌号与类别。

12.6　沥青混合料试验

12.6.1　试验依据

本节试验依据 JTG E20—2011《公路工程沥青及沥青混合料试验规程》测定沥青混合料的物理常数（表观密度、孔隙率、沥青饱和度）及力学指标（稳定度和流值），借以确定沥青混合料的组成配合比。

12.6.2　试验仪器

（1）马歇尔稳定度仪。最大荷载不小于25kN，精度0.1kN，外形结构如图12.15所示。

（2）试模。试模三组，每组包括内径101.6mm和高87.0mm的圆钢筒、套环和底板各一个。

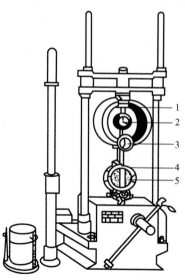

图 12.15　马歇尔稳定度仪
1—应力环；2—千分表；3—流值计；4—加荷压头；5—试件

（3）标准马歇尔击实仪。由击实锤、φ98.5mm 平圆形压实头及导向槽组成。通过机械将击实锤提起，锤重（4536±9)g，从（453.2±1.5)mm 的高度沿导向杆自由落下击实。

（4）电烘箱。电烘箱两台，大、中型各一台，附有温度调节器。

（5）拌和设备。采用能保温的实验室用小型拌合机。

（6）恒温水浴。附有温度调节器，深度不小于 150mm，容量最少能同时放置三组试件。

（7）其他。脱模机、加热设备（电炉或煤气炉）、沥青熔化锅、台秤（称量 5000g，感量 1g）、标准筛、温度计（200℃）、扁凿、滤纸、手套、水桶、搪瓷盘等。

12.6.3　试验准备工作

（1）将石料、砂和石粉分别过筛、洗净，分别装入浅盘中，置于 105～110℃烘箱中烘干至恒重，按骨料试验方法测定各种矿料的表观密度及矿料颗粒组成。

（2）将沥青材料脱水加热至 120～180℃（根据沥青的品种和强度等级确定），各种矿料置烘箱中加热至 140～160℃后备用。需要时可将骨料筛分成不同粒径，按级配要求配料。

（3）将全套试模、击实座等置于烘箱中加热至 100℃后备用。

12.6.4　试件制备

（1）按照各种矿料在混合料中所占的配合比，称出每一组或一个试件所需的材料置于瓷盘中；将粗细骨料置于拌合锅中。将拌合锅中的各种矿料继续加热，并拌匀、摊开，然后加入需要数量的热沥青，迅速拌和均匀。待沥青均匀包裹粗细骨料表面后，加入热矿粉继续拌和，直至色泽均匀。应使混合料保持在温度 130～160℃（石油沥青）或 90～120℃（煤沥青）的范围之内。

（2）称取拌好的混合料约 1200g，均匀分为三份。通过铁漏斗装入垫有一张滤纸的热试模中，并用热刀沿周边插捣 15 次，中间插捣 10 次。

（3）将装好混合料的试模放在击实台上，垫上一张滤纸，加盖预热击实座（达 120～150℃）。把装有击实锤的导向杆插入击实座内，然后将击实锤从 45.7cm 的高度自由落下，如此击实到规定的次数（50～75 次），混合料的击实温度始终不得低于 110℃（石油沥青）或 70℃（煤沥青）。在击实过程中，必须使导向杆垂直于模型的底板。达到击实次数后，将模型倒置，再以同样的次数击实另一面。

（4）卸去套模和底板，将试模放置到冷水中 3～5min 后，置于脱模器上脱出试件。

（5）压实后试件的高度应为（63.5±1.3)mm；试件高度不符合要求时，可按下式调整沥青混合料的用量。

$$调整后混合料的用量(g)=\frac{要求试件高度(mm)×所用混合料实际质量(g)}{制备试件实际高度(mm)} \qquad (12-20)$$

（6）将试件放在平滑的台面上，在室温下静置 12h，测量其高度及密度。

12.6.5　试件表观密度的测定

（1）测量试件的高度。用卡尺量取试件的高度，至少应取圆周等分四个点的平均值作为试件的高度值，准确至 0.01cm。

（2）测定试件的密度。先在天平上称量试件在空气中的质量，然后称其在水中的质量，准确至 0.1g，如试件空隙率大于 2%时应采用蜡封法。然后按以下公式计算试件的表观密度。

$$\rho_M = \frac{m}{m - m_1} \times \rho_w \qquad\qquad (12-21)$$

式中　ρ_M——试件的表观密度，g/cm^3；

　　　　m——试件在空气中的质量，g；

　　　　m_1——试件在水中的质量，g；

　　　　ρ_w——常温水的密度，约为 $1g/cm^3$。

【沥青混合料密度试验】

12.6.6　稳定度值与流值的测定

（1）将测定密度后的试件置于（60±1）℃（石油沥青）或（33.8±1）℃（煤沥青）的恒温浴中保持 30～40min。试件间应有间隔，试件离底板不小于 5cm，并低于水面。

（2）将马歇尔稳定度仪上下压头取下，放入水浴中得到同样的温度。

（3）将上下压头内面拭净，必要时在导杆上涂以少许黄油，使上压头能自由滑动。从水浴中取出试样放在下压头上，再盖上上压头，然后挪到加荷设备上。

（4）将位移传感器插入上压头边缘插孔中，并与下压头上表面接触。

（5）在上压头的球座上放稳钢球，并对准应力环下的压头，然后将应力环中的百分表调零。

（6）开启马歇尔稳定度仪，使试件承受荷载，加荷速度为（50±5）mm/min，当达到最大荷载即荷载开始减小的瞬间，读取马歇尔稳定度值和流值。最大荷载值即为该试件的马歇尔稳定度值 MS（kN），最大荷载值所对应的变形即为流值 FL（mm）。

（7）从恒温水槽中取出试件，到测出最大荷载值的时间不应超过 30s。

12.6.7　试验数据处理与计算

（1）根据应力环标定曲线，将应力环中千分表的读数换算为荷载值即为试件的稳定度，以 kN 计。当采用自动马歇尔稳定度仪时，可直接读记马歇尔稳定度值和流值，并打印出荷载-变形曲线。

【沥青混合料马歇尔
稳定度试验】

（2）流值计中流值表的读数即为试件的流值，以 0.1mm 计。

（3）计算试件的真密度、体积百分率和空隙率，以及矿料的空隙率、试件的饱和度等。

（4）根据试验结果分别绘制沥青表观密度、稳定度、流值、空隙率、饱和度与沥青用量的关系曲线，并对照规范要求确定最佳沥青用量。

12.7　墙体保温性能检测试验

12.7.1　试验目的

为指导建筑节能设计，提供确切可靠的建筑材料热物理性能数据（如比热阻、传热系数等），确保最终建筑体的节能可靠性，有必要对建筑材料及其构件进行非常准确的节能检测，具体要求如下。

（1）学习墙体保温性能检测装置的试验原理，熟悉试验装置的使用情况。

（2）对墙体砌块进行热工参数的检测试验，学会对试验数据的整理。

（3）培养科学的试验研究方法，加深对专业知识的理解，学会独立分析和解决一些工程技术问题的能力。

12.7.2 试验仪器

防护热箱法用于对非透明围护结构传热系数的测定，如垂直试件（自保温砌墙）、水平试件（屋面板、楼板）、建筑保温材料等。测量参照的主要标准为 GB/T 13475—2008《绝热稳态传热性质的测定标定和防护热箱法》。

防护热箱检测装置外观如图 12.16 所示，其集现代计算机技术、测试技术、传感技术及自动化技术于一身，主要由冷室（固定）、移动热室、移动试件框、压缩机组（为冷室提供冷量）、电加热系统及计算机监控系统几部分组成，要求根据 GB/T 13475—2008 标准要求用于建筑墙体（自保温砌块）或板状建筑节能材料及产品的传热性能参数的测定。

图 12.16 防护热箱检测装置外观

12.7.3 试验原理

将试件置于装置内两个不同温度箱体之间，在这两个箱体内分别建立夏季室内外气象条件而进行测试。热箱模拟夏季室外空气温度、风速及辐射条件，冷箱模拟夏季室内空调房间空气温度和风速。经过若干小时的运行，整个装置均达到稳定状态。形成稳定温度场、速度场后，测量试件两侧的空气温度、表面流速、表面防护箱温度及输入热箱的风扇电量和电加热器耗电量，就可以算出试件传热系数 K，从而判别该试件热工性能优劣。

12.7.4 试验内容

根据试件的检查和分析，应初步估计出试件热工性能的可能范围值，并评价可能获得的准确度。

1. 检测设备标定

墙体保温检测设备在投入使用前应进行计量箱壁的标定。

标准试件采用长期存放的 EPS 或 XPS 板，厚度可以是 50~100mm。标准试件可重复多次使用，应小心保存，避免受潮、阳光照射。

标定时，冷箱和计量热箱的温度应根据实际使用情况设定。冷箱温度应与实际使用时一致；计量热箱温度可设定为第一种工况比防护热箱温度低 3~5 ℃、第二种工况比防护热箱温度高 3~5 ℃，而防护热箱的温度始终保持与实际使用时一致。

2. 检测前样品处理

墙体在砌筑过程中要进行润湿处理，含水率较高，加上墙体两侧的砂浆面板、防水层等的存在，短期内水分不易蒸发。因此必须对墙体的含水率进行人工调节，控制墙体的含水率在5%以下，尽量将墙体在干燥状态下进行测试，使检测结果更加接近理论计算值，且各个检测机构的检测结果趋于接近。

3. 参数控制

热室最高温度：30℃　　　　热室温度控制精度：<0.1℃

冷室最低温度：−10℃　　　　冷室温度控制精度：<0.2℃

冷热箱内空气温度应均匀，纵向梯度不超过±0.5℃

制冷机组功率：2.2kW　　　　电暖器功率：500W

传感器精度：0.0625　　　　温差范围：25～50℃

计量热箱的空气流速可采用自然对流形式，冷箱空气流速宜控制在距离试件冷表面50mm处的平均风速为3.0m/s。

12.7.5　试验准备

1. 试件安装

安装前检查试件两侧是否有连通的空气孔，如有应充分填埋。热箱侧的试件表面应平整，保证鼻锥带与试件框表面充分接触，隔绝计量箱内外侧的空气流。

2. 试件表面温度传感器布置

本实验室检测装置试件冷热侧各有五个热电偶，建议每侧面的测点分布为四角各一个、中间一个，且冷热面对称分布。需要注意的是，热电偶端应用硅胶黏合，以增强冷侧面表面温度的准确性。同时应注意避免温度测点过多地布置于热桥处。应测量所有与试件进行辐射换热表面的温度，以便计算平均辐射温度。

3. 测量时间控制

不同墙体、砌块达到稳态传热的时间是不同的，判断一个墙体的传热是否会达到平衡状态，应至少在两个2h的测量周期内（12次的数据采集结果），其热功率、温度差、传热系数计算值的偏差小于1%，且不是单方向变化，即说明传热已经趋于稳定状态。

12.7.6　试验结果评价

试验结果应同初步估计值进行比较。按本标准进行测试，其准确度应在±5%之内。存在明显差异时，应仔细检查试件，找出它与技术要求的差异，然后根据检查结果重新评价。

参 考 文 献

白宪臣，2011. 土木工程材料 [M]. 北京：中国建筑工业出版社.

邓德华，2010. 土木工程材料 [M]. 2 版. 北京：中国铁道出版社.

高琼英，2006. 建筑材料 [M]. 3 版. 武汉：武汉理工大学出版社.

何廷树，王福川，2013. 土木工程材料 [M]. 2 版. 北京：中国建材工业出版社.

李继业，张峰，胡琳琳，2018. 绿色建筑节能工程材料 [M]. 北京：化学工业出版社.

全国造价工程师执业资格考试培训教材编审委员会，2013. 建设工程技术与计量（土木建筑工程）（2013 版）[M]. 北京：
  中国计划出版社.

沈春林，2009. 建筑保温隔热材料标准手册 [M]. 北京：中国标准出版社.

苏达根，2008. 土木工程材料 [M]. 2 版. 北京：高等教育出版社.

孙世民，2013. 土木工程材料 [M]. 北京：航空工业出版社.

汪绯，2015. 建筑材料 [M]. 2 版. 北京：化学工业出版社.

王秀花，2015. 建筑材料 [M]. 3 版. 北京：化学工业出版社.

肖力光，张学建，2013. 土木工程材料 [M]. 北京：化学工业出版社.

邢振贤，2011. 土木工程材料 [M]. 北京：中国建材工业出版社.

徐美芳，2011. 保温隔热材料标准速查与选用指南 [M]. 北京：中国建材工业出版社.

杨晚生，2011. 绿色建筑应用技术 [M]. 北京：化学工业出版社.

叶青，丁铸，2013. 土木工程材料 [M]. 2 版. 北京：中国质检出版社，中国标准出版社.

殷凡勤，张瑞红，2011. 建筑材料与检测 [M]. 北京：机械工业出版社.

张海梅，张广峻，2014. 建筑材料 [M]. 5 版. 北京：科学出版社.

郑德明，钱红萍，2005. 土木工程材料 [M]. 北京：机械工业出版社.